“十 四 五” 国 家 重 点 出 版 物 出 版 规 划 项 目

航 海 导 航 技 术 系 列 丛 书

光学陀螺惯性导航技术

The Technologies of Optical Gyroscope Inertial Navigation

罗 巍　孙伟强　张 君　等编著

丛书主编　赵小明

国防工业出版社

·北京·

内 容 简 介

光学陀螺是指基于萨格纳克效应的激光陀螺和光纤陀螺。本书主要围绕光学陀螺惯性导航系统的原理和关键技术展开相关论述。

光学陀螺惯性导航系统具有高精度、高可靠性、快速响应等特点，其应用领域之多、覆盖精度范围之广，已成为目前最主流的惯性导航设备。本书介绍了以激光陀螺、光纤陀螺等光学陀螺和石英加速度计为主的惯性测量传感器的工作机理，全面、系统地阐述了光学陀螺惯性导航系统的导航原理，包括光学陀螺惯性导航系统的基础知识、惯性导航的机械编排、导航误差特性、卡尔曼滤波组合导航技术、对准与标定技术、阻尼与校准技术、系统结构设计与线路设计等方面的内容。从系统应用的角度对光学陀螺惯性导航系统的元件和系统测试方法进行了详细的说明，并介绍了目前成熟的激光陀螺、光纤陀螺惯性导航设备现状。

本书可供从事光学陀螺惯性导航系统研究和设计的相关人员及院校师生阅读参考。

图书在版编目(CIP)数据

光学陀螺惯性导航技术 / 罗巍等编著. — 北京：国防工业出版社，2025. 6. —（航海导航技术系列丛书 / 赵小明主编）. — ISBN 978 - 7 - 118 - 13729 - 3

Ⅰ. TN965

中国国家版本馆 CIP 数据核字第 2025JK2935 号

※

国防工業出版社 出版发行

（北京市海淀区紫竹院南路 23 号　邮政编码 100048）

雅迪云印（天津）科技有限公司印刷

新华书店经售

*

开本 710 × 1000　1/16　**印张** 17　**字数** 286 千字

2025 年 6 月第 1 版第 1 次印刷　**印数** 1—1500 册　**定价** 188.00 元

国防书店：(010)88540777　书店传真：(010)88540776

发行业务：(010)88540717　发行传真：(010)88540762

“航海导航技术系列丛书”编委会

《光学陀螺惯性导航技术》编写组

主　　编　罗　巍

副 主 编　孙伟强　张　君

参编人员　张永宾　郑志胜　吴萌萌　侯　斌
　　　　　杨盛林　吴国强　刘　娜　陈　勇
　　　　　王东升

丛书序

地球表面71%是蓝色的海洋,海洋为人类的生存和发展提供了丰富的资源,而航海是人类认识、利用、开发海洋的基础和前提。从古至今,人类在海洋中的一切活动皆离不开位置和方向的确定——航海导航。

21世纪是海洋的世纪,国家明确提出了建设海洋强国的重大发展战略,提高海洋资源开发能力,发展海洋经济,保护海洋生态环境,坚决维护国家海洋权益,建设海洋强国。随着海洋资源探查、工程开发利用、环境保护、远洋运输等海洋经济活动不断走向深海和远洋,海洋权益的保护也需要强大的海上力量。因此,海工装备、民用船舶及军用舰艇都需要具备走向深远海的能力,也就对作为基础保障能力的航海导航提出了更高的要求。航海导航技术的发展与应用将成为支撑国家海洋战略的关键一环。

近年来,基于新材料、新机理、新技术的惯性敏感器件不断涌现,惯性导航、卫星导航、重力测量、舰艇操控、综合导航等技术均取得了突飞猛进的发展。“航海导航技术系列丛书”紧跟领域新兴和前沿技术及装备的发展,立足长期工程实践及国家海洋发展战略对深远海导航保障能力建设需求,凝聚了天津航海仪器研究所编写人员多年航海导航相关技术研究成果与经验,覆盖了海洋运载体航海导航保障所涉及的运动感知、信息测量与获取、信息综合、运动控制等全部流程;从理论和工程实现的角度系统阐述了光学、谐振、静电等新技术体制惯性敏感器及其航海惯性导航系统的原理技术及加工制造技术,基于惯性、水声、无线电、卫星、天文、地磁、重力等多种技术体制的导航技术以及综合导航系统技术、航海操纵控制理论和技术等;以基础性、前瞻性和创新性研究成果为主,突出工程应用中的关键技术。

丛书的出版对导航、操纵控制等相关领域的人才培养很有意义，对从事舰船航海导航装备设计研制的工业部门、舰船的操纵使用人员以及相关领域的科技人员具有重要参考价值。

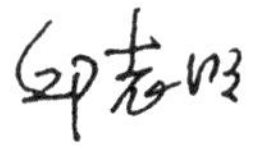

2024 年 1 月

前　言

惯性导航技术的相关原理可以追溯到17世纪牛顿力学的提出，随后，1851年提出的傅科摆原理、1923年提出的84.4min的舒拉周期等理论都为惯性导航的研究奠定了理论基础。1942年，惯性导航原理在德国V-2火箭上首次应用。1913年，由法国科学家乔治·萨格纳克提出的环形光路的干涉效应成为光学陀螺研制的基础。

20世纪中叶的惯性导航领域，以传统的机械式转子陀螺为核心传感器研制的平台式惯性导航设备是主流，在车辆、航海、航空、航天等领域得到了广泛的应用。而随着技术发展，新兴的光学陀螺研制成功，以启动时间短、动态范围大、体积小、无转子结构、可靠性高等诸多优点逐渐取代了转子式陀螺的地位。同时，集成电子线路技术的发展，也为惯性导航设备由平台式惯性导航逐渐过渡到捷联式惯性导航提供了必要的支持。

目前，在惯性导航领域，光学陀螺惯性导航系统已经覆盖了大部分的应用场景，在数十年的发展过程中，形成了一系列成熟可靠的技术。本书编写目的是总结当前光学陀螺惯性导航领域的相关原理与技术，并为本领域内的研究设计人员提供一本有所助益的参考书。

本书共10章，力求在内容上能涵盖光学陀螺惯性导航系统的所有相关技术。第1~2章介绍了光学陀螺惯性导航技术的发展进程，以及与惯性导航相关的必要基础知识。第3章聚焦目前光学惯性导航系统的主要传感器，对激光陀螺、光纤陀螺以及石英加速度计工作原理进行了介绍。第4~7章详细阐述了光学陀螺惯性导航系统的机械编排、导航误差特性、卡尔曼滤波组合导航技术、对准与标定技术、阻尼与校准技术等基本原理和关键技术。第8~9章从系统设计和测试的角度出发，对结构设计、线路设计，以及元件测试和系统测试等方面的内容作了说明。第10章对目前成熟的光学陀螺惯性导航产品进行了介绍。本书由罗巍、孙伟强、张君、张永宾、郑志胜、吴萌萌、侯斌、杨盛林、吴国强、刘娜、陈勇和王东升共同编写完成，同时对在本书编写过程中给予帮助和支持的各位同仁表示感谢。

本书通过系统的章节编排，介绍了光学陀螺惯性导航系统的相关知识与技术，力求为读者建立一个完整的知识体系。但由于作者水平所限，章节编排不尽完美，内容亦难免有所疏漏，恳请各位读者不吝批评指正，也衷心希望本书能为读者在学习和工作中提供一些启发。

编著者

2024年12月

目　录

第 1 章 引言

1.1 惯性导航技术

导航(Navigation)是将载体从起始点安全、可靠地引导到目的地的过程,通常用载体在空间的即时位置、速度、姿态和航向等参数来描述导航过程,这些参数称为导航参数[1]。导航参数的确定由导航工具、导航仪表或导航系统来完成。为了实现导航技术,通常利用电、磁、光、力学等科学原理与方法,通过测量空中飞机、海上舰船、大洋里的潜艇、陆地上的车辆和人类等运动物体每时每刻的位置与有关参数,从而实现对运动物体的定位,并正确地将运动物体从出发点沿着预定的路线引导到目的地。

导航技术的发展可以分为古代导航技术、中世纪到近代导航技术和现代导航技术三个阶段。古代人类通过观察天体来确定方向,或者利用地上山脉、河流和岛屿等作为参照物来确定自己的位置和行进方向,在指南针发明之后,古代人类才有了可靠的指向参考。随着科技的发展,中世纪到近代航海采用了六分仪作为海上的主要导航设备,其基本原理是依赖于天体的高度角来确定航船位置。随着人类对现象认识的进一步深入,逐渐对于惯性、无线电、天文等现象有了更加准确的认识。随之出现了惯性导航、无线电导航、天文导航等诸多现代化导航仪器设备。

惯性导航系统基于牛顿力学原理,通过测量物体的加速度和角速度来推算其位置和姿态的变化[2]。惯性导航系统核心部件包括加速度计、陀螺仪和导航计算机。加速度计测量物体的加速度,陀螺仪测量物体的角速度,导航计算机根据这些测量值进行积分运算,推算出物体的位置、速度和姿态[3]。惯性导航设备广泛应用于航空航天、导弹制导和潜艇导航等军事领域，以及一些对导航精度和可靠性要求较高的民用领域，如高端汽车、无人机等。

一般惯性导航系统主要包括机箱结构、电子线路和惯性测量单元（Inertial Measurement Unit，IMU）[4]。

1. 机箱结构

机箱结构为电子线路和惯性测量单元提供了稳定的安装和保护空间。机箱通常采用高强度的材料制成，能够抵御外部的冲击、振动和温度变化等不利因素，确保内部设备的正常运行。对于包含旋转部件的设备，机箱结构中还包含了对应的电机、码盘装置等旋转控制机构。

2. 电子线路

电子线路是惯性导航系统的核心控制和数据处理单元。它接收来自惯性测量单元的加速度和角速度数据，并运用复杂的算法进行积分运算。对于平台式惯性导航系统，数据处理单元生成对应平台控制指令，控制平台跟踪导航坐标系。对于捷联式惯性导航设备，内部运算构建虚拟的数学平台，最终按照惯性导航算法确定载体的位置、速度和姿态，并根据协议对外输出相应的导航信息。电子计算机需要具备高速的数据处理能力和强大的计算性能，以满足实时导航的需求。同时，它还负责对系统进行监控和管理，包括传感器的校准、故障检测和诊断等功能。

3. 惯性测量单元

惯性测量单元是惯性导航系统的关键组成部分，它由加速度计和陀螺仪组成。加速度计用于测量载体在三个正交方向上的加速度，而陀螺仪则用于测量载体绕三个正交轴的角速度。IMU 的精度和稳定性直接影响惯性导航系统的性能。为了提高测量精度，现代惯性测量单元通常采用高精度的传感器技术，并进行严格的校准和误差补偿。

此外，惯性导航系统还包括其他辅助设备，如电源模块、通信接口和显示设备等。电源模块为系统提供稳定的电力供应，确保各个部件的正常工作。通信接口用于与外部设备进行数据交换和系统集成，实现导航信息的共享和协同工作。显示设备则可以将导航结果直观地展示给用户，方便用户了解载体的位置、速度和姿态等信息。

惯性导航系统不依赖外部信息，完全依靠自身的传感器进行测量和计算，具有高度的自主性和可靠性。这使得惯性导航在无法接收外部信号的环境中仍然能够正常工作,如地下、水下、室内和太空等。同时,惯性导航系统不向外发射任何信号,完全依靠自身的传感器进行测量和计算,因此具有很好的隐蔽性。在军事应用中,这一特点可以避免被敌方探测和干扰,提高作战平台的生存能力和作战效能。惯性导航系统能够以较高的频率更新载体的运动信息,可以达到数百赫兹甚至更高。这使得系统能够实时跟踪载体的快速运动变化,提供及时准确的导航信息。对于一些对导航实时性要求较高的应用场景,如高速飞行器和自动驾驶汽车等,惯性导航系统的数据更新率高的特点具有重要意义。

惯性导航系统的主要缺点是误差积累问题。由于加速度计和陀螺仪的测量误差会随着时间的推移而积累,导致导航精度逐渐下降。为了减小误差积累的影响,通常需要采用其他导航手段(如卫星导航、天文导航等)对惯性导航系统进行定期校准,或者采用组合导航的方式,将惯性导航与其他导航系统相结合,以提高导航系统的整体精度和可靠性[5]。另外,惯性导航系统的核心部件(加速度计和陀螺仪)通常采用高精度机械技术或光学技术制造,成本较高。此外,为了保证系统的精度和可靠性,还需要进行复杂的校准和误差补偿处理,这也增加了系统的成本。因此,惯性导航系统主要应用于一些对导航精度和可靠性要求较高的领域,如航空航天、军事和高端工业等。

1.2 光学陀螺惯性导航技术的发展

1.2.1 惯性导航技术的发展

根据惯性导航技术的发展特点,其发展历程可以分为4代。

第一代惯性导航技术是指1930年以前的惯性技术,其奠定了整个惯性导航发展的基础。牛顿三大定律成为惯性导航的理论。1852年,法国科学家傅科提出陀螺的定义、原理及应用设想;1908年,德国科学家安修茨研制出世界上第一台摆式陀螺罗经;1923年,德国科学家舒拉发现了陀螺罗经的无干扰条件,即舒拉调谐原理;美国人斯佩里、英国人S. G. 布朗分别于1911年和1916年研制出以他们姓氏命名的陀螺罗经。苏联也于20世纪30年代生产出方位仪及陀螺罗经。

第二代惯性导航技术开始于20世纪40年代火箭发展的初期,其研究内容从惯性仪表技术发展扩大到惯性导航系统的应用。首先是惯性导航技术在德国V-2火箭上的第一次成功应用,到20世纪50年代中后期,0.5n mile/h(1n mile=1852m)的单自由度液浮陀螺平台惯性导航系统研制并应用成功,

1968 年,漂移约为 0.005°/h 的 G6B4 型动压陀螺研制成功。这一时期,还出现了另一种惯性传感器用于测量加速度,称为加速度计。在技术理论研究方面,为减少陀螺仪表支承的摩擦与干扰,挠性、液浮、气浮、磁悬浮和静电等支承悬浮技术被逐步采用;1960 年,激光技术的出现为今后激光陀螺的发展提供了理论支持;同时,捷联惯性导航系统(Strap - down Inertial Navigation System,SINS)理论研究也趋于完善。

20 世纪 70 年代初期,第三代惯性导航技术发展阶段出现了一些新型陀螺、加速度计和相应的惯性导航系统,其研究目标是进一步提高惯性导航系统的性能,并通过多种技术途径来推广和应用惯性技术。这一阶段的主要陀螺包括静电陀螺(Electrostatic Suspended Gyroscope,ESG)、动力调谐陀螺(Dynamic Tuned Gyroscope,DTG,也称为挠性陀螺)、环形激光陀螺(Ring Laser Gyroscope,RLG)、干涉式光纤陀螺(Interferometric Fiber Optic Gyroscope,IFOG)等。ESG 的漂移可达 10^{-4}°/h;DTG 的体积小、结构简单,随机漂移可达 0.01°/h 量级;基于萨格纳克(Sagnac)干涉效应的环形激光陀螺和捷联式激光陀螺惯性导航系统在民航方面得到应用,导航精度可达 1n mile/h。除此之外,超导体陀螺、粒子陀螺、音叉振动陀螺、流体转子陀螺及固态陀螺等基于不同物体原理的陀螺仪表相继设计成功。80 年代,伴随着半导体工艺的成熟和完善,采用微机械结构和控制电路工艺制造的微机电系统(Micro - Electro - Mechanical System, MEMS)开始出现。

当前,惯性导航技术正处于第四代发展阶段,其目标是实现高精度、高可靠性、低成本、小型化、数字化、应用领域更加广泛的导航系统。一方面,陀螺的精度不断提高,漂移量可达 10^{-6}°/h;另一方面,随着激光陀螺、光纤陀螺、MEMS 等新型固态陀螺仪的成熟,以及高速大容量的数字计算机技术的进步,捷联惯性导航系统呈现出取代平台式系统的趋势。而要显著提高陀螺的敏感度,光波已经无法满足要求,在这种情况下,人们开始考虑利用原子波做波源,原子激光噪声小、波长短、频率高,可获得极高的灵敏度,因此原子陀螺及其系统也具有极大的技术潜力。

1.2.2 激光陀螺惯性导航的发展

20 世纪 60 年代初,随着激光技术的崭露头角,激光陀螺仪的构想开始在科学家们的脑海中浮现。美国斯佩里公司于 1963 年率先制造出了激光陀螺仪的实验装置,这一创举如同在导航技术领域投下了一颗震撼弹,标志着激光陀螺技术正式踏上了历史的舞台。

在 20 世纪 70 年代,激光陀螺技术开始稳步前行。这一时期,激光技术持续发展,为激光陀螺的性能提升奠定了坚实的基础。例如,激光的稳定性和强度不断提高,使得激光陀螺能够更准确地测量角速度。与此同时,相关的光学和电子技术也在同步进步。光学元件的制造精度不断提高,电子器件的性能更加稳定可靠。然而,早期的激光陀螺仍然面临着诸多挑战。尽管在一些小型飞行器的导航试验中开始崭露头角,但精度不够高、稳定性不足等问题依然制约着其大规模的实际应用。例如,由于激光陀螺对环境温度和振动较为敏感,在复杂的飞行环境中,其测量结果可能会出现较大的误差。

到了20世纪80年代,激光陀螺技术迎来了关键的突破时刻[6-7]。科研人员通过对激光腔结构的精心优化、光路的精确设计以及对激光频率稳定性的严格控制等手段,大幅提高了激光陀螺的精度和稳定性。美国霍尼韦尔(Honeywell)公司等企业推出的新一代激光陀螺,在精度方面实现了质的飞跃,能够满足更多高端应用场景的苛刻需求。此时,激光陀螺惯性导航设备在军用飞机、卫星等领域开始广泛应用。对于军用飞机而言,如美国的F-15、F-16等战斗机配备了先进的激光陀螺惯性导航系统后,在复杂的空战环境中,能够精确地确定自身的位置、姿态和速度等信息,为飞行员提供了至关重要的导航支持,大大提高了飞行的安全性和任务执行的准确性。在卫星领域,激光陀螺惯性导航系统能够为卫星的精确轨道控制提供可靠的测量数据,确保卫星在太空中稳定运行。

进入20世纪90年代,激光陀螺惯性导航设备在技术上持续改进和优化。一方面,通过采用更先进的材料和制造工艺,进一步降低了激光陀螺的成本。例如,采用新型的光学材料和微加工技术,使得激光陀螺的生产更加高效、成本更低。这使得激光陀螺惯性导航设备在更多的民用领域具备了应用的可能性。一些高端的民用飞机、船舶等交通工具上开始逐步配备激光陀螺惯性导航设备,以提高导航的精度和可靠性。在民用航空领域,激光陀螺惯性导航系统能够为飞机提供更加准确的导航信息,减少飞行误差,提高航班的安全性和准点率。在船舶导航方面,激光陀螺惯性导航设备能够在恶劣的海洋环境中稳定工作,为船舶的安全航行提供有力保障。另一方面,针对不同应用场景的需求,开发出了多种不同规格和性能的激光陀螺产品。从高精度的军事应用到一般民用需求,涵盖了各种不同的精度等级和尺寸规格,以满足广泛的市场需求。

在陆用领域,美国Honeywell公司研制的基于激光陀螺的TALIN系列激光惯性导航系统应用于坦克及各型炮类装备,法国Sagem公司的sigma 10、sigma 30系列以及Thales公司的Totem系统导航装备用于主战坦克、轮式车辆和迫击炮等。在航海领域,激光陀螺惯性导航系统包括美国Honeywell公司的SLN型舰用激光陀螺、诺斯罗普·格鲁曼公司的AN/WSN-7系列激光陀螺惯性导航系统、Sperry 公司的 MK－39/49 系列激光陀螺惯性导航系统以及法国 Sagem 公司的 sigma 40 惯性导航系统。在航空领域，典型的机载激光陀螺惯性导航系统，如美国 Honeywell 公司的 h423－E 激光惯性导航设备应用于 JAS－39 战斗机、F－16 战斗机、F－117A 隐身战斗机，法国 Thales 公司的 Totem 3000 激光惯性导航设备应用于“幻影”2000 战斗机、“阵风”战斗机、米格－21 战斗机等。

目前，国外能批量研制和生产激光陀螺的国家主要有美国、法国、俄罗斯等，国内开展激光陀螺研究的单位主要有国防科技大学、航空 618 所、航天 33 所、航天 13 所以及多家民营单位。各国研制的陀螺类型主要包括二频机抖陀螺、空间三抖陀螺以及四频差动陀螺等[8－9]。

1.2.3 光纤陀螺惯性导航的发展

光纤陀螺的发展始于 20 世纪 70 年代后期。随着光学和微电子技术在陀螺仪领域的应用，光纤陀螺仪作为一种新型的光学陀螺仪开始崭露头角。最初，光纤陀螺技术还处于实验室研究阶段，面临着许多技术难题。光纤的损耗较大，影响了光信号的传输质量和稳定性；光源的稳定性不足，导致输出的光信号不够可靠；信号检测的精度不高，难以准确地获取光纤陀螺的旋转信息。

在 20 世纪 80 年代，光纤陀螺技术取得了重要的突破。研究人员通过不断改进光纤材料和制造工艺，成功降低了光纤的损耗，显著提高了光纤的质量。例如，采用新型的光纤材料和制造技术，使得光纤的损耗降低到了一个新的水平，提高了光信号的传输效率和稳定性。同时，新型的光源技术和信号检测技术也应用到光纤陀螺中，大大提高了光纤陀螺的性能。这一时期，光纤陀螺开始从实验室走向实际应用的初步探索阶段。一些科研机构和企业开始尝试将光纤陀螺应用于航空航天领域的导航系统中。虽然在初期，光纤陀螺的精度和可靠性与传统的机械陀螺相比还有一定差距，但它的体积小、重量轻、抗冲击性强等优点已经引起了广泛关注[10－11]。

进入 20 世纪 90 年代，光纤陀螺技术迎来了快速发展期。随着光通信技术的飞速发展，光纤技术得到了极大的提升，这也为光纤陀螺的进一步发展提供了有力支持。在这一阶段，光纤陀螺的精度不断提高，已经能够满足许多中高精度导航应用的需求。例如，在民用航空领域，一些飞机开始尝试安装光纤陀螺惯性导航设备，以提高导航的准确性和可靠性。在军事领域，光纤陀螺也广泛应用于导弹、舰艇、潜艇等武器装备的导航系统中，为提高作战效能发挥了重要作用。光纤陀螺在导弹导航系统中，能够为导弹提供精确的姿态和位置信息，提高导弹的命中精度；在舰艇和潜艇的导航系统中，光纤陀螺能够在复杂的海洋环境中稳定工作，为舰艇和潜艇的安全航行提供可靠的导航支持。

在21世纪初,光纤陀螺技术继续保持快速发展的态势。一方面,随着微机电系统技术和集成光学技术的发展,光纤陀螺不断向小型化、集成化方向发展。微型光纤陀螺的出现,使得它可以应用于更多的小型化设备中,如无人机、微型机器人等。另一方面,光纤陀螺的精度和稳定性也在不断提高。通过采用更先进的光纤传感技术、信号处理算法以及误差补偿技术等,光纤陀螺的性能得到了进一步提升。例如,一些高精度的光纤陀螺已经能够达到甚至超过激光陀螺精度水平,在某些应用场景下表现出更好的性能。

在国外,法国iXblue公司和美国Honeywell公司的光纤陀螺技术处于世界领先地位。2013年,法国iXblue公司研制的光纤惯性导航系统实现1n mile/38d的导航精度,对应光纤陀螺的零偏稳定性约为4.7×10^{-6}°/h[12]。美国Honeywell公司在2008年的高精度光纤陀螺已经实现0.0005°/h的零偏稳定性。国内研究光纤陀螺的单位包括中国船舶集团有限公司第七〇七研究所、中国航天科技集团公司第九研究院第十三研究所、中国航天科工集团有限公司第三研究院第三十三研究所、北京航空航天大学、中国兵器工业导航与控制技术研究所、哈尔滨工程大学等,目前高精度工程化样机也已经达到0.001°/h的精度水平[13]。

1.3 本书编排

本书主要围绕光学陀螺惯性导航系统进行编排,共10章,覆盖了光学陀螺惯性导航系统的基础知识、惯性传感器、捷联惯性导航算法、滤波校正设计方法、误差振荡抑制技术、结构线路设计,以及成熟的产品应用等内容,尽量在内容上能涵盖所有光学陀螺惯性导航系统的相关技术。

第1章对导航技术进行简要介绍,阐述航海用导航方式的历史与特点,重点介绍了光学陀螺惯性导航技术的发展进程,并说明本书的整体编排结构。

第2章给出了惯性导航研究必备的基础知识,包括常用坐标系的定义,载体姿态的欧拉角、方向余弦矩阵、四元数以及旋转矢量的表示方法及运动学的相关定义和地球模型的介绍。

第3章聚焦光学陀螺惯性导航系统传感器,首先是光学陀螺,包含了萨格纳克效应、激光陀螺、光纤陀螺以及光学陀螺关键技术指标及漂移分析等内容,关于加速度计主要介绍了石英挠性摆式加速度计、石英振梁式加速度计以及数学模型和主要参数等。

第4章详细阐述光学陀螺惯性导航系统的基本算法,包括姿态更新计算、速度更新计算、位置更新计算、惯性导航算法的机械编排、导航计算误差特性,并对单轴旋转调制和双轴旋转调制的机理与特性进行了分析,并给出纯捷联、单轴和双轴旋转系统的误差特性对比。

第5章介绍基于光学陀螺惯性导航系统的组合导航技术,重点是卡尔曼滤波的定义与基本公式的推导、惯性导航系统的卡尔曼滤波实现问题,以及在基础卡尔曼滤波上的发展(包括序贯卡尔曼滤波、自适应卡尔曼滤波、遗忘卡尔曼滤波、扩展卡尔曼滤波、无迹卡尔曼滤波以及联邦卡尔曼滤波等)。

第6章给出光学陀螺惯性导航系统的对准算法和器件标定方法。对准算法包括常规对准的粗对准和精对准流程,以及主子惯性导航动态传递对准的实现过程。对器件标定方法介绍了惯性器件的标定误差模型,并就分立式标定方法和系统级在线标定方法给出了详细的推导和数据处理方法。

第7章针对纯惯性导航系统的导航误差振荡问题,系统地阐述了阻尼抑制和系统校准技术,分别就水平阻尼、变阻尼、点位置校正、连续校正等方法给出了相关的分析和公式推导。

后续章节分别从光学陀螺惯性导航系统的硬件结构设计、系统与元件测试以及光学陀螺惯性导航系统的成熟产品应用等方面进行了详细的介绍。

参考文献

[1]秦永元. 惯性导航[M]. 2版. 北京:科学出版社,2014.

[2]以光衢. 惯性导航原理[M]. 北京:航空工业出版社,1987.

[3]陈哲. 捷联惯导系统原理[M]. 北京:宇航出版社,1986.

[4]SAVAGE P G. Strapdown analytics[M]. Maple Plain, Minnesota: Strapdown Associates, Ins, 2000.

[5]秦永元,张洪钺,汪叔华. 卡尔曼滤波与组合导航原理[M]. 西安:西北工业大学出版社,1998.

[6]高伯龙,李树棠. 激光陀螺[M]. 长沙:国防科技大学出版社,1984.

[7]姜亚南. 环形激光陀螺[M]. 北京:清华大学出版社,1985.

[8]于旭东. 二频机抖激光陀螺单轴旋转惯性导航系统若干关键技术研究[D]. 长沙:国防科技大学,2011.

[9]袁保伦. 四频激光陀螺旋转式惯性导航系统研究[D]. 长沙:国防科技大学,2007.

[10]冷宗圣. 光纤陀螺的研究发展及其应用[J]. 中国科技信息,2006(6): 116-117.

[11]PAVLATH G. Challenges in the Development of the IFOG[C]//AIAA Guidance,

Navigation, and Control Conference and Exhibit, Austin, Texas, 2003: 11 - 14.

[12] PATUREL Y, HONTHAAS J, LEFÈVRE H, et al. One nautical mile per month FOG - based strapdown inertial navigation system: a dream already within reach? [J]. Gyroscopy and Navigation, 2014, 5(1): 1 - 8.

[13] 张桂才, 马林, 林毅, 等. 国外超高精度光纤陀螺研制进展及对关键光学器件的需求[C]//第七届国际光纤传感技术及应用大会, 2018: 161 - 167.

第 2 章　惯性导航基础知识

2.1　概　　述

载体的一切运动状态都需要建立一个统一的坐标系作为参考。惯性导航是通过测量载体的加速度和角速度来确定其位置、速度和姿态的，在导航解算的过程中需要将这些物理量在不同坐标系之间进行转换，这也要求必须对各坐标系的定义予以明确，而且通过定义明确的坐标系，可以更好地理解和分析载体的运动。

地球不是一个完美的球体，而是一个两极稍扁、赤道略鼓的椭球体。建立地球模型可以更准确地描述地球的形状、大小和自转角速率等参数，从而在惯性导航中更精确地计算载体的位置、速度和姿态，特别是在高精度的惯性导航应用中，准确的地球模型参数具有重要的意义。

2.2　坐标系的定义

为描述一个物体的位置或者线运动，通常选择物体上的一点作为该物体的原点，如物体的质心、几何中心或者其上任意一个合适的点。而要描述物体的方位和角运动，就必须选择三个不共面的正交轴，常用的选择包括物体运动的方向、惯性传感器的敏感方向等。为了准确描述物体的位置、方位或者运动等参数，需要某种形式的参考系。参考系一般由一个原点和一组轴系来定义，常用的原点包括太阳系中心、地球中心或者地球某点，常用的轴系包括东向、北向和垂向以及前向、右向和天向等。

坐标系由参考系的原点和轴系构成，用来描述一个点对于某一参考的相对位置。通常，人们习惯于采用右手定则来定义坐标系的轴系，即 X、Y、Z 轴相互垂直，而且满足拇指指向 X 轴，食指指向 Y 轴，中指指向 Z 轴的右手定则。在惯性导航中常用的坐标系包括地心惯性坐标系、地心地固坐标系、当地导航坐标系和载体坐标系等[1-2]。

2.2.1　地心惯性坐标系

地心惯性坐标系是以地球质心为中心，以地球自转轴和恒星方向为坐标轴的坐标系，不随地球旋转，用符号 i 表示。其原点为地球质心，Z 轴为地球自转轴，X 轴位于赤道平面并指向春分点，也就是赤道自转平面与地球公转平面的交线，Y 轴指向符合右手笛卡尔坐标系。如图 2.1 所示，地心惯性坐标系由下标 i 表示，三个轴分别为 X_i，Y_i，Z_i。严格来讲，地心惯性坐标系并不是一个真正的惯性坐标系，因为整个地球都在围绕太阳旋转，它是有加速度的，而且它的旋转轴移动缓慢，并且整个银河系也是旋转的。但是，其影响较小，比导航传感器测量的噪声影响还小，因此在实际应用中，地心惯性坐标系一般等同于真惯性坐标系[3-4]。

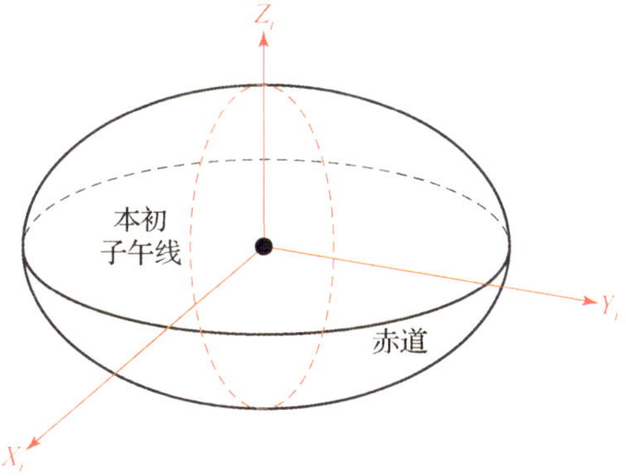

图 2.1　地心惯性坐标系示意图

在实际应用中，确定地心惯性系的重点在于根据地球表面已知点来确定地心位置，一般可采用地球表面椭球体模型的中心作为地心位置，该点与地球质心非常接近。在精确定义地心惯性系时，还需要考虑的另一个问题是地球极点的移动。研究表明，地球的自转轴并不是固定的，其在一个半径约 15m 的圆内移动。通常的解决方案是采用国际地球自转服务（International Earth Rotation Service，IERS）参考极点或者协议地球极，其中协议地球极是在 1900—1905 年测量的极点平均位置。以地球质心为原点，基于 IERS 参考极点或者协议地球极确定 Z 轴，并以地心指向春分点为 X 轴，Y 轴满足右手定则确定的地心惯性坐标系，称为协议惯性参考系。

2.2.2 地心地固坐标系

地心地固坐标系一般简称为地球坐标系，其原点为地球质心，初始位置时，其 Z 轴同地心惯性坐标系的 Z 轴，X 轴指向赤道与本初子午线的交点，Y 轴指向符合右手笛卡尔坐标系，位于赤道平面内，随地球旋转，用符号 e 表示。如图 2.2 所示，地心惯性坐标系由下标 e 表示，三个轴分别为 X_e，Y_e，Z_e。

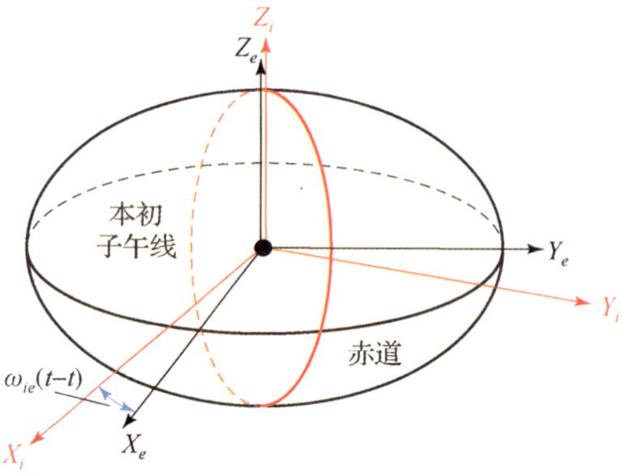

图 2.2　地心地固坐标系示意图

2.2.3 当地导航坐标系

当地导航坐标系也称为当地水平导航坐标系或者地理坐标系，用来描述载体在地球表面或者近地面的姿态和速度，一般用 n 表示。常用的当地导航坐标系为东－北－天坐标系，如图 2.3 所示，其原点为惯性器件坐标系的中心，X 轴指向东，Y 轴指向北，Z 轴指向符合右手笛卡尔坐标系。其他如北－东－地坐标系、南－西－地坐标系等，也在不同场合经常使用。

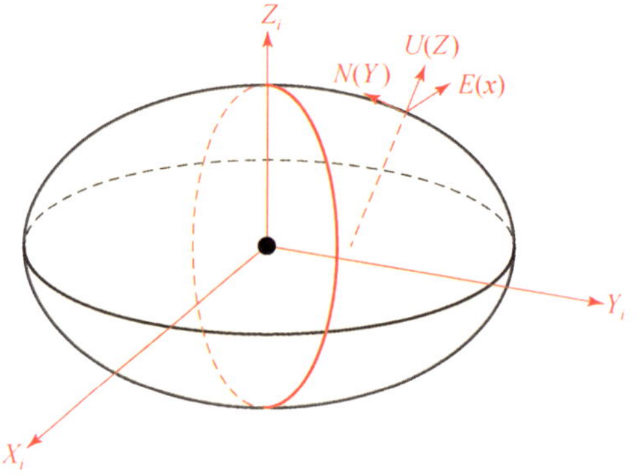

图 2.3　当地导航坐标系示意图

在使用当地导航坐标系时,需要注意由于东向轴和北向轴在地球两极具有不确定性,因此它在地球两极存在奇异性,采用这一坐标系的导航方程机械编排,不适合在极区附近使用。实际应用中,通常采用其他坐标系(如极区横向坐标系或格网坐标系)进行处理获取导航结果,最终再转换到当地导航坐标系中。

2.2.4 载体坐标系

载体坐标系也称为运动载体坐标系,它的原点与当地导航坐标系重合,但坐标轴却与载体固联,通常定义 Y 轴为前向(即正常航行的方向),Z 轴为天向,X 轴为右向,并由三个坐标轴组成正交坐标系,通常用 b 表示,如图 2.4 所示。对于角运动来说,载体坐标系的轴也称为横滚轴、俯仰轴和航向轴。

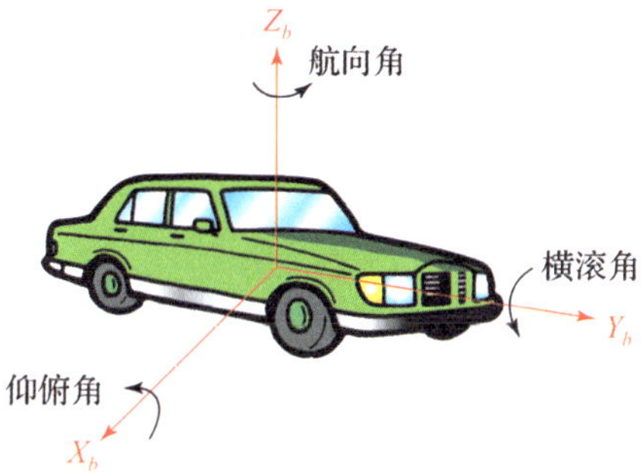

图 2.4 载体坐标系示意图

在导航中,载体坐标系是基础,因为它表征的是导航结果所描述的对象。惯性传感器或其他航位推算传感器测量的是载体坐标系的运动,一般情况下,传感器与载体坐标系之间的姿态相对固定。

2.3 坐标系变换关系

姿态描述的是一个坐标系的轴系相对于另一个坐标系轴系的方向,一般可以用欧拉角或者四元数来表示,称为旋转矩阵。旋转矩阵也称为转换矩阵或者方向余弦矩阵[3-5]。

2.3.1 欧拉角表示

欧拉角是描述姿态最直观的方法,两个坐标系可以通过三个轴的旋转来实现相互之间的转换。例如,从参考坐标系 a 变换到新的坐标系 b,涉及首先绕 z 轴旋转角度 α,其次绕新的 x 轴旋转角度 γ,最后绕新的 y 轴旋转角度 β,上述旋转中 α,β,γ 就是欧拉角。

为了将某一矢量 $\boldsymbol{r}^a=[x_a \quad y_a \quad z_a]$ 从坐标系 a 旋转到另一个不同的坐标系 b 下，通过三个旋转变换实现，每一步旋转对应一个方向余弦矩阵。每一个独立的矩阵都可以通过旋转来逐步获得。以绕 z 轴旋转为例，假定在坐标系 a 的 $x-y$ 平面下有一个矢量 $\boldsymbol{r}^a=[x_a \quad y_a]$，$\|\boldsymbol{r}^a\|=r_1$，该矢量与 x 轴的夹角为 θ。沿 z 轴旋转坐标系 a，转动角度为 α，如图 2.5 所示。

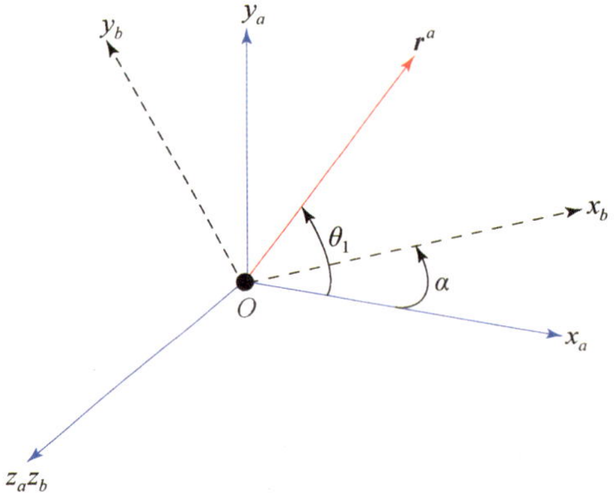

图 2.5　载体坐标系示意图

$$\begin{cases} x_b=r_1\cos(\theta_1-\alpha) \\ y_b=r_1\sin(\theta_1-\alpha) \end{cases} \tag{2.1}$$

$$\begin{cases} x_a=r_1\cos\theta_1 \\ y_a=r_1\sin\theta_1 \end{cases} \tag{2.2}$$

结合余弦定理，可得

$$\begin{cases} x_b=x_a\cos\alpha+y_a\sin\alpha \\ y_b=-x_a\sin\alpha+y_a\cos\alpha \end{cases} \tag{2.3}$$

将以上表达式转换成三维矩阵，便是欧拉角 α 对应的姿态矩阵，即

$$\begin{bmatrix} x_b \\ y_b \\ z_b \end{bmatrix}=\begin{bmatrix} \cos\alpha & \sin\alpha & 0 \\ -\sin\alpha & \cos\alpha & 0 \\ 0 & 0 & 1 \end{bmatrix}\begin{bmatrix} x_a \\ y_a \\ z_a \end{bmatrix} \tag{2.4}$$

2.3.2　坐标系变换矩阵

坐标转换矩阵是一个 3×3 的矩阵，用符号 $\boldsymbol{R}_b^a$ 或者 $\boldsymbol{C}_b^a$ 等表示。通过左侧乘特定的坐标系转换矩阵，就可以完成矢量在两个投影坐标系之间的转换。例如，为了将矢量 $\boldsymbol{r}^a=[x_a \quad y_a \quad z_a]$ 从坐标系 a 旋转到坐标系 b 得到 $\boldsymbol{r}^b=[x_b \quad y_b \quad z_b]$，如图 2.6 所示，$a$ 系沿 Z 轴逆时针转动角度 α 得到 b 系，即

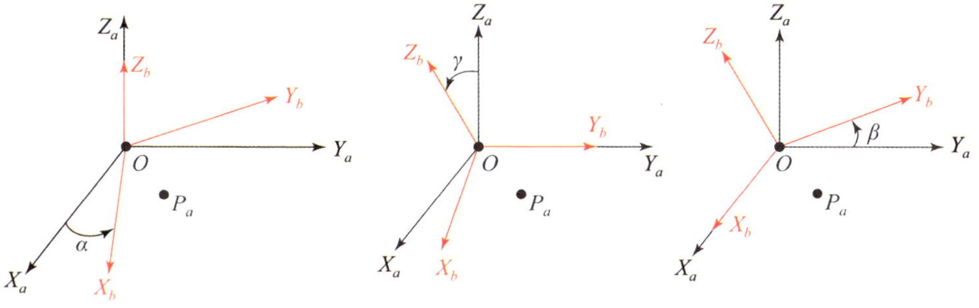

图 2.6　坐标系基本转换示意图

$$\boldsymbol{r}^a=\boldsymbol{C}_b^a\boldsymbol{r}^b=\begin{bmatrix}\cos\alpha & -\sin\alpha & 0\\ \sin\alpha & \cos\alpha & 0\\ 0 & 0 & 1\end{bmatrix}\begin{bmatrix}x_b\\ y_b\\ z_b\end{bmatrix} \tag{2.5}$$

同理,若 b 系相对 a 系沿 y 轴和 x 轴逆时针转动 β 和 γ,则可分别表示为

$$\boldsymbol{r}^a=\boldsymbol{C}_b^a\boldsymbol{r}^b=\begin{bmatrix}\cos\beta & 0 & \sin\beta\\ 0 & 1 & 0\\ -\sin\beta & 0 & \cos\beta\end{bmatrix}\begin{bmatrix}x_b\\ y_b\\ z_b\end{bmatrix} \tag{2.6}$$

$$\boldsymbol{r}^a=\boldsymbol{C}_b^a\boldsymbol{r}^b=\begin{bmatrix}1 & 0 & 0\\ 0 & \cos\gamma & -\sin\gamma\\ 0 & \sin\gamma & \cos\gamma\end{bmatrix}\begin{bmatrix}x_b\\ y_b\\ z_b\end{bmatrix} \tag{2.7}$$

上述公式中 $\boldsymbol{C}_b^a$ 称为坐标转换矩阵。

结合上述基本方程,便可以得到经过三次旋转后的方向余弦矩阵如下。

$$\begin{aligned}\boldsymbol{C}_b^a&=\begin{bmatrix}\cos\alpha & -\sin\alpha & 0\\ \sin\alpha & \cos\alpha & 0\\ 0 & 0 & 1\end{bmatrix}\begin{bmatrix}1 & 0 & 0\\ 0 & \cos\gamma & -\sin\gamma\\ 0 & \sin\gamma & \cos\gamma\end{bmatrix}\begin{bmatrix}\cos\beta & 0 & \sin\beta\\ 0 & 1 & 0\\ -\sin\beta & 0 & \cos\beta\end{bmatrix}\\ &=\begin{bmatrix}\cos\alpha\cos\beta-\sin\alpha\sin\gamma\sin\beta & -\sin\alpha\cos\gamma & \cos\alpha\sin r+\sin\alpha\sin\gamma\cos\beta\\ -\sin\alpha\cos\beta+\cos\alpha\sin\gamma\sin\beta & \cos\alpha\cos\gamma & \sin\alpha\sin r-\cos\alpha\sin\gamma\cos\beta\\ -\cos\gamma\sin\beta & \sin\gamma & \cos\gamma\cos\beta\end{bmatrix}\end{aligned} \tag{2.8}$$

对于旋转角度为小量时,有

$$\begin{cases}\cos\theta\approx 1\\ \sin\theta\approx\theta\end{cases} \tag{2.9}$$

在角度极小时,方向余弦矩阵可以表示为

$$\boldsymbol{C}_b^a=\begin{bmatrix}1 & -\alpha & \beta\\ \alpha & 1 & -\gamma\\ -\beta & \gamma & 1\end{bmatrix}=\boldsymbol{I}_3-[\psi_{ba}\times] \tag{2.10}$$

坐标转换矩阵简单相乘即可实现连续的转换或者变换，即

$$\boldsymbol{C}_c^a=\boldsymbol{C}_b^a\boldsymbol{C}_c^b \tag{2.11}$$

并且转换矩阵可以通过矩阵转置运算实现旋转变换或者坐标变换的逆变换，转置用上标 T 来表示，即

$$\boldsymbol{C}_a^b=(\boldsymbol{C}_b^a)^{\mathrm{T}} \tag{2.12}$$

转换矩阵与转换矩阵的转置矩阵还满足

$$\boldsymbol{R}_b^a\boldsymbol{R}_b^a=\boldsymbol{I} \tag{2.13}$$

式中：$\boldsymbol{I}$ 为单位矩阵。可以看出，坐标转换矩阵是正交矩阵。

2.3.3 四元数表示

四元数是姿态表示的一种方式，基本形式是由 4 个元素组成的超复数，即

$$q=[q_0\quad q_1\quad q_2\quad q_3] \tag{2.14}$$

式中：q_0 为转动幅度的函数，其他三个元素为转动幅度和转动轴的函数。

式(2.14)的含义为任意矢量 $\boldsymbol{v}$ 沿着以单位矢量定义的旋转轴 $\boldsymbol{u}(q)$ 旋转 θ 之后的转换矩阵，即对于矢量 $\boldsymbol{v}=v_x\boldsymbol{i}+v_y\boldsymbol{j}+v_z\boldsymbol{k}$，在沿着定义矢量 $\boldsymbol{u}(q)$ 旋转 θ 之后，其对应的四元数矢量可表示为

$$\begin{aligned}\boldsymbol{q}&=\cos\left(\frac{\theta}{2}\right)+\sin\left(\frac{\theta}{2}\right)u_x\boldsymbol{i}+\sin\left(\frac{\theta}{2}\right)u_y\boldsymbol{j}+\sin\left(\frac{\theta}{2}\right)u_z\boldsymbol{k}=a+b\boldsymbol{i}+c\boldsymbol{j}+d\boldsymbol{k}\\&=\cos\left(\frac{\theta}{2}\right)+(u_x\boldsymbol{i}+u_y\boldsymbol{j}+u_z\boldsymbol{k})\sin\left(\frac{\theta}{2}\right)=\cos\left(\frac{\theta}{2}\right)+\boldsymbol{u}^R\sin\left(\frac{\theta}{2}\right)\end{aligned} \tag{2.15}$$

式中：$a^2+b^2+c^2+d^2=1$。

那么矢量 $\boldsymbol{v}=v_x\boldsymbol{i}+v_y\boldsymbol{j}+v_z\boldsymbol{k}$ 经过旋转后，可以得到新的矢量为

$$\boldsymbol{v}'=\boldsymbol{q}\otimes\boldsymbol{v}\otimes\boldsymbol{q}^*=\begin{bmatrix}1-2c^2-2d^2 & 2bc-2ad & 2ac+2bd\\ 2bc+2ad & 1-2b^2-2d^2 & 2cd-2ab\\ 2bd-2ac & 2ab+2cd & 1-2b^2-2c^2\end{bmatrix} \tag{2.16}$$

当四元数对应的姿态矩阵的各元素已知时，假设

$$\begin{bmatrix}1-2c^2-2d^2 & 2bc-2ad & 2ac+2bd\\ 2bc+2ad & 1-2b^2-2d^2 & 2cd-2ab\\ 2bd-2ac & 2ab+2cd & 1-2b^2-2c^2\end{bmatrix}=\begin{bmatrix}T_{11} & T_{12} & T_{13}\\ T_{21} & T_{22} & T_{23}\\ T_{31} & T_{32} & T_{33}\end{bmatrix} \tag{2.17}$$

根据对应关系可得

$$\begin{cases}1-2c^2-2d^2=T_{11}\\1-2b^2-2d^2=T_{22}\\1-2b^2-2c^2=T_{33}\\a^2+b^2+c^2+d^2=1\end{cases}\tag{2.18}$$

根据式(2.18)可解得

$$\begin{cases}a=\pm\dfrac{1}{2}\sqrt{1+T_{11}+T_{22}+T_{33}}\\b=\pm\dfrac{1}{2}\sqrt{1+T_{11}-T_{22}-T_{33}}\\c=\pm\dfrac{1}{2}\sqrt{1-T_{11}+T_{22}-T_{33}}\\d=\pm\dfrac{1}{2}\sqrt{1-T_{11}-T_{22}+T_{33}}\end{cases}\tag{2.19}$$

其符号还应满足非对角线元素之差。

$$\begin{cases}4ab=T_{23}-T_{32}\\4ac=T_{31}-T_{13}\\4ad=T_{12}-T_{21}\end{cases}\tag{2.20}$$

其中,a 的符号可以是任意的,因为 4 个元素同时变符号,四元数不变,一般取

$$\begin{cases}\mathrm{sign}(a)=+\\\mathrm{sign}(b)=\mathrm{sign}(T_{23}-T_{32})\\\mathrm{sign}(c)=\mathrm{sign}(T_{31}-T_{13})\\\mathrm{sign}(d)=\mathrm{sign}(T_{12}-T_{21})\end{cases}\tag{2.21}$$

2.3.4 旋转矢量表示

旋转矢量也是描述姿态的一种方法,它是一个三元素的矢量,由旋转轴矢量和旋转幅度组成,一般用字母 $\boldsymbol{\rho}$ 表示。

$$\boldsymbol{\rho}_{ba}=\mu_{ba}\boldsymbol{e}_{ba}^{\frac{a}{b}}\tag{2.22}$$

$$\mu_{ba}=|\boldsymbol{\rho}_{ba}|,\boldsymbol{e}_{ba}^{\frac{a}{b}}=\frac{\boldsymbol{\rho}_{ba}}{|\boldsymbol{\rho}_{ba}|}\tag{2.23}$$

旋转矢量公式中四元数之间的变换关系如下:

$$\boldsymbol{q}=\cos\left(\frac{|\boldsymbol{\rho}_{ba}|}{2}\right)+\frac{\boldsymbol{\rho}_{ba}}{|\boldsymbol{\rho}_{ba}|}\sin\left(\frac{|\boldsymbol{\rho}_{ba}|}{2}\right)\tag{2.24}$$

在欧拉角、四元数及旋转矢量等几种姿态表示方法中,旋转矢量是唯一可以对旋转过程进行线性差值的方法,因此它在姿态插值中非常有用。例如,坐

标系 c 从坐标系 b 旋转到坐标系 a 的 k 倍方位处，三者之间的相对姿态旋转矢量可以表示为

$$\begin{cases}\boldsymbol{\rho}_{bc}=k\boldsymbol{\rho}_{ba}\\ \boldsymbol{\rho}_{ca}=(1-k)\boldsymbol{\rho}_{ba}\end{cases} \tag{2.25}$$

注意：对于非共线的旋转矢量既不能互易也不能累加。

2.4 运动学定义

导航中，某个坐标系的线运动和角运动都是相对于另外一个坐标系而言的。运动学研究的是物体本身的运动，而不考虑导致运动的起因。这与研究物体运动与起因之间关系的动力学不同。

对于运动学参量，如位置、速度、加速度和角速度等，均涉及以下三种坐标系。

(1) 描述载体运动，即载体坐标系（b 系）。

(2) 运动所参照的坐标系，即参考坐标系（r 系）。

(3) 用于表现运动的坐标轴组成的坐标系，即投影坐标系（p 系）。

为方便描述，采用笛卡尔位置、速度、加速度和角速度，如 $\boldsymbol{x}_{ba}^{p}$ 表示矢量 $\boldsymbol{x}$ 为坐标系 a 相对于坐标系 b 的运动学特性（位置、速度、加速度和角速度等），在坐标系 p 中的投影。

2.4.1 角速度

角速度矢量一般用 $\boldsymbol{\omega}$ 表示，坐标系 a 相对于坐标系 b 的转动角速度在 p 坐标系下的投影可表示为 $\boldsymbol{\omega}_{ba}^{p}$。角速度矢量与旋转发生的平面垂直，如图 2.7 所示。

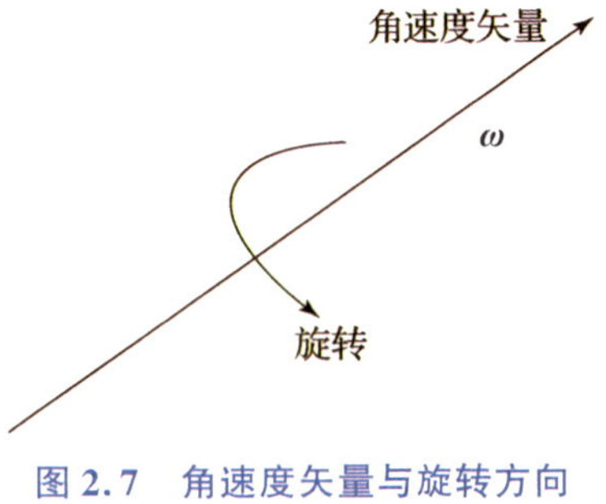

图 2.7 角速度矢量与旋转方向

两个坐标系相对的转动角速度可以通过对符号取反来表达，即

$$\boldsymbol{\omega}_{ba}^{p}=-\boldsymbol{\omega}_{ab}^{p} \tag{2.26}$$

若一个角速度的载体坐标系与另一个角速度的参考坐标系相同，那么相对

于同一个投影坐标系 p 的两个角速度可以进行简单的相加，即

$$\boldsymbol{\omega}_{bc}^{p} = \boldsymbol{\omega}_{ba}^{p} + \boldsymbol{\omega}_{ac}^{p} \tag{2.27}$$

通过左侧与对应的坐标变换矩阵相乘就可以实现相应角速度对应轴系 q 的变换，即

$$\boldsymbol{\omega}_{ba}^{q} = \boldsymbol{C}_{p}^{q}\boldsymbol{\omega}_{ba}^{p} \tag{2.28}$$

坐标矩阵的时间导数可定义为

$$\dot{\boldsymbol{C}}_{q}^{p} = \lim_{\delta t \to 0}\left(\frac{\boldsymbol{C}_{q}^{p}(\delta t + t) - \boldsymbol{C}_{q}^{p}(t)}{\delta t}\right) \tag{2.29}$$

将载体坐标系 p 的旋转看作相对于固定坐标系 q 的旋转，则

$$\boldsymbol{C}_{q}^{p}(\delta t + t) = \boldsymbol{C}_{p(t)}^{p(\delta t + t)}\boldsymbol{C}_{q}^{p}(t) \tag{2.30}$$

在小角度情况下，满足

$$\begin{aligned}\boldsymbol{C}_{q}^{p}(\delta t + t) &= \boldsymbol{C}_{p(t)}^{p(\delta t + t)}\boldsymbol{C}_{q}^{p}(t)\\ &= (\boldsymbol{I}_{3} - [\boldsymbol{\psi}_{p(t)p(\delta t + t)}\Lambda])\boldsymbol{C}_{q}^{p}(t)\\ &= (\boldsymbol{I}_{3} - \delta t[\boldsymbol{\omega}_{qp}^{p}\Lambda])\boldsymbol{C}_{q}^{p}(t)\end{aligned} \tag{2.31}$$

式(2.31)对时间取微分可得

$$\dot{\boldsymbol{C}}_{q}^{p} = \lim_{\delta t \to 0}\left(\frac{(\boldsymbol{I}_{3} - \delta t[\boldsymbol{\omega}_{qp}^{p}\times])\boldsymbol{C}_{q}^{p}(t) - \boldsymbol{C}_{q}^{p}(t)}{\delta t}\right) = -[\boldsymbol{\omega}_{qp}^{p}\times]\boldsymbol{C}_{q}^{p} \tag{2.32}$$

同理可得

$$\dot{\boldsymbol{C}}_{q}^{p} = -\boldsymbol{C}_{p}^{q}[\boldsymbol{\omega}_{qp}^{q}\times] = -\boldsymbol{C}_{p}^{q}\boldsymbol{\Omega}_{qp}^{q} \tag{2.33}$$

式(2.32)和式(2.33)可以拓展为

$$\dot{\boldsymbol{C}}_{q}^{p} = -\boldsymbol{\Omega}_{qp}^{p}\boldsymbol{C}_{q}^{p} = \boldsymbol{\Omega}_{pq}^{p}\boldsymbol{C}_{q}^{p} = -\boldsymbol{C}_{p}^{q}\boldsymbol{\Omega}_{qp}^{q} = \boldsymbol{C}_{p}^{q}\boldsymbol{\Omega}_{pq}^{q} \tag{2.34}$$

2.4.2　速度

速度表示载体坐标系的原点位置相对于参考坐标系原点和坐标轴的变化率。a 坐标系原点相对于 b 坐标系原点的位置在 p 坐标系的 x 轴、y 轴、z 轴的投影可以表示为 $\boldsymbol{r}_{ba}^{p} = (x_{ba}^{p}, y_{ba}^{p}, z_{ba}^{p})$。

两个坐标系相对的位置可以通过符号的取反来表达，即

$$\boldsymbol{r}_{ba}^{p} = -\boldsymbol{r}_{ab}^{p} \tag{2.35}$$

若一个笛卡尔坐标位置的载体坐标系与另一个角速度的参考坐标系相同，那么相对于同一个投影坐标系 p 的两个位置可以进行简单的相加，即

$$\boldsymbol{r}_{bc}^{p} = \boldsymbol{r}_{ba}^{p} + \boldsymbol{r}_{ac}^{p} = -\boldsymbol{r}_{ab}^{p} + \boldsymbol{r}_{ac}^{p} \tag{2.36}$$

同样，速度运动量也可以依次在第三个坐标系的坐标轴上投影表示。因此，a 坐标系相对于 b 坐标系的速度在 p 坐标系下的投影可以表示为 $\boldsymbol{v}_{ba}^{p} = \dot{\boldsymbol{r}}_{ba}^{p} = (\dot{x}_{ba}^{p}, \dot{y}_{ba}^{p}, \dot{z}_{ba}^{p})$。

2.4.3 加速度

加速度表示载体坐标系的原点位置相对于参考坐标系原点和坐标轴的二次时间导数。因此,a 坐标系相对于 b 坐标系的速度在 p 坐标系下的投影可以表示为

$$\boldsymbol{a}_{ba}^{p}=\ddot{\boldsymbol{r}}_{ba}^{p}=\boldsymbol{C}_{b}^{p}\ddot{\boldsymbol{r}}_{ba}^{b}=(\ddot{x}_{ba}^{p},\ddot{y}_{ba}^{p},\ddot{z}_{ba}^{p}) \tag{2.37}$$

加速度是在参考坐标系中作用在单位质量物体上的力,它的幅值与投影坐标系无关。由于投影坐标系 p 相对于参考坐标系 b 可能存在转动,加速度并不是简单地等同于速度的时间导数或者位置的二次时间导数:

$$\dot{\boldsymbol{v}}_{ba}^{p}=\dot{\boldsymbol{C}}_{b}^{p}\dot{\boldsymbol{r}}_{ba}^{b}+\boldsymbol{a}_{ba}^{p} \tag{2.38}$$

$$\begin{aligned}\ddot{\boldsymbol{r}}_{ba}^{p}&=\ddot{\boldsymbol{C}}_{b}^{p}\boldsymbol{r}_{ba}^{b}+\dot{\boldsymbol{C}}_{b}^{p}\dot{\boldsymbol{r}}_{ba}^{b}+\dot{\boldsymbol{v}}_{ba}^{b}\\&=\ddot{\boldsymbol{C}}_{b}^{p}\boldsymbol{r}_{ba}^{b}+2\dot{\boldsymbol{C}}_{b}^{p}\dot{\boldsymbol{r}}_{ba}^{b}+\boldsymbol{a}_{ba}^{p}\end{aligned} \tag{2.39}$$

其中,

$$\begin{cases}\ddot{\boldsymbol{C}}_{b}^{p}\boldsymbol{r}_{ba}^{b}=(\boldsymbol{\Omega}_{bp}^{p}\boldsymbol{\Omega}_{bp}^{p}-\dot{\boldsymbol{\Omega}}_{bp}^{p})\boldsymbol{C}_{b}^{p}\boldsymbol{r}_{ba}^{b}\\ \qquad\quad=(\boldsymbol{\Omega}_{bp}^{p}\boldsymbol{\Omega}_{bp}^{p}-\dot{\boldsymbol{\Omega}}_{bp}^{p})\boldsymbol{r}_{ba}^{p}\end{cases} \tag{2.40}$$

$$\begin{cases}\dot{\boldsymbol{C}}_{b}^{p}\dot{\boldsymbol{r}}_{ba}^{b}=-\boldsymbol{\Omega}_{bp}^{p}\boldsymbol{C}_{b}^{p}\dot{\boldsymbol{r}}_{ba}^{b}\\ \qquad\quad=-\boldsymbol{\Omega}_{bp}^{p}(\boldsymbol{\Omega}_{pb}^{p}\boldsymbol{r}_{ba}^{p}+\dot{\boldsymbol{r}}_{ba}^{p})\end{cases} \tag{2.41}$$

将式(2.40)、式(2.41)代入式(2.39)可得

$$\begin{aligned}\ddot{\boldsymbol{r}}_{ba}^{p}&=\ddot{\boldsymbol{C}}_{b}^{p}\boldsymbol{r}_{ba}^{b}+2\dot{\boldsymbol{C}}_{b}^{p}\dot{\boldsymbol{r}}_{ba}^{b}+\boldsymbol{a}_{ba}^{p}\\&=-\boldsymbol{\Omega}_{bp}^{p}\boldsymbol{\Omega}_{bp}^{p}\boldsymbol{r}_{ba}^{p}-2\boldsymbol{\Omega}_{bp}^{p}\dot{\boldsymbol{r}}_{ba}^{p}-\dot{\boldsymbol{\Omega}}_{bp}^{p}\boldsymbol{r}_{ba}^{p}+\boldsymbol{a}_{ba}^{p}\end{aligned} \tag{2.42}$$

2.4.4 旋转坐标系运动

根据牛顿运动定律,在不受外力时,物体会相对于惯性参考坐标系做匀速运动,但相对于旋转坐标系则不同。考虑一个相对于参考坐标系静止的物体,该参考坐标系以恒定速率旋转。相对于惯性坐标系,该物体以旋转坐标系的旋转轴为中心做圆周运动。由于该物体相对于惯性系做圆周运动,因此一定受到一个力的作用。若物体 a 相对于惯性系 i 的位置表示为

$$\begin{cases}x_{ia}^{i}=r\cos(\omega_{i\beta}t)\\y_{ia}^{i}=r\sin(\omega_{i\beta}t)\end{cases} \tag{2.43}$$

式中:$\omega_{i\beta}$ 为角度;t 为时间,则加速度为

$$\begin{pmatrix}\ddot{x}_{ia}^{i}\\\ddot{y}_{ia}^{i}\end{pmatrix}=\boldsymbol{\omega}_{i\beta}^{2}r\begin{pmatrix}\cos(\boldsymbol{\omega}_{i\beta}t)\\\sin(\boldsymbol{\omega}_{i\beta}t)\end{pmatrix}=-\boldsymbol{\omega}_{i\beta}^{2}\begin{pmatrix}x_{ia}^{i}\\y_{ia}^{i}\end{pmatrix} \tag{2.44}$$

因此，加速度指向旋转轴，这就是向心加速度，对应的力称为向心力。

相对于旋转参考系，物体的加速度为零，而向心力仍然存在。因此，从旋转坐标系的角度看，一定存在一个与向心力大小相等但方向相反的力，即离心力。

现在考虑一个相对于旋转参考坐标系以恒定速度向旋转轴运动的物体，相对于惯性坐标系，该物体的运动轨迹为曲线，因此一定存在加速度，如图 2.8 所示。随着越来越接近旋转轴，物体沿着旋转方向相对于惯性空间的速度逐渐减小。因此，就像受到向心力一样，也受到一个沿旋转相反方向的阻力。相对于旋转坐标系，物体以匀速运动，因此加速度必定为零。因此，一定有第二个抵消该阻力的力存在，该阻力称为哥氏力。

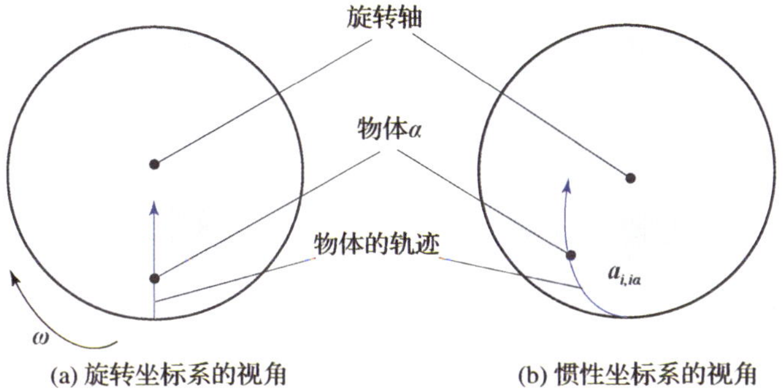

图 2.8　物体相对于旋转坐标系做匀速运动

哥氏加速度的方向与物体相对于旋转参考坐标系的速度垂直。图 2.9 给出了几个示例，如果一个物体在运动，并没有施加的外力使其相对旋转参考坐标系保持恒定速度，则物体相对于惯性坐标系的速度为常值。这时，由于哥氏力的作用，物体相对于旋转坐标系的轨迹为曲线。这可以通过在转盘上丢或滚动一个小球来做演示实验。

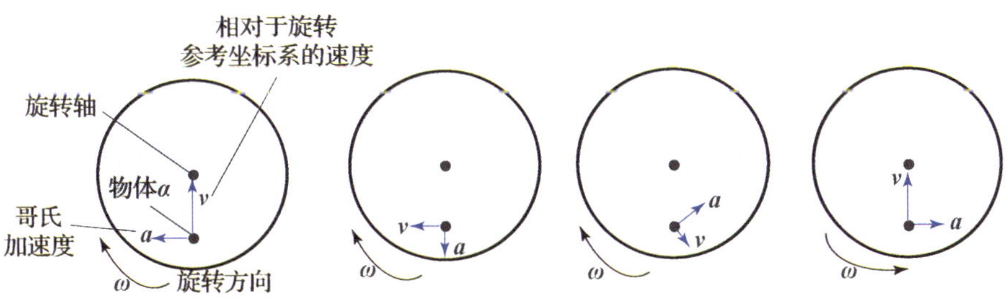

图 2.9　哥氏加速度距离

考虑一个相对于惯性坐标系静止的物体，相对于旋转坐标系，该物体以旋转坐标系的旋转轴为中心做圆周运动，因此会受到向心加速度。所有物体相对于旋转参考坐标系而言均受到离心加速度，与向心加速度大小相等、方向相反。实际上，由于物体相对于旋转坐标系有运动，会受到哥氏加速度，故并不矛盾。要描述物体相对于旋转坐标系的运动，就需要考虑离心加速度和哥氏加速度合成的向心加速度。

考虑载体坐标系 a 相对于旋转参考坐标系 b 的运动，用全加速度减去载体和参考坐标系在惯性参考坐标系下的加速度差，就可以得到虚拟加速度 $\boldsymbol{a}_{ba}^{Pb}$，即

$$\boldsymbol{a}_{ba}^{Pb}=\boldsymbol{a}_{ba}^{b}-\boldsymbol{a}_{ia}^{b}+\boldsymbol{a}_{ib}^{b} \tag{2.45}$$

式中：i 表示惯性坐标系。

进一步结合坐标变换，可将式(2.45)转换为

$$\begin{aligned}\boldsymbol{a}_{ba}^{Pb}&=\boldsymbol{a}_{ba}^{b}-\boldsymbol{a}_{ia}^{b}+\boldsymbol{a}_{ib}^{b}\\&=\ddot{\boldsymbol{r}}_{ba}^{b}-\boldsymbol{C}_{i}^{b}(\ddot{\boldsymbol{r}}_{ia}^{i}-\ddot{\boldsymbol{r}}_{ib}^{i})\\&=\ddot{\boldsymbol{r}}_{ba}^{b}-\boldsymbol{C}_{i}^{b}\ddot{\boldsymbol{r}}_{ba}^{i}\end{aligned} \tag{2.46}$$

其中，$\boldsymbol{r}_{ba}^{b}$ 可以表达如下。

$$\boldsymbol{r}_{ba}^{b}=\boldsymbol{C}_{i}^{b}\boldsymbol{r}_{ba}^{i} \tag{2.47}$$

对式(2.47)进行两次微分得

$$\ddot{\boldsymbol{r}}_{ba}^{b}=\ddot{\boldsymbol{C}}_{i}^{b}\boldsymbol{r}_{ba}^{i}+2\dot{\boldsymbol{C}}_{i}^{b}\dot{\boldsymbol{r}}_{ba}^{i}+\boldsymbol{C}_{i}^{b}\ddot{\boldsymbol{r}}_{ba}^{i} \tag{2.48}$$

那么，将式(2.23)代入式(2.46)可得

$$\begin{aligned}\boldsymbol{a}_{ba}^{Pb}&=\ddot{\boldsymbol{r}}_{ba}^{b}-\boldsymbol{C}_{i}^{b}\ddot{\boldsymbol{r}}_{ba}^{i}\\&=\ddot{\boldsymbol{C}}_{i}^{b}\boldsymbol{r}_{ba}^{i}+2\dot{\boldsymbol{C}}_{i}^{b}\dot{\boldsymbol{r}}_{ba}^{i}\end{aligned} \tag{2.49}$$

再结合式(2.37)及式(2.41)可得

$$\boldsymbol{a}_{ba}^{Pb}=-\boldsymbol{\Omega}_{ib}^{b}\boldsymbol{\Omega}_{ib}^{b}\boldsymbol{r}_{ba}^{b}-2\boldsymbol{\Omega}_{ib}^{b}\dot{\boldsymbol{r}}_{ba}^{b}-\dot{\boldsymbol{\Omega}}_{ib}^{b}\boldsymbol{r}_{ba}^{b} \tag{2.50}$$

式(2.50)中，第一项为离心加速度；第二项为哥氏加速度；第三项为欧拉加速度。其中，欧拉加速度是第三种虚拟力，是当参考坐标系相对于惯性空间存在角加速度时产生的力。

2.5 地球模型

导航系统的任务是确定载体的位置、航向及姿态，而确定这些量必须要有参照体。在星际航行时以宇宙空间中的天体作为参照体；在地球上进行导航则以地球为参照体[5-7]。

2.5.1 地球表面椭球模型

地球是一个不规则球体，内部是熔岩，由于自转的影响，地球呈现扁圆状，

沿赤道方向鼓出，南极稍微凹入，形状似梨。一般采用三种几何模型对地球作近似描述[8-9]。

（1）大地水准体：通过全球海平面的地球重力场等势面围成的空间体。

（2）圆球：球心位于地心，半径 $R \approx 6371\text{km}$。

（3）参考旋转椭球体：中心位于地心，分别以 R_e 为长半轴（赤道半径）、R_p 为短半轴（地球极轴半径）的椭圆绕地球自转轴旋转 180°形成的椭球体，其中 R_e 与 R_p 通过大地测量确定，如表 2.1 所示。

表 2.1　地球陀螺模型参数

参数	长半轴 a/m	短半轴 b/m	扁率
克拉索夫斯基椭球体	6378245.0	6356863.01877304	1/298.3
1975 国际椭球	6378140.0	6356755.28815752	1/298.257
WGS84 椭球体	6378137.0	6356752.31424517	1/298.257223563
CGCS2000 坐标系椭球	6378137.0	6356752.31414036	1/298.25722210100
GRS80 坐标系椭球	6378137.0	6356752.31414036	1/298.25722210103

在惯性导航系统中通常采用旋转椭球体作为地球的模型描述，如图 2.10 所示，即近似为

$$\frac{x^2+y^2}{R_e^2}+\frac{z^2}{R_p^2}=1 \tag{2.51}$$

式中：R_e 为长半轴，即赤道半径；R_p 为短半轴，即地球极轴半径。

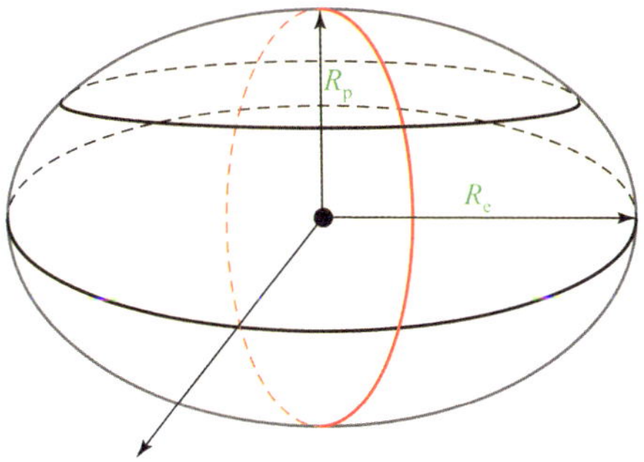

图 2.10　旋转椭球体示意

地球模型的圆度或者说扁率为

$$e=\frac{R_e-R_p}{R_e} \tag{2.52}$$

偏心率为

$$k=\frac{\sqrt{R_e^2-R_p^2}}{R_e} \tag{2.53}$$

2.5.2 曲线坐标系位置表示

物体相对于地球表面的位置可用三个正交轴构成的坐标系表示，其坐标轴与当地导航坐标系的轴相对应。沿着地球表面法线方向，从所描述的载体到地球表面的距离称为高度或高程。法线与地球表面相交的点的南－北轴坐标称为纬度，东－西轴坐标称为经度。三个轴相对地球的方向随着载体位置的变化而改变，因此，纬度、经度和高度又合称为曲线或椭圆位置。

将椭球体表面相同纬度的点连接起来，构成一个以南北极轴为中心的圆，称为纬度圈，同样，将椭球体表面相同经度的点连接起来，构成从极点到极点的半椭圆，称为子午圈。纬度圈和子午圈的夹角为90°。包含纬度圈或子午圈的平面分别称为纬度截面或子午截面。

子午线曲率半径是指过极轴和位置点的平面与椭球表面交平面在位置点 P 处的曲率半径。卯酉圈曲率半径是指过 P 点法线且垂直于过 P 点子午面的平面与椭球表面的交线。

如图2.11所示，地心纬度是指从地心到椭圆体表面一点的射线与赤道平面的夹角，用 L_0 表示，以北半球的纬度为正，南半球的纬度为负。地理纬度是椭球体法线与赤道平面的夹角，一般用 L 表示。

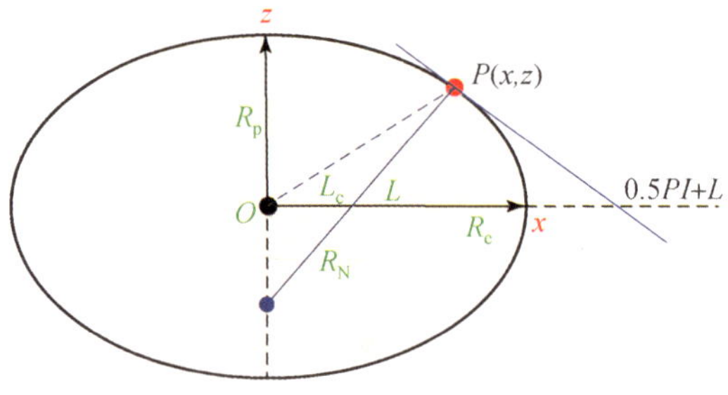

图2.11 子午线截面示意

子午线截面方程为

$$\frac{x^2}{R_e^2}+\frac{z^2}{R_p^2}=1 \tag{2.54}$$

对 x 求偏导可得

$$\frac{dz}{dx}=-\frac{R_p^2}{R_e^2}\frac{x}{z} \tag{2.55}$$

根据几何性质可得

$$\frac{\mathrm{d}z}{\mathrm{d}x}=\tan\left(\frac{\pi}{2}+L\right)=-\frac{1}{\tan(L)} \tag{2.56}$$

所以

$$\frac{1}{\tan(L)}=\frac{R_{\mathrm{p}}^2}{R_{\mathrm{e}}^2}\frac{x}{z} \tag{2.57}$$

另外，根据椭圆的参数方程可知：

$$\begin{cases} x=R_{\mathrm{e}}\cos(L_{\mathrm{c}}) \\ z=R_{\mathrm{p}}\sin(L_{\mathrm{c}})=R_{\mathrm{e}}(1-e)\sin(L_{\mathrm{c}}) \end{cases} \tag{2.58}$$

对式(2.58)求导可得

$$\begin{cases} \dfrac{\mathrm{d}x}{\mathrm{d}L_{\mathrm{c}}}=-R_{\mathrm{e}}\sin(L_{\mathrm{c}}) \\ \dfrac{\mathrm{d}z}{\mathrm{d}L_{\mathrm{c}}}=R_{\mathrm{e}}(1-e)\cos(L_{\mathrm{c}}) \end{cases} \tag{2.59}$$

结合式(2.57)和式(2.58)可得地心纬度与地理纬度的关系为

$$\frac{\mathrm{d}z}{\mathrm{d}x}=-\frac{1}{\tan(L)}=\frac{R_{\mathrm{e}}(1-e)\cos(L_{\mathrm{c}})}{-R_{\mathrm{e}}\sin(L_{\mathrm{c}})} \tag{2.60}$$

即

$$\frac{1}{\tan(L)}=\frac{1-e}{\tan(L_{\mathrm{c}})} \tag{2.61}$$

如图 2.12 所示，经度是指包含关注点的子午面与 IERS 参考子午线/协议零子午线/首子午线在赤道平面上的夹角，用 λ 表示。一般规定 IERS 参考子午线东面的经度为正，所以东半球的经度为正，而西半球的经度为负[10]。

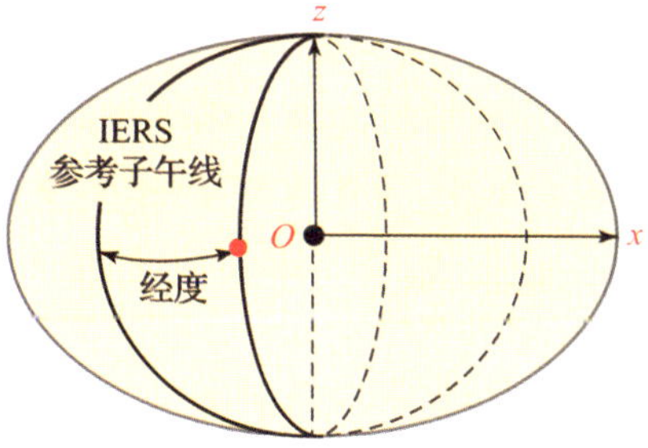

图 2.12　经度定义示意图

在导航中定义参考椭球体的曲率半径是有意义的。沿南北方向运动的曲率半径为子午面曲率半径 R_{M}，它决定了一条子午线在地理纬度上的变化率，是所关注点的北向及向下方向的参考椭球体横截面的曲率半径，等于与所关注点的子午线椭圆最匹配的圆的半径，其定义为

$$R_M = \frac{\left[1 + \left(\frac{dz}{dx}\right)^2\right]^{\frac{3}{2}}}{\left|\frac{d^2z}{dx^2}\right|} \tag{2.62}$$

根据椭球的子午线截面方程,解出 z 关于 x 的一、二阶导数,代入可得子午线曲率半径为

$$R_M = \frac{\left[1 + \left(-\frac{R_p^2}{R_e^2}\frac{x}{z}\right)^2\right]^{\frac{3}{2}}}{\frac{R_p^4}{R_e^2 z^3}} = \frac{R_e(1-k^2)}{(1-k^2 \cdot \sin^2(L))^{\frac{3}{2}}}$$
$$= \frac{R_e\ (1-e)^2}{(\cos^2(L) + (1-e)^2 \cdot \sin^2(L))^{\frac{3}{2}}} \tag{2.63}$$

可以看出,曲率半径的值随着纬度的变化而变化,在赤道处,即地心半径最大处达到最小,在地球极点处达到最大。

沿东西向运动的曲率半径称为卯酉圈曲率半径,用 R_N 表示,它是过所关注点的东西向及向下方向的参考椭球体横截面的曲率半径。卯酉圈曲率半径可表示为

$$R_N = \frac{x}{\cos(L)} = \frac{\frac{R_e \cdot \cos(L)}{(1-k^2 \cdot \sin\ (L)^2)^{\frac{1}{2}}}}{\cos(L)} = \frac{R_e}{(1-k^2 \cdot \sin\ (L)^2)^{\frac{1}{2}}}$$
$$= \frac{R_e}{(\cos^2(L) + (1-e)^2 \cdot \sin^2(L))^{\frac{1}{2}}} \tag{2.64}$$

它的大小也随着纬度变化而变化,在赤道处达到最小。

如图 2.13 所示,大地高度或者称为参考椭球体高度,是指载体沿着椭球表面法线,到参考椭球体表面的距离,用 h 表示,规定载体在椭球外时高度为正。

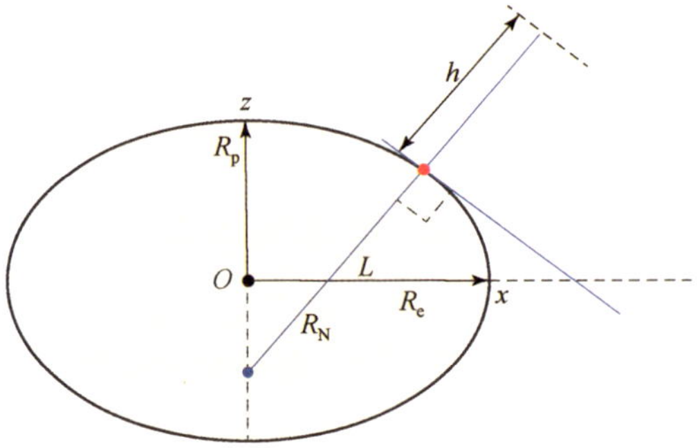

图 2.13　高度定义示意图

2.5.3 大地水准面、垂线高度和地球潮汐

大地水准面是有恒定重力使能的地球表面模型,是等势面的一种。大地水准面通常在海平面上下 1m 范围内。在陆地上,地球的物理表面也称为地形,一般高于大地水准面。在地球表面上,任意点的重力矢量总是垂直于大地水准面,而不是垂直于椭球面或地表。

物体在大地水准面以上的高度或者物体高于平均海平面的高度称为垂线高度或者高于平均海平面的高度,用 H 表示。如图 2.14 所示,垂线高度与大地高度的关系为

$$H \approx h - N \tag{2.65}$$

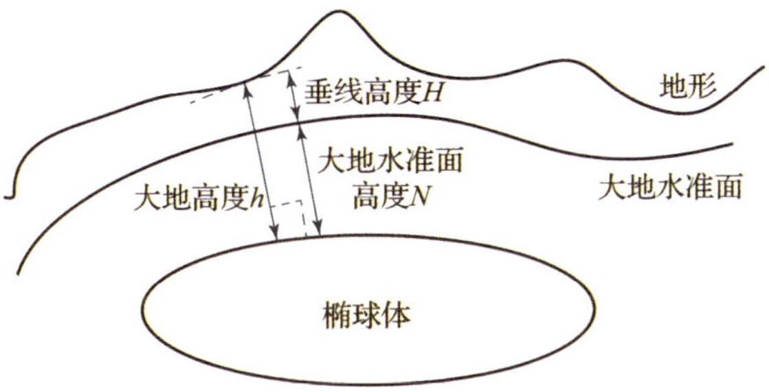

图 2.14 大地水准面、垂线高度与大地高度示意图

潮汐运动是月球引力引起海洋运动的表现形式,同时也会引起地壳的潮汐运动。地球的潮汐运动称为固体潮,会导致地形地貌的位置相对于大地水准面和椭球体存在 0.5m 左右的幅度波动。其中,垂向位移最大,也有水平位移。固体潮与多种不同周期波动相关,其中最主要的波动周期约为 24h 或者 12h。

2.5.4 比力、地心引力和重力

地心引力是基本的质量引力,不包括任何向心分量。向心力是当物体沿着圆周或者曲线轨道运动时,指向圆心(曲率中心)的合外力作用力。比力是指相对于惯性坐标系中敏感的、作用于单位质量物体上的除引力之外的力。

比力可以利用人工和仪表的方法测量。但是,地心引力在物体上任意一点都是一样的,它们以相同的方式运动,无法直接测量到。

向心力为离心力的反作用力,如图 2.15 所示。

向心力可以表示为

$$m\boldsymbol{a}_n = m\frac{\mathrm{d}\boldsymbol{v}}{\mathrm{d}t} = m\frac{\mathrm{d}(\boldsymbol{\omega}\times\boldsymbol{R})}{\mathrm{d}t} = m\frac{\boldsymbol{\omega}\times\mathrm{d}(\boldsymbol{R})}{\mathrm{d}t} = m\boldsymbol{\omega}\times\boldsymbol{v} = m\boldsymbol{\omega}\times(\boldsymbol{\omega}\times\boldsymbol{R}) \tag{2.66}$$

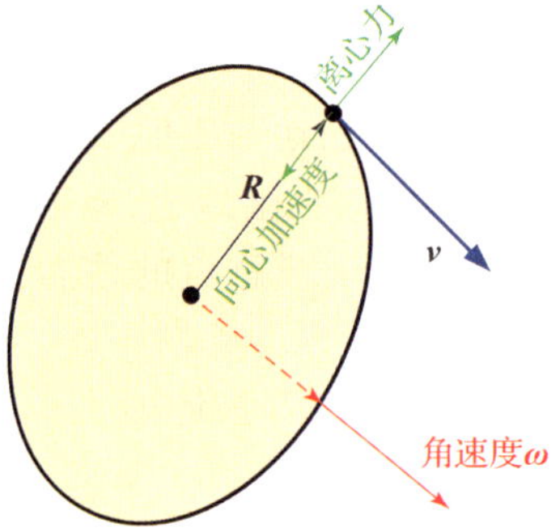

图 2.15 向心力与离心力示意图

所以产生的离心力为

$$-m\boldsymbol{\omega}\times(\boldsymbol{\omega}\times\boldsymbol{R}) \tag{2.67}$$

那么,重力加速度为

$$\boldsymbol{g}=\boldsymbol{G}_{\mathrm{e}}-\boldsymbol{\omega}\times(\boldsymbol{\omega}\times\boldsymbol{R}) \tag{2.68}$$

通常重力加速随纬度 L 变化的计算公式为(达朗贝尔方程)

$$g(L)=g_0+(1-0.0026373\cos(2L)+0.0000059\cos^2(2L)) \tag{2.69}$$

式中:$g_0=978.049\mathrm{cm/s^2}$。

其他,如在 WGS84 全球大地坐标系中选用的重力加速度模型为

$$g(L)=978.03267714\times\frac{1+0.00193185138639\sin^2 L}{\sqrt{1-0.00669437999013\sin^2 L}} \tag{2.70}$$

重力加速度随高度的变化规律为

$$g(h)=g_0\frac{R_{\mathrm{e}}^2}{(R_{\mathrm{e}}+h)^2}=g_0\left(1-\frac{2h}{R_{\mathrm{e}}}\right)(\text{一阶泰勒展开},h\ll R_{\mathrm{e}}) \tag{2.71}$$

参考文献

[1] NOURELDIN A, KARAMAT T B, GEORGY J. Fundamentals of Inertial Navigation, satellite-based positioning and their integration[M]. Berlin: Springer, 2013.
[2] GROVES P D. GNSS 与惯性及多传感器组合导航系统原理[M]. 2 版. 练军想,唐康华,潘献飞,等译. 北京:国防工业出版社,2015.
[3] 胡杰. 光纤陀螺单轴旋转惯导系统若干关键技术研究[D]. 南京:东南大学,2017.
[4] 黄德鸣,程禄. 惯性导航系统[M]. 北京:国防工业出版社,1986.
[5] 王巍. 光纤陀螺惯性导航系统[M]. 北京:中国宇航出版社,2010.

[6] TITTERTON D, WESTON J. Strapdown Inertial Navigation Technology. 2nd edition. [Book review] [J]. Aerospace&Electronic Systems Magazine IEEE, 2004,20(7):33 -34.
[7]陈哲. 捷联惯导系统原理[M]. 北京:宇航出版社,1986.
[8]高钟毓. 静电陀螺仪技术[M]. 北京:清华大学出版社,2004.
[9]秦永元. 惯性导航[M]. 北京:科学出版社,2006.
[10]TITTERTON D H,WESTON J L. 捷联惯性导航技术[M]. 2 版. 张天光,王秀萍,王丽霞,等译. 北京:国防工业出版社,2007.

第3章　光学陀螺惯性导航系统传感器

3.1 概　述

一般来说,惯性导航系统的精度主要取决于惯性元件(即精密陀螺仪与加速度计)的精度[1]。光学陀螺技术是以光波为载体,感知和传输惯性信号的新型传感技术,与传统机械式陀螺仪相比,光学惯性陀螺仪具有灵敏度高、抗电磁干扰、耐高温、抗腐蚀、灵活性好、对外界其他设备干扰小等特点,受到世界各国政府和学者的重点关注,并得到快速发展。目前,基于光学原理惯性产品中较为成熟的干涉式光纤陀螺及激光陀螺已广泛应用在航空航天、矿产勘探、船舶测量、军事导航等诸多领域。精密加速度计是一种利用检测质量(或称敏感质量)的惯性力来测量线加速度或角加速度的装置,惯性导航、制导都是以加速度计敏感、测量载体运动加速度作为速度积分的基础。因此,加速度计也是惯性导航系统的关键部件[2]。

3.2 光学陀螺

1913 年,法国科学家萨格纳克论证了采用无运动部件的光学系统同样能够检测相对惯性空间的旋转。1962 年,第二代陀螺的环形激光陀螺诞生,标志着以萨格纳克效应为基础的光学陀螺取得实质的进展。环形激光陀螺采用了悬臂梁结构的机械抖动来避免闭锁现象,属于非全固态陀螺仪。随着光纤通信技术的发展,1976 年,美国犹他州立大学 V. Valid 和 R. Shorthill 教授对新型光纤陀螺(Fiber Optic Gyroscope,FOG)进行了实验演示,证实了光纤陀螺的可行性,光纤陀螺无运动部件属于全固态陀螺。得益于近年来基础光学的发射源、传输媒介及检测技术的快速发展,光学陀螺可以实现物理信号的高、精、稳定的准确检测,惯性参量检测技术得到了迅猛发展。

3.2.1　萨格纳克效应

光学陀螺是基于萨格纳克效应工作的,法国科学家萨格纳克首次提出了萨格纳克光学效应[3],即沿闭合光路相向传播的两束光波之间的相位差正比于闭合光路法向的输入角速度。一个真空中半径为 r 的闭合环形光路在静止状态下(转速 $\Omega=0$),从分束器同时发出两束光波分别沿环形光路按顺时针(CW)、逆时针(CCW)相向传播,两光波经过相同的光程 $l(l=2\pi r)$ 后将同时回到分束器,其相位差为0,所用时间为 $t=2\pi r/c$(c 为光速)。

在图3.1(b)中,环形光路和分束器均以角速度 Ω 相对惯性空间旋转,两束相向传播的光波到达分束器时所经历的光程不同。与 Ω 反向传播的光波经过环形光路到达分束器时,因分束器实际位置为 A',该光波的光程比环形光路的周长要短,其大小为

$$l_{ccw}=2\pi r-r\Omega t_{ccw}=ct_{ccw} \tag{3.1}$$

式中:t_{ccw} 为光波经过光程 l_{ccw} 所需的时间。

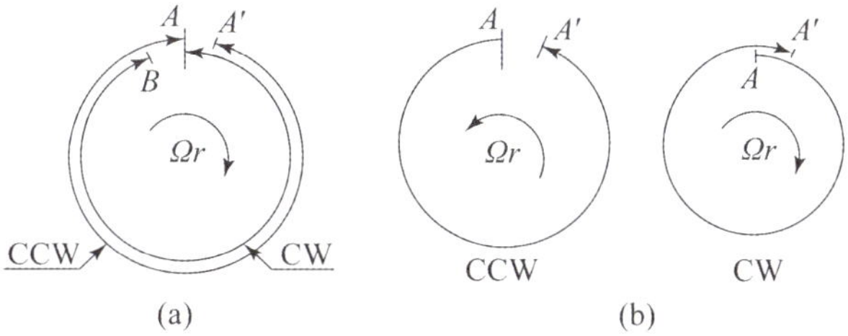

图3.1　萨格纳克效应原理示意图

同理,与 Ω 同向传播的光到达分束器 A' 时的光程将比环形光路周长要长,其大小为

$$l_{cw}=2\pi r+r\Omega t_{cw}=ct_{cw} \tag{3.2}$$

式中:t_{cw} 为光波经过光程 l_{cw} 所需的时间。

由式(3.1)和式(3.2)可计算出沿顺、逆时针方向传播的两束光波之间的传播时间差为

$$\Delta t_V=\frac{\Delta l_V}{c}=\frac{l_{cw}-l_{ccw}}{c}=\frac{\Omega r(t_{cw}+t_{ccw})}{c}\approx\frac{2\Omega rl}{c^2}=\frac{4\pi r^2}{c^2}\Omega=\frac{4s}{c^2}\Omega \tag{3.3}$$

式中:Δl_V 为两束光波到达分束器 A' 时的光程差;S 为闭合环形光路的面积。

若光的波长为 λ_0，则两束光波的传输时间差 Δt_V 引起的两束光波的相位差为

$$\Delta\varphi_{\mathrm{R}} = 2\pi \frac{c\Delta t_V}{\lambda_0} = \frac{8\pi s}{\lambda_0 c}\Omega = \frac{4\pi l r}{\lambda_0 c}\Omega \tag{3.4}$$

由此可见，当光的波长 λ_0 不变时，通过测量两束光波的相位差 $\Delta\varphi_{\mathrm{R}}$，就可以得到转速 Ω 的值。

以上为真空介质中萨格纳克效应的推导过程，光在介质中的传播速度会由于介质的不同而变化，在这种情况下会产生斐索牵引或多普勒效应，补偿了折射率的影响，因此式(3.4)依然成立，与介质无关。

上面分析了圆形闭合光路的萨格纳克效应，实际上其结论适用于任意形状的闭合光路[4]。

3.2.2 激光陀螺

激光陀螺的研制原理是基于萨格纳克效应，利用两个相向传输的激光光束的频率差来测量物体角位移。激光陀螺的基本部件是环形激光器，一般采用氦氖气体激光器，其需要上千伏高压启动。在实际应用中，激光陀螺采用机械抖动或电磁偏频的方式克服闭锁现象。激光陀螺是最早实现高精度和大批量应用的光学陀螺仪。

1960 年 12 月，美国科学家贾万等利用氦氖气体作为工作介质制造了世界上第一套气体激光器。1963 年，美国 Sperry 公司研制成功第一台激光陀螺，自 20 世纪 60 年代发展至今，激光陀螺主要关键技术已实现突破，技术成熟，在多个领域得到了广泛的应用，国外激光陀螺主要研究单位有美国的 Draper 实验室公司、Honeywell 公司、Northrop 公司、Singer – Kearfott 公司等，法国的 Sagem 公司、Sextant 公司等，日本宇宙航空研究开发机构（National Space Development Agency of Japan，NASDA）、国家宇航实验室、日本航空电子工业株式会社（Japan Aviation Electronics Industry，Ltd，JAE），俄罗斯的 Posyus 研究所、电子光学（Electrooptika）公司等。其中，美国激光陀螺具有世界最高水平，Honeywell 公司生产的 GG1389 激光陀螺精度达到了 0.00015°/h。

目前，国内研制生产的激光陀螺主要有四频差动激光陀螺和二频机械抖动激光陀螺两大系列。国内研发的激光陀螺在型谱和精度上仅次于美国，处于国际先进水平，陀螺仪产品精度涵盖高、中、低档，相关产品已在我国海、陆、空、天各领域得到了广泛应用。典型激光陀螺产品如图 3.2 所示。

应用较为广泛的机械抖动激光陀螺主要由环形激光器、偏频组件、稳频组件、信号读出系统、电源组成，如图 3.3 所示。

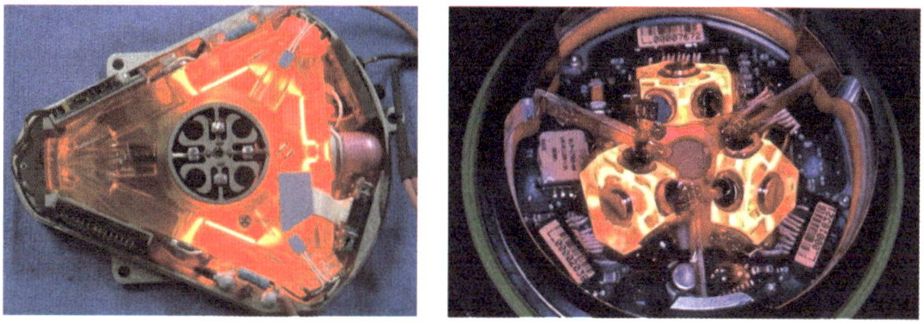

图 3.2　典型激光陀螺产品

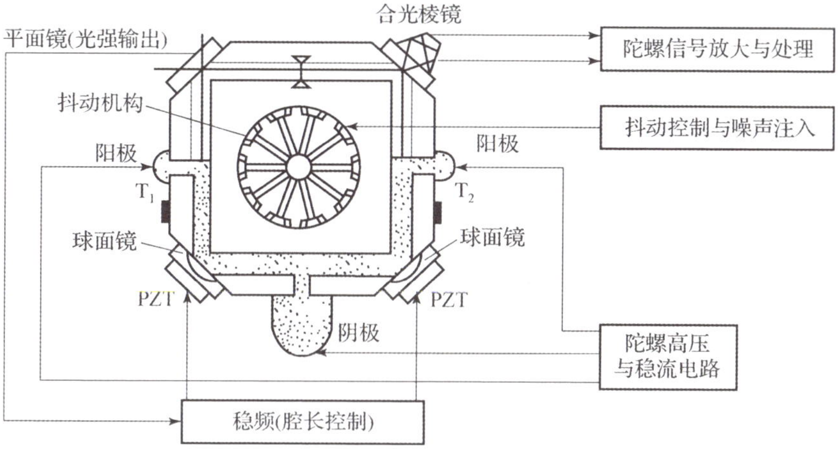

图 3.3　机械抖动激光陀螺组成框图

根据环形腔谐振理论，环形腔内沿相反方向传输的两束激光行波分别对应顺、逆时针光波的光程长度，由萨格纳克效应引起的光程变化会使相反两个方向的光频率产生差异。经过合光棱镜将激光束合并到一处时，在垂直于两光束角平分线的屏幕上形成干涉光场，用两只间隔一定距离的探测器即可检测干涉强度的变化。通过检测探测器的明暗条纹变化(计数方式)可以检测输入角速率。当输入角速率较小时(引入的光程变化小于 $\lambda/2$)，激光陀螺无法敏感到外部的输入形成闭锁现象，因此需要在外部输入的基础上通过机械抖动叠加一个幅度较大的交变角速率信号，使陀螺的实际测量输入远离闭锁区，减小测量误差。

3.2.3　光纤陀螺

光纤陀螺是一种敏感角速率的光纤传感器，与激光陀螺一样是基于萨格纳克效应的环形干涉仪，其采用光纤介质构成闭合光路形成传感回路，按照光学工作原理可分为干涉式光纤陀螺(IFOG)、谐振式光纤陀螺(Resonator Fiber

Optic Gyroscope，RFOG）、受激布里渊散射式光纤陀螺三类。其中，干涉式光纤陀螺技术已完全成熟并产业化，而谐振式光纤陀螺和受激布里渊散射式光纤陀螺还处于基础研究阶段，尚有诸多技术问题需要进一步探索研究，未能形成批量应用的产品。

美欧国家众多公司均在研产各型号高、中、低精度陀螺产品，典型代表公司有美国的 Honeywell 公司、Northrop 公司、KVH 公司，德国的 LITEF 公司，法国的 IXSEA 公司，其中，法国 IXSEA 公司的 M 系列惯性导航的光纤陀螺的零偏稳定性优于 0.0005°/h。另外，俄罗斯光联（Optolink）、日本航空电子工业株式会社也较早研制相应产品。在国外市场，光纤陀螺产品已大批量生产应用于各军、民用领域，如图 3.4 所示。

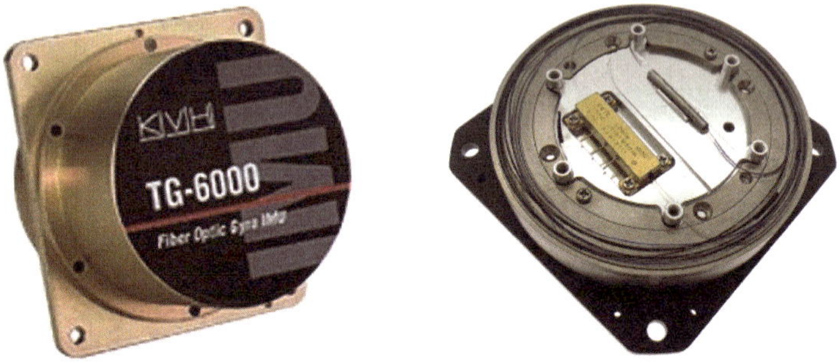

图 3.4　光纤陀螺产品

近年来，国内光纤陀螺产品呈现井喷式发展，研制单位多达上百家，主要产品以中、低精度陀螺为主，高精度及超高精度光纤陀螺主要在北京航空航天大学、航天科技集团、中船集团等科研院所进行技术研究，并已有较大突破。

在光纤陀螺中，旋转引起的萨格纳克相移与角速率成正比，当陀螺旋转时，光纤环圈内沿顺时针和逆时针方向传输的两束光波之间产生一个与旋转角速率 Ω 成正比的相位差 φ_S，即

$$\varphi_S = \frac{2\pi LD}{\bar{\lambda} c}\Omega \tag{3.5}$$

式中：L 为光纤长度；D 为光纤环圈等效直径；$\bar{\lambda}$ 为光源平均波长；c 为真空中光速。

干涉相位差信号通过光强进行检测，检测输出 I_D 是萨格纳克相移的余弦函数，即

$$I_D = I_0(1 + \cos\varphi_S) \tag{3.6}$$

式中：I_0 为光强。

由于相对角速率是非线性和周期性的，需要加入偏置调制或反馈控制等信

号处理技术以实现所需的灵敏度和动态范围。对所有的光学干涉仪来说,这是一个共性问题,只有光强才能被现有的光探测器直接测量。采用闭环信号处理方法可以把光纤陀螺的非线性响应转换为线性响应。闭环光纤陀螺是在干涉环路中增加一个反馈控制元件,通过反馈引入一个非互易相位误差 φ_F 补偿旋转引起的相移,使得光束之间的相位差始终控制在零位($\varphi_S+\varphi_F=0$),这样光纤陀螺输出对旋转速率的响应基本是线性的。

干涉式闭环光纤陀螺由宽带光源、光纤耦合器、光探测器、Y 分支多功能集成光学芯片(Integrated Optical Chip,IOC)和光纤环圈组成,如图 3.5 所示。

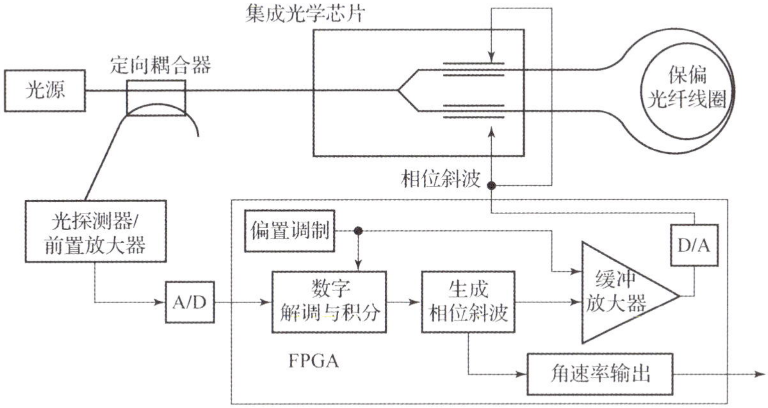

图 3.5 干涉式光纤陀螺组成框图

通过检测解调探测器的强度信号,依据调制方式对光相位信息进行解调。图 3.6 中给出了典型的两态方波调制方式及探测器输出信号。两种调制状态探测器输出信号差分检测,可以检测出相位变化信息,进行积分后与调制信号叠加,通过集成光学芯片反馈到干涉仪中实现闭环,反馈的信息通过接口输出作为角速度信息输出。

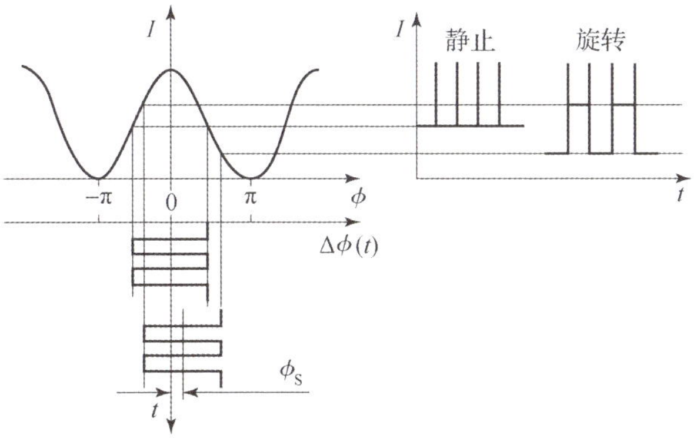

图 3.6 干涉式光纤陀螺的调制与检测信号

3.2.4 光学陀螺的技术指标

光学陀螺的主要技术指标大致可以分为零偏、噪声(随机游走系数)、标度因数、动态范围和带宽5类。这些参数在国家军用标准 GJB 585B—2018《惯性技术术语》中已有严格定义,在国家军用标准 GJB 2426A—2015《光纤陀螺仪测试方法》和 GJB 2427A—2020《激光陀螺仪测试方法》中规定了它们的测试方法。

1. 零偏

在光学陀螺中漂移与噪声是两个不同的概念,漂移也称为零位的漂移或偏置漂移或零偏稳定性,应理解为陀螺输出围绕其均值的起伏或波动,通常使用标准偏差(σ)或均方根(Root Mean Square,RMS)表示。在此意义下,漂移值的大小也标志着观测值围绕零偏均值的离散度。一般认为,具有优于0.01°/h 漂移精度的陀螺适用于导航级惯性系统。对于快速响应应用,零偏稳定性由噪声决定,对于长航时导航应用,零偏稳定性则主要源于缓慢变化的低频扰动,如单模光纤中的偏振态演变、法拉第磁场效应、温度漂移或其他低频环境噪声等。某些应用中对陀螺还有逐次启动、日启动、月启动等零偏重复性指标,是指陀螺输出均值的一致性,反映陀螺输出的长期稳定性。

2. 噪声

光纤陀螺的噪声机理主要集中在光学或光电检测部分,激光陀螺的噪声机理集中在反射面的损耗及散射噪声。这些噪声决定了陀螺的最小可检测灵敏度,且通常应为白噪声,由于零偏稳定性与检测带宽(平均时间)相关,平均时间越长,零偏稳定性越小(在仅有白噪声的情况下,与平均时间的平方根成反比),因此传统意义上的零偏稳定性指标很难独立准确地反映出陀螺中的这些白噪声的大小。一般情况下,可通过随机游走系数来表征角速率输出白噪声的大小,其单位为$(°)/\mathrm{h}/\sqrt{\mathrm{Hz}}$或$°/\sqrt{\mathrm{h}}$。

3. 标度因数

在大部分应用中,都要求陀螺在一个相当大的动态范围内具有较高的精度,这就要求有一个稳定或恒定的标度因数。标度因数是陀螺仪输出量与输入角速率的比值。标度因数通常用某一特定直线的斜率表示,该直线可以在整个输入范围内通过改变输入角速率所得的输出/输入数据,用最小二乘法进行拟合求得。标度因数稳定性是衡量标度因数的一项综合指标,它包括标度因数非线性、标度因数不对称性和标度因数重复性，上述三项误差的平方根即为标度因数稳定性。

在某些测量应用中，标度因数误差还包含标度因数迟滞，标度因数迟滞是指在整个测量范围内按照一定次序循环标定或测量标度因数时，正、反次序标定曲线间的不一致。在数值上用其最大差值与满量程输出的百分比或 ppm 表示。

4. 动态范围

动态范围通常是指光学陀螺的最大输入角速率与最小可检测旋转速率之比。通常激光陀螺动态范围较大，可达到 1500°/s 以上，光纤陀螺其响应为余弦函数，存在单条纹及跨条纹工作的情况，单条纹工作动态范围可表示为

$$\Omega_{\max} = \Omega_{\pi} = \frac{180}{\pi}\frac{\bar{\lambda} c}{2LD} \tag{3.7}$$

式中：$\bar{\lambda}$ 为平均波长；c 为真空中的光速；L 和 D 分别为光纤长度和环圈直径。

以 0.01°/h 精度陀螺为例计算，单条纹工作最大转速可以达到 150°/s 以上。在实际应用中，光纤陀螺采用全数字闭环方案，跨条纹工作是可行的，但有一定的限制条件，如在动态条件下启动陀螺输入旋转速率应小于单条纹最大转速的一半以下。激光陀螺检测对象为条纹计数，不存在光纤陀螺跨条纹类似的问题。

5. 带宽

陀螺带宽指的是输入输出频率特性测试中，规定在测得的幅频特性中幅值降低 3dB 时所对应的频率范围，该指标描述了陀螺对角速率信号的动态响应能力。激光陀螺中光路光程较短，理论上带宽很宽，应用较多的二频机械抖动激光陀螺受机械抖轮及信号滤波处理影响，带宽较低，一般在 100Hz 以内。光纤陀螺带宽主要受光在光纤环中传输的时间 τ 及调制解调运算方面的影响，理论上可以达到几百到上千赫，在实际中可以根据具体需求选择带宽。目前，国外报道的中精度全数字闭环光纤陀螺产品带宽为 1kHz，国内光纤陀螺带宽为几百赫。

测量陀螺带宽的方法是将陀螺放置在角振动台上，通过改变角振动频率，观测陀螺的响应输出。

3.2.5 光学陀螺仪的漂移分析

衡量光学陀螺性能的一项重要指标是零偏稳定性，也称为零偏漂移（零

漂),它通常定义为一定平均时间(如10s或者100s)下陀螺输出角速率的标准偏差(1σ)。显然对于图3.7所示的输出数据,零偏稳定性由陀螺静态输出中的漂移和噪声共同决定。其中,噪声呈现为一种短期的随机变化,而漂移通常是指输出中的低频波动或趋势性变化,噪声和漂移是两个不同的概念,在不同的光学陀螺仪中产生的机理和特性不同,对系统性能的影响也是不同的。

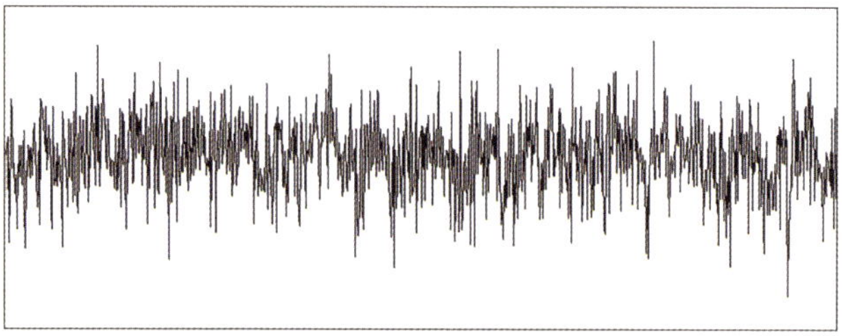

图3.7 陀螺输出数据曲线

在不考虑漂移因素的情况下,陀螺输出的噪声特性包含一个称为"随机游走"的统计过程,其中的每一个输出数据由一个统计学上独立的事件构成,彼此是不相关的。当测量这样一个受随机游走支配的变量时,随着测量尺度的增加,将会发生向一个"真实"测量值(平均值)逐渐收敛的情况,这个平均值称为陀螺的零偏。这种随机噪声是光学陀螺固有的,由构成陀螺仪的部件特性决定,主要集中在光学和光电检测等部分,这些噪声都具有白噪声的统计特性。

如果陀螺输出数据中仅有白噪声,按照目前的测试和计算方法,陀螺的长期零偏稳定性必将随着平均时间和测试时间的增加而变小,其零偏值也逐渐区域恒定。事实上,由于环境扰动引起漂移,将使陀螺的长期零偏稳定性限定在某一量级或某一范围内,此时再增加平均时间零偏稳定性也不会改善。这种扰动反映了陀螺输出信号的长时间变化,称为漂移,单位为°/h,可以采用Allan方差分析,它对应着$\sigma(\tau)-\tau$双对数曲线中斜率为零的一段,称为零偏不稳定性,表征剔除白噪声/随机游走系数因素后单纯环境扰动和陀螺的参与误差引起的零偏波动。由于其低频特性,所以增加平均时间是无法将其抑制的。这种漂移源于法拉第磁场效应、温度漂移、光路噪声和其他低频环境噪声等。因此,由于环境扰动和陀螺残余误差引起的低频漂移与Allan方差分析中的零偏不稳定性是同一概念,它可能很小,不容易在测试数据曲线上直接观察到,但在Allan方差分析中可以通过拟合方法得到[5]。

目前,在光学陀螺测试中较多的是采用Allan方差分析来确定陀螺的随机游走系数。Allan方差分析是由美国国家标准局David Allan提出的数据处理方法,用于确定原子时钟中频率涨落的功率谱密度,后被美国Honeywell公司用来测量激光陀螺的长期稳定性和确定各种噪声项。国际上研制的光学陀螺单位大多沿用了这一数据处理技术，其突出特点是能够非常容易地对陀螺仪的各种噪声源及整个噪声统计特性进行细致的表征和辨别，分离出各种噪声源的噪声系数。

Allan方差分析是测量和评价光学陀螺各类误差和噪声特性的一种重要手段，陀螺输出数据的Allan方差与功率谱密度之间存在定量的关系，利用这一关系，通过在陀螺仪输出数据的样本长度上进行处理，可以得到陀螺数据中的各种噪声项的特征。Allan方差的重要应用还包括在随机和动态建模时确定和估计随机漂移系数。它对于光学陀螺仪的噪声表征和优化设计具有重要价值，是光学陀螺仪工程产品应具备的配套测试软件。

假定有 n 个在采样时间为 t_0 时获得的连续数据 $\Omega_i(t_0)$，把 k 个连续数据作为一个数组，则数组的时间长度 τ 为 kt_0。分别取 $\tau = t_0, 2t_0, \cdots, kt_0(k < n/2)$，并求出每一个时间长度的数组的数据平均值（群平均）。群平均定义为

$$\bar{\Omega}_{\mathrm{P}}(\tau) = \frac{1}{k}\sum_{i=p}^{p+k}\Omega_i(t_0) \tag{3.8}$$

式中：$\bar{\Omega}_{\mathrm{P}}(\tau)$ 为 n 个在采样时间为 t_0 的连续数据中始于第 p 个数据点的一个数组上的输出角速率的群平均。

求相邻两个群平均的差为

$$\xi_{p+1,p} \equiv \bar{\Omega}_{p+1}(\tau) - \bar{\Omega}_p(\tau) \tag{3.9}$$

给定 τ，式（3.9）定义了一个元素为群平均差的随机变量集合，计算由整个数据组成的数组时间长度为 τ 的所有群的群方差。

对于不同的 τ，分别取 $\tau = t_0, 2t_0, \cdots, kt_0(k < n/2)$，可以在双对数坐标系中得到 $\sigma(\tau) - \tau$ 曲线，成为Allan方差曲线。

根据上述计算过程，群方差 $\sigma^2(\tau)$ 必然与影响陀螺性能的固定随机过程的统计性质有关，可以证明，Allan方差 $\sigma^2(\tau)$ 与影响陀螺性能的随机过程的功率谱密度 $S_\Omega(f)$ 有着唯一的确定关系[5]：

$$\sigma^2(\tau) = 4\int_0^{\infty} S_\Omega(f)\,\frac{\sin^4(\pi f\tau)}{(\pi f\tau)}\mathrm{d}f \tag{3.10}$$

上述关系式是由Allan方差分析的数组生产和数组运算的方法决定的，它表明，Allan方差与总的输出噪声功率成正比。

Allan方差分析的精度随着数组数量的增多而提高，其估计误差为

$$\sigma_{\text{Allan}} = \frac{1}{\sqrt{2(n/k) - 1}} \tag{3.11}$$

一般来说，光学陀螺测试数据中包含随机游走系数、零偏不稳定性、速率斜坡、量化噪声、速率随机游走等噪声类型，且不同的噪声出现在不同的 τ 域。假

定上述的随机过程在统计学上都是独立的，则总的 Allan 方差应是各项噪声的 Allan 方差的和，即

$$\sigma_{\Omega,\text{total}}^2(\tau)=\sigma_{\Omega,\text{R}}^2(\tau)+\sigma_{\Omega,\text{RRW}}^2(\tau)+\sigma_{\Omega,\text{BI}}^2(\tau)+\sigma_{\Omega,\text{shot}}^2(\tau)+\sigma_{\Omega,\text{Q}}^2(\tau)+\sigma_{\Omega,\text{M}}^2(\tau) \tag{3.12}$$

采用图 3.8 所示的 Allan 方差模型，通过最小方差拟合，可以获得各项噪声系数：

$$\sigma_{\Omega,\text{total}}^2(\tau)=\sum_{m=-2}^{2}A_m\tau^2 \tag{3.13}$$

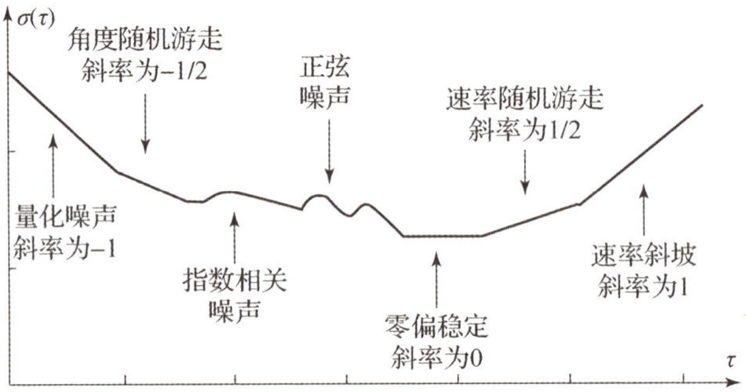

图 3.8　Allan 方差分析曲线中的各种误差源

在采用 Allan 方差分析对陀螺的输出数据进行噪声系数拟合 $\sigma^2(\tau)=\sum_{m=-2}^{2}A_m\tau^2$ 时，通常会存在 A_m 的个别系数出现负值的现象，这是由于拟合处理方法不当而产生的一种计算误差。如果仅仅简单地取这种负值系数的绝对值来得出响应的误差系数，会在一定程度上掩盖陀螺真实的噪声特性。因此，可采取分段最小方差拟合法估计误差系数，以避免 A_m 出现负值[6]。

3.3　加速度计

对于惯性导航系统使用来说，加速度计的重要性能参数是偏值和标度因数。不同种类的加速度计性能等级可区分为战略级、导航级（惯性级）、战术级等[7]。根据系统要求不同，稳定性的时间长短也不同，从分钟级到数年不等。图 3.9 所示为根据偏值和标度因数的稳定性分布划分的当前国内外加速度计发展阶段，其中稳定性跨度最大、当前应用最广泛、最适宜得到最高精度的加速度计是摆式再平衡（力平衡式）加速度计。

凡是安装到导航系统、制导系统以及控制系统中的加速度计必须满足系统实际使用的要求，既包含对精度方面的要求，也有对严苛环境的适用性要求，如

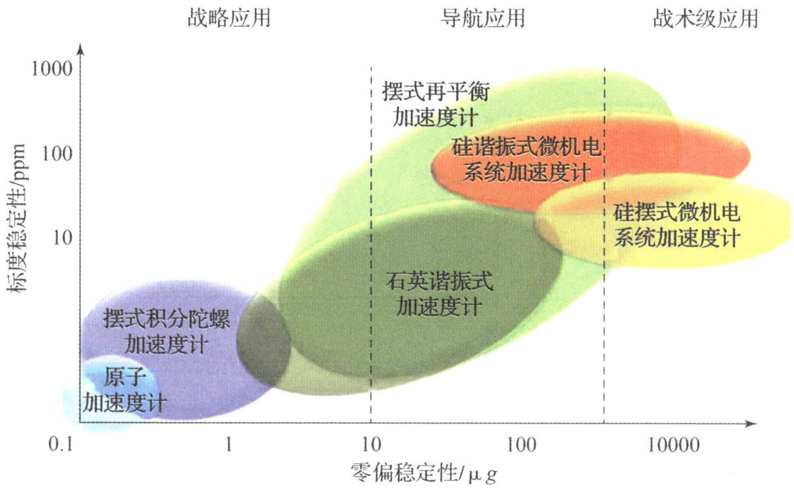

图 3.9　国内外加速度计发展阶段

海上、陆地、空中及系统全生命周期等各种外界环境[8]。截至目前,有两类产品的技术能够满足要求并表现出不俗的性能,即振梁加速度计和石英摆式加速度。

3.3.1　摆式加速度计结构原理

加速度计按照检测质量运动方式可分为摆式加速度计和线式(直线)加速度计。摆式加速度计的检测质量为单摆形式,在加速度作用下检测质量绕支撑点产生角位移做输出量[9]。常见的摆式加速度计有液浮摆式加速度计、石英挠性摆式加速度计以及半导体压阻式加速度计等。闭环工作下的摆式加速度计称为力平衡式摆式加速度计或力反馈式摆式加速度计,相对于开环模式应用更为广泛。

常见的力反馈式闭环工作的摆式加速度计工作原理如图 3.10 所示。

在输入加速度 a 作用下,检测质量 m 受到力 F 的作用。当检测质量 m 离支撑点距离为 l 时,力 F 产生的惯性力矩为

$$M_i = Fl = mal \tag{3.14}$$

式中:M_i 为惯性力矩;F 为惯性力;m 为检测质量;l 为检测质量 m 离支撑点距离;a 为外界加速度。

在此惯性力矩作用下,摆将偏离一定角度,从而使位移传感器(差动电容式)输出一个与摆偏角成比例的电压信号。该信号经伺服放大器转换成电流 I;反馈电流 I 输送给力矩器,使力矩器产生与电流 I 成比例的电磁力矩 M_T,将检测质量拉回至工作零位:

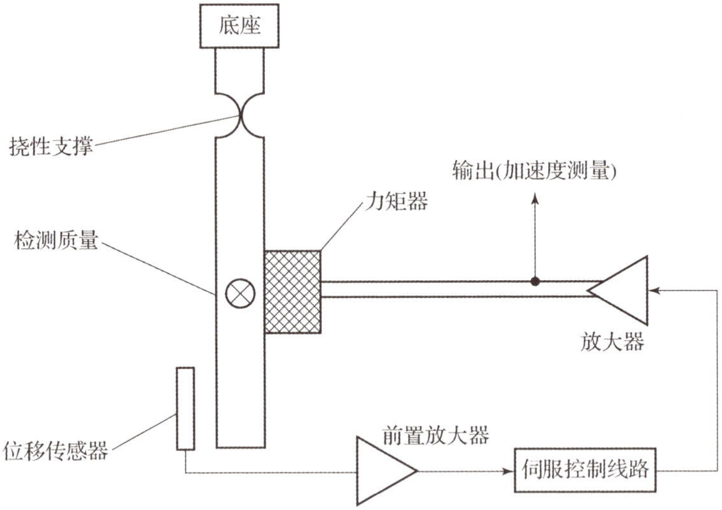

图 3.10　摆式加速度计工作原理

$$M_T = K_{tg} I \tag{3.15}$$

式中：K_{tg} 为力矩器的力矩系数（N·m/A）。

摆偏离垂线的偏角越大，则传感器输出电压越大，由力矩器产生的电磁力矩也越大。当电磁力矩等于加速度引起的惯性力矩时，加速度计系统达到平衡，摆不再进一步偏离，即

$$\begin{cases} mal = K_{tg} I \\ I = \dfrac{ml}{K_{tg}} a \end{cases} \tag{3.16}$$

由式（3.16）可知，力矩器电流 I 与载体加速度 a 成正比，通过测量力矩器中的电流 I，就可以直接得到载体加速度 a 的值。

3.3.2　石英挠性加速度计

石英挠性加速度计是一种机械摆式加速度计[10]，一般是把挠性杆和检测质量、电容传感器片做成一体（简称摆片），因此结构简单、体积较小，具有精度高、灵敏度高、功耗小、易于小型化等优点。由于石英玻璃支撑的热稳定性好，机械迟滞和弹性后效小，在精密仪器中做支撑元件，取代轴尖－宝石轴承式传统结构，可大大提高仪表或元件的性能和工作精度。因此，采用石英玻璃制作的挠性支撑是挠性加速度计的理想结构。伺服回路二次集成，体积小、组装在表壳内，大大减少了外界电磁干扰，使加速度计工作可靠，性能稳定。图 3.11 所示为目前比较通用的石英挠性加速度计。

图 3.11 石英挠性加速度计

1. 石英挠性加速度计工作原理

石英挠性加速度计是一种力反馈式闭环工作的摆式加速度计，其工作原理和摆式加速度计一样，如图 3.10 所示。石英挠性加速度计的工作原理如图 3.12 所示。

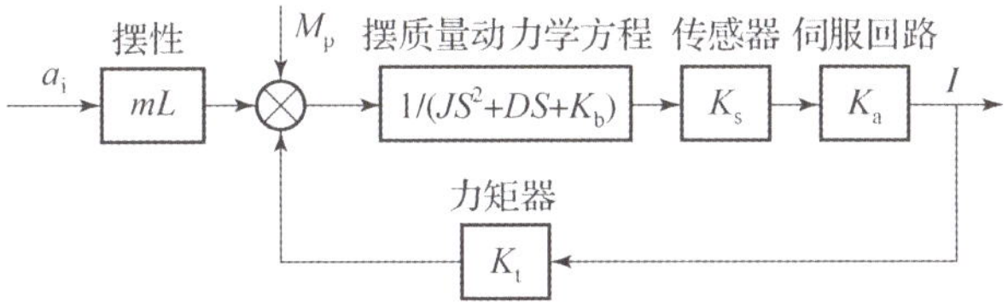

图 3.12 石英挠性加速度计工作原理

在输入加速度作用下，摆片摆舌相对于其“机械零位”（指摆片不受力时所处的位置）偏转角度，检测质量绕输出轴的动力学方程为

$$J\ddot{\theta}+D\dot{\theta}+K_b\theta+M_t=mLa_i-M_p \tag{3.17}$$

式中：J 为检测质量转动惯量（$kg \cdot m^2$）；D 为检测质量阻尼系数（N · m/（rad · s））；K_b 为沿输入轴方向挠性梁刚度（N · m/rad）；θ 为摆片摆舌相对于其“机械零位”的偏转角度（rad）；M_t 为力矩器施加电磁力矩（N · m）；m 为检测质量（kg）；L 为检测质量质心至枢轴的距离（m）；a_i 为输入加速度（m/s^2）；M_p 为干扰力矩（N · m）。

其中，力矩器施加的电磁力矩为

$$M_t=K_tI \tag{3.18}$$

式中：K_t 为力矩器标度因数（N · m/A）；I 为通过力矩器线圈的电流（A）。

在加速度计静态工作时，$\ddot{\theta}=0$，$\dot{\theta}=0$，式（3.18）经过变换，得

$$I = \frac{mL}{K_t}\left(a_i + \frac{-M_p - K_b\theta}{mL}\right) \tag{3.19}$$

由于 θ 是 a_i 的函数，加速度计输出与输入并不成线性关系，由此产生了二阶非线性项等。

2. 石英挠性加速度计结构

通常，石英挠性加速度计的结构如图3.13所示，主要包括摆部件，上、下导磁环部件，连接环，隔离环和壳体等。

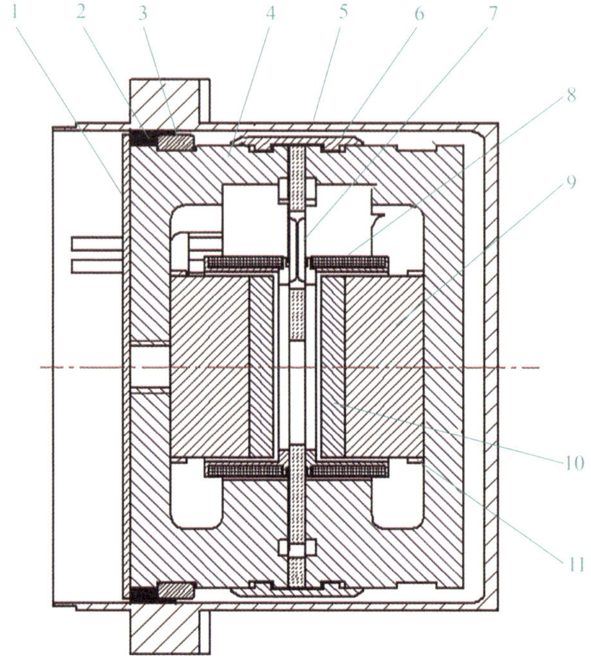

1—盖板；2—黏结剂；3—隔离环；4—导磁环；5—壳体；6—连接环；
7—石英摆片；8—力矩线圈；9—永磁体；10—导磁板；11—热磁补偿环。

图3.13　石英挠性加速度计结构

上、下力矩器线圈固定在石英摆片上，构成检测质量摆部件。永磁体、导磁板、热磁补偿环和导磁环固定，组成导磁环部件。连接环将上、下导磁环部件、摆部件连接起来形成敏感表芯。敏感表芯装入壳体，用隔离环密封和绝缘隔离，保证气密性和绝缘强度要求。

为了提高精度，减小杂散电容对加速度计输出的影响，一般把伺服线路进行模块化封装，然后通过激光焊接的方式和表体密封固定在一起，提高可靠性，如图3.14所示。

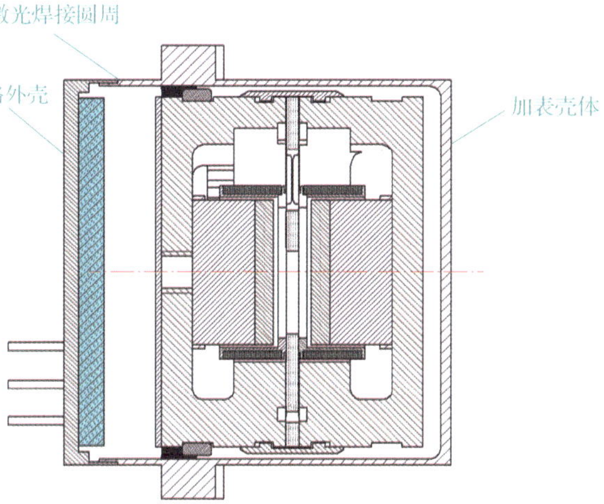

图 3.14 石英挠性加速度计密封焊接结构

根据使用需求,一些加速度计在伺服线路和表芯之间,在表芯的表面会安装测温元件来检测加速度计本体的工作温度,从而进行温度补偿。

3. 石英挠性加速度计发展现状

石英挠性加速度计作为石英摆式加速度计的代表,其雏形是由美国工程师 D. E. Wilcox 在 1964 年提出的,并在 1969 年由 Sundstrand 公司完成了基本定型。历经 50 多年,在原理和整体结构上没有发生太大的变化,随着新技术的发展,主要在零部件结构、材料、制造工艺、装配工艺上进行了技术提升。石英挠性加速度计自问世以来,便迅速成长为高级导航应用领域使用最为广泛的一种加速度计,其地位至今仍丝毫未被撼动,高精度产品稳定性可达 1 ~ 10μg、1 ~ 10ppm。

石英挠性加速度计的典型代表产品为美国 Honeywell 公司生产的 Q – Flex 系列加速度计,其在军民两用市场占据主导地位,主要应用为导航控制系统。Honeywell 公司研制的 QA3000 – 30 产品是目前精度和可靠性最高的石英挠性加速度计,实测零偏和标度因数年稳定性参数为 11.2μg 和 9.2ppm,主要应用于高精度导航领域,具体外形如图 3.15 所示。

图 3.15 Honeywell 公司的 Q – Flex QA3000 加速度计

3.3.3 石英振梁加速度计

石英振梁加速度计(Quartz Vibrating Beam Acceleromter,QVBA)是一种基于压电谐振式测量原理的惯性仪表,本质上石英振梁加速度计是一种敏感加速度参数的石英晶体振荡器。基于石英晶体振荡器优秀的选频能力及长期稳定性,同时兼具大量程、宽频带、低功耗、准数字输出等优势,石英振梁加速度计一直以来被业界公认为新一代中高精度导航系统的首选加速度测量仪表,甚至具有进入高精度导航系统的潜在能力。

1. 石英振梁加速度计工作原理

石英振梁加速度计的基本原理是加速度变化通过杠杆放大结构作用于压电振梁引起梁固有频率改变,从而输出与加速度成正比的方波频率信号。为了提高灵敏度,同时抑制共模干扰,此类加速度计通常由两个工作在差分模式的振梁结构组成。从结构上区分,石英振梁加速度计有分体式和一体式两种形式。

分体式石英振梁加速度计的工作原理如图 3.16 所示。石英振梁加速度计敏感结构沿袭了传统加速度计摆式检测质量的设计理念,基本力敏感元件仍是一个挠性支撑的检测质量摆,该检测质量被一对晶体振梁力敏感器沿加速度计的摆轴束缚着。激振电路对石英振梁进行压电激励,使其在谐振频率点处形成弯曲振动,质量块将外界的输入加速度转换成作用在振梁上的轴向力。结合振梁的力－频率特性,通过改变振梁的刚度使其谐振频率发生变化,其频率受张力升高,受压力降低,检测两个振梁的频率差值获得加速度的大小和方向信息。挠性支撑结构使得检测质量只能绕一个与输入轴垂直的方向进行转动,降低了仪表的交叉耦合误差。

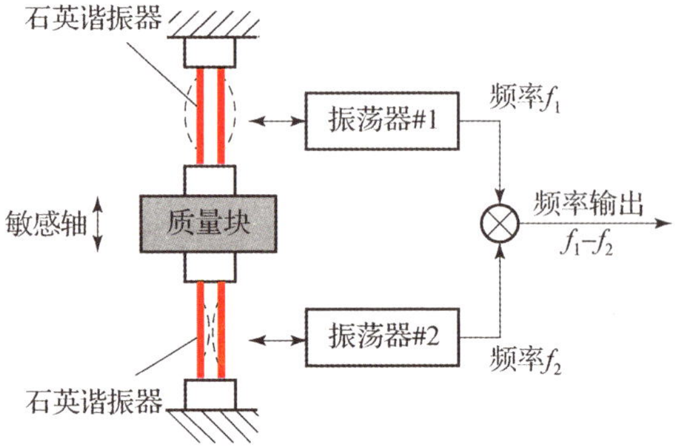

图 3.16 分体式石英振梁加速度计的工作原理

在分体式石英振梁加速度计快速发展的初期，法国宇航研究院（ONERA）于 20 世纪 90 年代提出了一种性能好、成本低的一体式石英振梁加速度计的设想，结构如图 3.17 所示。敏感元件的主要组成包括质量块 1 个、振梁 1 个、支撑座 1 个、连接质量块和支撑座的挠性铰链 2 个、隔振系统，以及上、下两连接臂、安装框等。在进行结构设计时采用了两级隔振机构，在进行工艺设计时采用了成本超低的湿法腐蚀工艺。两个挠性铰链安置在质量块和支撑座的背面，振梁安置在质量块和支撑座的正面，很容易采用单步双面多层光刻工艺对加速度计进行微工艺加工，相对比较低的成本使加速度计满足微型化的要求，同时能够克服分体式装配效果不理想造成的干扰。

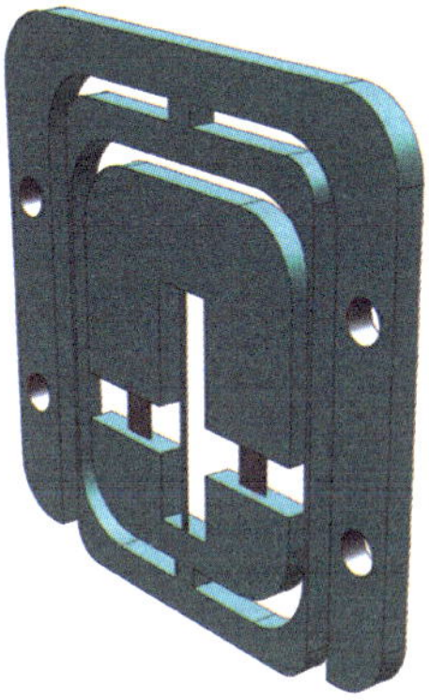

图 3.17　一体式石英振梁加速度计石英敏感器结构

2. 石英振梁加速度计性能特点

以振动惯性技术与石英 MEMS 工艺技术为基础的新型石英振梁加速度计具有高精度、机械组装简单、体积小、重量轻、功耗低、分辨率高、响应快、可靠性好、成本低、直接数字量输出、过载能力强、高性价比、适宜批量生产等优点。表 3.1 所示为典型石英振梁加速度计和石英挠性加速度计在技术原理和性能指标等方面的对比。

表 3.1　典型石英振梁加速度计和石英挠性加速度计综合对比

特点	类　型	
	石英振梁加速度计	石英挠性加速度计
工作原理	振动惯性技术 开环系统	力矩平衡原理 闭环系统
核心器件	石英晶体振梁	熔融石英摆片

续表

特点	类　型	
	石英振梁加速度计	石英挠性加速度计
输出形式	脉冲频率输出	积分电流/电压输出
转换电路	无 直接进系统板卡	中高精度(I/F 电路) 低精度(A/D 采样)
性能指标	偏值月稳定性 50μg 标度因子月稳定性 10×10^{-6}	偏值年稳定性 100μg 标度因子年稳定性 100×10^{-6}
技术状态	新兴仪表、部分型号开始应用	成熟产品、批量生产
量程	±100g >1200g(大过载情况)	±(2～±50)g
零件数量	10 个以内	20 个以内
仪表质量	20g	50g
典型电压	单电源 +15V	±15V
仪表功耗	75mW	150mW
仪表尺寸	Φ20mm×15mm	Φ25mm×20mm

石英振梁加速度计结构简单部件少、成本低、大量程、高可靠的特点，使得其在弹用领域，如精确制导炸弹、高超声速炮弹和动能武器等小型、廉价惯性导航系统的应用上具有很高的价值。另外，相比目前应用广泛的石英摆式加速度计，石英振梁加速度计具有更大的高分辨率潜力、更大的量程/分辨率比、更宽的测量线性区域、更快的响应时间、更好的抗冲击性等优点，所以其在重力异常测量和全息重力梯度测量领域具有广阔的应用场景。

以美国 Honeywell 公司为代表的分体式振梁加速度计主要面向两个方向：一是高动态、大量程领域；二是高分辨率重力测量领域。以法国宇航研究院(ONERA)为代表的一体式石英振梁加速度计发展方向主要是全温高精度领域。

3. 石英振梁加速度计发展现状

目前，中高精度惯性导航领域的主流加速度测量仪表是石英挠性加速度计，以 Honeywell 公司的 QA 系列为典型代表。石英挠性加速度计虽技术成熟，但是存在重量大、功耗高等不足，同时由于其内部零部件多、装配工艺复杂，成本无法得到有效控制；必须通过 AD 转换器将其输出信号转换为数字量，从而与上一级系统连接，因此必须承担增加高精度 AD 转换器及高精度电压基准源所带来的空间、成本消耗。

基于上述产品的不足,国外早在 20 世纪 80 年代就开始了对石英振梁加速度计的研究,到 90 年代后期,技术发展趋于成熟。生产石英振梁加速度计的公司有美国的 Honeywell(收购了 Sundstrand Data Control 和 Allied Signal 公司)和法国的 ONERA,如图 3.18 所示。石英振梁加速度计正处于技术转化至成熟应用的快速发展阶段,精度范围为 10 ~ 1000μg,极具发展潜力,特定条件下最高精度接近 1μg,广泛应用于战术级导航应用领域。基于石英振梁天然的无摩擦结构及直接脉冲频率输出的特点,石英振梁加速度计将成为一种实现高精度、高可靠、战略级应用的可行性方案,成为未来高精度军用加速度计研究的热点。

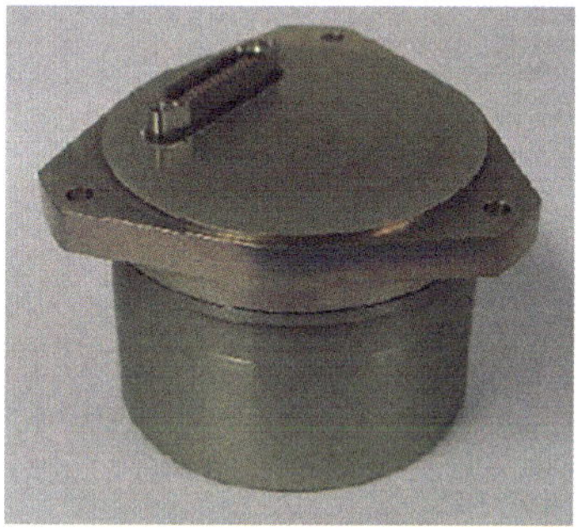

(a) 美国Honeywell公司RBA500系列分体式加速度计

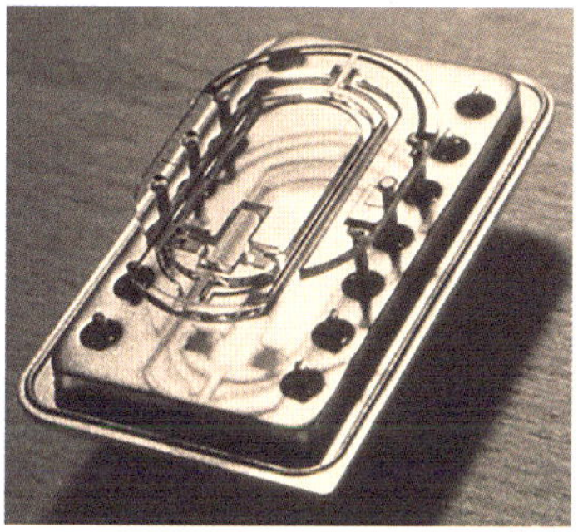

(b) 法国ONERA公司的一体式加速度计

图 3.18　石英振梁加速度计

3.3.4　加速度计的数学模型

加速度计静态模型方程通常表示为

$$A_{\mathrm{ind}} = \frac{E}{K_1} = K_0 + a_{\mathrm{i}} + K_2 a_{\mathrm{i}}^2 + K_3 a_{\mathrm{i}}^3 + K_{\mathrm{ip}} a_{\mathrm{i}} a_{\mathrm{p}} + K_{\mathrm{io}} a_{\mathrm{i}} a_{\mathrm{o}} + \delta_{\mathrm{o}} a_{\mathrm{p}} - \delta_{\mathrm{p}} a_{\mathrm{o}} \quad (3.20)$$

式中:A_{ind}为加速度计输出所指示加速度(g);E 为加速度计输出(V、mA、脉冲/s);K_0 为偏值(g);K_1 为标度因数(V/g、mA/g、脉冲/s/g);K_2 为二阶非线性系数(g/g^2);K_3 为三阶非线性系数(g/g^3);K_{ip}为输入基准轴与摆基准轴之间交叉耦合系数(g/g^2);K_{io}为输入基准轴与输出基准轴之间交叉耦合系数(g/g^2);a_{i} 为沿输入基准轴作用的加速度(g);a_{p} 为沿摆基准轴作用的加速度(g);a_{o} 为沿输出基准轴作用的加速度(g);δ_{o} 为输入轴相对于输入基准轴绕输出轴的失准角(rad);δ_{p} 为输入轴相对于输入基准轴绕摆轴的失准角(rad)。

将式(3.20)和式(3.19)进行比较,由此推导出 K_0、K_1。

$$K_0 = \frac{-M_{\mathrm{p}} - K_{\mathrm{b}}\theta_0}{mL} \quad (3.21)$$

$$K_1 = \frac{mL}{K_t} \tag{3.22}$$

式(3.21)和式(3.22)说明了偏值、标度因数是如何产生的以及其相关因素。

3.3.5 加速度计的主要参数

对于系统使用来说,加速度计的主要性能参数包括偏值、标度因数及非线性度(主要是二阶非线性系数)[11],而且比偏值、标度因数数值大小本身更重要的是其时间稳定性和温度稳定性,下面分别说明。

1. 偏值稳定性影响因素分析

由式(3.21)可知,偏值与摆性、挠性梁刚度、弹性恢复角及干扰力矩等因素有关,下面逐一进行论述。

1)摆性

在式(3.21)中,摆性处于分母的位置上,由于偏值 K_0 通常为 mg 级别,所以摆性变化对偏值绝对值的变化影响不大。例如,偏值 K_0 为 3mg,当摆性变化 100×10^{-6} 时,K_0 变化仅为 0.3μg。所以,在进行偏值稳定性分析时,可忽略摆性变化引起的影响。

2)挠性梁刚度

挠性梁刚度与挠性梁的材料、结构尺寸等有关。石英挠性加速度计挠性梁相当于悬臂梁,其横截面为矩形,挠性梁刚度计算公式如下:

$$K_b = \frac{M}{\theta} = \frac{-EWH^3}{12L} \tag{3.23}$$

式中:K_b 为悬臂梁刚度(N·m/rad);θ 为悬臂梁末端截面转角(rad);M 为悬臂梁上施加的力矩(N·m);L 为悬臂梁长度(m);E 为悬臂梁材料的弹性模量(Pa);W 为悬臂梁截面的宽度(m);H 为悬臂梁截面的高度(m)。

石英玻璃是一种非常稳定的材料,且其弹性模量温度系数为 1.65×10^{-4}/℃,线膨胀系数为 5.4×10^{-7}/℃,所以不仅随时间的稳定性好,而且随温度的稳定性好。所以,在进行偏值稳定性分析时,可不分析挠性梁刚度变化引起的影响。

3)弹性恢复角

弹性恢复角是检测质量机械零位与传感器电零位间的夹角。机械零位是在没有外加加速度的情况下检测质量的位置(此时挠性梁在输出方向上处于完全自由状态,即不受外加力矩的状态)。电零位是加速度计中传感器对应于最小输出电压时的位置(理想状态下,此时传感器输出为零)。无论是机械零位还是电零位发生变化,均会导致弹性恢复角发生变化,从而导致偏值变化。

4)干扰力矩

在石英挠性加速度计中,由于永磁力矩器零位力矩(指力矩器无输入电流时的输出力矩)、电容传感器静电力等原因会产生干扰力矩,从而引起偏值。但这些干扰力矩一旦形成,其变化一般较小,所以在进行偏值稳定性分析时,可不分析其变化引起的影响。

综上所述,机械零位和电零位变化导致的弹性恢复角变化是影响偏值稳定性的主要因素,如石英摆片挠性梁镀覆金层产生的挠性梁弹性后效及蠕变[12]、摆部件粘接产生的结构应力变化、敏感表芯部件夹紧力变化等因素均会造成机械零位和电零位变化。应合理选择热膨胀匹配材料、减小热应力;尽量保证摆片挠性梁金层镀覆、摆部件粘接对称性;通过适当老化手段,减小各零件、部件加工残余应力、装配应力等手段提高摆片、摆部件及敏感表芯部件的结构稳定性。

2. 标度因数稳定性影响因素分析

由式(3.22)可知,加速度计标度因数与摆性、力矩器标度因数等因素有关。

1)摆性

加速度计标度因数与摆性成正比,摆性变化直接导致加速度计标度因数变化。在力矩器标度因数不变的情况下,摆性增大 100×10^{-6},则加速度计标度因数增大 100×10^{-6}。尽量保证检测质量稳定,保证检测质量到枢轴距离 L 稳定,可采取如保证气密性进而保证检测质量稳定,控制力矩器线圈位置稳定性等手段。

2)力矩器标度因数

加速度计标度因数与力矩器标度因数成反比,力矩器标度因数变化直接导致加速度计标度因数变化。在摆性不变的情况下,力矩器标度因数增大 100×10^{-6},则加速度计标度因数减小 100×10^{-6}。影响力矩器标度稳定性的主要因素是力矩器工作气隙磁感应强度变化,具体原因如下。

(1)永磁体磁性能发生变化。

(2)磁路中零件的磁导率发生变化。

(3)磁路结构发生变化。

(4)外加磁场干扰。

因此,在进行加速度计力矩器设计时,应采取有效措施,以避免或减小上述各因素的影响。

(1)在进行磁路设计时,应注意保证磁路的任一截面不出现磁饱和现象。

(2)加速度计结构设计上应考虑有效的磁屏蔽措施。

(3)磁路结构连接中应尽量选择高居里温度值、低蠕变、低应力的黏结剂。

(4)对永磁体进行高低温循环、振动、交流退磁等稳磁措施,永磁体应选用温度稳定性和时间稳定性好的铝镍钴和钐钴材料等。

3. 非线性系数影响因素分析

当用规定的方法把模型方程多项式与输出数据拟合时，非线性是描述输出数据偏离由线性系数（K_0和 K_1）所确定的直线的系统偏差。多项式的其余系数（如模型方程中的 K_2和 K_3 等），当用想测量的输入量表示时，就是非线性的度量。加速度计输入－输出特性曲线如图 3. 19 所示。在石英挠性加速度计输出非线性中，起主要作用的是二阶非线性系数。

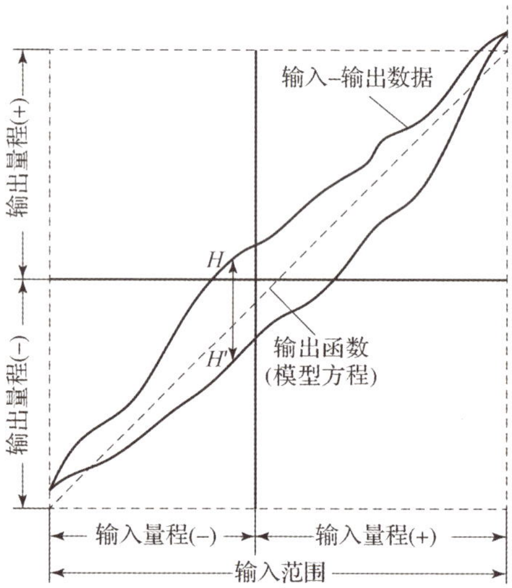

图 3.19　加速度计输入－输出特性曲线

从工作原理角度考虑，由于加速度计系统为有差闭环工作，所以式（3. 19）中 K_t 和 $K_b\theta$ 均可能与输入加速度有关，并不能完全构成线性方程，因此产生了二阶非线性系数 K_2或者更高阶非线性系数，具体分析如下。

1）弹性恢复力矩变化

加速度计工作时其闭环控制系统是有差系统，当加速度计的输入加速度不同时，检测质量所处的工作位置略有不同（在电零位附近），所以弹性恢复力矩略有不同，引入了非线性。为了减小弹性恢复力矩引入的非线性，一方面要减小摆片挠性梁刚度，另一方面要提高加速度计伺服回路的放大倍数。

2）力矩器线圈所处位置磁感应强度变化

由于在不同加速度输入时检测质量所处的工作位置略有不同（在电零位附近），于是力矩器线圈所处位置也略有不同，而不同位置磁感应强度会发生变化，因此引入了非线性。为了减小由此引入的非线性，可采取以下措施。

（1）提高工作气隙磁感应强度均匀区宽度。

(2)采用推挽式力矩器并提高对称性。

(3)在设计、制造中进一步提高两侧磁路结构的对称性,可以进一步减小加速度计非线性系数。

3)力反馈回路影响

按照反馈入力矩器电流形式,加速度计力反馈回路可分为模拟反馈回路和脉冲反馈回路。脉冲反馈回路最常用的是二元脉冲反馈回路,脉冲电流有幅值相等的正、负两个状态,以一定频率输入力矩器,正、负脉冲宽度受输入加速度调制。由于脉冲幅值较大且按一定频率交变,因此检测质量按一定频率进行振动。所以,通常采用脉冲反馈回路时,加速度计非线性系数较大,而采用模拟反馈回路时,加速度计非线性系数要小得多。

综上所述,总结加速度计参数性能分析如表3.2所示。

表3.2　加速度计参数性能主要影响因素

<table>
<tr><th>参数</th><th>影响因素</th><th>产生原因</th><th>深层次原因</th></tr>
<tr><td rowspan="2">偏值稳定性</td><td>差动电容传感器电零位变化</td><td>摆片变形或偏转;
敏感表芯部件夹紧力变化</td><td rowspan="2">材料力学性能不匹配;
摆片自身应力变化;
摆片挠性梁金层镀覆、摆部件黏接;
对称性较差;
预负载状态变化</td></tr>
<tr><td>检测质量机械零位变化</td><td>摆片挠性梁弹性后效、蠕变及热弹性变形;
摆部件结构应力变化</td></tr>
<tr><td rowspan="5">标度因数稳定性</td><td rowspan="2">摆性变化</td><td>检测质量变化</td><td>整表气密性不好</td></tr>
<tr><td>检测质量到枢轴距离变化</td><td>材料力学性能不匹配;
摆片径向变形;
胶层径向蠕变</td></tr>
<tr><td rowspan="3">力矩器标度因数变化</td><td>线圈有效半径变化</td><td>线圈骨架变形;
胶层径向蠕变</td></tr>
<tr><td>线圈轴向位置变化</td><td>胶层轴向蠕变</td></tr>
<tr><td>工作气隙磁场变化</td><td rowspan="2">永磁体性能变化;
磁路结构变化;
气隙磁感应强度均匀区宽度不够</td></tr>
<tr><td rowspan="2">二阶非线性系数</td><td>工作磁场变化</td><td>磁路结构不对称及退磁效应</td></tr>
<tr><td>弹性恢复力矩变化</td><td>检测质量工作位置不同</td><td>伺服回路放大倍数低;
采用脉冲反馈回路</td></tr>
</table>

续表

参数	影响因素	产生原因	深层次原因
启动性能	加速度计性能变化	温度变化	材料不匹配； 伺服回路散热较大
	伺服回路性能变化		

参考文献

[1]潘荣霖. 飞航导弹惯性器件[M]. 北京:中国宇航出版社,1990.

[2]何铁春,周士勤. 惯性导航加速度计[M]. 北京:国防工业出版社,1983.

[3]张桂才. 光纤陀螺原理与技术[M]. 北京:国防工业出版社,2008.

[4]VALI V,SHORTILL R W. Fiber Ring Interferometer[J]. Applied Optics,1976,15(5):1099 -1100.

[5]TEHRANI M M. Ring Laser Gyro Data Analysis with Cluster Sampling Technique[C]//Proceedings of the SPIE 0412,Fiber Optic and Laser Sensors Ⅰ,1983,412:207 -220.

[6]张晓峰,张桂才,巴晓艳. 闭环消偏光纤陀螺输出数据 Allan 方差分析的改进方法研究[J]. 导航与控制,2006(1):54 -58.

[7]王壬林. 加速度计[M]. 北京:国防工业出版社,1982.

[8]聂鲁燕,等. ×××石英加速度计长期性能保持与提升基础理论及方法研究[R],中国船舶集团有限公司第七〇七研究所,2022.

[9]LAWRENCE A. Modern Inertial Technology:Navigation,Guidance,and Control[M]. New York:Springer,1998.

[10]张兰. 石英挠性加速度计偏值长期重复性研究[D]. 哈尔滨:哈尔滨工业大学,2007.

[11]于湘涛,张菁华,杜祖良. 石英挠性加速度计参数长期重复性技术研究[J]. 导航定位与授时,2014,1(1):58 -62.

[12] RYAN R. Flexure Type Accelerometer and Method of Making Same:20090205424[P]. 2009 -08 -20.

第 4 章　光学陀螺惯性导航系统机械编排

4.1 概　述

相比于机械式转子陀螺组成的惯组，光学陀螺惯性测量单元以其高动态的测量能力，适用于捷联式惯性导航结构。惯性导航系统的关键参数包括载体姿态、运动速度和位置坐标，本章从光学陀螺惯性导航系统的姿态、速度和位置更新算法等方面依次对导航的基本算法进行了详细的推导，在导航坐标系上选择了以东北天为基础的导航坐标系，其他不同指向的导航坐标系的选择并不影响其原理的一般性，只需要根据相应的坐标做适当变换即可。本章还对捷联惯性导航系统的误差规律进行了总结，最后对旋转惯性导航系统对元器件误差的调制原理进行了介绍，并对其旋转调制过程中标定参数误差抵消过程进行了推导，还对几种典型设计结构形式下的误差特性给出了仿真对比[1-2]。

4.2 姿态更新算法

4.2.1 姿态定义

载体的姿态角就是载体坐标系（b 系）和导航坐标系（n 系，即地理坐标系）之间的方位关系。b 系相对 n 系的角位置可以用一组欧拉角 H、P、R 来表示两个坐标系之间的变换关系。按照不同的应用场景，航向角、纵摇角和横摇角的定义可以不同，典型的坐标旋转方式包括 3－1－2（航向角－纵摇角－横摇角）、3－2－1（航向角－横摇角－纵摇角）和 2－1－3（横摇角－纵摇角－航向角)等。这里仅给出其中一种常见的航海用惯性导航系统旋转表达方式,其他表现形式类似,这里不再一一列举[3]。

1)航向角 H

载体纵轴轴向在水平面内的投影称为航向,用北向基准线和航向之间的夹角表示航向角(Heading),以北偏东方向为正向,取值[0,360°)。

2)纵摇角 P

载体纵轴与水平面之间的夹角为纵摇角(Pitch),以艏高为正向,取值[-90°,90°)。

3)横摇角 R

载体横轴与水平面之间的夹角为横摇角(Roll),以右低为正向,取值[-180°,180°)。

图4.1 表示了 n 系至 b 系的转换关系,这个过程可按照航向角、纵摇角和横摇角的定义转动三次实现:

$$Ox_ny_nz_n \xrightarrow{\text{绕 } Oz_n \text{ 转动 } H} Ox_1y_1z_1 \xrightarrow{\text{绕 } Ox_1 \text{ 转动 } P} Ox_2y_2z_2 \xrightarrow{\text{绕 } Oy_2 \text{ 转动 } R} Ox_by_bz_b$$

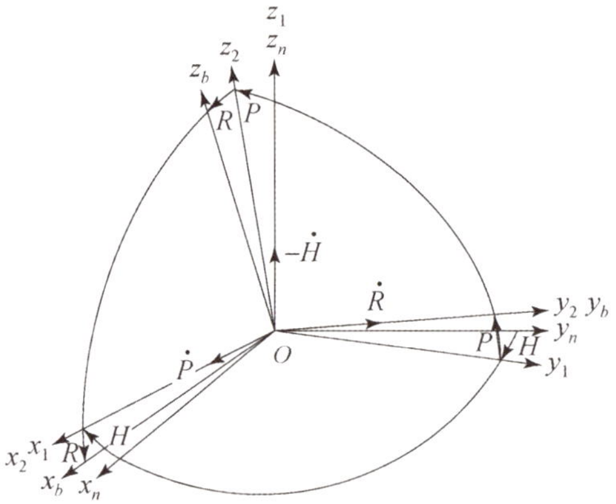

图 4.1 地理坐标系与载体坐标系转换关系

各次基本旋转对应的方向余弦矩阵为

$$\boldsymbol{C}_n^1 = \begin{bmatrix} \cos H & -\sin H & 0 \\ \sin H & \cos H & 0 \\ 0 & 0 & 1 \end{bmatrix} \tag{4.1}$$

$$\boldsymbol{C}_1^2 = \begin{bmatrix} 1 & 0 & 0 \\ 0 & \cos P & \sin P \\ 0 & -\sin P & \cos P \end{bmatrix} \tag{4.2}$$

$$
\boldsymbol{C}_2^b = \begin{bmatrix} \cos R & 0 & -\sin R \\ 0 & 1 & 0 \\ \sin R & 0 & \cos R \end{bmatrix} \tag{4.3}
$$

则 n 系到 b 系的方位余弦矩阵为

$$
\boldsymbol{C}_n^b = \boldsymbol{C}_2^b \boldsymbol{C}_1^2 \boldsymbol{C}_n^1 = \begin{bmatrix} \cos R\cos H + \sin R\sin P\sin H & -\cos R\sin H + \sin R\sin P\cos H & -\sin R\cos P \\ \cos P\sin H & \cos P\cos H & \sin P \\ \sin R\cos H - \cos R\sin P\sin H & -\sin R\sin H - \cos R\sin P\cos H & \cos R\cos P \end{bmatrix} \tag{4.4}
$$

同理，b 系到 n 系的方位余弦阵为

$$
\boldsymbol{C}_b^n = \boldsymbol{C}_1^n \boldsymbol{C}_2^1 \boldsymbol{C}_b^2 = \begin{bmatrix} \cos R\cos H + \sin R\sin P\sin H & \cos P\sin H & \sin R\cos H - \cos R\sin P\sin H \\ -\cos R\sin H + \sin R\sin P\cos H & \cos P\cos H & -\sin R\sin H - \cos R\sin P\cos H \\ -\sin R\cos P & \sin P & \cos R\cos P \end{bmatrix} \tag{4.5}
$$

按照四元数的定义，依次按照欧拉角的旋转过程，可以得到每次旋转对应的四元数，结果如下：

$$
\boldsymbol{Q}_n^1 = \cos\frac{-H}{2} + \boldsymbol{k}\sin\frac{-H}{2} \tag{4.6}
$$

$$
\boldsymbol{Q}_1^2 = \cos\frac{P}{2} + \boldsymbol{i}\sin\frac{P}{2} \tag{4.7}
$$

$$
\boldsymbol{Q}_2^b = \cos\frac{R}{2} + \boldsymbol{j}\sin\frac{R}{2} \tag{4.8}
$$

基于四元数运算规则，对应的姿态角的四元数表达为

$$
\begin{aligned}
\boldsymbol{Q}_n^b &= \boldsymbol{Q}_n^1 \circ \boldsymbol{Q}_1^2 \circ \boldsymbol{Q}_2^b \\
&= \cos\frac{R}{2}\cos\frac{P}{2}\cos\frac{H}{2} + \sin\frac{R}{2}\sin\frac{P}{2}\sin\frac{H}{2} \\
&\quad + \boldsymbol{i}\left(\cos\frac{R}{2}\sin\frac{P}{2}\cos\frac{H}{2} + \sin\frac{R}{2}\cos\frac{P}{2}\sin\frac{H}{2}\right) \\
&\quad + \boldsymbol{j}\left(\sin\frac{R}{2}\cos\frac{P}{2}\cos\frac{H}{2} - \cos\frac{R}{2}\sin\frac{P}{2}\sin\frac{H}{2}\right) \\
&\quad + \boldsymbol{k}\left(\sin\frac{R}{2}\sin\frac{P}{2}\cos\frac{H}{2} - \cos\frac{R}{2}\cos\frac{P}{2}\sin\frac{H}{2}\right)
\end{aligned} \tag{4.9}
$$

等效旋转矢量对旋转过程可以用4个参量来表示，表示绕空间某一单位矢量 $\boldsymbol{u}$ 需要三个参量，旋转角度 ϕ 需要一个参量，其旋转与方向余弦矩阵的对应关系可以表达为

$$
\boldsymbol{C}_n^b = \boldsymbol{I} + \sin\phi(\boldsymbol{u}\times) + (1-\cos\phi)(\boldsymbol{u}\times)^2 \tag{4.10}
$$

令 $\boldsymbol{\phi} = \phi\boldsymbol{u}$，式(4.10)还可以表达为

$$C_n^b = I + \frac{\sin\phi}{\phi}(\boldsymbol{\phi}\times) + \frac{1-\cos\phi}{\phi^2}(\boldsymbol{\phi}\times)^2 \tag{4.11}$$

等效旋转矢量的表达已经预设了旋转过程属于定轴旋转,针对等效旋转矢量的构建方法在后续章节会给出具体的推导过程。

4.2.2 欧拉角微分方程

基于欧拉角的表达,可以建立与三维载体角速率的关系。作为角速率传感器的陀螺仪一般安装在载体坐标系(b 系)的 X、Y 和 Z 轴上。根据欧拉角旋转次序的定义,可以建立载体角速率 $\boldsymbol{w}_{nb}^b$ 和姿态角速率 $\boldsymbol{w}_{rph}^n$ 之间的关系,其中姿态角速率 $\boldsymbol{w}_{rph}^n$ 与姿态角关系如下:

$$\boldsymbol{w}_{rph}^n = [\dot{P} \quad \dot{R} \quad \dot{H}]^{\mathrm{T}} \tag{4.12}$$

首先,基于航向轴旋转的航向角速率 $\boldsymbol{w}_h^n$,完成旋转后要经过纵摇角和横摇角的旋转后投影到载体角速率:

$$\boldsymbol{w}_{nb1}^b = \begin{bmatrix} \cos R & 0 & -\sin R \\ 0 & 1 & 0 \\ \sin R & 0 & \cos R \end{bmatrix} \begin{bmatrix} 1 & 0 & 0 \\ 0 & \cos P & \sin P \\ 0 & -\sin P & \cos P \end{bmatrix} \begin{bmatrix} 0 \\ 0 \\ -\boldsymbol{w}_h^n \end{bmatrix} \tag{4.13}$$

其次,基于纵摇轴旋转的纵摇角速率 $\boldsymbol{w}_p^n$,完成旋转后要经过横摇角的旋转后投影到载体角速率:

$$\boldsymbol{w}_{nb2}^b = \begin{bmatrix} \cos R & 0 & -\sin R \\ 0 & 1 & 0 \\ \sin R & 0 & \cos R \end{bmatrix} \begin{bmatrix} \boldsymbol{w}_p^n \\ 0 \\ 0 \end{bmatrix} \tag{4.14}$$

最后,基于横摇轴旋转的横摇角速率 $\boldsymbol{w}_r^n$,完成旋转后直接投影到载体角速率:

$$\boldsymbol{w}_{nb3}^b = \begin{bmatrix} 0 \\ \boldsymbol{w}_r^n \\ 0 \end{bmatrix} \tag{4.15}$$

综合以上过程得到,载体角速率和姿态角速率的对应关系为

$$\begin{aligned} \boldsymbol{w}_{nb}^b = & \begin{bmatrix} 0 \\ \boldsymbol{w}_r^n \\ 0 \end{bmatrix} + \begin{bmatrix} \cos R & 0 & -\sin R \\ 0 & 1 & 0 \\ \sin R & 0 & \cos R \end{bmatrix} \begin{bmatrix} \boldsymbol{w}_p^n \\ 0 \\ 0 \end{bmatrix} \\ & + \begin{bmatrix} \cos R & 0 & -\sin R \\ 0 & 1 & 0 \\ \sin R & 0 & \cos R \end{bmatrix} \begin{bmatrix} 1 & 0 & 0 \\ 0 & \cos P & \sin P \\ 0 & -\sin P & \cos P \end{bmatrix} \begin{bmatrix} 0 \\ 0 \\ -\boldsymbol{w}_h^n \end{bmatrix} \end{aligned}$$

$$
=\begin{bmatrix} \cos R & 0 & -\sin R\cos P \\ 0 & 1 & \sin P \\ \sin R & 0 & \cos R\cos P \end{bmatrix}\begin{bmatrix} \boldsymbol{w}_p^n \\ \boldsymbol{w}_r^n \\ -\boldsymbol{w}_h^n \end{bmatrix}
$$

$$
=\begin{bmatrix} \cos R & 0 & \sin R\cos P \\ 0 & 1 & -\sin P \\ \sin R & 0 & -\cos R\cos P \end{bmatrix}\boldsymbol{w}_{rph}^n \tag{4.16}
$$

简单变换后可以得到姿态角速率和载体角速率的对应关系为

$$
\boldsymbol{w}_{rph}^n=\begin{bmatrix} \cos R & 0 & \sin R\cos P \\ 0 & 1 & -\sin P \\ \sin R & 0 & -\cos R\cos P \end{bmatrix}^{-1}\boldsymbol{w}_{nb}^b
$$

$$
=\frac{1}{\cos P}\begin{bmatrix} \cos R\cos P & 0 & \sin R\cos P \\ \sin R\sin P & \cos P & -\cos R\sin P \\ \sin R & 0 & -\cos R \end{bmatrix}\boldsymbol{w}_{nb}^b \tag{4.17}
$$

式中：$\boldsymbol{w}_{nb}^b$为载体角速率，$\boldsymbol{w}_{nb}^b=\boldsymbol{w}_{ib}^b-\boldsymbol{C}_n^b\boldsymbol{w}_{in}^n$。$\boldsymbol{w}_{ib}^b$可以由陀螺直接测量得到，$\boldsymbol{w}_{in}^n$为导航坐标系旋转角速率，即

$$
\boldsymbol{w}_{in}^n=\boldsymbol{w}_{ie}^n+\boldsymbol{w}_{en}^n=\begin{bmatrix} 0 \\ \boldsymbol{w}_{ie}\cos L \\ \boldsymbol{w}_{ie}\sin L \end{bmatrix}+\begin{bmatrix} \dfrac{v_\mathrm{N}}{R_\mathrm{M}+h} \\ \dfrac{v_\mathrm{E}}{R_\mathrm{N}+h} \\ \dfrac{v_\mathrm{E}}{R_\mathrm{N}+h}\tan L \end{bmatrix} \tag{4.18}
$$

通过载体角速率可以实现姿态角的更新，其计算过程也相对简单，但是必须注意到在俯仰角为90°时存在奇点，因此一般只适用于水平姿态变化不大的情况。

4.2.3 方向余弦矩阵微分方程

由于载体坐标系（b系）相对于导航坐标系（n系）存在相对旋转的关系，从n系到b系对应的方向余弦矩阵记为$\boldsymbol{C}_n^b$，假设在空间内有一个矢量在n系内表达为$\boldsymbol{v}^n$，在b系内表示为$\boldsymbol{v}^b$，那么相对坐标变化关系可以表示为

$$
\boldsymbol{v}^b=\boldsymbol{C}_n^b\boldsymbol{v}^n \tag{4.19}
$$

由于n系和b系是数学概念上定义的两个坐标系，将坐标系内的矢量与惯性空间建立关系，两边同时求导数可得

$$
\begin{aligned} \dot{\boldsymbol{v}}^b &= -\boldsymbol{w}_{ib}^b\times\boldsymbol{v}^b \\ &=\dot{\boldsymbol{C}}_n^b\boldsymbol{v}^n+C_n^b\dot{\boldsymbol{v}}^n=\dot{\boldsymbol{C}}_n^b\boldsymbol{v}^n+\boldsymbol{C}_n^b(-\boldsymbol{w}_{in}^n\times\boldsymbol{v}^n) \end{aligned} \tag{4.20}
$$

进一步变换可得

$$\begin{aligned}\dot{\boldsymbol{C}}_n^b\boldsymbol{v}^n &= -\boldsymbol{w}_{ib}^b\times\boldsymbol{v}^b+\boldsymbol{C}_n^b(\boldsymbol{w}_{in}^n\times\boldsymbol{v}^n)\\ &= -\boldsymbol{w}_{ib}^b\times\boldsymbol{v}^b+(\boldsymbol{w}_{in}^b\times\boldsymbol{v}^b)\\ &= -(\boldsymbol{w}_{ib}^b\times-\boldsymbol{w}_{in}^b\times)\boldsymbol{v}^b\\ &= (\boldsymbol{w}_{bn}^b\times)\boldsymbol{C}_n^b\boldsymbol{v}^n\end{aligned}\tag{4.21}$$

按照对应关系,可以得到方向余弦矩阵微分方程公式为

$$\dot{\boldsymbol{C}}_n^b=(\boldsymbol{w}_{bn}^b\times)\boldsymbol{C}_n^b\tag{4.22}$$

在式(4.21)中,更改其变换方式可得

$$\begin{aligned}\dot{\boldsymbol{C}}_n^b\boldsymbol{v}^n &= \boldsymbol{C}_n^b(-\boldsymbol{w}_{ib}^n\times\boldsymbol{v}^n)-\boldsymbol{C}_n^b(-\boldsymbol{w}_{in}^n\times\boldsymbol{v}^n)\\ &= \boldsymbol{C}_n^b(-\boldsymbol{w}_{ib}^n\times+\boldsymbol{w}_{in}^n\times)\boldsymbol{v}^n\\ &= \boldsymbol{C}_n^b(\boldsymbol{w}_{bn}^n\times)\boldsymbol{v}^n\end{aligned}\tag{4.23}$$

得到微分方程为

$$\dot{\boldsymbol{C}}_n^b=\boldsymbol{C}_n^b(\boldsymbol{w}_{bn}^n\times)\tag{4.24}$$

由于载体坐标系(b 系)相对于导航坐标系(n 系)是惯性空间中任意定义的两个坐标系,因此其可以直接替换,因此交换 b 系和 n 系的位置可得

$$\dot{\boldsymbol{C}}_b^n=(\boldsymbol{w}_{nb}^n\times)\boldsymbol{C}_b^n\tag{4.25}$$

$$\dot{\boldsymbol{C}}_b^n=\boldsymbol{C}_b^n(\boldsymbol{w}_{nb}^b\times)\tag{4.26}$$

以上过程是时间的连续函数,在实际的导航系统应用中,必须将连续时间系统进行离散化后才能在导航计算机上实现[4]。为了描述的方便,将式(4.26)简化为

$$\dot{C}(t)=C(t)\Omega(t)\tag{4.27}$$

式中:$C(t)=\boldsymbol{C}_b^n(t)$;$\Omega(t)=[\boldsymbol{w}_{nb}^b(t)\times]$。

在连续时间内$[0,t]$对式(4.27)积分,得

$$C(t)=C(0)+\int_0^t C(\tau)\Omega(\tau)\mathrm{d}\tau\tag{4.28}$$

使用其右边整体代入积分式内,第一次代入,可得

$$\begin{aligned}C(t) &= C(0)+\int_0^t\left[C(0)+\int_0^\tau C(\tau_1)\Omega(\tau_1)\mathrm{d}\tau_1\right]\Omega(\tau)\mathrm{d}\tau\\ &= C(0)+\int_0^t C(0)\Omega(\tau)\mathrm{d}\tau+\int_0^t\int_0^\tau C(\tau_1)\Omega(\tau_1)\mathrm{d}\tau_1\Omega(\tau)\mathrm{d}\tau\\ &= C(0)\left[I+\int_0^t\Omega(\tau)\mathrm{d}\tau\right]+\int_0^t\int_0^\tau C(\tau_1)\Omega(\tau_1)\mathrm{d}\tau_1\Omega(\tau)\mathrm{d}\tau\end{aligned}\tag{4.29}$$

重复迭代,得

$$C(t)=C(0)\left[I+\int_0^t\Omega(\tau)\mathrm{d}\tau+\int_0^t\int_0^\tau\Omega(\tau_1)\mathrm{d}\tau_1\Omega(\tau)\mathrm{d}\tau\right.$$

$$+\int_0^t\int_0^\tau\int_0^{\tau_1}\Omega(\tau_2)\mathrm{d}\tau_2\Omega(\tau_1)\mathrm{d}\tau_1\Omega(\tau)\mathrm{d}\tau+\cdots\Big] \tag{4.30}$$

式(4.30)为无限重积分形式表达的级数,在动态变化条件下没有解析解。但当在一个小的积分周期内,旋转过程为定轴旋转时,可以得到解析解。此时,$\Omega(t)$为常量,则在$[0,T]$内满足

$$\Omega(t)\equiv c(\text{常量}) \tag{4.31}$$

则

$$\int_0^t\Omega(\tau)\mathrm{d}\tau=ct \tag{4.32}$$

计算二重积分:

$$\int_0^t\int_0^\tau\Omega(\tau_1)\mathrm{d}\tau_1\Omega(\tau)\mathrm{d}\tau=\int_0^t c^2\tau\mathrm{d}\tau=\frac{1}{2}(ct)^2 \tag{4.33}$$

同理,对三重积分可以化简为

$$\begin{aligned}&\int_0^t\int_0^\tau\int_0^{\tau_1}\Omega(\tau_2)\mathrm{d}\tau_2\Omega(\tau_1)\mathrm{d}\tau_1\Omega(\tau)\mathrm{d}\tau\\&=\int_0^t\frac{1}{2}(c\tau)^2c\mathrm{d}\tau=\frac{1}{6}(ct)^3\end{aligned} \tag{4.34}$$

基于以上化简过程,级数可以简化为

$$\begin{aligned}C(t)&=C(0)\left\{\boldsymbol{I}+ct+\frac{1}{2!}(ct)^2+\frac{1}{3!}(ct)^3+\cdots\right\}\\&=C(0)\mathrm{e}^{(ct)}=C(0)\mathrm{e}^{\int_0^t\Omega(\tau)\mathrm{d}\tau}\end{aligned} \tag{4.35}$$

那么在一次积分时间$[0,T]$内,方向余弦矩阵的积分形式可以表示为

$$\mathrm{e}^{\int_0^T\Omega(\tau)\mathrm{d}\tau}=\mathrm{e}^{[\theta(T)\times]}=\boldsymbol{I}+\frac{\sin|\theta(T)|}{|\theta(T)|}[\boldsymbol{\theta}(T)\times]+\frac{1-\cos|\theta(T)|}{|\theta(T)|^2}[\boldsymbol{\theta}(T)\times]^2 \tag{4.36}$$

其中

$$\boldsymbol{\theta}(T)=\int_0^T\boldsymbol{\omega}(\tau)\mathrm{d}\tau \tag{4.37}$$

最后,将方向余弦矩阵的姿态更新算法应用到惯性导航系统。假定系统的瞬时更新从t_{m-1}到t_m时刻,则此时的姿态更新公式为

$$\boldsymbol{C}_n^{b(m)}=\boldsymbol{C}_{b(m-1)}^{b(m)}\boldsymbol{C}_n^{b(m-1)} \tag{4.38}$$

惯性导航系统的姿态更新算法为迭代更新解算,每次更新只需要确定$\boldsymbol{C}_{b(m-1)}^{b(m)}$即可:

$$\boldsymbol{C}_{b(m-1)}^{b(m)}=\boldsymbol{I}+\frac{\sin\Delta\theta_m}{|\Delta\theta_m|}(\Delta\boldsymbol{\theta}_m\times)+\frac{1-\cos|\Delta\theta_m|}{|\Delta\theta_m|^2}(\Delta\boldsymbol{\theta}_m\times)^2 \tag{4.39}$$

其中

$$\Delta\boldsymbol{\theta}_m = \int_{t_{m-1}}^{t_m} \boldsymbol{\omega}(t)\,\mathrm{d}t \tag{4.40}$$

4.2.4 四元数微分方程

假定空间中存在一个矢量 $\boldsymbol{r}$,在导航坐标系 n 系和载体坐标系 b 系中的表示分别为 $\boldsymbol{r}^n$ 和 $\boldsymbol{r}^b$,按照四元数的定义,两个坐标系内矢量的转换方法如下:

$$\begin{aligned}
\boldsymbol{r}^b &= \boldsymbol{Q}_b^n \circ \boldsymbol{r}^n \circ \boldsymbol{Q}_n^b = \boldsymbol{M}^*_{Q_n^b}\boldsymbol{M}_{Q_b^n}\boldsymbol{q}_{r^n}\\
&= \begin{bmatrix} q_0 & q_1 & q_2 & q_3 \\ -q_1 & q_0 & -q_3 & q_2 \\ -q_2 & q_3 & q_0 & -q_1 \\ -q_3 & -q_2 & q_1 & q_0 \end{bmatrix}\begin{bmatrix} q_0 & -q_1 & -q_2 & -q_3 \\ q_1 & q_0 & -q_3 & q_2 \\ q_2 & q_3 & q_0 & -q_1 \\ q_3 & -q_2 & q_1 & q_0 \end{bmatrix}\begin{bmatrix} 0 \\ r_x^n \\ r_y^n \\ r_z^n \end{bmatrix}\\
&= \begin{bmatrix} 1 & 0 & 0 & 0 \\ 0 & q_0^2+q_1^2-q_2^2-q_3^2 & 2(q_1q_2-q_0q_3) & 2(q_1q_3+q_0q_2) \\ 0 & 2(q_1q_2+q_0q_3) & q_0^2-q_1^2+q_2^2-q_3^2 & 2(q_2q_3-q_0q_1) \\ 0 & 2(q_1q_3-q_0q_2) & 2(q_2q_3+q_0q_1) & q_0^2-q_1^2-q_2^2+q_3^2 \end{bmatrix}\begin{bmatrix} 0 \\ r_x^n \\ r_y^n \\ r_z^n \end{bmatrix}
\end{aligned} \tag{4.41}$$

可以得到矢量变换与四元数各参数之间的对应关系为

$$\boldsymbol{r}^b = \begin{bmatrix} q_0^2+q_1^2-q_2^2-q_3^2 & 2(q_1q_2-q_0q_3) & 2(q_1q_3+q_0q_2) \\ 2(q_1q_2+q_0q_3) & q_0^2-q_1^2+q_2^2-q_3^2 & 2(q_2q_3-q_0q_1) \\ 2(q_1q_3-q_0q_2) & 2(q_2q_3+q_0q_1) & q_0^2-q_1^2-q_2^2+q_3^2 \end{bmatrix}\boldsymbol{r}^n \tag{4.42}$$

因此,存在方向余弦矩阵与四元数各参数对应关系为

$$\boldsymbol{C}_n^b = \begin{bmatrix} q_0^2+q_1^2-q_2^2-q_3^2 & 2(q_1q_2-q_0q_3) & 2(q_1q_3+q_0q_2) \\ 2(q_1q_2+q_0q_3) & q_0^2-q_1^2+q_2^2-q_3^2 & 2(q_2q_3-q_0q_1) \\ 2(q_1q_3-q_0q_2) & 2(q_2q_3+q_0q_1) & q_0^2-q_1^2-q_2^2+q_3^2 \end{bmatrix} \tag{4.43}$$

由于四元数在本书中用于表达坐标系的旋转变换过程,因此四元数一定满足单位四元数。因此,可以用三角函数对四元数进行表示,即

$$\boldsymbol{Q} = q_0 + \boldsymbol{q}_v = \cos\frac{\phi}{2} + \boldsymbol{u}\sin\frac{\phi}{2} \tag{4.44}$$

按照方向余弦矩阵的表达式(4.10),可以得

$$\begin{aligned}
\boldsymbol{C}_n^b &= \boldsymbol{I} + \sin\phi(\boldsymbol{u}\times) + (1-\cos\phi)(\boldsymbol{u}\times)^2\\
&= \boldsymbol{I} + 2\sin\frac{\phi}{2}\cos\frac{\phi}{2}(\boldsymbol{u}\times) + 2\sin^2\frac{\phi}{2}(\boldsymbol{u}\times)^2\\
&= \boldsymbol{I} + 2\cos\frac{\phi}{2}\left(\sin\frac{\phi}{2}\boldsymbol{u}\times\right) + 2\left(\sin\frac{\phi}{2}\boldsymbol{u}\times\right)^2
\end{aligned} \tag{4.45}$$

将四元数对应参数代入得

$$\begin{aligned}
\boldsymbol{C}_n^b &= \boldsymbol{I}+2q_0(\boldsymbol{q}_v\times)+2(\boldsymbol{q}_v\times)^2\\
&=\boldsymbol{I}+2q_0\begin{bmatrix}0 & -q_3 & q_2\\ q_3 & 0 & -q_1\\ -q_2 & q_1 & 0\end{bmatrix}+2\begin{bmatrix}0 & -q_3 & q_2\\ q_3 & 0 & -q_1\\ -q_2 & q_1 & 0\end{bmatrix}^2\\
&=\begin{bmatrix}q_0^2+q_1^2-q_2^2-q_3^2 & 2(q_1q_2-q_0q_3) & 2(q_1q_3+q_0q_2)\\ 2(q_1q_2+q_0q_3) & q_0^2-q_1^2+q_2^2-q_3^2 & 2(q_2q_3-q_0q_1)\\ 2(q_1q_3-q_0q_2) & 2(q_2q_3+q_0q_1) & q_0^2-q_1^2-q_2^2+q_3^2\end{bmatrix}
\end{aligned}\tag{4.46}$$

以上从四元数乘法和旋转矢量表达两个方向验证了方向余弦矩阵与四元数的各参数之间的对应关系。

将式(4.41)左右两边同时按照四元数乘法左乘 $\boldsymbol{Q}_n^b$,得

$$\boldsymbol{Q}_n^b\circ\boldsymbol{r}^b=\boldsymbol{r}^n\circ\boldsymbol{Q}_n^b\tag{4.47}$$

与方向余弦矩阵的微分方程类似,对式(4.47)两边同时微分得

$$\begin{cases}\dot{\boldsymbol{Q}}_n^b\circ\boldsymbol{r}^b+\boldsymbol{Q}_n^b\circ\dot{\boldsymbol{r}}^b=\dot{\boldsymbol{r}}^n\circ\boldsymbol{Q}_n^b+\boldsymbol{r}^n\circ\dot{\boldsymbol{Q}}_n^b\\
\dot{\boldsymbol{Q}}_n^b\circ\boldsymbol{r}^b+\boldsymbol{Q}_n^b\circ(-\boldsymbol{\omega}_{ib}^b\circ\boldsymbol{r}^b)=(-\boldsymbol{\omega}_{in}^n\circ\boldsymbol{r}^n)\circ\boldsymbol{Q}_n^b+\boldsymbol{r}^n\circ\dot{\boldsymbol{Q}}_n^b\\
\dot{\boldsymbol{Q}}_n^b\circ\boldsymbol{r}^b+\boldsymbol{Q}_n^b\circ(-\boldsymbol{\omega}_{ib}^b\circ\boldsymbol{r}^b)=\boldsymbol{Q}_n^b\circ(-\boldsymbol{\omega}_{in}^b\circ\boldsymbol{r}^b)\circ\boldsymbol{Q}_b^n\circ\boldsymbol{Q}_n^b+\boldsymbol{Q}_n^b\circ\boldsymbol{r}^b\circ\boldsymbol{Q}_b^n\circ\dot{\boldsymbol{Q}}_n^b\\
\dot{\boldsymbol{Q}}_n^b\circ\boldsymbol{r}^b+\boldsymbol{Q}_n^b\circ(-\boldsymbol{\omega}_{ib}^b\circ\boldsymbol{r}^b)=\boldsymbol{Q}_n^b\circ(-\boldsymbol{\omega}_{in}^b\circ\boldsymbol{r}^b)+\boldsymbol{Q}_n^b\circ\boldsymbol{r}^b\circ\boldsymbol{Q}_b^n\circ\dot{\boldsymbol{Q}}_n^b\\
\boldsymbol{Q}_n^b\circ(\boldsymbol{\omega}_{in}^b\circ\boldsymbol{r}^b-\boldsymbol{\omega}_{ib}^b\circ\boldsymbol{r}^b)=\boldsymbol{Q}_n^b\circ\boldsymbol{r}^b\circ\boldsymbol{Q}_b^n\circ\dot{\boldsymbol{Q}}_n^b-\dot{\boldsymbol{Q}}_n^b\circ\boldsymbol{r}^b\\
\boldsymbol{Q}_n^b\circ(\boldsymbol{\omega}_{bn}^b\circ\boldsymbol{r}^b)=\boldsymbol{Q}_n^b\circ\boldsymbol{r}^b\circ\boldsymbol{Q}_b^n\circ\dot{\boldsymbol{Q}}_n^b-\dot{\boldsymbol{Q}}_n^b\circ\boldsymbol{r}^b\end{cases}\tag{4.48}$$

两边同时左乘 $\boldsymbol{Q}_b^n$,得

$$\boldsymbol{\omega}_{bn}^b\circ\boldsymbol{r}^b=\boldsymbol{r}^b\circ\boldsymbol{Q}_b^n\circ\dot{\boldsymbol{Q}}_n^b-\boldsymbol{Q}_b^n\circ\dot{\boldsymbol{Q}}_n^b\circ\boldsymbol{r}^b\tag{4.49}$$

按照四元数乘法运算规则,式(4.49)可以转为矩阵形式:

$$[\boldsymbol{M}^*_{(\boldsymbol{Q}_b^n\circ\dot{\boldsymbol{Q}}_n^b)}-\boldsymbol{M}_{(\boldsymbol{Q}_b^n\circ\dot{\boldsymbol{Q}}_n^b)}]\begin{bmatrix}0\\ \boldsymbol{r}^b\end{bmatrix}=\boldsymbol{M}_{\boldsymbol{\omega}_{bn}^b}\begin{bmatrix}0\\ \boldsymbol{r}^b\end{bmatrix}\tag{4.50}$$

可以变形为

$$\begin{bmatrix}0 & \boldsymbol{0}_{1\times3}\\ \boldsymbol{0}_{3\times1} & 2[(\boldsymbol{Q}_b^n\circ\dot{\boldsymbol{Q}}_n^b)_v\times]\end{bmatrix}\begin{bmatrix}0\\ \boldsymbol{r}^b\end{bmatrix}=\begin{bmatrix}0 & \boldsymbol{0}_{1\times3}\\ \boldsymbol{0}_{3\times1} & (\boldsymbol{\omega}_{nb}^b\times)\end{bmatrix}\begin{bmatrix}0\\ \boldsymbol{r}^b\end{bmatrix}\tag{4.51}$$

最后得

$$\dot{\boldsymbol{Q}}_n^b=\frac{1}{2}\boldsymbol{Q}_n^b\circ\boldsymbol{\omega}_{nb}^b\tag{4.52}$$

直接从四元数表达式进行微分也可以证明式(4.52)。已知四元数的表达

式表示为

$$\boldsymbol{Q}_n^b=\cos\frac{\phi}{2}+\boldsymbol{u}\sin\frac{\phi}{2} \tag{4.53}$$

对两侧进行微分计算：

$$\dot{\boldsymbol{Q}}_n^b=-\frac{\dot{\phi}}{2}\sin\frac{\phi}{2}+\boldsymbol{u}\frac{\dot{\phi}}{2}\cos\frac{\phi}{2}+\sin\frac{\phi}{2}\dot{\boldsymbol{u}} \tag{4.54}$$

由于矢量 $\boldsymbol{u}$ 为四元数表达式下的定轴旋转，因此

$$\begin{cases}\dot{\boldsymbol{u}}=\boldsymbol{0}\\ \boldsymbol{u}\circ\boldsymbol{u}=-1\end{cases} \tag{4.55}$$

代入式(4.54)得

$$\begin{aligned}\dot{\boldsymbol{Q}}_n^b&=\boldsymbol{u}\frac{\dot{\phi}}{2}\circ\left(\sin\frac{\phi}{2}\boldsymbol{u}+\cos\frac{\phi}{2}\right)\\&=\frac{1}{2}\boldsymbol{u}\dot{\phi}\circ\boldsymbol{Q}_n^b=\frac{1}{2}\boldsymbol{\omega}_{nb}^n\circ\boldsymbol{Q}_n^b\end{aligned} \tag{4.56}$$

基于矢量坐标转换的四元数表达形式，式(4.57)可以变换为

$$\dot{\boldsymbol{Q}}_n^b=\frac{1}{2}\boldsymbol{Q}_n^b\circ\boldsymbol{\omega}_{nb}^b\circ\boldsymbol{Q}_b^n\circ\boldsymbol{Q}_n^b=\frac{1}{2}\boldsymbol{Q}_n^b\circ\boldsymbol{\omega}_{nb}^b \tag{4.57}$$

与方向余弦矩阵的微分方程类似，以上的四元数微分方程的计算也是与时间相关的连续函数，如果要进行计算机实现，需对上述四元数的微分方程进行离散化处理。

为了表达方便，将式(4.54)按照四元数乘法的形式表达为

$$\dot{\boldsymbol{Q}}(t)=\frac{1}{2}\boldsymbol{M}'_{\boldsymbol{\omega}(t)}\boldsymbol{Q}(t) \tag{4.58}$$

当角速率 $\boldsymbol{\omega}(t)$ 为时变的矢量时，与方向余弦矩阵的微分形式求解类似，不存在解析解，因而此处同样假设在一个解算周期 $[0,T]$ 的短时间内，姿态变换满足定轴旋转的条件。这样可以得到四元数的解析解为

$$\boldsymbol{Q}(T)=\mathrm{e}^{\frac{1}{2}\Theta(T)}\boldsymbol{Q}(0) \tag{4.59}$$

其中

$$\Theta(T)=\int_0^T\boldsymbol{M}'_{\boldsymbol{w}(t)}\mathrm{d}t=\begin{bmatrix}0&-\theta_x(T)&-\theta_y(T)&-\theta_z(T)\\ \theta_x(T)&0&\theta_z(T)&-\theta_y(T)\\ \theta_y(T)&-\theta_z(T)&0&\theta_x(T)\\ \theta_z(T)&\theta_y(T)&-\theta_x(T)&0\end{bmatrix} \tag{4.60}$$

式中：$\theta(T)$ 为时间段 $[0,T]$ 内的角增量。

只需要计算 $\Theta(T)$ 的矩阵指数表达式就可以实现四元数形式下的姿态更新。计算其高次幂形式

$$\begin{cases}\boldsymbol{\Theta}^2 = -\theta^2\boldsymbol{I}\\ \boldsymbol{\Theta}^3 = \boldsymbol{\Theta}^2\boldsymbol{\Theta} = -\theta^2\boldsymbol{\Theta}\\ \boldsymbol{\Theta}^4 = \boldsymbol{\Theta}^3\boldsymbol{\Theta} = -\theta^2\boldsymbol{\Theta}\boldsymbol{\Theta} = \theta^4\boldsymbol{I}\\ \boldsymbol{\Theta}^5 = \boldsymbol{\Theta}^4\boldsymbol{\Theta} = \theta^4\boldsymbol{\Theta}\\ \qquad\cdots\end{cases} \tag{4.61}$$

因此,矩阵指数的形式可以简化为

$$\begin{aligned}\mathrm{e}^{\frac{1}{2}\boldsymbol{\Theta}(T)} &= \boldsymbol{I} + \left[\frac{\boldsymbol{\Theta}(T)}{2}\right] + \frac{\left[\frac{\boldsymbol{\Theta}(T)}{2}\right]^2}{2!} + \frac{\left[\frac{\boldsymbol{\Theta}(T)}{2}\right]^3}{3!} + \cdots + \frac{\left[\frac{\boldsymbol{\Theta}(T)}{2}\right]^n}{n!} + \cdots\\ &= \boldsymbol{I} + \left[\frac{\boldsymbol{\Theta}(T)}{2}\right] - \frac{\left[\frac{\theta(T)}{2}\right]^2\boldsymbol{I}}{2!} - \frac{\left[\frac{\theta(T)}{2}\right]^2\frac{\boldsymbol{\Theta}(T)}{2}}{3!} + \frac{\left[\frac{\theta(T)}{2}\right]^4\boldsymbol{I}}{4!} + \frac{\left[\frac{\theta(T)}{2}\right]^4\frac{\boldsymbol{\Theta}(T)}{2}}{5!} - \cdots\\ &= \boldsymbol{I}\left\{1 - \frac{\left[\frac{\theta(T)}{2}\right]^2}{2!} + \frac{\left[\frac{\theta(T)}{2}\right]^4}{4!} - \cdots\right\} + \frac{\boldsymbol{\Theta}(T)}{\theta(T)}\left\{\left[\frac{\theta(T)}{2}\right] - \frac{\left[\frac{\theta(T)}{2}\right]^3}{3!} + \frac{\left[\frac{\theta(T)}{2}\right]^5}{5!} - \cdots\right\}\\ &= \boldsymbol{I}\cos\frac{\theta(T)}{2} + \frac{\boldsymbol{\Theta}(T)}{\theta(T)}\sin\frac{\theta(T)}{2}\end{aligned} \tag{4.62}$$

将式(4.62)代入式(4.59)得

$$\boldsymbol{Q}(T) = \left[\boldsymbol{I}\cos\frac{\theta(T)}{2} + \frac{\boldsymbol{\Theta}(T)}{\theta(T)}\sin\frac{\theta(T)}{2}\right]\boldsymbol{Q}(0) = \boldsymbol{Q}(0)\circ\begin{bmatrix}\cos\frac{\theta(T)}{2}\\ \frac{\boldsymbol{\theta}(T)}{\theta(T)}\sin\frac{\theta(T)}{2}\end{bmatrix} \tag{4.63}$$

最后,将四元数姿态更新解算的方法应用到实时的惯性导航更新解算,系统的瞬时更新从 t_{m-1} 到 t_m 时刻,可以得到此时的姿态更新公式为

$$\boldsymbol{Q}_n^{b(m)} = \boldsymbol{Q}_n^{b(m-1)}\boldsymbol{Q}_{b(m-1)}^{b(m)} \tag{4.64}$$

$$\boldsymbol{Q}_{b(m-1)}^{b(m)} = \begin{bmatrix}\cos\frac{\Delta\theta_m}{2}\\ \frac{\Delta\boldsymbol{\theta}_m}{\Delta\theta_m}\sin\frac{\Delta\theta_m}{2}\end{bmatrix} \tag{4.65}$$

式中:$\boldsymbol{Q}_n^{b(m)}$,$\boldsymbol{Q}_n^{b(m-1)}$ 分别表示 t_{m-1} 和 t_m 时刻的姿态变换四元数;$\boldsymbol{Q}_{b(m-1)}^{b(m)}$ 为从 t_{m-1} 时刻到 t_m 时刻的姿态四元数变化,有

$$\Delta\boldsymbol{\theta}_m = \int_{t_{m-1}}^{t_m}\boldsymbol{\omega}(t)\,\mathrm{d}t \tag{4.66}$$

$$\Delta\theta_m = |\Delta\boldsymbol{\theta}_m| \tag{4.67}$$

4.2.5 旋转矢量微分方程

在方向余弦矩阵和四元数的姿态更新算法中,都作了定轴旋转的假设才能实现姿态微分方程解析解的计算。但是,实际系统一般都不是定轴旋转,因此采用角速率直接积分的方式进行积分计算,其中包含了旋转不可交换的误差。为了减少不可交换误差的影响,一般通过求解等效旋转矢量,再用等效旋转矢量实现方向余弦矩阵或者四元数姿态更新算法。

三维空间中的某矢量 $\boldsymbol{r}$ 绕另一单位矢量 $\boldsymbol{u}$ 转动 ϕ 角度,得矢量 $\boldsymbol{r}'$,以下求解转动前后两矢量 $\boldsymbol{r}$ 与 $\boldsymbol{r}'$之间的空转变换关系,如图 4.2 所示。

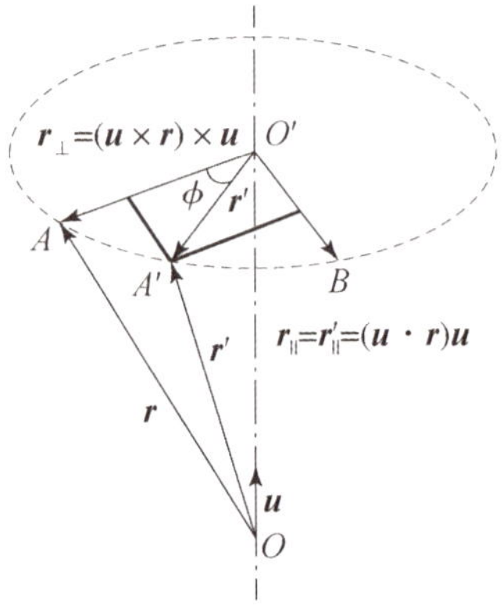

图 4.2　等效旋转矢量旋转前后矢量关系

假设单位矢量 $\boldsymbol{u}$ 和空间中任意矢量 $\boldsymbol{r}$ 有共同的起点 O,矢量 $\boldsymbol{r}=\overrightarrow{OA}$以 O 为起点,绕着单位矢量 $\boldsymbol{u}$ 旋转一个角度 ϕ,旋转后得到的矢量 $\boldsymbol{r}'=\overrightarrow{OA'}$,其旋转过程中划过的圆弧所在的圆心设为 O',在该圆所在平面构建一个矢量$\overrightarrow{O'B}$,满足$\overrightarrow{O'B}\perp\overrightarrow{O'A}$。按照图形表达,原始的矢量 $\boldsymbol{r}$ 可以表示为$\overrightarrow{OO'}$与$\overrightarrow{O'A}$的矢量和。其中

$$\overrightarrow{OO'}=\boldsymbol{r}_\parallel=(\boldsymbol{r}\cdot\boldsymbol{u})\boldsymbol{u} \tag{4.68}$$

$$\overrightarrow{O'A}=\boldsymbol{r}_\perp=\overrightarrow{O'B}\times\boldsymbol{u}=(\boldsymbol{u}\times\boldsymbol{r})\times\boldsymbol{u} \tag{4.69}$$

同样,旋转后的矢量 $\boldsymbol{r}'$也可以表示为$\overrightarrow{OO'}$与$\overrightarrow{O'A'}$的矢量和的形式:

$$\overrightarrow{OO'}=\boldsymbol{r}_\parallel=(\boldsymbol{r}\cdot\boldsymbol{u})\boldsymbol{u} \tag{4.70}$$

$$\overrightarrow{O'A'}=\boldsymbol{r}'_\perp=\overrightarrow{O'A}\cos\phi+\overrightarrow{O'B}\sin\phi=(\boldsymbol{u}\times\boldsymbol{r})\times\boldsymbol{u}\cos\phi+\boldsymbol{u}\times\boldsymbol{r}\sin\phi \tag{4.71}$$

由此,可以得到旋转后矢量 $\boldsymbol{r}'$与旋转前矢量 $\boldsymbol{r}$ 和旋转单位矢量 $\boldsymbol{u}$ 以及旋转角度 ϕ 之间的关系为

$$\boldsymbol{r}'=(\boldsymbol{r}\cdot\boldsymbol{u})\boldsymbol{u}+(\boldsymbol{u}\times\boldsymbol{r})\times\boldsymbol{u}\cos\phi+\boldsymbol{u}\times\boldsymbol{r}\sin\phi \tag{4.72}$$

根据三重矢量乘积公式 $\boldsymbol{V}_1 \times (\boldsymbol{V}_2 \times \boldsymbol{V}_3) = (\boldsymbol{V}_1 \cdot \boldsymbol{V}_3)\boldsymbol{V}_2 - (\boldsymbol{V}_1 \cdot \boldsymbol{V}_2)\boldsymbol{V}_3$ 可以对式(4.72)进行简化,有

$$(\boldsymbol{r} \cdot \boldsymbol{u})\boldsymbol{u} = (\boldsymbol{u} \cdot \boldsymbol{r})\boldsymbol{u} = \boldsymbol{u} \times (\boldsymbol{u} \times \boldsymbol{r}) + |\boldsymbol{u}|^2 \boldsymbol{r} = [\boldsymbol{I} + (\boldsymbol{u}\times)^2]\boldsymbol{r} \tag{4.73}$$

将式(4.73)代入式(4.72)得

$$\begin{aligned} \boldsymbol{r}' &= [\boldsymbol{I} + (\boldsymbol{u}\times)^2]\boldsymbol{r} - (\boldsymbol{u}\times)^2 \boldsymbol{r}\cos\phi + \boldsymbol{u} \times \boldsymbol{r}\sin\phi \\ &= [\boldsymbol{I} + \sin\phi(\boldsymbol{u}\times) + (1-\cos\phi)(\boldsymbol{u}\times)^2]\boldsymbol{r} \\ &= \boldsymbol{D}\boldsymbol{r} \end{aligned} \tag{4.74}$$

由此得到了旋转矢量对矢量空间坐标变换的公式,它由旋转的单位矢量 $\boldsymbol{u}$ 以及旋转角度 ϕ 组成,该公式称为罗德里格(Rodrigues)旋转公式。

$$\boldsymbol{D} = \boldsymbol{I} + \sin\phi(\boldsymbol{u}\times) + (1-\cos\phi)(\boldsymbol{u}\times)^2 \tag{4.75}$$

由四元数的微分方程:

$$\begin{aligned} \dot{\boldsymbol{Q}}_n^b &= \frac{1}{2}\boldsymbol{Q}_n^b \circ \boldsymbol{w}_{nb}^b = \frac{1}{2}\left(\cos\frac{\phi}{2} + \boldsymbol{u}\sin\frac{\phi}{2}\right) \circ \boldsymbol{\omega} \\ &= -\frac{1}{2}\sin\frac{\phi}{2}\boldsymbol{u}^{\mathrm{T}}\boldsymbol{\omega} + \frac{1}{2}\left(\cos\frac{\phi}{2}\boldsymbol{\omega} + \sin\frac{\phi}{2}\boldsymbol{u} \times \boldsymbol{\omega}\right) \end{aligned} \tag{4.76}$$

$$\dot{\boldsymbol{Q}}_n^b = -\frac{\dot{\phi}}{2}\sin\frac{\phi}{2} + \boldsymbol{u}\frac{\dot{\phi}}{2}\cos\frac{\phi}{2} + \sin\frac{\phi}{2}\dot{\boldsymbol{u}} \tag{4.77}$$

令式(4.76)和式(4.77)的虚实和实部分别相等,可以得

$$\begin{cases} -\dfrac{\dot{\phi}}{2}\sin\dfrac{\phi}{2} = -\dfrac{1}{2}\sin\dfrac{\phi}{2}\boldsymbol{u}^{\mathrm{T}}\boldsymbol{\omega} \\ \dot{\boldsymbol{u}}\sin\dfrac{\phi}{2} + \boldsymbol{u}\dfrac{\dot{\phi}}{2}\cos\dfrac{\phi}{2} = \dfrac{1}{2}\left(\cos\dfrac{\phi}{2}\boldsymbol{\omega} + \sin\dfrac{\phi}{2}\boldsymbol{u} \times \boldsymbol{\omega}\right) \end{cases} \tag{4.78}$$

化简后

$$\begin{cases} \dot{\phi} = \boldsymbol{u}^{\mathrm{T}}\boldsymbol{\omega} \\ \dot{\boldsymbol{u}} = \dfrac{1}{2}\boldsymbol{u} \times \boldsymbol{\omega} + \dfrac{1}{2}\cot\dfrac{\phi}{2}(\boldsymbol{\omega} - \dot{\phi}\boldsymbol{u}) \end{cases} \tag{4.79}$$

则等效旋转矢量的微分方程为

$$\begin{aligned} \dot{\boldsymbol{\phi}} &= \dot{\phi}\boldsymbol{u} + \phi\dot{\boldsymbol{u}} \\ &= \boldsymbol{u}^{\mathrm{T}}\boldsymbol{\omega}\boldsymbol{u} + \phi\frac{1}{2}\boldsymbol{u} \times \boldsymbol{\omega} + \frac{1}{2}\cot\frac{\phi}{2}(\boldsymbol{\omega} - \boldsymbol{u}^{\mathrm{T}}\boldsymbol{\omega}\boldsymbol{u}) \end{aligned} \tag{4.80}$$

基于三重矢量积公式,得到$(\boldsymbol{u}^{\mathrm{T}}\boldsymbol{\omega})\boldsymbol{u} = \boldsymbol{\omega} + \boldsymbol{u} \times (\boldsymbol{u} \times \boldsymbol{\omega})$,将其代入式(4.80)得

$$\begin{aligned} \dot{\boldsymbol{\phi}} &= [\boldsymbol{\omega} + \boldsymbol{u} \times (\boldsymbol{u} \times \boldsymbol{\omega})] + \phi\left[\frac{1}{2}\boldsymbol{u} \times \boldsymbol{\omega} - \frac{1}{2}\cot\frac{\phi}{2}\boldsymbol{u} \times (\boldsymbol{u} \times \boldsymbol{\omega})\right] \\ &= \boldsymbol{\omega} + \frac{\phi}{2}\boldsymbol{u} \times \boldsymbol{\omega} + \left(1 - \frac{\phi}{2}\cot\frac{\phi}{2}\right)\boldsymbol{u} \times (\boldsymbol{u} \times \boldsymbol{\omega}) \end{aligned}$$

$$= \boldsymbol{\omega} + \frac{1}{2}\boldsymbol{\phi} \times \boldsymbol{\omega} + \left(1 - \frac{\phi}{2}\cot\frac{\phi}{2}\right)\frac{\boldsymbol{\phi} \times (\boldsymbol{\phi} \times \boldsymbol{\omega})}{\phi^2} \tag{4.81}$$

以上即为等效旋转矢量微分方程，基于该公式可以对坐标系非定轴转动过程中由于转动不可交换误差产生的理论误差进行补偿，这一公式称为 Bortz 方程[5]。

在实际的惯性导航系统姿态更新过程中，通常采用高频采样提取载体角运动信息，因此 ϕ 角一定是小角度，可以对式(4.81)中唯一的三角函数进行泰勒级数分解，由于 ϕ 角是小角度，可以适当忽略其高阶小量。

$$\begin{aligned}
\dot{\boldsymbol{\phi}} &= \boldsymbol{\omega} + \frac{1}{2}\boldsymbol{\phi} \times \boldsymbol{\omega} + \frac{1}{\phi^2}\left[1 - \frac{\phi}{2}\left(\frac{2}{\phi} - \frac{1}{3}\frac{\phi}{2} - \frac{1}{45}\left(\frac{\phi}{2}\right)^3 - \frac{2}{945}\left(\frac{\phi}{2}\right)^5 - \cdots\right)\right](\boldsymbol{\phi} \times)^2\boldsymbol{\omega} \\
&= \boldsymbol{\omega} + \frac{1}{2}\boldsymbol{\phi} \times \boldsymbol{\omega} + \left(\frac{1}{12} + \frac{\phi^2}{720} + \frac{\phi^4}{30240} + \cdots\right)(\boldsymbol{\phi} \times)^2\boldsymbol{\omega} \\
&\approx \boldsymbol{\omega} + \frac{1}{2}\boldsymbol{\phi} \times \boldsymbol{\omega} + \frac{1}{12}(\boldsymbol{\phi} \times)^2\boldsymbol{\omega}
\end{aligned} \tag{4.82}$$

如果进一步忽略其二阶小量，还可以进一步简化为

$$\dot{\boldsymbol{\phi}} \approx \boldsymbol{\omega} + \frac{1}{2}\boldsymbol{\phi} \times \boldsymbol{\omega} \tag{4.83}$$

在 t_{m-1} 到 t_m 时间内进行积分，其积分过程可以表示为

$$\begin{aligned}
\boldsymbol{\phi}(t_m) - \boldsymbol{\phi}(t_{m-1}) &= \int_{t_{m-1}}^{t_m} \boldsymbol{\omega}(\tau) + \frac{1}{2}\boldsymbol{\phi}(\tau) \times \boldsymbol{\omega}(\tau)\,\mathrm{d}\tau \\
&= \int_{t_{m-1}}^{t_m} \boldsymbol{\omega}(\tau)\,\mathrm{d}\tau + \frac{1}{2}\int_{t_{m-1}}^{t_m} \boldsymbol{\phi}(\tau) \times \boldsymbol{\omega}(\tau)\,\mathrm{d}\tau \\
&= \Delta\boldsymbol{\theta}(t_m, t_{m-1}) + \frac{1}{2}\int_{t_{m-1}}^{t_m} \boldsymbol{\phi}(\tau) \times \boldsymbol{\omega}(\tau)\,\mathrm{d}\tau
\end{aligned} \tag{4.84}$$

可以很容易看到，相比于方向余弦矩阵和四元数姿态更新的微分方程在定轴旋转假设下的角增量计算公式，多了第二项的内容。通过循环迭代，将式(4.84)代入其积分部分，得

$$\begin{aligned}
\boldsymbol{\phi}(t_m) - \boldsymbol{\phi}(t_{m-1}) &= \Delta\boldsymbol{\theta}(t_m, t_{m-1}) + \frac{1}{2}\int_{t_{m-1}}^{t_m}\Big[\boldsymbol{\phi}(t_{m-1}) + \Delta\boldsymbol{\theta}(\tau, t_{m-1}) \\
&\quad + \frac{1}{2}\int_{t_{m-1}}^{\tau} \boldsymbol{\phi}(\tau_1) \times \boldsymbol{\omega}(\tau_1)\,\mathrm{d}\tau_1\Big] \times \boldsymbol{\omega}(\tau)\,\mathrm{d}\tau = \Delta\boldsymbol{\theta}(t_m, t_{m-1}) \\
&\quad + \frac{1}{2}\boldsymbol{\phi}(t_{m-1}) \times \Delta\boldsymbol{\theta}(t_m, t_{m-1}) + \frac{1}{2}\int_{t_{m-1}}^{t_m} \Delta\boldsymbol{\theta}(\tau, t_{m-1}) \times \boldsymbol{\omega}(\tau)\,\mathrm{d}\tau \\
&\quad + \frac{1}{4}\int_{t_{m-1}}^{t_m}\int_{t_{m-1}}^{\tau} \boldsymbol{\phi}(\tau_1) \times \boldsymbol{\omega}(\tau_1)\,\mathrm{d}\tau_1 \times \boldsymbol{\omega}(\tau)\,\mathrm{d}\tau
\end{aligned} \tag{4.85}$$

忽略高阶小量，式(4.85)可以简化为

$$\boldsymbol{\phi}(t_m) - \boldsymbol{\phi}(t_{m-1}) \approx \Delta\boldsymbol{\theta}(t, t_{m-1}) + \frac{1}{2}\boldsymbol{\phi}(t_{m-1}) \times \Delta\boldsymbol{\theta}(t_m, t_{m-1})$$
$$+ \frac{1}{2}\int_{t_{m-1}}^{t} \Delta\boldsymbol{\theta}(\tau, t_{m-1}) \times \boldsymbol{\omega}(\tau)\mathrm{d}\tau \tag{4.86}$$

鉴于在实际惯性导航系统的姿态更新过程中,一般不会使用旋转矢量作为姿态表达和姿态连续更新的方式。更为一般的是,采用四元数作为惯性导航解算的姿态更新方式。等效旋转矢量的构建是为了解决旋转不可交换误差的补偿问题,因此,可以认为每次的姿态更新,旋转矢量的构建都是从 t_0 时刻开始,对应的旋转矢量初始时刻表达式 $\boldsymbol{\phi}(t_{m-1}) = \mathbf{0}$。因此,式(4.86)可以得到进一步的简化,即

$$\boldsymbol{\phi}(t) \approx \Delta\boldsymbol{\theta}(t) + \frac{1}{2}\int_{0}^{t} \Delta\boldsymbol{\theta}(\tau) \times \boldsymbol{\omega}(\tau)\mathrm{d}\tau \tag{4.87}$$

其中,第二项就是对应的旋转不可交换的误差补偿量。对式(4.87)进行求导,得

$$\dot{\boldsymbol{\phi}}(t) = \boldsymbol{\omega}(t) + \frac{1}{2}\Delta\boldsymbol{\theta}(t) \times \boldsymbol{\omega}(t) \tag{4.88}$$

可以认为式(4.88)就是等效旋转矢量的微分方程。从式(4.88)可以很明显地看出,当载体旋转过程为定轴旋转时,对应的 $\Delta\boldsymbol{\theta}(t)$ 和 $\boldsymbol{\omega}(t)$ 共轴,那么其叉乘结果为0,式(4.88)的结果与之前进行定轴旋转假设的计算过程是一致的。当非定轴旋转时,等效旋转矢量的构建关键在于如何计算一个惯性导航更新周期内的旋转不可交换误差的补偿量。当载体旋转过程不是定轴旋转时,在导航级以上的惯性导航系统中,采样频率已经足够高,在短时间内一般认为其旋转速率的变化可以通过多项式拟合或者是周期性振荡形式表达[6-8]。

当一个采样周期内的角速率的变化是一阶多项式,即线性变化的,那么不妨设角速率的输出与时间的关系为

$$\boldsymbol{\omega}(\tau) = \boldsymbol{a} + 2\boldsymbol{b}\tau \tag{4.89}$$

式中:$\boldsymbol{a}$ 和 $\boldsymbol{b}$ 均为常数矢量。

那么,对应的在一个周期内的陀螺角增量的输出为

$$\Delta\boldsymbol{\theta}(\tau) = \int_{0}^{\tau} \boldsymbol{\omega}(\tau')\mathrm{d}\tau' = \boldsymbol{a}\tau + \boldsymbol{b}\tau^2 \tag{4.90}$$

按照式(4.87)计算,旋转修正量部分计算如下:

$$\int_{0}^{t} \Delta\boldsymbol{\theta}(\tau) \times \boldsymbol{\omega}(\tau)\mathrm{d}\tau = \int_{0}^{T} (\boldsymbol{a}\tau + \boldsymbol{b}\tau^2) \times (\boldsymbol{a} + 2\boldsymbol{b}\tau)\mathrm{d}\tau$$
$$= \int_{0}^{T} \boldsymbol{a} \times \boldsymbol{b}\tau^2\mathrm{d}\tau = \frac{1}{3}\boldsymbol{a} \times \boldsymbol{b}T^3 \tag{4.91}$$

对于线性变化的角速率变化模型，对式(4.91)进行参量的计算需要在一个解算周期[0,T]内进行两次采样，分别记为 $\Delta\boldsymbol{\theta}_1$ 和 $\Delta\boldsymbol{\theta}_2$，其与常数矢量 $\boldsymbol{a}$ 和 $\boldsymbol{b}$ 的关系如下：

$$\begin{cases}\Delta\boldsymbol{\theta}_1 = \int_0^{T/2}\boldsymbol{\omega}(\tau)\mathrm{d}\tau = \boldsymbol{a}\tau + \boldsymbol{b}\tau^2\Big|_0^{T/2} = \dfrac{T}{2}\boldsymbol{a} + \dfrac{T^2}{4}\boldsymbol{b} \\ \Delta\boldsymbol{\theta}_2 = \int_{T/2}^{T}\boldsymbol{\omega}(\tau)\mathrm{d}\tau = \boldsymbol{a}\tau + \boldsymbol{b}\tau^2\Big|_{T/2}^{T} = \dfrac{T}{2}\boldsymbol{a} + \dfrac{3T^2}{4}\boldsymbol{b}\end{cases} \tag{4.92}$$

由式(4.92)可得

$$\begin{cases}\boldsymbol{a} = \dfrac{3\Delta\boldsymbol{\theta}_1 - \Delta\boldsymbol{\theta}_2}{T} \\ \boldsymbol{b} = \dfrac{2\Delta\boldsymbol{\theta}_2 - 2\Delta\boldsymbol{\theta}_1}{T}\end{cases} \tag{4.93}$$

由两次的采样结果构建补偿不可交换误差的修正量为

$$\int_0^t \Delta\boldsymbol{\theta}(\tau) \times \boldsymbol{\omega}(\tau)\mathrm{d}\tau = \frac{1}{3}\boldsymbol{a} \times \boldsymbol{b}T^3 = \frac{4}{3}\Delta\boldsymbol{\theta}_1 \times \Delta\boldsymbol{\theta}_2 \tag{4.94}$$

由此，针对线性变化的角速率假设的等效旋转矢量的最终表达式为

$$\boldsymbol{\phi}(T) = (\Delta\boldsymbol{\theta}_1 + \Delta\boldsymbol{\theta}_2) + \frac{2}{3}\Delta\boldsymbol{\theta}_1 \times \Delta\boldsymbol{\theta}_2 \tag{4.95}$$

以上是将时变的角速率假设为线性变化的模型，建立了双子样的补偿方法。同理，可以将模型升级为时间的二阶函数、三阶函数进行更高子样的补偿算法，这里不再赘述，仅给出其最终结果，以下分别列出了三子样和四子样的补偿方法，读者有兴趣可以推导更高阶次的表达式。

$$\boldsymbol{\phi}(T) = (\Delta\boldsymbol{\theta}_1 + \Delta\boldsymbol{\theta}_2 + \Delta\boldsymbol{\theta}_3) + \frac{33}{80}\Delta\boldsymbol{\theta}_1 \times \Delta\boldsymbol{\theta}_3 + \frac{57}{80}(\Delta\boldsymbol{\theta}_1 \times \Delta\boldsymbol{\theta}_2 + \Delta\boldsymbol{\theta}_2 \times \Delta\boldsymbol{\theta}_3) \tag{4.96}$$

$$\begin{aligned}\boldsymbol{\phi}(T) = {} & (\Delta\boldsymbol{\theta}_1 + \Delta\boldsymbol{\theta}_2 + \Delta\boldsymbol{\theta}_3 + \Delta\boldsymbol{\theta}_4) + \frac{736}{945}(\Delta\boldsymbol{\theta}_1 \times \Delta\boldsymbol{\theta}_2 + \Delta\boldsymbol{\theta}_3 \times \Delta\boldsymbol{\theta}_4) \\ & + \frac{334}{945}(\Delta\boldsymbol{\theta}_1 \times \Delta\boldsymbol{\theta}_3 + \Delta\boldsymbol{\theta}_2 \times \Delta\boldsymbol{\theta}_4) + \frac{526}{945}\Delta\boldsymbol{\theta}_1 \times \Delta\boldsymbol{\theta}_4 + \frac{654}{945}\Delta\boldsymbol{\theta}_2 \times \Delta\boldsymbol{\theta}_3\end{aligned} \tag{4.97}$$

但不可忽视的问题是，以上的推导过程是在忽略了 Bortz 方程高阶小量的前提下完成的，仍然不能从数学上完美地实现旋转矢量的构建，但是在实际的工程应用中已经足够。同时，从工程应用的角度看，高频采样惯性测量信息中包含了大量的量化噪声和高频噪声，预设的高阶时间函数系数项也无法达到理想数学模型的拟合效果，其补偿的精度会受到器件噪声水平的影响。

上面讨论了多项式模型下的多子样补偿算法，在实际的系统工作过程中，

载体的角速率并不是严格的数学模型。在一般工作环境下，更多的是周期性的振动和摇摆，该模型同样会激励出比较明显的不可交换误差。由周期性的振动和摇摆激励的模型误差称为圆锥误差。

为了描述的方便，假设只在两个水平姿态上存在周期性($\Omega=2\pi f$)的变化，Z 轴绕天向轴旋转形成圆锥形状，锥角为 ϕ，那么对应的四元数可以表示为

$$\boldsymbol{Q}(t)=\begin{bmatrix}\cos(\phi/2)\\ \sin(\phi/2)\cos(\Omega t)\\ \sin(\phi/2)\sin(\Omega t)\\ 0\end{bmatrix} \tag{4.98}$$

对式(4.98)两侧同时求导数，得

$$\dot{\boldsymbol{Q}}(t)=\begin{bmatrix}0\\ -\Omega\sin(\phi/2)\sin(\Omega t)\\ \Omega\sin(\phi/2)\cos(\Omega t)\\ 0\end{bmatrix}=\Omega\sin\frac{\phi}{2}\cdot\begin{bmatrix}0\\ -\sin(\Omega t)\\ \cos(\Omega t)\\ 0\end{bmatrix} \tag{4.99}$$

根据四元数微分方程与角速率之间的关系，有

$$\begin{aligned}\boldsymbol{\omega}(t)&=2\boldsymbol{Q}^*(t)\circ\dot{\boldsymbol{Q}}(t)=2\boldsymbol{M}'_{\dot{\boldsymbol{Q}}(t)}\boldsymbol{Q}^*(t)\\
&=2\Omega\sin\frac{\phi}{2}\cdot\begin{bmatrix}0 & \sin(\Omega t) & -\cos(\Omega t) & 0\\ -\sin(\Omega t) & 0 & 0 & -\cos(\Omega t)\\ \cos(\Omega t) & 0 & 0 & -\sin(\Omega t)\\ 0 & \cos(\Omega t) & \sin(\Omega t) & 0\end{bmatrix}\begin{bmatrix}\cos(\phi/2)\\ -\sin(\phi/2)\cos(\Omega t)\\ -\sin(\phi/2)\sin(\Omega t)\\ 0\end{bmatrix}\\
&=\begin{bmatrix}0\\ -\Omega\sin\phi\sin(\Omega t)\\ \Omega\sin\phi\cos(\Omega t)\\ -2\Omega\sin^2(\phi/2)\end{bmatrix}\end{aligned} \tag{4.100}$$

由此可以得到瞬时的旋转角速率为

$$\boldsymbol{\omega}(t)=\begin{bmatrix}-\Omega\sin\phi\sin(\Omega t)\\ \Omega\sin\phi\cos(\Omega t)\\ -2\Omega\sin^2(\phi/2)\end{bmatrix} \tag{4.101}$$

同样，由两个水平姿态角的变化可以很容易地得到对应时刻的旋转矢量为

$$\boldsymbol{\phi}(t)=\phi\begin{bmatrix}\cos(\Omega t)\\ \sin(\Omega t)\\ 0\end{bmatrix} \tag{4.102}$$

以上表达了在圆锥运动模式下的四元数、角速率和瞬时的旋转矢量的表达形式。从四元数表达式和四元数姿态更新公式，可以得到一个周期内姿态变化

对应的四元数表示为

$$
\begin{aligned}
\boldsymbol{Q}(T)&=\boldsymbol{Q}^{*}(t_{m-1})\circ\boldsymbol{Q}(t_m)=\boldsymbol{M}_{Q^{*}(t_{m-1})}\boldsymbol{Q}(t_m)\\
&=\begin{bmatrix}
\cos\frac{\phi}{2} & \sin\frac{\phi}{2}\cos(\Omega t_{m-1}) & \sin\frac{\phi}{2}\sin(\Omega t_{m-1}) & 0\\
-\sin\frac{\phi}{2}\cos(\Omega t_{m-1}) & \cos\frac{\phi}{2} & 0 & -\sin\frac{\phi}{2}\sin(\Omega t_{m-1})\\
-\sin\frac{\phi}{2}\sin(\Omega t_{m-1}) & 0 & \cos\frac{\phi}{2} & \sin\frac{\phi}{2}\cos(\Omega t_{m-1})\\
0 & \sin\frac{\phi}{2}\sin(\Omega t_{m-1}) & -\sin\frac{\phi}{2}\cos(\Omega t_{m-1}) & \cos\frac{\phi}{2}
\end{bmatrix}
\begin{bmatrix}
\cos\frac{\phi}{2}\\
\sin\frac{\phi}{2}\cos(\Omega t_m)\\
\sin\frac{\phi}{2}\sin(\Omega t_m)\\
0
\end{bmatrix}\\
&=\begin{bmatrix}
\cos^2\frac{\phi}{2}+\sin^2\frac{\phi}{2}\cos(\Omega t_{m-1})\cos(\Omega t_m)+\sin^2\frac{\phi}{2}\sin(\Omega t_{m-1})\sin(\Omega t_m)\\
-\sin\frac{\phi}{2}\cos\frac{\phi}{2}\cos(\Omega t_{m-1})+\sin\frac{\phi}{2}\cos\frac{\phi}{2}\cos(\Omega t_m)\\
-\sin\frac{\phi}{2}\cos\frac{\phi}{2}\sin(\Omega t_{m-1})+\sin\frac{\phi}{2}\cos\frac{\phi}{2}\sin(\Omega t_m)\\
\sin^2\frac{\phi}{2}\sin(\Omega t_{m-1})\cos(\Omega t_m)-\sin^2\frac{\phi}{2}\cos(\Omega t_{m-1})\sin(\Omega t_m)
\end{bmatrix}\\
&=\begin{bmatrix}
\cos^2\frac{\phi}{2}+\sin^2\frac{\phi}{2}\cos(\Omega T)\\
\frac{1}{2}\sin\phi\cdot(\cos(\Omega t_m)-\cos(\Omega t_{m-1}))\\
\frac{1}{2}\sin\phi\cdot(\sin(\Omega t_m)-\sin(\Omega t_{m-1}))\\
-\sin^2\frac{\phi}{2}\sin(\Omega T)
\end{bmatrix}
=\begin{bmatrix}
1-2\left(\sin\frac{\phi}{2}\sin\frac{\Omega T}{2}\right)^2\\
-\sin\phi\sin\frac{\Omega T}{2}\sin\left(\Omega\left(t_m-\frac{T}{2}\right)\right)\\
\sin\phi\sin\frac{\Omega T}{2}\cos\left(\Omega\left(t_m-\frac{T}{2}\right)\right)\\
-\sin^2\frac{\phi}{2}\sin(\Omega T)
\end{bmatrix}
\end{aligned}
\tag{4.103}
$$

与四元数对应的一个解算周期内的等效旋转矢量的表达式为 $\boldsymbol{\phi}(T)$，那么存在对应关系

$$
\boldsymbol{Q}(T)=\cos\frac{\phi(T)}{2}+\frac{\boldsymbol{\phi}(T)}{\phi(T)}\sin\frac{\phi(T)}{2}
\tag{4.104}
$$

比较式(4.103)和式(4.104)的实数部分，得

$$\begin{cases}\cos\dfrac{\phi(T)}{2}=1-2\left(\sin\dfrac{\phi}{2}\sin\dfrac{\Omega T}{2}\right)^2\\2\left(\sin\dfrac{\phi}{2}\sin\dfrac{\Omega T}{2}\right)^2=1-\cos\dfrac{\phi(T)}{2}=2\sin^2\dfrac{\phi(T)}{4}\\\sin\dfrac{\phi(T)}{4}=\sin\dfrac{\phi}{2}\sin\dfrac{\Omega T}{2}\end{cases}\tag{4.105}$$

当圆锥角 ϕ 和 ΩT 为小量时，等效旋转矢量的近似为

$$\boldsymbol{\phi}(T)\approx\boldsymbol{\phi}\Omega T\tag{4.106}$$

从式(4.103)和式(4.104)的矢量部分，可得

$$\boldsymbol{\phi}(T)=\frac{\phi(T)}{\sin\dfrac{\phi(T)}{2}}\begin{bmatrix}-\sin\phi\sin\dfrac{\Omega T}{2}\sin\left(\Omega\left(t_m-\dfrac{T}{2}\right)\right)\\\sin\phi\sin\dfrac{\Omega T}{2}\cos\left(\Omega\left(t_m-\dfrac{T}{2}\right)\right)\\-\sin^2\dfrac{\phi}{2}\sin(\Omega T)\end{bmatrix}\approx\begin{bmatrix}-2\sin\phi\sin\dfrac{\Omega T}{2}\sin\left(\Omega\left(t_m-\dfrac{T}{2}\right)\right)\\2\sin\phi\sin\dfrac{\Omega T}{2}\cos\left(\Omega\left(t_m-\dfrac{T}{2}\right)\right)\\-2\sin^2\dfrac{\phi}{2}\sin(\Omega T)\end{bmatrix}\tag{4.107}$$

对角速率进行积分，得到一个解算周期内的角增量为

$$\begin{aligned}\Delta\boldsymbol{\theta}_m&=\int_{t_{m-1}}^{t_m}\boldsymbol{\omega}(t)\,\mathrm{d}t=\int_{t_{m-1}}^{t_m}\begin{bmatrix}-\Omega\sin\phi\sin(\Omega t)\\\Omega\sin\phi\cos(\Omega t)\\-2\Omega\sin^2(\phi/2)\end{bmatrix}\mathrm{d}t=\begin{bmatrix}\sin\phi\cdot(\cos(\Omega t_m)-\cos(\Omega t_{m-1}))\\\sin\phi\cdot(\sin(\Omega t_m)-\sin(\Omega t_{m-1}))\\-2\sin^2(\phi/2)\cdot\Omega T\end{bmatrix}\\&=\begin{bmatrix}-2\sin\phi\sin\dfrac{\Omega T}{2}\sin\left(\Omega\left(t_m-\dfrac{T}{2}\right)\right)\\2\sin\phi\sin\dfrac{\Omega T}{2}\cos\left(\Omega\left(t_m-\dfrac{T}{2}\right)\right)\\-2\sin^2\dfrac{\phi}{2}\cdot\Omega T\end{bmatrix}\end{aligned}\tag{4.108}$$

比较式(4.107)和式(4.108)的构成，可以看出其前两项完全相同，不同之处在于 Z 轴方向的误差，在圆锥运动条件下，建立补偿模型的目的也是对摇摆两轴交叉作用的第三轴上产生的等效漂移进行补偿：

$$\begin{aligned}\delta\boldsymbol{\phi}(T)_Z&=\boldsymbol{\phi}(T)-\Delta\boldsymbol{\theta}_m\approx2\sin^2\frac{\phi}{2}(\Omega T-\sin(\Omega T))\\&=2\sin^2\frac{\phi}{2}\left\{\Omega T-\left[\Omega T-\frac{1}{3!}(\Omega T)^3+\frac{1}{5!}(\Omega T)^5-\frac{1}{7!}(\Omega T)^7+\cdots\right]\right\}\\&=2\sin^2\frac{\phi}{2}\left(\frac{1}{3!}(\Omega T)^3-\frac{1}{5!}(\Omega T)^5+\frac{1}{7!}(\Omega T)^7-\cdots\right)\end{aligned}\tag{4.109}$$

类似于多项式拟合的过程，同样采用多子样的方法进行补偿参数的计算。

这里对双子样算法的过程进行推导，在一个解算周期[0,T]内进行两次采样，分别记为 $\Delta\boldsymbol{\theta}_1$ 和 $\Delta\boldsymbol{\theta}_2$。

由于瞬时的旋转角速率已知，因此可以得到两次采样的表达式为

$$\Delta\boldsymbol{\theta}_1=\int_{t_{m-1}}^{t_{m-1}+\frac{T}{2}}\boldsymbol{\omega}(t)\,\mathrm{d}t=\int_{t_{m-1}}^{t_{m-1}+\frac{T}{2}}\begin{bmatrix}-\Omega\sin\phi\sin(\Omega t)\\ \Omega\sin\phi\cos(\Omega t)\\ -2\Omega\sin^2(\phi/2)\end{bmatrix}\mathrm{d}t=\begin{bmatrix}-2\sin\phi\sin\dfrac{\Omega T}{4}\sin\left(\Omega\left(t_{m-1}+\dfrac{T}{4}\right)\right)\\ 2\sin\phi\sin\dfrac{\Omega T}{4}\cos\left(\Omega\left(t_{m-1}+\dfrac{T}{4}\right)\right)\\ -\sin^2\dfrac{\phi}{2}\cdot\Omega T\end{bmatrix}\tag{4.110}$$

$$\Delta\boldsymbol{\theta}_2=\int_{t_{m-1}+\frac{T}{2}}^{t_m}\boldsymbol{\omega}(t)\,\mathrm{d}t=\int_{t_{m-1}+\frac{T}{2}}^{t_m}\begin{bmatrix}-\Omega\sin\phi\sin(\Omega t)\\ \Omega\sin\phi\cos(\Omega t)\\ -2\Omega\sin^2(\phi/2)\end{bmatrix}\mathrm{d}t=\begin{bmatrix}-2\sin\phi\sin\dfrac{\Omega T}{4}\sin\left(\Omega\left(t_{m-1}+\dfrac{3T}{4}\right)\right)\\ 2\sin\phi\sin\dfrac{\Omega T}{4}\cos\left(\Omega\left(t_{m-1}+\dfrac{3T}{4}\right)\right)\\ -\sin^2\dfrac{\phi}{2}\cdot\Omega T\end{bmatrix}\tag{4.111}$$

令 $\boldsymbol{\theta}_\times=\Delta\boldsymbol{\theta}_1\times\Delta\boldsymbol{\theta}_2$，前两项分量随着 t_{m-1} 变化周期性波动，主要关注 Z 轴方向的补偿，仅列出 Z 轴方向的表达式为

$$\begin{aligned}\boldsymbol{\theta}_{\times Z}&=-4\sin^2\phi\sin^2\frac{\Omega T}{4}\left[\sin\left(\Omega\left(t_{m-1}+\frac{T}{4}\right)\right)\cos\left(\Omega\left(t_{m-1}+\frac{3T}{4}\right)\right)\right.\\&\quad\left.-\sin\left(\Omega\left(t_{m-1}+\frac{T}{4}\right)\right)\cos\left(\Omega\left(t_{m-1}+\frac{3T}{4}\right)\right)\right]\\&=4\sin^2\phi\sin^2\frac{\Omega T}{4}\sin\frac{\Omega T}{2}\\&\approx\frac{1}{8}\phi^2\Omega^3T^3\end{aligned}\tag{4.112}$$

基于双子样补偿，可以实现对 Ω^3T^3 三阶的一致性补偿，仅考虑三阶小量对应的系数，可得

$$\delta\boldsymbol{\phi}(T)_Z\approx\frac{1}{12}\phi^2\Omega^3T^3\approx\frac{2}{3}\boldsymbol{\theta}_{\times Z}\tag{4.113}$$

由此可以得到圆锥运动下，双子样补偿算法对应的补偿参数。类似于多项式模型，采用更高阶次的模型参数进行拟合，同样可以采用多子样算法，实现更高阶的补偿，这里不再给出证明过程。表 4.1 给出了圆锥运动下不同子样的补偿系数及对应剩余误差系数。圆锥补偿算法的补偿剩余误差为

$$\begin{aligned}\varepsilon_N &= \rho_N \frac{\phi^2 \ (\Omega T)^{2N+1}}{T} \\ \rho_N &= \frac{N!}{N^{2N} 2^{N+1} \prod_{k=1}^{N+1} (2k-1)}\end{aligned} \tag{4.114}$$

表 4.1　$N=1\sim6$ 子样的圆锥误差补偿系数及误差漂移系数的分数解

N	k_1	k_2	k_3	k_4	k_5	ρ_N
1	—					1/12
2	2/3					1/960
3	27/20	9/20				1/204120
4	214/105	92/105	54/105			1/82575360
5	1375/504	650/504	525/504	250/504		1/54140625000
6	15797/4620	7834/4620	7296/4620	4558/4620	2315/4620	1/52295018840064

对应不同子样的等效旋转矢量的构建公式为

$$\boldsymbol{\phi}(T) = \Delta\boldsymbol{\theta}_m + \delta\hat{\boldsymbol{\phi}}(T) = \sum_{i=1}^{N} \Delta\boldsymbol{\theta}_i + \left(\sum_{i=1}^{N-1} k_{N-i} \Delta\boldsymbol{\theta}_i\right) \times \Delta\boldsymbol{\theta}_N \tag{4.115}$$

4.3　速度更新算法

载体相对地球在运动，地球又相对于惯性空间不停地转动。因此，对于惯性空间，载体的惯性加速度包含了相对加速度和哥氏加速度。设载体在地心惯性坐标系中的位置矢量为 $\boldsymbol{R}$，载体位置矢量 $\boldsymbol{R}$ 相对惯性坐标系的导数可以表达为

$$\left.\frac{\mathrm{d}\boldsymbol{R}}{\mathrm{d}t}\right|_i = \left.\frac{\mathrm{d}\boldsymbol{R}}{\mathrm{d}t}\right|_e + \boldsymbol{\omega}_{ie} \times \boldsymbol{R} \tag{4.116}$$

式中：$\left.\frac{\mathrm{d}\boldsymbol{R}}{\mathrm{d}t}\right|_e$ 为载体相对于地球的速度；$\boldsymbol{\omega}_{ie}$ 为地球的自转角速率。令 $\left.\frac{\mathrm{d}\boldsymbol{R}}{\mathrm{d}t}\right|_e = \boldsymbol{V}_e$，对式(4.116)两侧同时求导，可得

$$\left.\frac{\mathrm{d}^2\boldsymbol{R}}{\mathrm{d}t^2}\right|_i = \left.\frac{\mathrm{d}\boldsymbol{V}_e}{\mathrm{d}t}\right|_i + \left.\frac{\mathrm{d}(\boldsymbol{\omega}_{ie} \times \boldsymbol{R})}{\mathrm{d}t}\right|_i = \left.\frac{\mathrm{d}\boldsymbol{V}_e}{\mathrm{d}t}\right|_i + \boldsymbol{\omega}_{ie} \times \left.\frac{\mathrm{d}\boldsymbol{R}}{\mathrm{d}t}\right|_i + \left.\frac{\mathrm{d}\boldsymbol{\omega}_{ie}}{\mathrm{d}t}\right|_i \times \boldsymbol{R} \tag{4.117}$$

可以认为地球自转角速率在惯性空间保持不变，因此式(4.117)可以简化为

$$\left.\frac{\mathrm{d}^2\boldsymbol{R}}{\mathrm{d}t^2}\right|_i=\left.\frac{\mathrm{d}V_e}{\mathrm{d}t}\right|_i+\omega_{ie}\times\left.\frac{\mathrm{d}\boldsymbol{R}}{\mathrm{d}t}\right|_i \tag{4.118}$$

在导航坐标系 n 系内上，对地球载体速度进行求导，得

$$\left.\frac{\mathrm{d}V_e}{\mathrm{d}t}\right|_i=\left.\frac{\mathrm{d}V_{en}}{\mathrm{d}t}\right|_n+\omega_{ie}\times V_{en} \tag{4.119}$$

于是，载体的惯性加速度的公式为

$$\left.\frac{\mathrm{d}^2\boldsymbol{R}}{\mathrm{d}t^2}\right|_i=\left.\frac{\mathrm{d}V_{en}}{\mathrm{d}t}\right|_n+\omega_{in}\times V_{en}+\omega_{ie}\times(V_{en}+\omega_{ie}\times\boldsymbol{R}) \tag{4.120}$$

令 $\ddot{\boldsymbol{R}}=\left.\frac{\mathrm{d}^2\boldsymbol{R}}{\mathrm{d}t^2}\right|_i$，$\dot{V}_{en}=\left.\frac{\mathrm{d}V_{en}}{\mathrm{d}t}\right|_n$，式(4.120)可以表示为

$$\ddot{\boldsymbol{R}}=\dot{V}_{en}+(\omega_{ie}+\omega_{in})\times V_{en}+\omega_{ie}\times(\omega_{ie}\times\boldsymbol{R}) \tag{4.121}$$

调整顺序得到导航坐标系内的加速度方程为

$$\dot{V}_{en}=\ddot{\boldsymbol{R}}-(\omega_{ie}+\omega_{in})\times V_{en}-\omega_{ie}\times(\omega_{ie}\times\boldsymbol{R}) \tag{4.122}$$

已知加速度计直接测量的是惯性加速度和重力加速度的差，即

$$f=\ddot{\boldsymbol{R}}-G \tag{4.123}$$

代入式(4.122)得

$$\dot{V}_{en}=f+G-(\omega_{ie}+\omega_{in})\times V_{en}-\omega_{ie}\times(\omega_{ie}\times\boldsymbol{R}) \tag{4.124}$$

在地球上任一点的重力加速度为其该处引力场与地球自转产生离心力的综合作用结果，可以表示为

$$\boldsymbol{g}=\boldsymbol{G}-\omega_{ie}\times(\omega_{ie}\times\boldsymbol{R}) \tag{4.125}$$

将式(4.125)代入式(4.124)得到导航坐标系内导航计算的比力方程为

$$\dot{V}_{en}=f-(\omega_{ie}+\omega_{in})\times V_{en}+\boldsymbol{g}=f-(2\omega_{ie}+\omega_{en})\times V_{en}+\boldsymbol{g} \tag{4.126}$$

式中：$2\omega_{ie}\times V_{en}$就是哥氏加速度，$\omega_{en}\times V_{en}$对应由于载体围绕地球运动所产生的向心加速度，在惯性导航中通常将以上两项$(2\omega_{ie}+\omega_{en})\times V_{en}$和重力加速度 $\boldsymbol{g}$ 称为有害加速度。只需要在加速度计测量得到的比力中消去有害加速度，就可以进行速度的积分运算。

以上过程推导了速度更新的比力方程，在传统的平台坐标系下，三个加速度计的敏感轴被平台系统维持在导航坐标系，可以直接进行导航解算。但是对于捷联式惯性导航系统，需要将加速度计的输出由载体坐标系(b 系)经坐标转换后，转换到导航坐标系(n 系)下，再进行相应的计算工作。因此，式(4.126)可写为

$$\dot{\boldsymbol{v}}^n(t)=\boldsymbol{C}_b^n(t)\boldsymbol{f}^b(t)-[2\boldsymbol{\omega}_{ie}^n(t)+\boldsymbol{\omega}_{en}^n(t)]\times\boldsymbol{v}^n(t)+\boldsymbol{g}^n(t) \tag{4.127}$$

式(4.127)是在连续时间域内的表达式，对两侧在一个解算周期 T 内，即在时间段$[t_{m-1},t_m]$同时积分，得到

$$\int_{t_{m-1}}^{t_m} \dot{\boldsymbol{v}}^n(t)\mathrm{d}t = \int_{t_{m-1}}^{t_m} \boldsymbol{C}_b^n(t)\boldsymbol{f}^b(t) - [2\boldsymbol{\omega}_{ie}^n(t) + \boldsymbol{\omega}_{en}^n(t)] \times \boldsymbol{v}^n(t) + \boldsymbol{g}^n(t)\mathrm{d}t \tag{4.128}$$

即

$$\boldsymbol{v}_m^n = \boldsymbol{v}_{m-1}^n + \int_{t_{m-1}}^{t_m} \boldsymbol{C}_b^n(t)\boldsymbol{f}^b(t)\mathrm{d}t + \int_{t_{m-1}}^{t_m} -[2\boldsymbol{\omega}_{ie}^n(t) + \boldsymbol{\omega}_{en}^n(t)] \times \boldsymbol{v}^n(t) + \boldsymbol{g}^n(t)\mathrm{d}t \tag{4.129}$$

类似于姿态更新算法,以上式子也是在连续时间域内建立的速度计算公式,仍然需要得到离散时间域内的数值解法后,才能实现速度的迭代更新。

令

$$\begin{cases} \Delta v^n = \int_{t_{m-1}}^{t_m} \boldsymbol{C}_b^n(t)\boldsymbol{f}^b(t)\mathrm{d}t \\ \Delta v_{\mathrm{gcor}}^n = \int_{t_{m-1}}^{t_m} -[2\boldsymbol{\omega}_{ie}^n(t) + \boldsymbol{\omega}_{en}^n(t)] \times \boldsymbol{v}^n(t) + \boldsymbol{g}^n(t)\mathrm{d}t \end{cases} \tag{4.130}$$

首先求解 $\Delta v_{\mathrm{gcor}}^n$,对于一般常见的运载体,尤其航海用惯性导航设备,其运动速度有限,其瞬间加减速能力也有限。在一个采样间隔内其速度变化一般较小,相对应的位置变化量也比较小,那么相应的在地理坐标系的旋转速率和重力加速度在一个采样周期内也是一个变化非常缓慢的量。一般直接用 t_{m-1} 时刻的值进行计算即可。有时为了提升精度,可以用$[t_{m-1},t_m]$的中间时刻的值进行计算,一般可以采用历史数据外推的方法得到,此处仅给出速度外推的公式,其他参数的计算方法类似。

$$\boldsymbol{v}^n\left(t_{m-1} + \frac{T}{2}\right) = \boldsymbol{v}^n(t_{m-1}) + \frac{\boldsymbol{v}^n(t_{m-1}) - \boldsymbol{v}^n(t_{m-2})}{2} \tag{4.131}$$

$$\Delta \boldsymbol{v}_{\mathrm{gcor}}^n \approx \{-[2\boldsymbol{\omega}_{ie(t_{m-1/2})}^n + \boldsymbol{\omega}_{en(t_{m-1/2})}^n] \times \boldsymbol{v}_{t_{m-1/2}}^n + \boldsymbol{g}_{t_{m-1/2}}^n\} T \tag{4.132}$$

有害加速度部分的计算相对简单,下面讨论比力积分的部分。将式(4.130)的比力积分公式进行链式分解,得

$$\Delta v^n = \int_{t_{m-1}}^{t_m} \boldsymbol{C}_{n_{m-1}}^{n_t}(t)\boldsymbol{C}_{b_{m-1}}^{n_{m-1}}\boldsymbol{C}_{b_t}^{b_{m-1}}(t)\boldsymbol{f}^b(t)\mathrm{d}t \tag{4.133}$$

其中,$\boldsymbol{C}_{b_{m-1}}^{n_{m-1}}$为 t_{m-1}时刻的方向余弦矩阵,在一个更新周期内其保持不变。只需要考虑载体旋转角速率和导航坐标系旋转速率的影响。由于采样间隔足够小,可以认为旋转矢量均为小量。记与 $\boldsymbol{C}_{b_{m-1}}^{b_t}$ 相对应的等效旋转矢量为 $\boldsymbol{\phi}_{ib}^b(t)$、角增量为 $\boldsymbol{\theta}_{ib}^b(t)$,与导航系变换矩阵 $\boldsymbol{C}_{n_{m-1}}^{n_t}$ 相对应的等效旋转矢量为 $\boldsymbol{\phi}_{in}^n(t)$、角增量为 $\boldsymbol{\theta}_{in}^n(t)$,由于旋转矢量均为小量,可以得到对应的近似表达为

$$\boldsymbol{C}_{n_{m-1}}^{n_t} \approx \boldsymbol{I} - [\boldsymbol{\phi}_{in}^{n}(t) \times] \approx \boldsymbol{I} - [\boldsymbol{\theta}_{in}^{n}(t) \times] \tag{4.134}$$

$$\boldsymbol{C}_{b_t}^{b_{m-1}} \approx \boldsymbol{I} + [\boldsymbol{\phi}_{ib}^{b}(t) \times] \approx \boldsymbol{I} + [\boldsymbol{\theta}_{ib}^{b}(t, t_{m-1}) \times] \tag{4.135}$$

将式(4.134)和式(4.135)代入式(4.133),并忽略二阶小量,可得

$$\begin{aligned}
\Delta \boldsymbol{v}^n &\approx \int_{t_{m-1}}^{t_m} [\boldsymbol{I} - \boldsymbol{\theta}_{in}^{n}(t) \times] \boldsymbol{C}_{b_{m-1}}^{n_{m-1}} [\boldsymbol{I} + \boldsymbol{\theta}_{ib}^{b}(t) \times] \boldsymbol{f}^b(t) \mathrm{d}t \\
&\approx \int_{t_{m-1}}^{t_m} \boldsymbol{C}_{b_{m-1}}^{n_{m-1}} \boldsymbol{f}^b(t) - \boldsymbol{\theta}_{in}^{n}(t) \times [\boldsymbol{C}_{b_{m-1}}^{n_{m-1}} \boldsymbol{f}^b(t)] + \boldsymbol{C}_{b_{m-1}}^{n_{m-1}} [\boldsymbol{\theta}_{ib}^{b}(t) \times] \boldsymbol{f}^b(t) \mathrm{d}t \\
&= \boldsymbol{C}_{b_{m-1}}^{n_{m-1}} \int_{t_{m-1}}^{t_m} \boldsymbol{f}^b(t) \mathrm{d}t - \int_{t_{m-1}}^{t_m} \boldsymbol{\theta}_{in}^{n}(t) \times [\boldsymbol{C}_{b_{m-1}}^{n_{m-1}} \boldsymbol{f}^b(t)] \mathrm{d}t + \boldsymbol{C}_{b_{m-1}}^{n_{m-1}} \int_{t_{m-1}}^{t_m} \boldsymbol{\theta}_{ib}^{b}(t) \times \boldsymbol{f}^b(t) \mathrm{d}t
\end{aligned} \tag{4.136}$$

式中:第一项可以直接计算得到,主要考虑第二项和第三项的计算方法。先分析第三项内容:

$$\begin{aligned}
\frac{\mathrm{d}[\boldsymbol{\theta}_{ib}^{b}(t) \times \boldsymbol{v}^b(t)]}{\mathrm{d}t} &= \boldsymbol{\omega}_{ib}^{b}(t) \times \boldsymbol{v}^b(t) + \boldsymbol{\theta}_{ib}^{b}(t) \times \boldsymbol{f}^b(t) \\
&= -\boldsymbol{v}^b(t) \times \boldsymbol{\omega}_{ib}^{b}(t) - \boldsymbol{\theta}_{ib}^{b}(t) \times \boldsymbol{f}^b(t) + 2\boldsymbol{\theta}_{ib}^{b}(t) \times \boldsymbol{f}^b(t)
\end{aligned} \tag{4.137}$$

其中

$$\begin{cases}
\boldsymbol{v}^b(t) = \displaystyle\int_{t_{m-1}}^{t} \boldsymbol{f}^b(\tau) \mathrm{d}\tau \\
\boldsymbol{\theta}_{ib}^{b}(t) = \displaystyle\int_{t_{m-1}}^{t} \boldsymbol{\omega}_{ib}^{b}(\tau) \mathrm{d}\tau
\end{cases} \tag{4.138}$$

将式(4.137)第三项中的被积分项提取到左侧,得

$$\boldsymbol{\theta}_{ib}^{b}(t) \times \boldsymbol{f}^b(t) = \frac{1}{2} \frac{\mathrm{d}[\boldsymbol{\theta}_{ib}^{b}(t) \times \boldsymbol{v}^b(t)]}{\mathrm{d}t} + \frac{1}{2}[\boldsymbol{\theta}_{ib}^{b}(t) \times \boldsymbol{f}^b(t) + \boldsymbol{v}^b(t) \times \boldsymbol{\omega}_{ib}^{b}(t)] \tag{4.139}$$

在一个解算周期$[t_{m-1}, t_m]$内,对式(4.139)进行积分,得

$$\begin{aligned}
&\int_{t_{m-1}}^{t_m} \boldsymbol{\theta}_{ib}^{b}(t) \times \boldsymbol{f}^b(t) \mathrm{d}t \\
&= \frac{1}{2}\boldsymbol{\theta}_{ib}^{b}(t_m) \times \boldsymbol{v}^b(t_m) + \frac{1}{2}\int_{t_{m-1}}^{t_m} \boldsymbol{\theta}_{ib}^{b}(t) \times \boldsymbol{f}^b(t) + \boldsymbol{v}^b(t) \times \boldsymbol{\omega}_{ib}^{b}(t) \mathrm{d}t \\
&= \Delta \boldsymbol{v}_{\mathrm{rot}} + \Delta \boldsymbol{v}_{\mathrm{scul}}
\end{aligned} \tag{4.140}$$

其中

$$\begin{cases}
\Delta \boldsymbol{v}_{\mathrm{rot}} = \dfrac{1}{2}\boldsymbol{\theta}_{ib}^{b}(t_m) \times \boldsymbol{v}^b(t_m) \\
\Delta \boldsymbol{v}_{\mathrm{scul}} = \dfrac{1}{2}\displaystyle\int_{t_{m-1}}^{t_m} \boldsymbol{\theta}_{ib}^{b}(t) \times \boldsymbol{f}^b(t) + \boldsymbol{v}^b(t) \times \boldsymbol{\omega}_{ib}^{b}(t) \mathrm{d}t
\end{cases} \tag{4.141}$$

$\Delta\boldsymbol{v}_{\text{rot}}$为速度更新的旋转误差补偿量，该项是由于加速度计在空间中旋转引起的。可以简单举例说明其补偿的意义：假设设备速度为零，在某个固定位置仅存在姿态角运动，在一个采样周期内水平姿态角从0°匀速抬升到θ，其一个周期内的加速度敏感到的比力积分为

$$\int_0^T g\sin\left(\frac{\theta}{T}\tau\right)\mathrm{d}t = -g\frac{T}{\theta}\cos\left(\frac{\theta}{T}t\right)\bigg|_0^T = 2g\frac{T}{\theta}\sin^2\frac{\theta}{2} \approx \frac{1}{2}g\theta \tag{4.142}$$

如果只按照式(4.136)第一项进行积分运算，则会产生水平方向的速度增量$g\theta T/2$，而经过$\Delta\boldsymbol{v}_{\text{rot}}$的修正量补偿后，可以对加速度计由于空间旋转导致的积分误差量实现补偿修正。

$\Delta\boldsymbol{v}_{\text{scul}}$为速度更新的划桨误差补偿量[9]。当载体绕一只轴做周期性角运动，沿与之垂直的另一个轴做往复的线运动时，会明显地激发出该项误差，而这种运动模式与船桨的运动轨迹十分相似，因此称其为划桨误差。类似于等效旋转矢量的计算，姿态旋转变化和加速度往复变化是两个时变矢量，其叉乘的积分形式同样不能直接计算其准确的解析解。沿用等效旋转矢量构建过程中的方法，采用多项式拟合的方式计算其补偿量。假设角速度和加速度分别为线性模型，即

$$\begin{cases}\boldsymbol{\omega}_{ib}^{b}(t) = \boldsymbol{a} + 2\boldsymbol{b}(t - t_{m-1})\\ \boldsymbol{f}_{sf}^{b}(t) = \boldsymbol{A} + 2\boldsymbol{B}(t - t_{m-1})\end{cases} \tag{4.143}$$

对应的瞬时积分量为

$$\begin{cases}\boldsymbol{\theta}_{ib}^{b}(t) = \int_{t_{m-1}}^{t}\boldsymbol{\omega}_{ib}^{b}(\tau)\mathrm{d}\tau = \boldsymbol{a}(t - t_{m-1}) + \boldsymbol{b}(t - t_{m-1})^2\\ \boldsymbol{v}^{b}(t) = \int_{t_{m-1}}^{t}\boldsymbol{f}^{b}(\tau)\mathrm{d}\tau = \boldsymbol{A}(t - t_{m-1}) + \boldsymbol{B}(t - t_{m-1})^2\end{cases} \tag{4.144}$$

将式(4.143)和式(4.144)代入划桨误差积分公式(4.141)，得

$$\begin{aligned}\Delta\boldsymbol{v}_{\text{scul}} &= \frac{1}{2}\int_{t_{m-1}}^{t_m}[\boldsymbol{a}(t - t_{m-1}) + \boldsymbol{b}(t - t_{m-1})^2] \times [\boldsymbol{A} + 2\boldsymbol{B}(t - t_{m-1})]\\ &\quad + [\boldsymbol{A}(t - t_{m-1}) + \boldsymbol{B}(t - t_{m-1})^2] \times [\boldsymbol{a} + 2\boldsymbol{b}(t - t_{m-1})]\mathrm{d}t\\ &= \frac{1}{2}\int_{t_{m-1}}^{t_m}(\boldsymbol{a}\times\boldsymbol{B} + \boldsymbol{A}\times\boldsymbol{b})(t - t_{m-1})^2\mathrm{d}t = (\boldsymbol{a}\times\boldsymbol{B} + \boldsymbol{A}\times\boldsymbol{b})\frac{(t_m - t_{m-1})^3}{6}\end{aligned} \tag{4.145}$$

同样，与等效旋转矢量的补偿计算方法类似，采用双子样的方式进行补偿参数的计算，在一个计算周期内对比力和角增量等时间间隔进行采样，得

$$\begin{cases} \Delta\boldsymbol{\theta}_{m1} = \int_{t_{m-1}}^{t_{m-1/2}} \boldsymbol{\omega}_{ib}^{b}(\tau)\mathrm{d}\tau = \dfrac{T}{2}\boldsymbol{a} + \dfrac{T^2}{4}\boldsymbol{b} \\ \Delta\boldsymbol{\theta}_{m2} = \int_{t_{m-1/2}}^{t_{m}} \boldsymbol{\omega}_{ib}^{b}(\tau)\mathrm{d}\tau = \dfrac{T}{2}\boldsymbol{a} + \dfrac{3T^2}{4}\boldsymbol{b} \\ \Delta\boldsymbol{v}_{m1} = \int_{t_{m-1}}^{t_{m-1/2}} \boldsymbol{f}^{b}(\tau)\mathrm{d}\tau = \dfrac{T}{2}\boldsymbol{A} + \dfrac{T^2}{4}\boldsymbol{B} \\ \Delta\boldsymbol{v}_{m2} = \int_{t_{m-1/2}}^{t_{m}} \boldsymbol{f}^{b}(\tau)\mathrm{d}\tau = \dfrac{T}{2}\boldsymbol{A} + \dfrac{3T^2}{4}\boldsymbol{B} \end{cases} \tag{4.146}$$

用采样结果表示多项式的参量,得

$$\begin{cases} \boldsymbol{a} = \dfrac{3\Delta\boldsymbol{\theta}_{m1} - \Delta\boldsymbol{\theta}_{m2}}{T}, \quad \boldsymbol{b} = 2\,\dfrac{\Delta\boldsymbol{\theta}_{m2} - \Delta\boldsymbol{\theta}_{m1}}{T^2} \\ \boldsymbol{A} = \dfrac{3\Delta v_{m1} - \Delta\boldsymbol{v}_{m2}}{T}, \quad \boldsymbol{B} = 2\,\dfrac{\Delta\boldsymbol{v}_{m2} - \Delta\boldsymbol{v}_{m1}}{T^2} \end{cases} \tag{4.147}$$

将式(4.147)代入式(4.145),得

$$\begin{aligned} \Delta\boldsymbol{v}_{\text{scul}} &= \left(\frac{3\Delta\boldsymbol{\theta}_{m1} - \Delta\boldsymbol{\theta}_{m2}}{T} \times 2\,\frac{\Delta\boldsymbol{v}_{m2} - \Delta\boldsymbol{v}_{m1}}{T^2} + \frac{3\Delta\boldsymbol{v}_{m1} - \Delta\boldsymbol{v}_{m2}}{T} \times 2\,\frac{\Delta\boldsymbol{\theta}_{m2} - \Delta\boldsymbol{\theta}_{m1}}{T^2}\right)\frac{(T)^3}{6} \\ &= \frac{2}{3}(\Delta\boldsymbol{\theta}_{m1} \times \Delta\boldsymbol{v}_{m2} + \Delta\boldsymbol{v}_{m1} \times \Delta\boldsymbol{\theta}_{m2}) \end{aligned} \tag{4.148}$$

对式(4.136)第二项,也是两个时变的矢量叉乘后积分的形式。令

$$\begin{cases} \Delta\boldsymbol{\theta}'_{m1} = \int_{t_{m-1}}^{t_{m-1/2}} \boldsymbol{\omega}_{in}^{n}(\tau)\mathrm{d}\tau \\ \Delta\boldsymbol{\theta}'_{m2} = \int_{t_{m-1/2}}^{t_{m}} \boldsymbol{\omega}_{in}^{n}(\tau)\mathrm{d}\tau \\ \Delta\boldsymbol{v}'_{m1} = \int_{t_{m-1}}^{t_{m-1/2}} \boldsymbol{C}_{b_{m-1}}^{n_{m-1}}\boldsymbol{f}^{b}(\tau)\mathrm{d}\tau = \boldsymbol{C}_{b_{m-1}}^{n_{m-1}}\Delta\boldsymbol{v}_{m1} \\ \Delta\boldsymbol{v}'_{m2} = \int_{t_{m-1/2}}^{t_{m}} \boldsymbol{C}_{b_{m-1}}^{n_{m-1}}\boldsymbol{f}^{b}(\tau)\mathrm{d}\tau = \boldsymbol{C}_{b_{m-1}}^{n_{m-1}}\Delta\boldsymbol{v}_{m2} \\ \Delta\boldsymbol{\theta}'_{m} = \int_{t_{m-1}}^{t_{m}} \boldsymbol{\omega}_{in}^{n}(\tau)\mathrm{d}\tau = \Delta\boldsymbol{\theta}'_{m1} + \Delta\boldsymbol{\theta}'_{m2} \\ \Delta\boldsymbol{v}'_{m} = \int_{t_{m-1}}^{t_{m}} \boldsymbol{C}_{b_{m-1}}^{n_{m-1}}\boldsymbol{f}^{b}(\tau)\mathrm{d}\tau = \boldsymbol{C}_{b_{m-1}}^{n_{m-1}}\Delta\boldsymbol{v}_{m} = \boldsymbol{C}_{b_{m-1}}^{n_{m-1}}(\Delta\boldsymbol{v}_{m1} + \Delta\boldsymbol{v}_{m2}) \end{cases} \tag{4.149}$$

则对应的第二项可以由上面的变量表示为

$$\int_{t_{m-1}}^{t_m} \boldsymbol{\theta}_{in}^{n}(t) \times [\boldsymbol{C}_{b_{m-1}}^{n_{m-1}}\boldsymbol{f}^{b}(t)]\mathrm{d}t = \frac{1}{2}\Delta\boldsymbol{\theta}'_{m} \times \Delta\boldsymbol{v}'_{m} + \frac{2}{3}(\Delta\boldsymbol{\theta}'_{m1} \times \Delta\boldsymbol{v}'_{m2} + \Delta\boldsymbol{v}'_{m1} \times \Delta\boldsymbol{\theta}'_{m2})$$

$$= \frac{1}{2}\Delta\boldsymbol{\theta}'_m \times (\boldsymbol{C}_{b_{m-1}}^{n_{m-1}}\Delta\boldsymbol{v}_m) + \frac{2}{3}(\Delta\boldsymbol{\theta}'_{m1} \times \Delta\boldsymbol{v}'_{m2} + \Delta\boldsymbol{v}'_{m1} \times \Delta\boldsymbol{\theta}'_{m2}) \tag{4.150}$$

由于载体运动速度和加速度有限,其对应的 $\boldsymbol{\omega}_{in}^n(t)$ 在短时间不会有很明显的变化,因此可以假定 $\Delta\boldsymbol{\theta}'_{m1} \approx \Delta\boldsymbol{\theta}'_{m2} \approx (\Delta\boldsymbol{\theta}'_m)/2$,式(4.150)可以简化为

$$\int_{t_{m-1}}^{t_m} \boldsymbol{\theta}_{in}^n(t) \times [\boldsymbol{C}_{b_{m-1}}^{n_{m-1}}\boldsymbol{f}^b(t)]\mathrm{d}t = \frac{T}{6}\boldsymbol{\omega}_{in}^n \times [\boldsymbol{C}_{b_{m-1}}^{n_{m-1}}(\Delta\boldsymbol{v}_{m1} + 5\Delta\boldsymbol{v}_{m2})] \tag{4.151}$$

综合以上的推导过程,可以得到导航坐标系速度增量方程的表达式为

$$\begin{aligned}\Delta\boldsymbol{v}^n = &\boldsymbol{C}_{b_{m-1}}^{n_{m-1}}\Delta\boldsymbol{v}_m - \frac{T}{6}\boldsymbol{\omega}_{in}^n \times [\boldsymbol{C}_{b_{m-1}}^{n_{m-1}}(\Delta\boldsymbol{v}_{m1} + 5\Delta\boldsymbol{v}_{m2})] \\ &+ \boldsymbol{C}_{b_{m-1}}^{n_{m-1}}\left[\frac{1}{2}\boldsymbol{\theta}_m \times \Delta\boldsymbol{v}_m + \frac{2}{3}(\Delta\boldsymbol{\theta}_{m1} \times \Delta\boldsymbol{v}_{m2} + \Delta\boldsymbol{v}_{m1} \times \Delta\boldsymbol{\theta}_{m2})\right]\end{aligned} \tag{4.152}$$

由于光学光性导航系统采样频率达到数百赫,每次采样的间隔时间在毫秒级,比力的变化可以认为比较小,此时可以认为 $\Delta\boldsymbol{v}_{m1} \approx \Delta\boldsymbol{v}_{m2} \approx (\Delta\boldsymbol{v}_m)/2$,对式(4.152)做进一步的简化,得

$$\begin{aligned}\Delta\boldsymbol{v}^n = &\boldsymbol{C}_{b_{m-1}}^{n_{m-1}}\Delta\boldsymbol{v}_m - \frac{T}{2}\boldsymbol{\omega}_{in(m-1/2)}^n \times (\boldsymbol{C}_{b_{m-1}}^{n_{m-1}}\Delta\boldsymbol{v}_m) \\ &+ \boldsymbol{C}_{b_{m-1}}^{n_{m-1}}\left[\frac{1}{2}\boldsymbol{\theta}_m \times \Delta\boldsymbol{v}_m + \frac{2}{3}(\Delta\boldsymbol{\theta}_{m1} \times \Delta\boldsymbol{v}_{m2} + \Delta\boldsymbol{v}_{m1} \times \Delta\boldsymbol{\theta}_{m2})\right]\end{aligned} \tag{4.153}$$

式(4.153)中第二项与 $\Delta\boldsymbol{v}_{\mathrm{rot}}$ 结构类似,也可以将其看作对导航坐标系旋转引起的旋转误差补偿量,只是其相比载体姿态旋转引起旋转误差补偿量要小得多。而在简化过程中两次将采样值做相等的假设,则是将与导航坐标系变化对应的时变部分的交叉耦合部分予以忽略,由于导航坐标系的旋转角速率本身较小且稳定,对其进行忽略并不会对导航精度产生明显的影响。

以上仅给出了双子样算法的补偿公式,还可以建立更高阶的多项式模型,这里直接给出对应的划桨误差的补偿方程。

三子样:

$$\begin{aligned}\Delta\boldsymbol{v}_{\mathrm{scul}} = &\frac{33}{80}(\Delta\boldsymbol{\theta}_{m1} \times \Delta\boldsymbol{v}_{m3} + \Delta\boldsymbol{v}_{m1} \times \Delta\boldsymbol{\theta}_{m3}) + \frac{57}{80}(\Delta\boldsymbol{\theta}_{m1} \times \Delta\boldsymbol{v}_{m2} \\ &+ \Delta\boldsymbol{\theta}_{m2} \times \Delta\boldsymbol{v}_{m3} + \Delta\boldsymbol{v}_{m1} \times \Delta\boldsymbol{\theta}_{m2} + \Delta\boldsymbol{v}_{m2} \times \Delta\boldsymbol{\theta}_{m3})\end{aligned} \tag{4.154}$$

四子样:

$$\Delta\boldsymbol{v}_{\mathrm{scul}} = \frac{763}{945}(\Delta\boldsymbol{\theta}_{m1} \times \Delta\boldsymbol{v}_{m2} + \Delta\boldsymbol{\theta}_{m3} \times \Delta\boldsymbol{v}_{m4} + \Delta\boldsymbol{v}_{m1} \times \Delta\boldsymbol{\theta}_{m2} + \Delta\boldsymbol{v}_{m3} \times \Delta\boldsymbol{\theta}_{m4})$$

$$+\frac{334}{945}(\Delta\boldsymbol{\theta}_{m1}\times\Delta\boldsymbol{v}_{m3}+\Delta\boldsymbol{\theta}_{m2}\times\Delta\boldsymbol{v}_{m4}+\Delta\boldsymbol{v}_{m1}\times\Delta\boldsymbol{\theta}_{m3}+\Delta\boldsymbol{v}_{m2}\times\Delta\boldsymbol{\theta}_{m4})$$
$$+\frac{526}{945}(\Delta\boldsymbol{\theta}_{m1}\times\Delta\boldsymbol{v}_{m4}+\Delta\boldsymbol{v}_{m1}\times\Delta\boldsymbol{\theta}_{m4})+\frac{654}{945}(\Delta\boldsymbol{\theta}_{m2}\times\Delta\boldsymbol{v}_{m3}+\Delta\boldsymbol{v}_{m2}\times\Delta\boldsymbol{\theta}_{m3})\tag{4.155}$$

与等效旋转矢量构建方法类似，除了采用时间多项式模型拟合，还可以采用类似圆锥运动的三角函数模型进行补偿模型的设计。此处不再进行复杂的公式推导，直接给出其结论：

$$\Delta\hat{\boldsymbol{v}}_{\mathrm{scul}}=\sum_{i=1}^{N-1}k_{N-i}\Delta\boldsymbol{\theta}_{mi}\times\Delta\boldsymbol{v}_{mN}+\sum_{i=1}^{N-1}k_{N-i}\Delta\boldsymbol{v}_{mi}\times\Delta\boldsymbol{\theta}_{mN}\tag{4.156}$$

同样，类似于圆锥运动的拟合剩余误差，基于相同算法的划桨误差补偿算法同样可以给出加速度剩余残差公式如下：

$$\nabla_N=\rho_N\frac{\alpha\beta\Omega(\Omega T)^{2N+1}}{T}\tag{4.157}$$

式中：ρ_N 与圆锥运动系数一致；α 为角振动的角度幅值；β 为线振动的比力增量幅值；Ω 为振动频率。

4.4 位置更新算法

惯性导航系统的位置微分即为速度，由导航坐标系的速度直接积分就可以得到载体位置的变化：

$$\begin{cases}\dot{L}=\dfrac{1}{R_{\mathrm{M}}+h}v_{\mathrm{N}}\\ \dot{\lambda}=\dfrac{\sec L}{R_{\mathrm{N}}+h}v_{\mathrm{E}}\\ \dot{h}=v_{\mathrm{U}}\end{cases}\tag{4.158}$$

式中：R_{M} 和 R_{N} 分别为子午圈和卯酉圈半径；h 为当地高度。当载体有明显的加减速时，在一个解算周期内，采用梯形积分的方法可得

$$\begin{cases}L_{t_m}=L_{t_{m-1}}+\dfrac{1}{R_{\mathrm{M}}+h}\dfrac{v_{\mathrm{N}_{m-1}}+v_{\mathrm{N}_m}}{2}\\ \lambda_{t_m}=\lambda_{t_{m-1}}+\dfrac{\sec L}{R_{\mathrm{N}}+h}\dfrac{v_{\mathrm{E}_{m-1}}+v_{\mathrm{E}_m}}{2}\\ h_{t_m}=h_{t_{m-1}}+\dfrac{v_{\mathrm{U}_{m-1}}+v_{\mathrm{U}_m}}{2}\end{cases}\tag{4.159}$$

4.5 惯性导航系统的误差

4.5.1 基本编排方程

光学捷联惯性导航系统以当地地理坐标系 t 系(东－北－天)作为导航坐标系 n 系,载体对外输出时提供载体坐标系 b 系与导航坐标系之间的变换关系。在导航解算时,一般采用四元数方程和等效旋转矢量来进行姿态更新的计算。在等效旋转矢量的构建过程中,本书直接采用双子样补偿算法,后续在速度增量的旋转误差补偿和划桨误差补偿中同样采用双子样补偿方案,对于更高子样的补偿方法,可以自行参考相关算法进行改进。

一个解算周期定义为$[t_{k-1},t_k]$,其时间间隔为 $T=t_k-t_{k-1}$。采用双子样算法,在一个 T 时间内进行两次等间隔采样,陀螺的两次采样及其和记为 $\boldsymbol{\theta}_1$、$\boldsymbol{\theta}_2$ 和 $\boldsymbol{\theta}$,加速度计的两次采样结果及其和记为 $\Delta\boldsymbol{v}_1$、$\Delta\boldsymbol{v}_2$ 和 $\Delta\boldsymbol{v}$。记 t_{k-1}时刻载体姿态为 $\boldsymbol{Q}_{n_{k-1}}^{b_{k-1}}$,对应的 t_k 时刻四元数为 $\boldsymbol{C}_{n_k}^{b_k}$,四元数姿态更新公式为

$$\boldsymbol{Q}_{n_k}^{b_k}=\boldsymbol{Q}_{n_k}^{n_{k-1}}\circ\boldsymbol{Q}_{n_{k-1}}^{b_{k-1}}\circ\boldsymbol{Q}_{b_{k-1}}^{b_k}\tag{4.160}$$

式中:$\boldsymbol{Q}_{n_k}^{n_{k-1}}$和 $\boldsymbol{Q}_{b_{k-1}}^{b_k}$分别表示导航坐标系和载体坐标系相对惯性空间的旋转角度,需要分别计算对应的等效旋转矢量。

地理系的旋转角速率较小且稳定,可以直接用 $\boldsymbol{\omega}_{in}^n$ 积分得到等效旋转矢量 $\boldsymbol{\theta}_{in}^n$:

$$\boldsymbol{\theta}_{in}^n=\boldsymbol{\omega}_{in}^n T\tag{4.161}$$

其中

$$\boldsymbol{\omega}_{in}^n=\boldsymbol{\omega}_{ie}^n+\boldsymbol{\omega}_{en}^n=\begin{bmatrix}0\\ \omega_{ie}\cos L\\ \omega_{ie}\sin L\end{bmatrix}+\begin{bmatrix}\dfrac{v_{\mathrm{N}_{k-1}}}{R_{\mathrm{M}}+h}\\ \dfrac{v_{\mathrm{E}_{k-1}}}{R_{\mathrm{N}}+h}\\ \dfrac{v_{\mathrm{E}_{k-1}}}{R_{\mathrm{N}}+h}\tan L\end{bmatrix}\tag{4.162}$$

与 $\boldsymbol{Q}_{b_{k-1}}^{b_k}$对应的等效旋转矢量为 $\boldsymbol{\theta}_{ib}^b$,计算方法如下:

$$\boldsymbol{\theta}_{ib}^b=\boldsymbol{\theta}+\frac{2}{3}\boldsymbol{\theta}_1\times\boldsymbol{\theta}_2\tag{4.163}$$

基于以上可以得到对应的姿态更新四元数的计算结果如下:

$$\boldsymbol{Q}_{b_{k-1}}^{b_k}=\begin{bmatrix}\cos\dfrac{|\boldsymbol{\theta}_{ib}^b|}{2}\\ \dfrac{\boldsymbol{\theta}_{ib}^b}{|\boldsymbol{\theta}_{ib}^b|}\sin\dfrac{|\boldsymbol{\theta}_{ib}^b|}{2}\end{bmatrix},\boldsymbol{Q}_{n_k}^{n_{k-1}}=\boldsymbol{Q}_{n_{k-1}}^{*n_k}=\begin{bmatrix}\cos\dfrac{|\boldsymbol{\theta}_{in}^n|}{2}\\ \dfrac{-\boldsymbol{\theta}_{in}^n}{|\boldsymbol{\theta}_{in}^n|}\sin\dfrac{|\boldsymbol{\theta}_{in}^n|}{2}\end{bmatrix}\tag{4.164}$$

速度更新公式如下：

$$\begin{aligned}\boldsymbol{v}_k=\boldsymbol{v}_{k-1}&+\{-[2\boldsymbol{\omega}_{ie}^{n_{k-1}}+\boldsymbol{\omega}_{en}^{n_{k-1}}]\times\boldsymbol{v}_{t_{k-1}}^{n_{k-1}}+\boldsymbol{g}_{t_{k-1}}^n\}T\\&+\boldsymbol{C}_{b_{k-1}}^{n_{k-1}}\Delta\boldsymbol{v}-\frac{T}{2}\boldsymbol{\omega}_{in}^n\times(\boldsymbol{C}_{b_{k-1}}^{n_{k-1}}\Delta\boldsymbol{v})\\&+\boldsymbol{C}_{b_{k-1}}^{n_{k-1}}\left[\frac{1}{2}\boldsymbol{\theta}\times\Delta\boldsymbol{v}+\frac{2}{3}(\boldsymbol{\theta}_1\times\Delta\boldsymbol{v}_2+\Delta\boldsymbol{v}_1\times\boldsymbol{\theta}_2)\right]\end{aligned}\tag{4.165}$$

式(4.165)中第二项为有害加速度,第三项为导航坐标系下的比力测量值,第四项为地理系旋转对应的旋转误差补偿量,第六项为载体姿态变化和加速度变化对应的旋转误差补偿量与划桨误差补偿量。

位置误差的更新公式如下：

$$\begin{cases}L_{t_k}=L_{t_{k-1}}+\dfrac{1}{R_{\mathrm{M}}+h}\dfrac{v_{\mathrm{N}_{k-1}}+v_{\mathrm{N}_k}}{2}\\ \lambda_{t_k}=\lambda_{t_{k-1}}+\dfrac{\sec L}{R_{\mathrm{N}}+h}\dfrac{v_{\mathrm{E}_{k-1}}+v_{\mathrm{E}_k}}{2}\\ h_{t_k}=h_{t_{k-1}}+\dfrac{v_{\mathrm{U}_{k-1}}+v_{\mathrm{U}_k}}{2}\end{cases}\tag{4.166}$$

4.5.2 系统误差微分方程

惯性导航系统的对外导航参数,主要包括系统姿态误差、速度误差和位置误差,本节基于对应的导航算法,对其误差微分方程进行推导[10-11]。

姿态误差是指在惯性导航过程中,通过导航计算后,给出的载体姿态与载体的真实姿态之间的偏差。相比于采用四元数表达,在矢量坐标系变换过程中需要对待变换的矢量进行两次四元数乘法,采用方向余弦矩阵直接进行一次矩阵乘法即可完成坐标转换,这不仅有利于误差的分析和表达,在后续卡尔曼滤波器误差模型的构建中也有明显的好处。因此,虽然在导航的编排方程中采用了四元数进行公式推导,在此处误差方程的建立,依然采用方向余弦矩阵的方式进行分析和推导,其本质上是等价的。

针对方向余弦矩阵的姿态更新方程：

$$\dot{\boldsymbol{C}}_n^b=\boldsymbol{C}_n^b(\boldsymbol{w}_{bn}^n\times)\tag{4.167}$$

对式(4.167)进行适当变换,得

$$\begin{aligned}\dot{\boldsymbol{C}}_n^b &= \boldsymbol{C}_n^b(\boldsymbol{\omega}_{bn}^n \times) = \boldsymbol{C}_n^b[(\boldsymbol{\omega}_{in}^n \times) - (\boldsymbol{\omega}_{ib}^n)] \\ &= (\boldsymbol{C}_n^b\boldsymbol{\omega}_{in}^n \times) + \boldsymbol{C}_n^b(\boldsymbol{C}_b^n\boldsymbol{\omega}_{ib}^b \times \boldsymbol{C}_n^b) = (\boldsymbol{C}_n^b\boldsymbol{\omega}_{in}^n \times) - \boldsymbol{\omega}_{ib}^b \times \boldsymbol{C}_n^b\end{aligned} \tag{4.168}$$

真实系统导航的过程中，设其对应的包含有误差的方向余弦矩阵为 $\tilde{\boldsymbol{C}}_n^b$，相应地，包含误差的载体角速率和导航坐标系旋转角速率分别为 $\tilde{\boldsymbol{w}}_{ib}^b$ 和 $\tilde{\boldsymbol{w}}_{in}^n$，与其对应的真值表达式不含上标，可以给出表达式为

$$\tilde{\boldsymbol{C}}_n^b = \boldsymbol{C}_{n'}^b = \boldsymbol{C}_n^b\boldsymbol{C}_{n'}^n = \boldsymbol{C}_n^b(\boldsymbol{I} + \boldsymbol{\phi} \times) \tag{4.169}$$

$$\tilde{\boldsymbol{\omega}}_{ib}^b = \boldsymbol{\omega}_{ib}^b + \delta\boldsymbol{\omega}_{ib}^b \tag{4.170}$$

$$\tilde{\boldsymbol{\omega}}_{in}^n = \boldsymbol{\omega}_{in}^n + \delta\boldsymbol{\omega}_{in}^n \tag{4.171}$$

式中：ϕ 表示从理想的导航坐标系 n 系到解算数学平台构建的导航坐标系 n' 系之间的偏角；$\delta\boldsymbol{\omega}_{ib}^b$ 和 $\delta\boldsymbol{\omega}_{in}^n$ 分别代表了对应角速率的偏差。

对式(4.169)进行求导数，得

$$\dot{\boldsymbol{C}}_{n'}^b = (\boldsymbol{C}_n^b\dot{\boldsymbol{\phi}} \times) + \dot{\boldsymbol{C}}_n^b(\boldsymbol{I} + \boldsymbol{\phi} \times) \tag{4.172}$$

按照式(4.168)和式(4.169)对式(4.172)左侧分解，得

$$\dot{\boldsymbol{C}}_{n'}^b = \boldsymbol{C}_n^b(\boldsymbol{I} + \boldsymbol{\phi} \times)(\tilde{\boldsymbol{\omega}}_{in}^n \times) - \tilde{\boldsymbol{\omega}}_{ib}^b \times (\boldsymbol{I} + \boldsymbol{\phi} \times)\boldsymbol{C}_b^n \tag{4.173}$$

式(4.172)和式(4.173)为同一方向余弦矩阵微分方程的两种表达形式，将式(4.170)和式(4.171)代入，得

$$\begin{aligned}&(\boldsymbol{C}_n^b\dot{\boldsymbol{\phi}} \times) + [(\boldsymbol{C}_n^b\boldsymbol{\omega}_{in}^n \times) - \boldsymbol{\omega}_{ib}^b \times \boldsymbol{C}_n^b](\boldsymbol{I} + \boldsymbol{\phi} \times) \\ &= [\boldsymbol{C}_n^b(\boldsymbol{I} + \boldsymbol{\phi} \times)(\boldsymbol{\omega}_{in}^n + \delta\boldsymbol{\omega}_{in}^n) \times] - (\boldsymbol{\omega}_{ib}^b + \delta\boldsymbol{\omega}_{ib}^b) \times \boldsymbol{C}_n^b(\boldsymbol{I} + \boldsymbol{\phi} \times)\end{aligned} \tag{4.174}$$

两侧同乘 $\boldsymbol{C}_b^n$ 并进行移项处理，得

$$\begin{aligned}\dot{\boldsymbol{\phi}} \times &= -[(\boldsymbol{\omega}_{in}^n \times) - \boldsymbol{C}_b^n\boldsymbol{\omega}_{ib}^b \times \boldsymbol{C}_n^b](\boldsymbol{I} + \boldsymbol{\phi} \times) + (\boldsymbol{I} + \boldsymbol{\phi} \times)(\boldsymbol{\omega}_{in}^n + \delta\boldsymbol{\omega}_{in}^n) \times] \\ &\quad - \boldsymbol{C}_b^n(\boldsymbol{\omega}_{ib}^b + \delta\boldsymbol{\omega}_{ib}^b) \times \boldsymbol{C}_n^b(\boldsymbol{I} + \boldsymbol{\phi} \times)\end{aligned} \tag{4.175}$$

为了方便式(4.175)的简化，这里给出一个关于坐标变化的简单证明：

$$\begin{aligned}\boldsymbol{V}_1^n \times \boldsymbol{V}_2^n &= \boldsymbol{C}_b^n(\boldsymbol{V}_1^b \times \boldsymbol{V}_2^b) = \boldsymbol{C}_b^n(\boldsymbol{V}_1^b \times \boldsymbol{C}_n^b\boldsymbol{C}_b^n\boldsymbol{V}_2^b) \\ &= \boldsymbol{C}_b^n\boldsymbol{V}_1^b \times \boldsymbol{C}_n^b(\boldsymbol{C}_b^n\boldsymbol{V}_2^b) = \boldsymbol{C}_b^n\boldsymbol{V}_1^b \times \boldsymbol{C}_n^b\boldsymbol{V}_2^n\end{aligned} \tag{4.176}$$

由于对任意 $\boldsymbol{V}_1$ 和 $\boldsymbol{V}_2$ 均成立，因此可得

$$\boldsymbol{C}_b^n\boldsymbol{V}_1^b \times \boldsymbol{C}_n^b = \boldsymbol{V}_1^n \times \tag{4.177}$$

基于式(4.177)可以对式(4.175)进行简化并忽略高阶小量，得

$$\begin{aligned}\dot{\boldsymbol{\phi}} \times &= -[(\boldsymbol{\omega}_{in}^n \times) - (\boldsymbol{\omega}_{ib}^n \times)](\boldsymbol{I} + \boldsymbol{\phi} \times) \\ &\quad + (\boldsymbol{I} + \boldsymbol{\phi} \times)(\boldsymbol{\omega}_{in}^n + \delta\boldsymbol{\omega}_{in}^n) \times - (\boldsymbol{\omega}_{ib}^n + \delta\boldsymbol{\omega}_{ib}^n) \times (\boldsymbol{I} + \boldsymbol{\phi} \times) \\ &= \boldsymbol{\phi} \times \boldsymbol{\omega}_{in}^n - \boldsymbol{\omega}_{in}^n \times \boldsymbol{\phi} + \delta\boldsymbol{\omega}_{in}^n + \delta\boldsymbol{\omega}_{ib}^n \\ &= \boldsymbol{\phi} \times \boldsymbol{\omega}_{in}^n + \delta\boldsymbol{\omega}_{in}^n - \delta\boldsymbol{\omega}_{ib}^n \\ &= -\boldsymbol{\omega}_{in}^n \times \boldsymbol{\phi} + \delta\boldsymbol{\omega}_{in}^n - \delta\boldsymbol{\omega}_{ib}^n\end{aligned} \tag{4.178}$$

式(4.178)即为姿态误差的微分方程。

速度误差是指在惯性导航过程中通过导航计算机解算出的载体运动速度与载体真实运动速度之间的偏差。这里重新列出了速度更新的比力方程：

$$\dot{\boldsymbol{v}}^n(t)=\boldsymbol{C}_b^n(t)\boldsymbol{f}^b(t)-[2\boldsymbol{\omega}_{ie}^n(t)+\boldsymbol{\omega}_{en}^n(t)]\times\boldsymbol{v}^n(t)+\boldsymbol{g}^n(t) \quad (4.179)$$

真实系统导航的过程中，设其对应的包含误差的速度增量为$\dot{\tilde{\boldsymbol{v}}}^n(t)$，对应包含的误差的地球自转分量和对地导航坐标系旋转角速度分量分别为$\tilde{\boldsymbol{\omega}}_{ie}^n$和$\hat{\boldsymbol{\omega}}_{en}^n$，含有误差的比力测量值为$\hat{\boldsymbol{f}}^b$，含有误差重力表示为$\hat{\boldsymbol{g}}^n$。各个参数对应表示为

$$\tilde{\boldsymbol{\omega}}_{ie}^n=\boldsymbol{\omega}_{ie}^n+\delta\boldsymbol{\omega}_{ie}^n \quad (4.180)$$

$$\tilde{\boldsymbol{\omega}}_{en}^n=\boldsymbol{\omega}_{en}^n+\delta\boldsymbol{\omega}_{en}^n \quad (4.181)$$

$$\tilde{\boldsymbol{f}}^b=\boldsymbol{f}^b+\delta\boldsymbol{f}^b \quad (4.182)$$

$$\tilde{\boldsymbol{g}}^n=\boldsymbol{g}^n+\delta\boldsymbol{g}^n \quad (4.183)$$

则包含误差的表达式对应的速度误差微分方程如下：

$$\begin{aligned}\delta\dot{\boldsymbol{v}}^n &= \dot{\tilde{\boldsymbol{v}}}^n-\dot{\boldsymbol{v}}^n\\ &=(\tilde{\boldsymbol{C}}_b^n\tilde{\boldsymbol{f}}^b-\boldsymbol{C}_b^n\boldsymbol{f}^b)-[(2\tilde{\boldsymbol{\omega}}_{ie}^n+\tilde{\boldsymbol{\omega}}_{en}^n)\times\tilde{\boldsymbol{v}}^n-(2\boldsymbol{\omega}_{ie}^n+\boldsymbol{\omega}_{en}^n)\times\boldsymbol{v}^n]+(\tilde{\boldsymbol{g}}^n-\boldsymbol{g}^n)\\ &=[(\boldsymbol{I}-\phi\times)\boldsymbol{C}_b^n(\boldsymbol{f}^b+\delta\boldsymbol{f}^b)-\boldsymbol{C}_b^n\boldsymbol{f}^b]-[(2\boldsymbol{\omega}_{ie}^n+2\delta\boldsymbol{\omega}_{ie}^n+\boldsymbol{\omega}_{en}^n+\delta\boldsymbol{\omega}_{en}^n)\\ &\quad\times(\boldsymbol{v}^n+\delta\boldsymbol{v}^n)-(2\boldsymbol{\omega}_{ie}^n+\boldsymbol{\omega}_{en}^n)\times\boldsymbol{v}^n]+(\tilde{\boldsymbol{g}}^n-\boldsymbol{g}^n)\end{aligned} \quad (4.184)$$

忽略二阶小量，式(4.184)可以化简为

$$\delta\dot{\boldsymbol{v}}^n=\boldsymbol{f}^n\times\phi-(2\delta\boldsymbol{\omega}_{ie}^n+\delta\boldsymbol{\omega}_{en}^n)\times v^n-(2\boldsymbol{\omega}_{ie}^n+\boldsymbol{\omega}_{en}^n)\times\delta\boldsymbol{v}^n+\delta\boldsymbol{f}^n+\delta\boldsymbol{g}^n \quad (4.185)$$

$\delta\boldsymbol{g}^n$包含了重力异常和垂线偏差以及重力垂线随高度变化等误差，中低精度惯性导航对其不需要过度关注，高精度惯性导航可以通过地球重力场模型进行校正，因此式(4.185)还可以进一步简化为

$$\delta\dot{\boldsymbol{v}}^n=\boldsymbol{f}^n\times\phi-(2\delta\boldsymbol{\omega}_{ie}^n+\delta\boldsymbol{\omega}_{en}^n)\times v^n-(2\boldsymbol{\omega}_{ie}^n+\boldsymbol{\omega}_{en}^n)\times\delta\boldsymbol{v}^n+\delta\boldsymbol{f}^n \quad (4.186)$$

式(4.186)即为速度误差的微分方程。

对位置更新的式(4.158)进行误差微分方程的求解，得

$$\delta\dot{L}=\frac{1}{R_{\mathrm{M}}+h}\delta v_{\mathrm{N}}-\frac{v_{\mathrm{N}}}{(R_{\mathrm{M}}+h)^2}\delta h \quad (4.187)$$

$$\delta\dot{\lambda}=\frac{\sec L}{R_{\mathrm{N}}+h}\delta v_{\mathrm{E}}+\frac{v_{\mathrm{E}}\sec L\tan L}{R_{\mathrm{N}}+h}\delta L-\frac{v_{\mathrm{E}}\sec L}{(R_{\mathrm{N}}+h)^2}\delta h \quad (4.188)$$

$$\delta\dot{h}=\delta v_{\mathrm{U}} \quad (4.189)$$

式(4.187)~式(4.189)即为位置误差的微分方程。

对以上的式子进行总结和整理，给出更加明确和准确的系统误差方程。首

先，对于姿态误差微分方程进一步分解，为了便于理解，会将部分公式重新列写：

$$\dot{\boldsymbol{\phi}}\times = -\boldsymbol{\omega}_{in}^{n}\times\phi + \delta\boldsymbol{\omega}_{in}^{n} - \delta\boldsymbol{\omega}_{ib}^{n} \tag{4.190}$$

姿态微分方程中主要包含了 $\boldsymbol{\omega}_{in}^{n}$、$\delta\boldsymbol{\omega}_{in}^{n}$ 和 $\delta\boldsymbol{\omega}_{ib}^{n}$ 三个部分的内容。三项详细的表达分别如下。其中，$\boldsymbol{\omega}_{in}^{n}$ 为导航坐标系相对于惯性空间的旋转角速率：

$$\begin{aligned}\boldsymbol{\omega}_{in}^{n} &= \boldsymbol{\omega}_{ie}^{n} + \boldsymbol{\omega}_{en}^{n}\\ &= \begin{bmatrix}0\\ \omega_{ie}\cos L\\ \omega_{ie}\sin L\end{bmatrix} + \begin{bmatrix}-\dfrac{v_{\mathrm{N}}}{R_{\mathrm{M}}+h}\\ \dfrac{v_{\mathrm{E}}}{R_{\mathrm{N}}+h}\\ \dfrac{v_{\mathrm{E}}}{R_{\mathrm{N}}+h}\tan L\end{bmatrix}\end{aligned} \tag{4.191}$$

对式(4.191)各项进行偏微分计算，得到其对应的误差表达式为

$$\begin{aligned}\delta\boldsymbol{\omega}_{in}^{n} &= \delta\boldsymbol{\omega}_{ie}^{n} + \delta\boldsymbol{\omega}_{en}^{n}\\ &= \begin{bmatrix}0\\ -\omega_{ie}\sin L\\ \omega_{ie}\cos L\end{bmatrix}\delta L + \begin{bmatrix}-\dfrac{\delta v_{N}}{R_{\mathrm{M}}+h} + \dfrac{v_{\mathrm{N}}}{(R_{\mathrm{M}}+h)^{2}}\delta h\\ \dfrac{\delta v_{\mathrm{E}}}{R_{\mathrm{M}}+h} - \dfrac{v_{\mathrm{E}}}{(R_{\mathrm{M}}+h)^{2}}\delta h\\ \dfrac{\delta v_{\mathrm{E}}}{R_{\mathrm{N}}+h}\tan L + \dfrac{v_{\mathrm{E}}\sec^{2}L}{R_{\mathrm{N}}+h}\delta L - \dfrac{v_{\mathrm{E}}}{(R_{\mathrm{M}}+h)^{2}}\tan L\delta h\end{bmatrix}\end{aligned} \tag{4.192}$$

式中：δL 和 δh 分别为纬度误差和高度误差。

$$\delta\boldsymbol{\omega}_{ib}^{n} = \boldsymbol{\varepsilon}^{n} = \begin{bmatrix}\varepsilon_{\mathrm{E}}\\ \varepsilon_{\mathrm{N}}\\ \varepsilon_{\mathrm{U}}\end{bmatrix} = \boldsymbol{C}_{b}^{n}\boldsymbol{\varepsilon}^{b} = \boldsymbol{C}_{b}^{n}\begin{bmatrix}\varepsilon_{x}\\ \varepsilon_{y}\\ \varepsilon_{z}\end{bmatrix} \tag{4.193}$$

式中：$\boldsymbol{\varepsilon}^{n}$ 和 $\boldsymbol{\varepsilon}^{b}$ 分别对应导航坐标系和载体坐标系上陀螺的测量误差。

在速度误差微分公式中

$$\delta\dot{\boldsymbol{v}}^{n} = \boldsymbol{f}^{n}\times\phi - (2\delta\boldsymbol{\omega}_{ie}^{n} + \delta\boldsymbol{\omega}_{en}^{n})\times v^{n} - (2\boldsymbol{\omega}_{ie}^{n} + \boldsymbol{\omega}_{en}^{n})\times\delta\boldsymbol{v}^{n} + \delta\boldsymbol{f}^{n} \tag{4.194}$$

同理，给出加速度测量误差的表达式如下：

$$\delta\boldsymbol{f}^{n} = \boldsymbol{\nabla}^{n} = \begin{bmatrix}\nabla_{\mathrm{E}}\\ \nabla_{\mathrm{N}}\\ \nabla_{\mathrm{U}}\end{bmatrix} = \boldsymbol{C}_{b}^{n}\boldsymbol{\nabla}^{b} = \boldsymbol{C}_{b}^{n}\begin{bmatrix}\nabla_{x}\\ \nabla_{y}\\ \nabla_{z}\end{bmatrix} \tag{4.195}$$

式中：$\boldsymbol{\nabla}^{n}$ 和 $\boldsymbol{\nabla}^{b}$ 分别对应导航坐标系和载体坐标系上加速度计的测量误差。

按照导航坐标系东北天的顺序分别将系统误差微分方程列出：

$$\dot{\phi}_{\mathrm{E}}=\left(\omega_{ie}\sin L+\frac{v_{\mathrm{E}}\tan L}{R_{\mathrm{N}}+h}\right)\phi_{\mathrm{N}}-\left(\omega_{ie}\cos L+\frac{v_{\mathrm{E}}}{R_{\mathrm{N}}+h}\right)\phi_{\mathrm{U}}-\frac{\delta v_{\mathrm{N}}}{R_{\mathrm{M}}+h}+\frac{v_{\mathrm{N}}\delta h}{(R_{\mathrm{M}}+h)^{2}}-\varepsilon_{\mathrm{E}} \tag{4.196}$$

$$\dot{\phi}_{\mathrm{N}}=-\left(\omega_{ie}\sin L+\frac{v_{\mathrm{E}}\tan L}{R_{\mathrm{N}}+h}\right)\phi_{\mathrm{E}}-\frac{v_{\mathrm{N}}\phi_{\mathrm{U}}}{R_{\mathrm{M}}+h}+\frac{\delta v_{\mathrm{E}}}{R_{\mathrm{N}}+h}-\omega_{ie}\sin L\delta L-\frac{v_{\mathrm{E}}\delta h}{(R_{\mathrm{N}}+h)^{2}}-\varepsilon_{\mathrm{N}} \tag{4.197}$$

$$\dot{\phi}_{\mathrm{U}}=\left(\omega_{ie}\cos L+\frac{v_{\mathrm{E}}}{R_{\mathrm{N}}+h}\right)\phi_{\mathrm{E}}+\frac{v_{\mathrm{N}}\phi_{\mathrm{N}}}{R_{\mathrm{M}}+h}+\frac{\tan L\delta v_{\mathrm{E}}}{R_{\mathrm{N}}+h}+\left(\omega_{ie}\cos L+\frac{v_{\mathrm{E}}\sec^{2}L}{R_{\mathrm{N}}+h}\right)\delta L-\frac{v_{\mathrm{E}}\tan L\delta h}{(R_{\mathrm{N}}+h)^{2}}-\varepsilon_{\mathrm{U}} \tag{4.198}$$

$$\begin{aligned}\delta\dot{v}_{\mathrm{E}}=&-f_{\mathrm{U}}\phi_{\mathrm{N}}+f_{\mathrm{N}}\phi_{\mathrm{U}}+\frac{v_{\mathrm{N}}\tan L-v_{\mathrm{U}}}{R_{\mathrm{N}}+h}\delta v_{\mathrm{E}}+\left(2\omega_{ie}\sin L+\frac{v_{\mathrm{E}}\tan L}{R_{\mathrm{N}}+h}\right)\delta v_{\mathrm{N}}\\&-\left(2\omega_{ie}\cos L+\frac{v_{\mathrm{E}}}{R_{\mathrm{N}}+h}\right)\delta v_{\mathrm{U}}+\left[2(v_{\mathrm{N}}\omega_{ie}\cos L+v_{\mathrm{U}}\omega_{ie}\sin L)+\frac{v_{\mathrm{E}}v_{\mathrm{N}}\sec^{2}L}{R_{\mathrm{N}}+h}\right]\delta L\\&+\frac{v_{\mathrm{E}}(v_{\mathrm{U}}-v_{\mathrm{N}}\tan L)\delta h}{(R_{\mathrm{N}}+h)^{2}}+\nabla_{\mathrm{E}}\end{aligned} \tag{4.199}$$

$$\begin{aligned}\delta\dot{v}_{\mathrm{N}}=&f_{\mathrm{U}}\phi_{\mathrm{E}}-f_{\mathrm{E}}\phi_{\mathrm{U}}-2\left(\omega_{ie}\sin L+\frac{v_{\mathrm{E}}\tan L}{R_{\mathrm{N}}+h}\right)\delta v_{\mathrm{E}}-\frac{v_{\mathrm{U}}}{R_{\mathrm{M}}+h}\delta v_{\mathrm{N}}-\frac{v_{\mathrm{N}}}{R_{\mathrm{M}}+h}\delta v_{\mathrm{U}}\\&-\left(2v_{\mathrm{E}}\omega_{ie}\cos L+\frac{v_{\mathrm{E}}^{2}\sec^{2}L}{R_{\mathrm{N}}+h}\right)\delta L+\left(\frac{v_{\mathrm{N}}v_{\mathrm{U}}}{(R_{\mathrm{M}}+h)^{2}}+\frac{v_{\mathrm{E}}^{2}\tan L}{(R_{\mathrm{N}}+h)^{2}}\right)\delta h+\nabla_{\mathrm{N}}\end{aligned} \tag{4.200}$$

$$\begin{aligned}\delta\dot{v}_{\mathrm{U}}=&-f_{\mathrm{N}}\phi_{\mathrm{E}}+f_{\mathrm{E}}\phi_{\mathrm{N}}+2\left(\omega_{ie}\cos L+\frac{v_{\mathrm{E}}}{R_{\mathrm{N}}+h}\right)\delta v_{\mathrm{E}}+\frac{2v_{\mathrm{N}}}{R_{\mathrm{M}}+h}\delta v_{\mathrm{N}}\\&-2\omega_{ie}\sin Lv_{\mathrm{E}}\delta L-\left(\frac{v_{\mathrm{E}}^{2}}{(R_{\mathrm{N}}+h)^{2}}+\frac{v_{\mathrm{N}}^{2}}{(R_{\mathrm{M}}+h)^{2}}\right)\delta h+\nabla_{\mathrm{U}}\end{aligned} \tag{4.201}$$

$$\delta\dot{L}=\frac{1}{R_{\mathrm{M}}+h}\delta v_{\mathrm{N}}-\frac{v_{\mathrm{N}}}{(R_{\mathrm{M}}+h)^{2}}\delta h \tag{4.202}$$

$$\delta\dot{\lambda}=\frac{\sec L}{R_{\mathrm{N}}+h}\delta v_{\mathrm{E}}+\frac{v_{\mathrm{E}}\sec L\tan L}{R_{\mathrm{N}}+h}\delta L-\frac{v_{\mathrm{E}}\sec L}{(R_{\mathrm{N}}+h)^{2}}\delta h \tag{4.203}$$

$$\delta\dot{h}=\delta v_{\mathrm{U}} \tag{4.204}$$

以上给出了在东北天坐标系下的系统误差方程，后续卡尔曼滤波模型和对准方案均以该误差模型为基础。

4.5.3 系统误差特性

惯性导航系统的高度是发散的，在导航过程中必须采用外部参考信息如卫导高度数据或者气压高度计等辅助设备保证高度通道的稳定，当明确知道载体在海平面或者陆地小范围内运行，也可以通过将高度固定到对应高度的方式来避免高度通道的发散。此处对高度通道发散的原理做简要说明[12]。

图4.3给出了纯惯性高度通道的传递函数图。从图中可以得到系统传递函数如下：

$$\frac{h(s)}{\nabla(s)}=\frac{1/s^2}{1-\frac{1}{s^2}\frac{2g}{R}}=\frac{1}{s^2-\frac{2g}{R}} \tag{4.205}$$

其特征根为

$$s=\pm\sqrt{\frac{2g}{R}} \tag{4.206}$$

因此，纯惯性导航的高度通道是不稳定的。

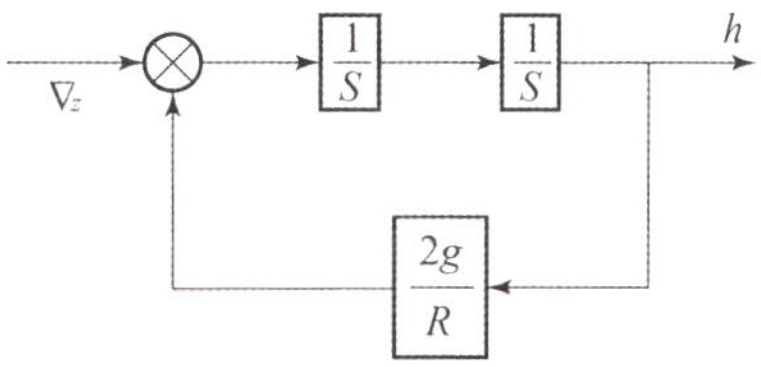

图4.3 高度通道误差传递框图

忽略高度通道，只建立水平方向的速度位置误差和三维姿态误差，根据系统的传递误差的原理框图，可以得到系统水平通道的误差传递框图，如图4.4所示。

从误差传递框图可以明显地看出，经度通道的误差是一条开环通道，由东向的速度误差直接积分而来，经度的误差并没有进入整个闭环回路系统。因此，在研究系统的误差特性时，可以暂时忽略经度误差的特性，最后只需要对东向速度误差直接积分即可以得到对应的经度误差特性。

为了便于研究，假定设备处在静基座条件，此时系统东速、北速为零，可以将系统误差简化为

$$\begin{cases}\dot{\phi}_{\mathrm{E}}=\omega_{ie}\sin L\phi_{\mathrm{N}}-\omega_{ie}\cos L\phi_{\mathrm{U}}-\frac{\delta v_{\mathrm{N}}}{R_{\mathrm{M}}+h}-\varepsilon_{\mathrm{E}}\\ \dot{\phi}_{\mathrm{N}}=-\omega_{ie}\sin L\phi_{\mathrm{E}}+\frac{\delta v_{\mathrm{E}}}{R_{\mathrm{N}}+h}-\omega_{ie}\sin L\delta L-\varepsilon_{\mathrm{N}}\\ \dot{\phi}_{\mathrm{U}}=\omega_{ie}\cos L\phi_{\mathrm{E}}+\frac{\tan L\delta v_{\mathrm{E}}}{R_{\mathrm{N}}+h}+\omega_{ie}\cos L\delta L-\varepsilon\\ \delta\dot{v}_{\mathrm{E}}=-f_{\mathrm{U}}\phi_{\mathrm{N}}+2\omega_{ie}\sin L\delta v_{\mathrm{N}}+\nabla_E\\ \delta\dot{v}_{\mathrm{N}}=f_{\mathrm{U}}\phi_{\mathrm{E}}-2\omega_{ie}\sin L\delta v_{\mathrm{E}}+\nabla_{\mathrm{N}}\\ \delta\dot{L}=\frac{1}{R_{\mathrm{M}h}}\delta v_{\mathrm{N}}\end{cases} \tag{4.207}$$

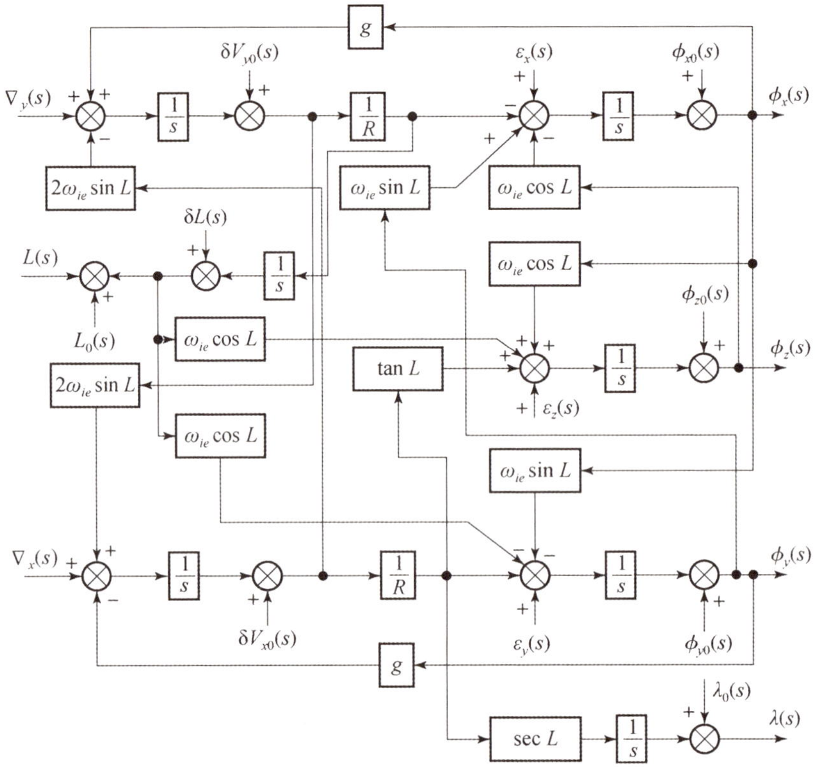

图 4.4　水平通道误差传递框图

按照多维状态空间的形式对其重新编排，首先令

$$\boldsymbol{X}=[\phi_{\mathrm{E}}\quad \phi_{\mathrm{N}}\quad \phi_{\mathrm{U}}\quad \delta v_{\mathrm{E}}\quad \delta v_{\mathrm{N}}\quad \delta L]^{\mathrm{T}} \tag{4.208}$$

$$\boldsymbol{U}=[-\varepsilon_{\mathrm{E}}\quad -\varepsilon_{\mathrm{N}}\quad -\varepsilon_{\mathrm{U}}\quad \nabla_{\mathrm{E}}\quad \nabla_{\mathrm{N}}\quad 0]^{\mathrm{T}} \tag{4.209}$$

$$\boldsymbol{F}=\begin{bmatrix} 0 & \omega_{\mathrm{U}} & -\omega_{\mathrm{N}} & 0 & -1/R & 0 \\ -\omega_{\mathrm{U}} & 0 & 0 & 1/R & 0 & -\omega_{\mathrm{U}} \\ \omega_{\mathrm{N}} & 0 & 0 & \tan L/R & 0 & \omega_{\mathrm{N}} \\ 0 & -g & 0 & 0 & 2\omega_{\mathrm{U}} & 0 \\ g & 0 & 0 & -2\omega_{\mathrm{U}} & 0 & 0 \\ 0 & 0 & 0 & 0 & 1/R & 0 \end{bmatrix} \tag{4.210}$$

则

$$\dot{\boldsymbol{X}}=\boldsymbol{F}\boldsymbol{X}+\boldsymbol{U} \tag{4.211}$$

对其进行拉普拉斯变换，得

$$\boldsymbol{X}(s)=(s\boldsymbol{I}-\boldsymbol{F})^{-1}[\boldsymbol{X}(0)+\boldsymbol{U}(s)] \tag{4.212}$$

其中，状态初始值为

$$X(0)=[\phi_E(0)\quad \phi_N(0)\quad \phi_U(0)\quad \delta v_E(0)\quad \delta v_N(0)\quad \delta L(0)]^T \tag{4.213}$$

系统传递函数的特征根由分母的特征多项式决定，其特征多项式为

$$\begin{aligned}\Delta(s)=|s\boldsymbol{I}-\boldsymbol{F}|&=(s^2+\omega_{ie}^2)\left[s^4+2s^2\left(\frac{g}{R}+2\omega_{ie}^2\sin^2L\right)+\left(\frac{g}{R}\right)^2\right]\\&=(s^2+\omega_{ie}^2)\left(s^2+\mathrm{j}2s\omega_{ie}\sin L+\frac{g}{R}\right)\left(s^2-\mathrm{j}2s\omega_{ie}\sin L+\frac{g}{R}\right)\\&=(s^2+\omega_{ie}^2)(s^2+\mathrm{j}2s\omega_f+\omega_s^2)(s^2-\mathrm{j}2s\omega_f+w_s^2)\end{aligned} \tag{4.214}$$

式中：ω_{ie}为地球自转角速率；$\omega_f=\omega_{ie}\sin L$ 为傅科角频率，周期最小为 24h，系统位于赤道时，角频率为 0，周期趋于无穷大；$\omega_s=\sqrt{g/R}$为舒拉角频率，周期对应约 84.4min。

从式(4.214)可以求出系统的三组特征根为

$$s_{1,2}=\pm \mathrm{j}\omega_{ie} \tag{4.215}$$

$$s_{3,4}=\frac{-\mathrm{j}2\omega_f\pm\sqrt{-4\omega_f^2-4\omega_s^2}}{2} \tag{4.216}$$

$$s_{5,6}=\frac{\mathrm{j}2\omega_f\pm\sqrt{-4\omega_f^2-4\omega_s^2}}{2} \tag{4.217}$$

由于 $\omega_s\gg\omega_f$，所以可以近似为

$$\begin{cases}s_3=-\mathrm{j}\omega_f+\mathrm{j}\omega_s\\s_4=-\mathrm{j}\omega_f-\mathrm{j}\omega_s\\s_5=\mathrm{j}\omega_f+\mathrm{j}\omega_s\\s_6=\mathrm{j}\omega_f-\mathrm{j}\omega_s\end{cases} \tag{4.218}$$

从以上解可以看出，惯性导航误差系统为无阻尼振荡系统，在时间域的内响应该它包含地球自转、舒拉和傅科三种周期性振荡。而由于系统为六阶，难以求出其准确的解析解，但可以简化处理后给出近似解，在一定程度上能够模拟系统误差，但如果要准确的系统响应还是需要通过误差微分公式进行连续积分才能获得比较准确的时间域的响应。下面给出了系统导航参数对于初始姿态、速度和位置误差以及陀螺、加速度计常值零偏的时间域响应函数，可以帮助读者对系统的误差特性有一个直观的认识。

$$\begin{aligned}\phi_E(t)=&\phi_E(0)C_sC_f+\phi_N(0)C_sS_f-\phi_U(0)\frac{\omega_{ie}}{\omega_s}\cos LS_sC_f\\&+\delta v_E(0)\frac{1}{\sqrt{gR}}S_sS_f-\delta v_N(0)\frac{1}{\sqrt{gR}}S_sC_f-\delta L(0)\frac{\omega_{ie}}{\omega_s}\sin LS_sS_f\end{aligned}$$

$$
-\varepsilon_{\mathrm{E}}\frac{1}{\omega_s}S_sC_f-\varepsilon_{\mathrm{N}}\frac{1}{\omega_s}S_sS_f-\varepsilon_{\mathrm{U}}\frac{\omega_{ie}\cos L}{\omega_s^2}(C_sC_f-\cos 2LC_e-2\sin^2 L)
$$

$$
-\nabla_{\mathrm{E}}\frac{1}{g}C_sS_f-\nabla_{\mathrm{N}}\frac{1}{g}(1-C_sC_f) \tag{4.219}
$$

$$
\begin{aligned}
\phi_{\mathrm{N}}(t)=&-\phi_{\mathrm{E}}(0)C_sS_f+\phi_{\mathrm{N}}(0)C_sC_f+\phi_{\mathrm{U}}(0)\frac{\omega_{ie}}{\omega_s}\cos LS_sS_f\\
&+\delta v_{\mathrm{E}}(0)\frac{1}{\sqrt{gR}}S_sC_f+\delta v_{\mathrm{N}}(0)\frac{1}{\sqrt{gR}}S_sS_f-\delta L(0)\frac{\omega_{ie}}{\omega_s}\sin LS_sC_f\\
&+\varepsilon_{\mathrm{E}}\frac{1}{\omega_s}S_sS_f-\varepsilon_{\mathrm{N}}\frac{1}{\omega_s}S_sC_f-\varepsilon_{\mathrm{U}}\frac{\omega_{ie}\cos L}{\omega_s^2}(S_sS_f+\sin LS_e)\\
&+\nabla_{\mathrm{E}}\frac{1}{g}(1-C_sC_f)-\nabla_{\mathrm{N}}\frac{1}{g}C_sS_f
\end{aligned}\tag{4.220}
$$

$$
\begin{aligned}
\phi_{\mathrm{U}}(t)=&\phi_{\mathrm{E}}(0)\sec L(S_e-\sin LC_sS_f)+\phi_{\mathrm{N}}(0)\tan L(C_sC_f-C_e)+\phi_{\mathrm{U}}(0)\left(C_e+\frac{\omega_{ie}}{\omega_s}\sin LS_sS_f\right)\\
&+\delta v_{\mathrm{E}}(0)\frac{\tan L}{\sqrt{gR}}S_sC_f+\delta v_{\mathrm{N}}(0)\frac{\tan L}{\sqrt{gR}}S_sS_f+\delta L(0)\sec L\frac{\omega_{ie}}{\omega_s}\left(S_e-\frac{\omega_{ie}}{\omega_s}\sin^2 LS_sC_f\right)\\
&-\varepsilon_{\mathrm{E}}\sec L\left(\frac{1-C_e}{\omega_{ie}}-\frac{\sin L}{\omega_s}S_sS_f\right)-\varepsilon_{\mathrm{N}}\tan L\left(\frac{S_e}{\omega_{ie}}-\frac{S_sC_f}{\omega_s}\right)-\varepsilon_{\mathrm{U}}\frac{S_e}{\omega_{ie}}\\
&+\nabla_{\mathrm{E}}\frac{\tan L}{g}(1-C_sC_f)-\nabla_{\mathrm{N}}\frac{\tan L}{g}C_sS_f
\end{aligned}\tag{4.221}
$$

$$
\begin{aligned}
\delta v_{\mathrm{E}}(t)=&\phi_{\mathrm{E}}(0)\sqrt{gR}S_sS_f-\phi_{\mathrm{N}}(0)\sqrt{gR}S_sC_f+\phi_{\mathrm{U}}(0)R\omega_{ie}\cos L(C_sS_f-\sin LS_e)\\
&+\delta V_{\mathrm{E}}(0)C_sC_f+\delta V_{\mathrm{N}}(0)C_sS_f+\delta L(0)R\omega_{ie}\sin L(C_e-C_sC_f)\\
&-\varepsilon_{\mathrm{E}}R(\sin LS_e-C_sS_f)-\varepsilon_{\mathrm{N}}R(C_sC_f-\cos^2 L-\sin^2 LC_e)\\
&-\varepsilon_{\mathrm{U}}R\cos L\left[\sin L(1-C_e)-\frac{\omega_{ie}}{\omega_s}S_sS_f\right]+\nabla_{\mathrm{E}}\frac{1}{\omega_s}S_sC_f-\nabla_{\mathrm{N}}\frac{1}{\omega_s}S_sS_f
\end{aligned}\tag{4.222}
$$

$$
\begin{aligned}
\delta v_{\mathrm{N}}(t)=&\phi_{\mathrm{E}}(0)\sqrt{gR}S_sC_f+\phi_{\mathrm{N}}(0)\sqrt{gR}S_sS_f+\phi_{\mathrm{U}}(0)R\omega_{ie}\cos L(C_sC_f-C_e)\\
&-\delta V_{\mathrm{E}}(0)C_sS_f+\delta V_{\mathrm{N}}(0)C_sC_f+\delta L(0)R\omega_{ie}(\sin LC_sS_f-S_e)\\
&-\varepsilon_{\mathrm{E}}R(C_e-C_sC_f)-\varepsilon_{\mathrm{N}}R(\sin LS_e-C_sS_f)-\varepsilon_{\mathrm{U}}R\cos L\left(S_e-\frac{\omega_{ie}}{\omega_s}S_sC_f\right)\\
&-\nabla_{\mathrm{E}}\frac{1}{\omega_s}S_sS_f+\nabla_{\mathrm{N}}\frac{1}{\omega_s}S_sC_f
\end{aligned}\tag{4.223}
$$

$$
\begin{aligned}
\delta L(t)=&\phi_{\mathrm{E}}(0)(C_e-C_sC_f)+\phi_{\mathrm{N}}(0)(\sin LS_e-C_sS_f)-\phi_{\mathrm{U}}(0)\cos L\left(S_e-\frac{\omega_{ie}}{\omega_s}S_sC_f\right)\\
&-\delta V_{\mathrm{E}}(0)\frac{S_sS_f}{R\omega_s}+\delta V_{\mathrm{N}}(0)\frac{S_sC_f}{R\omega_s}+\delta L(0)\left(C_e+\frac{\omega_{ie}}{\omega_s}\sin LS_sS_f\right)
\end{aligned}
$$

$$
-\varepsilon_{\mathrm{E}}\left(\frac{S_e}{\omega_{ie}}-\frac{S_s C_f}{\omega_s}\right)-\varepsilon_{\mathrm{N}}\left[\frac{\sin L}{\omega_{ie}}(1-C_e)-\frac{S_s S_f}{\omega_s}\right]-\varepsilon_{\mathrm{U}}\frac{\cos L}{\omega_{ie}}(1-C_e)
$$

$$
+\nabla_{\mathrm{E}}\frac{1}{g}C_s S_f+\nabla_{\mathrm{N}}\frac{1}{g}(1-C_s C_f) \tag{4.224}
$$

$$
\begin{aligned}
\delta\lambda(t)=&\phi_{\mathrm{E}}(0)\sec L(\sin L S_e-C_s S_f)+\phi_{\mathrm{N}}(0)\sec L(C_s C_f-\cos^2 L-\sin^2 L C_e)\\
&-\phi_{\mathrm{U}}(0)\left[\sin L(1-C_e)-\frac{\omega_{ie}}{\omega_s}S_s S_f\right]+\delta V_{\mathrm{E}}(0)\frac{\sec L S_s C_f}{R\omega_s}+\delta V_{\mathrm{N}}(0)\frac{\sec L S_s S_f}{R\omega_s}\\
&+\delta L(0)\tan L\left(S_e-\frac{\omega_{ie}}{\omega_s}S_s C_f\right)+\delta\lambda(0)-\varepsilon_{\mathrm{E}}\sec L\left[\frac{\sin L(1-C_e)}{\omega_{ie}}-\frac{S_s S_f}{\omega_s}\right]\\
&+\varepsilon_{\mathrm{N}}\left[t\cos L+\frac{\sin^2 L S_e}{\cos L\omega_{ie}}-\frac{\sec L S_s C_f}{\omega_s}\right]-\varepsilon_{\mathrm{U}}\sin L\left(t-\frac{S_e}{\omega_{ie}}\right)\\
&+\nabla_{\mathrm{E}}\frac{\sec L}{g}(1-C_s C_f)-\nabla_{\mathrm{N}}\frac{\sec L}{g}C_s S_f
\end{aligned} \tag{4.225}
$$

其中，为了表述的方便，部分三角周期振荡函数做了简写，对此说明如下：

$$
\begin{cases}S_f=\sin(\omega_f t)\\C_f=\cos(\omega_f t)\end{cases},\quad\begin{cases}S_e=\sin(\omega_{ie} t)\\C_e=\cos(\omega_{ie} t)\end{cases},\quad\begin{cases}S_s=\sin(\omega_s t)\\C_s=\cos(\omega_s t)\end{cases} \tag{4.226}
$$

4.6　旋转调制惯性导航系统

4.6.1　旋转调制基本原理

为了提升惯性导航系统的纯惯性导航精度，目前采用的技术方案有两种：一种是采用更高精度的惯性元器件，从传感器本身的测量能力上进行提升，但是随着器件精度的提升，其相应的重量、功耗、体积和成本都会随之增加，随着精度提高性价比逐渐降低；另一种是采用旋转调制的方案，通过在空间上按照预先设计的旋转方式进行周期性的旋转惯性测量单元，将器件的关键误差进行旋转调制以抑制误差影响，这种方式成本增加有限，是一种快速大幅度提升惯性导航设备精度的方案[13]。

目前主流的旋转调制方案分为两类：一类为不完全调制，主要是单轴旋转调制方案，惯性测量单元仅绕空间某一个轴旋转，可以将与旋转调制轴垂直的平面的器件零位进行调制，一般适用于中低精度的设备或者姿态基准类设备；另一类为完全调制，至少需要两个以上的旋转轴实现旋转调制，可以将惯性测量传感器的绝大部分误差都调制掉，隔离其对系统精度的影响，通过设计合理的转位方案，可以实现系统的完全自补偿的同时不引入其他误差。

图 4.5 给出了陀螺仪常值漂移误差旋转调制自补偿示意图，图中的四边形

表示静止不动的载体，设初始时刻其方位角为0°；圆柱体表示某陀螺仪，其敏感轴起始时刻指向正北方向。仅考虑陀螺仪的常值漂移误差，则在 T 时刻导航计算机根据陀螺仪输出计算得到的北向姿态误差角为

$$\phi_N(T)=\varepsilon\cdot T \tag{4.227}$$

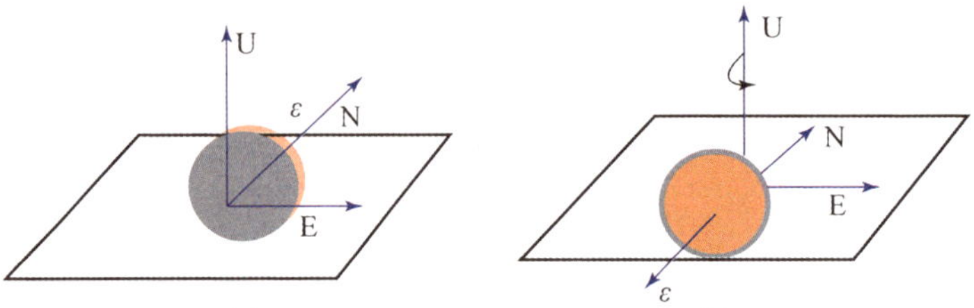

图 4.5　惯组调制示意图

由于陀螺仪的常值漂移误差 ε 的存在，在载体未动的情况下，却在 T 时刻得到了 ϕ_N 变为了 $\varepsilon\cdot T$ 的结果，这一误差由陀螺常值漂移误差 ε 与积分时间决定。如果在 T 时刻使陀螺仪绕天向轴正转180°，转动后的位置如图4.5(b)所示。若不考虑转动时间，则在 $2T$ 时刻，计算得到的北向姿态误差角 ϕ_N 为

$$\phi_N(2T)=\phi_N(T)-\varepsilon\cdot T=0 \tag{4.228}$$

从而可以看出，经过旋转，在 $2T$ 时刻得到的北向姿态角的计算结果回到真值。若在 $2T$ 时刻继续快速绕天向轴正转180°回到图4.5(a)所示的位置，停留时间 T 后继续正转180°回到图4.5(b)所示的位置，停止 T 时刻后，即在 $4T$ 时刻计算得到的方位角依然为0°。若按照上述顺序不断转动下去，则在任意时刻计算得到的水平姿态角 ϕ_N 始终不会大于 $\varepsilon\cdot T$，即系统的误差是有界的。在不转动的情况下，陀螺仪的常值漂移误差 ε 始终沿敏感轴指向正北，则在 t 时刻计算得到的姿态角为 $\varepsilon\cdot t$，即水平姿态误差是随时间 t 线性增长的。有必要说明的一点是，此处仅是为了说明旋转调制的机理，实际系统中姿态角误差会呈现周期性的振荡，不会一直线性增长。

旋转调制自补偿的原理直观上就是这样，单轴旋转能够调制掉与转轴相垂直的方向的惯性元件的常值误差，但对转轴方向上的惯性元件常值零偏对系统的影响没有调制作用。如果采用双轴以上的旋转调制方案，则可以将三个轴上惯性元件的常值误差对系统的影响都调制掉，而且在双轴以上的系统中，除了要考虑旋转对常值误差对系统影响的调制作用，还需要考虑旋转对标度因数误差和安装误差对系统的影响。

4.6.2　器件误差旋转调制机理

为了对旋转调制系统对各个参数的调制机理进行更准确的说明，此处分别

对单轴和双轴调制方案及其调制机理进行更深入的分析。相比于纯捷联设备，旋转调制系统由于引入了旋转控制，不同系统使用的旋转策略并不一致，此处针对一类调制系统仅给出了一种方案的详细分析，读者可以自行分析类似的系统方案。

单轴旋转调制系统一般采用绕其旋转调制轴正反旋转的方案。根据设计方案的不同，可以在旋转到180°和360°的位置时停转一段时间，也可以在其他对称位置分别停留一段时间。需要注意的是，在对称的位置停转时间一定要相等，确保处于对称位置的积分时间相同，积分结果才能相互抵消。

为了说明旋转方案的调制效果，首先给出陀螺的误差模型如下：

$$\delta\boldsymbol{\omega}_{ib}^{b}=\begin{bmatrix}S_x & \eta_{xy} & \eta_{xz}\\ \eta_{yx} & S_y & \eta_{yz}\\ \eta_{zx} & \eta_{zy} & S_z\end{bmatrix}\boldsymbol{\omega}_{ib}^{b}+\begin{bmatrix}\varepsilon_x\\ \varepsilon_y\\ \varepsilon_z\end{bmatrix} \tag{4.229}$$

式中：S_x,S_y,S_z 分别为三只陀螺的标度因数误差；$\eta_{xy},\eta_{xz},\eta_{yx},\eta_{yz},\eta_{zx},\eta_{zy}$ 分别为陀螺敏感轴失准角；$\varepsilon_x,\varepsilon_y,\varepsilon_z$ 为陀螺的常值零偏。为了表示的方便，令地球自转角速率的天向和北向分量分别为 $\omega_{\mathrm{U}}=\omega_{ie}\sin L,\omega_{\mathrm{N}}=\omega_{ie}\cos L$。旋转调制的角速率为 ω，一次完整的调制周期包含一个正转周期 T 和一个反转周期 T，且满足 $T=2\pi/\omega$。

在正转周期内，对旋转调制过程中的角速度误差进行积分：

$$\begin{aligned}\int_0^T\delta\boldsymbol{\omega}_{ib}^{n}\mathrm{d}t &= \int_0^T\boldsymbol{C}_b^n\delta\boldsymbol{\omega}_{ib}^{n}\mathrm{d}t = \int_0^T\boldsymbol{C}_b^n\begin{bmatrix}S_x & \eta_{xy} & \eta_{xz}\\ \eta_{yx} & S_y & \eta_{yz}\\ \eta_{zx} & \eta_{zy} & S_z\end{bmatrix}\boldsymbol{\omega}_{ib}^{b}+\boldsymbol{C}_b^n\begin{bmatrix}\varepsilon_x\\ \varepsilon_y\\ \varepsilon_z\end{bmatrix}\mathrm{d}t\\
&=\int_0^T\begin{bmatrix}\cos(\omega t) & -\sin(\omega t) & 0\\ \sin(\omega t) & \cos(\omega t) & 0\\ 0 & 0 & 1\end{bmatrix}\begin{bmatrix}S_x & \eta_{xy} & \eta_{xz}\\ \eta_{yx} & S_y & \eta_{yz}\\ \eta_{zx} & \eta_{zy} & S_z\end{bmatrix}\begin{bmatrix}\omega_{\mathrm{N}}\sin(\omega t)\\ \omega_{\mathrm{N}}\cos(\omega t)\\ \omega_{\mathrm{U}}+\omega\end{bmatrix}\mathrm{d}t\\
&\quad+\int_0^T\begin{bmatrix}\varepsilon_x\cos(\omega t)-\varepsilon_y\sin(\omega t)\\ \varepsilon_x\sin(\omega t)+\varepsilon_y\cos(\omega t)\\ \varepsilon_z\end{bmatrix}\mathrm{d}t\end{aligned} \tag{4.230}$$

在一个完整的正转周期内，正余弦函数的积分值均为0，式(4.230)可以简化为

$$\int_0^T\delta\boldsymbol{\omega}_{ib}^{n}\mathrm{d}t=\int_0^T\begin{bmatrix}-\omega_{\mathrm{N}}\eta_{yx}\sin^2(\omega t)+\omega_{\mathrm{N}}S_y\cos^2(\omega t)\\ \omega_{\mathrm{N}}S_x\sin^2(\omega t)+\omega_{\mathrm{N}}S_y\cos^2(\omega t)\\ S_z(\omega_{\mathrm{U}}+\omega)\end{bmatrix}\mathrm{d}t+\begin{bmatrix}0\\ 0\\ \varepsilon_zT\end{bmatrix}$$

$$= \frac{T}{2}\begin{bmatrix} -\omega_N\eta_{yx} + \omega_N S_y \\ \omega_N S_x + \omega_N S_y \\ S_z(\omega_U + \omega) \end{bmatrix} + \begin{bmatrix} 0 \\ 0 \\ \varepsilon_z T \end{bmatrix} \tag{4.231}$$

从式(4.231)中可以看到反向旋转调制的必要性。在方位误差上,含有角速率和标度因数的误差项 $S_z\omega$,如果不采用反向旋转调制与其抵消,方位误差在连续正向旋转调制作用下其航向误差会快速发散。同样,在反转周期内,积分公式如下:

$$\int_T^{2T} \delta\boldsymbol{\omega}_{ib}^n \mathrm{d}t = \frac{T}{2}\begin{bmatrix} -\omega_N\eta_{yx} + \omega_N S_y \\ \omega_N S_x + \omega_N S_y \\ S_z(\omega_U - \omega) \end{bmatrix} + \begin{bmatrix} 0 \\ 0 \\ \varepsilon_z T \end{bmatrix} \tag{4.232}$$

因此,一个完整旋转调制周期内积累的姿态误差为

$$\phi = \int_0^{2T} \delta\boldsymbol{\omega}_{ib}^n \mathrm{d}t = T\begin{bmatrix} -\omega_N\eta_{yx} + \omega_N S_y \\ \omega_N S_x + \omega_N S_y \\ S_z\omega_U \end{bmatrix} + \begin{bmatrix} 0 \\ 0 \\ 2\varepsilon_z T \end{bmatrix} \tag{4.233}$$

从式(4.233)可以看出,采用单轴旋转调制方案后,陀螺误差参数模型的12 个参数中,仍然有 5 个参数的影响无法完全消除,分别是三个陀螺的标度因数误差 S_x,S_y,S_z,方位陀螺的常值零偏 ε_z 以及安装偏角 η_{yx}。

相比于单轴旋转调制系统,双轴以上的旋转调制系统的旋转方式更加灵活多变。为了实现尽可能好的调制效果,针对旋转调制方式提出 8 次序、16 次序、32 次序甚至 64 次序旋转调制算法[14-15]。其中,16 次序是一种比较经典的双轴旋转调制算法,其具体旋转方式如表 4.2 所示。

表 4.2　16 次序旋转调制方案

A	B	C	D
1. 绕天向正转 180°	5. 绕东向反转 180°	9. 绕天向反转 180°	13. 绕东向正转 180°
2. 绕东向正转 180°	6. 绕天向反转 180°	10. 绕东向反转 180°	14. 绕天向正转 180°
3. 绕天向反转 180°	7. 绕东向正转 180°	11. 绕天向正转 180°	15. 绕东向反转 180°
4. 绕东向反转 180°	8. 绕天向正转 180°	12. 绕东向正转 180°	16. 绕天向反转 180°

旋转调制的角速率的定义与单轴一致,按照 16 次序旋转调制共需 8 个完整的旋转周期 T。按照以上顺序,依次计算每次旋转过程中的旋转角速率在导航坐标系的投影积分过程分析如下。

次序一：

$$\int_0^{T/2}\delta\boldsymbol{\omega}_{ib}^n\mathrm{d}t=\int_0^{T/2}\boldsymbol{C}_b^n\delta\boldsymbol{\omega}_{ib}^n\mathrm{d}t$$

$$=\int_0^{T/2}\begin{bmatrix}\cos(\omega t) & -\sin(\omega t) & 0\\ \sin(\omega t) & \cos(\omega t) & 0\\ 0 & 0 & 1\end{bmatrix}\begin{bmatrix}S_x & \eta_{xy} & \eta_{xz}\\ \eta_{yx} & S_y & \eta_{yz}\\ \eta_{zx} & \eta_{zy} & S_z\end{bmatrix}\begin{bmatrix}\omega_{\mathrm{N}}\sin(\omega t)\\ \omega_{\mathrm{N}}\cos(\omega t)\\ \omega_{\mathrm{U}}+\omega\end{bmatrix}\mathrm{d}t$$

$$+\int_0^{T/2}\begin{bmatrix}\varepsilon_x\cos(\omega t)-\varepsilon_y\sin(\omega t)\\ \varepsilon_x\sin(\omega t)+\varepsilon_y\cos(\omega t)\\ \varepsilon_z\end{bmatrix}\mathrm{d}t$$

$$=T\begin{bmatrix}(\eta_{xy}-\eta_{yx})\omega_{\mathrm{N}}/4-\eta_{yz}(\omega_{\mathrm{U}}+\omega)/\pi\\ (S_x+S_y)\omega_{\mathrm{N}}/4+\eta_{xz}(\omega_{\mathrm{U}}+\omega)/\pi\\ \eta_{zx}\omega_{\mathrm{N}}/\pi+S_z(\omega_{\mathrm{U}}+\omega)/2\end{bmatrix}+T\begin{bmatrix}-\varepsilon_y/\pi\\ \varepsilon_x/\pi\\ \varepsilon_z/2\end{bmatrix}\tag{4.234}$$

类似地，可以采用相同的方法计算次序二～十六的地理系误差积分的结果分别如下：

$$\int_{T/2}^{T}\delta\boldsymbol{\omega}_{ib}^n\mathrm{d}t=T\begin{bmatrix}S_x\omega/2+(\eta_{xy}\omega_{\mathrm{U}}+\eta_{xz}\omega_{\mathrm{N}})/\pi\\ (S_y\omega_{\mathrm{N}}-\eta_{yz}\omega_{\mathrm{U}}+\eta_{zy}\omega_{\mathrm{U}}+S_z\omega_{\mathrm{N}})/4+\eta_{zx}\omega/\pi\\ (S_y\omega_{\mathrm{U}}+\eta_{yz}\omega_{\mathrm{N}}-\eta_{zy}\omega_{\mathrm{N}}+S_z\omega_{\mathrm{U}})/4+\eta_{yx}\omega/\pi\end{bmatrix}+T\begin{bmatrix}-\varepsilon_x/2\\ -\varepsilon_z/\pi\\ -\varepsilon_y/\pi\end{bmatrix}\tag{4.235}$$

$$\int_{T}^{3T/2}\delta\boldsymbol{\omega}_{ib}^n\mathrm{d}t=T\begin{bmatrix}(-\eta_{xy}+\eta_{yx})\omega_{\mathrm{N}}/4+\eta_{yz}(\omega-\omega_{\mathrm{U}})/\pi\\ (S_x+S_y)\omega_{\mathrm{N}}/4+\eta_{xz}(\omega-\omega_{\mathrm{U}})/\pi\\ -\eta_{zx}\omega_{\mathrm{N}}/\pi-S_z(\omega-\omega_{\mathrm{U}})/2\end{bmatrix}+T\begin{bmatrix}\varepsilon_y/\pi\\ \varepsilon_x/\pi\\ -\varepsilon_z/2\end{bmatrix}\tag{4.236}$$

$$\int_{3T/2}^{2T}\delta\boldsymbol{\omega}_{ib}^n\mathrm{d}t=T\begin{bmatrix}-S_x\omega/2+(\eta_{xy}\omega_{\mathrm{U}}-\eta_{xz}\omega_{\mathrm{N}})/\pi\\ (S_y\omega_{\mathrm{N}}+\eta_{yz}\omega_{\mathrm{U}}-\eta_{zy}\omega_{\mathrm{U}}+S_z\omega_{\mathrm{N}})/4+\eta_{zx}\omega/\pi\\ (S_y\omega_{\mathrm{U}}-\eta_{yz}\omega_{\mathrm{N}}+\eta_{zy}\omega_{\mathrm{N}}+S_z\omega_{\mathrm{U}})/4-\eta_{yx}\omega/\pi\end{bmatrix}+T\begin{bmatrix}\varepsilon_x/2\\ -\varepsilon_z/\pi\\ \varepsilon_y/\pi\end{bmatrix}\tag{4.237}$$

$$\int_{2T}^{5T/2}\delta\boldsymbol{\omega}_{ib}^n\mathrm{d}t=T\begin{bmatrix}-S_x\omega/2+(-\eta_{xy}\omega_{\mathrm{U}}+\eta_{xz}\omega_{\mathrm{N}})/\pi\\ (S_y\omega_{\mathrm{N}}+\eta_{yz}\omega_{\mathrm{U}}-\eta_{zy}\omega_{\mathrm{U}}+S_z\omega_{\mathrm{N}})/4-\eta_{zx}\omega/\pi\\ (S_y\omega_{\mathrm{U}}-\eta_{yz}\omega_{\mathrm{N}}+\eta_{zy}\omega_{\mathrm{N}}+S_z\omega_{\mathrm{U}})/4+\eta_{yx}\omega/\pi\end{bmatrix}+T\begin{bmatrix}\varepsilon_x/2\\ \varepsilon_z/\pi\\ -\varepsilon_y/\pi\end{bmatrix}\tag{4.238}$$

$$\int_{5T/2}^{3T} \delta\boldsymbol{\omega}_{ib}^{n} \mathrm{d}t = T\begin{bmatrix} (-\eta_{xy}+\eta_{yx})\omega_{\mathrm{N}}/4-\eta_{yz}(\omega-\omega_{\mathrm{U}})/\pi \\ (S_x+S_y)\omega_{\mathrm{N}}/4-\eta_{xz}(\omega-\omega_{\mathrm{U}})/\pi \\ \eta_{zx}\omega_{\mathrm{N}}/\pi-S_z(\omega-\omega_{\mathrm{U}})/2 \end{bmatrix}+T\begin{bmatrix} -\varepsilon_y/\pi \\ -\varepsilon_x/\pi \\ -\varepsilon_z/2 \end{bmatrix} \tag{4.239}$$

$$\int_{3T}^{7T/2} \delta\boldsymbol{\omega}_{ib}^{n} \mathrm{d}t = T\begin{bmatrix} S_x\omega/2-(\eta_{xy}\omega_{\mathrm{U}}+\eta_{xz}\omega_{\mathrm{N}})/\pi \\ (S_y\omega_{\mathrm{N}}-\eta_{yz}\omega_{\mathrm{U}}+\eta_{zy}\omega_{\mathrm{U}}+S_z\omega_{\mathrm{N}})/4-\eta_{zx}\omega/\pi \\ (S_y\omega_{\mathrm{U}}+\eta_{yz}\omega_{\mathrm{N}}-\eta_{zy}\omega_{\mathrm{N}}+S_z\omega_{\mathrm{U}})/4-\eta_{yx}\omega/\pi \end{bmatrix}+T\begin{bmatrix} -\varepsilon_x/2 \\ \varepsilon_z/\pi \\ \varepsilon_y/\pi \end{bmatrix} \tag{4.240}$$

$$\int_{7T/2}^{4T} \delta\boldsymbol{\omega}_{ib}^{n} \mathrm{d}t = T\begin{bmatrix} (\eta_{xy}-\eta_{yx})\omega_{\mathrm{N}}/4+\eta_{yz}(\omega+\omega_{\mathrm{U}})/\pi \\ (S_x+S_y)\omega_{\mathrm{N}}/4-\eta_{xz}(\omega+\omega_{\mathrm{U}})/\pi \\ -\eta_{zx}\omega_{\mathrm{N}}/\pi+S_z(\omega+\omega_{\mathrm{U}})/2 \end{bmatrix}+T\begin{bmatrix} \varepsilon_y/\pi \\ -\varepsilon_x/\pi \\ \varepsilon_z/2 \end{bmatrix} \tag{4.241}$$

$$\int_{4T}^{9T/2} \delta\boldsymbol{\omega}_{ib}^{n} \mathrm{d}t = T\begin{bmatrix} (\eta_{xy}-\eta_{yx})\omega_{\mathrm{N}}/4+\eta_{yz}(\omega_{\mathrm{U}}-\omega)/\pi \\ (S_x+S_y)\omega_{\mathrm{N}}/4-\eta_{xz}(\omega_{\mathrm{U}}-\omega)/\pi \\ -\eta_{zx}\omega_{\mathrm{N}}/\pi+S_z(\omega_{\mathrm{U}}-\omega)/2 \end{bmatrix}+T\begin{bmatrix} \varepsilon_y/\pi \\ -\varepsilon_x/\pi \\ \varepsilon_z/2 \end{bmatrix} \tag{4.242}$$

$$\int_{9T/2}^{5T} \delta\boldsymbol{\omega}_{ib}^{n} \mathrm{d}t = T\begin{bmatrix} -S_x\omega/2-(\eta_{xy}\omega_{\mathrm{U}}+\eta_{xz}\omega_{\mathrm{N}})/\pi \\ (S_y\omega_{\mathrm{N}}-\eta_{yz}\omega_{\mathrm{U}}+\eta_{zy}\omega_{\mathrm{U}}+S_z\omega_{\mathrm{N}})/4+\eta_{zx}\omega/\pi \\ (S_y\omega_{\mathrm{U}}+\eta_{yz}\omega_{\mathrm{N}}-\eta_{zy}\omega_{\mathrm{N}}+S_z\omega_{\mathrm{U}})/4+\eta_{yx}\omega/\pi \end{bmatrix}+T\begin{bmatrix} -\varepsilon_x/2 \\ \varepsilon_z/\pi \\ \varepsilon_y/\pi \end{bmatrix} \tag{4.243}$$

$$\int_{5T}^{11T/2} \delta\boldsymbol{\omega}_{ib}^{n} \mathrm{d}t = T\begin{bmatrix} (-\eta_{xy}+\eta_{yx})\omega_{\mathrm{N}}/4+\eta_{yz}(\omega+\omega_{\mathrm{U}})/\pi \\ (S_x+S_y)\omega_{\mathrm{N}}/4+\eta_{xz}(\omega+\omega_{\mathrm{U}})/\pi \\ \eta_{zx}\omega_{\mathrm{N}}/\pi+S_z(\omega+\omega_{\mathrm{U}})/2 \end{bmatrix}+T\begin{bmatrix} -\varepsilon_y/\pi \\ -\varepsilon_x/\pi \\ -\varepsilon_z/2 \end{bmatrix} \tag{4.244}$$

$$\int_{11T/2}^{6T} \delta\boldsymbol{\omega}_{ib}^{n} \mathrm{d}t = T\begin{bmatrix} S_x\omega/2+(-\eta_{xy}\omega_{\mathrm{U}}+\eta_{xz}\omega_{\mathrm{N}})/\pi \\ (S_y\omega_{\mathrm{N}}+\eta_{yz}\omega_{\mathrm{U}}-\eta_{zy}\omega_{\mathrm{U}}+S_z\omega_{\mathrm{N}})/4+\eta_{zx}\omega/\pi \\ (S_y\omega_{\mathrm{U}}-\eta_{yz}\omega_{\mathrm{N}}+\eta_{zy}\omega_{\mathrm{N}}+S_z\omega_{\mathrm{U}})/4-\eta_{yx}\omega/\pi \end{bmatrix}+T\begin{bmatrix} \varepsilon_x/2 \\ \varepsilon_z/\pi \\ -\varepsilon_y/\pi \end{bmatrix} \tag{4.245}$$

$$\int_{6T}^{13T/2} \delta\boldsymbol{\omega}_{ib}^{n} \mathrm{d}t = T\begin{bmatrix} S_x\omega/2+(\eta_{xy}\omega_{\mathrm{U}}-\eta_{xz}\omega_{\mathrm{N}})/\pi \\ (S_y\omega_{\mathrm{N}}+\eta_{yz}\omega_{\mathrm{U}}-\eta_{zy}\omega_{\mathrm{U}}+S_z\omega_{\mathrm{N}})/4-\eta_{zx}\omega/\pi \\ (S_y\omega_{\mathrm{U}}-\eta_{yz}\omega_{\mathrm{N}}+\eta_{zy}\omega_{\mathrm{N}}+S_z\omega_{\mathrm{U}})/4+\eta_{yx}\omega/\pi \end{bmatrix}+T\begin{bmatrix} \varepsilon_x/2 \\ -\varepsilon_z/\pi \\ \varepsilon_y/\pi \end{bmatrix} \tag{4.246}$$

$$\int_{13T/2}^{7T} \delta\boldsymbol{\omega}_{ib}^{n} \mathrm{d}t = T\begin{bmatrix} (-\eta_{xy}+\eta_{yx})\omega_{\mathrm{N}}/4-\eta_{yz}(\omega+\omega_{\mathrm{U}})/\pi \\ (S_x+S_y)\omega_{\mathrm{N}}/4-\eta_{xz}(\omega+\omega_{\mathrm{U}})/\pi \\ -\eta_{zx}\omega_{\mathrm{N}}/\pi+S_z(\omega+\omega_{\mathrm{U}})/2 \end{bmatrix}+T\begin{bmatrix} \varepsilon_y/\pi \\ \varepsilon_x/\pi \\ -\varepsilon_z/2 \end{bmatrix} \tag{4.247}$$

$$\int_{7T}^{15T/2}\delta\boldsymbol{\omega}_{ib}^{n}\mathrm{d}t = T\begin{bmatrix} -S_x\omega/2 + (\eta_{xy}\omega_{\mathrm{U}} + \eta_{xz}\omega_{\mathrm{N}})/\pi \\ (S_y\omega_{\mathrm{N}} - \eta_{yz}\omega_{\mathrm{U}} + \eta_{zy}\omega_{\mathrm{U}} + S_z\omega_{\mathrm{N}})/4 - \eta_{zx}\omega/\pi \\ (S_y\omega_{\mathrm{U}} + \eta_{yz}\omega_{\mathrm{N}} - \eta_{zy}\omega_{\mathrm{N}} + S_z\omega_{\mathrm{U}})/4 - \eta_{yx}\omega/\pi \end{bmatrix} + T\begin{bmatrix} -\varepsilon_x/2 \\ -\varepsilon_z/\pi \\ -\varepsilon_y/\pi \end{bmatrix} \tag{4.248}$$

$$\int_{15T/2}^{8T}\delta\boldsymbol{\omega}_{ib}^{n}\mathrm{d}t = T\begin{bmatrix} (\eta_{xy} - \eta_{yx})\omega_{\mathrm{N}}/4 + \eta_{yz}(\omega - \omega_{\mathrm{U}})/\pi \\ (S_x + S_y)\omega_{\mathrm{N}}/4 - \eta_{xz}(\omega - \omega_{\mathrm{U}})/\pi \\ \eta_{zx}\omega_{\mathrm{N}}/\pi - S_z(\omega - \omega_{\mathrm{U}})/2 \end{bmatrix} + T\begin{bmatrix} -\varepsilon_y/\pi \\ \varepsilon_x/\pi \\ \varepsilon_z/2 \end{bmatrix} \tag{4.249}$$

对 A 组 4 个转序进行积分得到经过 A 组 4 次旋转的积累的姿态误差为

$$\int_{0}^{2T}\delta\boldsymbol{\omega}_{ib}^{n}\mathrm{d}t = T\begin{bmatrix} -2(\eta_{yz}\omega_{\mathrm{U}} - \eta_{xy}\omega_{\mathrm{U}})/\pi \\ (S_x + 2S_y + S_z)\omega_{\mathrm{N}}/2 + 2\omega(\eta_{xz} + \eta_{zx})/\pi \\ (S_y + S_z)\omega_{\mathrm{U}}/2 + S_z\omega_{\mathrm{U}} \end{bmatrix} + T\begin{bmatrix} 0 \\ 2(\varepsilon_x - \varepsilon_z)/\pi \\ 0 \end{bmatrix} \tag{4.250}$$

对 B 组 4 个转序进行积分得到经过 B 组 4 次旋转的积累的姿态误差为

$$\int_{2T}^{4T}\delta\boldsymbol{\omega}_{ib}^{n}\mathrm{d}t = T\begin{bmatrix} 2(\eta_{yz}\omega_{\mathrm{U}} - \eta_{xy}\omega_{\mathrm{U}})/\pi \\ (S_x + 2S_y + S_z)\omega_{\mathrm{N}}/2 - 2\omega(\eta_{xz} + \eta_{zx})/\pi \\ (S_y + S_z)\omega_{\mathrm{U}}/2 + S_z\omega_{\mathrm{U}} \end{bmatrix} + T\begin{bmatrix} 0 \\ 2(\varepsilon_z - \varepsilon_x)/\pi \\ 0 \end{bmatrix} \tag{4.251}$$

对 C 组 4 个转序进行积分得到经过 C 组 4 次旋转的积累的姿态误差为

$$\int_{4T}^{6T}\delta\boldsymbol{\omega}_{ib}^{n}\mathrm{d}t = T\begin{bmatrix} 2(\eta_{yz}\omega_{\mathrm{U}} - \eta_{xy}\omega_{\mathrm{U}})/\pi \\ (S_x + 2S_y + S_z)\omega_{\mathrm{N}}/2 + 2\omega(\eta_{xz} + \eta_{zx})/\pi \\ (S_y + S_z)\omega_{\mathrm{U}}/2 + S_z\omega_{\mathrm{U}} \end{bmatrix} + T\begin{bmatrix} 0 \\ 2(\varepsilon_z - \varepsilon_x)/\pi \\ 0 \end{bmatrix} \tag{4.252}$$

对 D 组 4 个转序进行积分得到经过 D 组 4 次旋转的积累的姿态误差为

$$\int_{6T}^{8T}\delta\boldsymbol{\omega}_{ib}^{n}\mathrm{d}t = T\begin{bmatrix} -2(\eta_{yz}\omega_{\mathrm{U}} - \eta_{xy}\omega_{\mathrm{U}})/\pi \\ (S_x + 2S_y + S_z)\omega_{\mathrm{N}}/2 - 2\omega(\eta_{xz} + \eta_{zx})/\pi \\ (S_y + S_z)\omega_{\mathrm{U}}/2 + S_z\omega_{\mathrm{U}} \end{bmatrix} + T\begin{bmatrix} 0 \\ 2(\varepsilon_x - \varepsilon_z)/\pi \\ 0 \end{bmatrix} \tag{4.253}$$

经过一次完整的旋转调制周期,积累的姿态误差为

$$\boldsymbol{\phi} = \int_0^{8T} \delta\boldsymbol{\omega}_{ib}^n \mathrm{d}t = T\begin{bmatrix} 0 \\ 2(S_x + 2S_y + S_z)\omega_{\mathrm{N}} \\ 2S_y\omega_{\mathrm{U}} + 6S_z\omega_{\mathrm{U}} \end{bmatrix} \tag{4.254}$$

从以上的结果来看,采用双轴旋转调制方案后,所有的安装偏角和陀螺常值零偏都被有效地调制,但是仍然有关于标度因数误差和地球自转角速率的耦合误差无法被完全调制,按照一般高精度系统的标度因数在 10^{-6} 量级变化,与地球自转角速率耦合以后,其对应的调制等效零偏误差在 10^{-5}°/h 精度水平,可以满足高精度系统的应用场合。

4.6.3 系统旋转调制误差特性

旋转调制式惯性导航通过将惯性测量单元在空间中旋转调制的方法极大地抑制了其误差随时间积累的特性,这是其最大的优点。同时,也需要注意到,在一个旋转调制周期内,误差的积累并不是时刻保持为零,只是在一个完整的旋转调制周期后,将尽量多的误差参数的影响控制到最小。以单轴旋转调制系统为例,在旋转调制的过程中,会伴随着周期性的姿态误差,由姿态误差与重力加速度交叉耦合,会引起速度误差的周期性变化。

系统旋转调制的角速率为 ω,在系统正向旋转过程中的姿态误差为

$$\boldsymbol{\phi}(t) = \int_0^t \delta\boldsymbol{\omega}_{ib}^n \mathrm{d}\tau = \int_0^t \begin{bmatrix} \cos(\omega\tau) & -\sin(\omega\tau) & 0 \\ \sin(\omega\tau) & \cos(\omega\tau) & 0 \\ 0 & 0 & 1 \end{bmatrix}\begin{bmatrix} S_x & \eta_{xy} & \eta_{xz} \\ \eta_{yx} & S_y & \eta_{yz} \\ \eta_{zx} & \eta_{zy} & S_z \end{bmatrix}\begin{bmatrix} \omega_{\mathrm{N}}\sin(\omega\tau) \\ \omega_{\mathrm{N}}\cos(\omega\tau) \\ \omega_{\mathrm{U}} + \omega \end{bmatrix}\mathrm{d}\tau$$
$$+ \int_0^t \begin{bmatrix} \varepsilon_x\cos(\omega\tau) - \varepsilon_y\sin(\omega\tau) \\ \varepsilon_x\sin(\omega\tau) + \varepsilon_y\cos(\omega\tau) \\ \varepsilon_z \end{bmatrix}\mathrm{d}\tau \tag{4.255}$$

相比于调制角速率,地球自转角速率为小量,其通过标度因数和安装偏角作用后为小量,而与地球自转角速率相比,陀螺零偏也可以视为小量。当研究短期的误差相对变化,忽略二阶小量,式(4.255)可以简化为

$$\boldsymbol{\phi}(t) = \int_0^t \begin{bmatrix} \cos(\omega\tau) & -\sin(\omega\tau) & 0 \\ \sin(\omega\tau) & \cos(\omega\tau) & 0 \\ 0 & 0 & 1 \end{bmatrix}\begin{bmatrix} S_x & \eta_{xy} & \eta_{xz} \\ \eta_{yx} & S_y & \eta_{yz} \\ \eta_{zx} & \eta_{zy} & S_z \end{bmatrix}\begin{bmatrix} 0 \\ 0 \\ \omega \end{bmatrix}\mathrm{d}\tau$$
$$= \begin{bmatrix} \eta_{xz}\sin(\omega t) + \eta_{yz}(\cos(\omega t) - 1) \\ \eta_{xz}(1 - \cos(\omega t)) + \eta_{yz}\sin(\omega t) \\ \omega t S_z \end{bmatrix} \tag{4.256}$$

与天向重力加速度交叉耦合后，对应的速度误差为

$$\delta v_{\mathrm{E}}(t) = -g\int_0^t \phi_{\mathrm{N}}(\tau)\mathrm{d}\tau = -g\left[\left(\eta_{xz}\left(t-\frac{\sin(\omega t)}{\omega}\right)+\eta_{yz}\left(\frac{1-\cos(\omega t)}{\omega}\right)\right)\right] \tag{4.257}$$

$$\delta v_{\mathrm{N}}(t) = g\int_0^t \phi_{\mathrm{E}}(\tau)\mathrm{d}\tau = g\left[\eta_{xz}\left(\frac{1-\cos(\omega t)}{\omega}\right)+\eta_{yz}\left(\frac{\sin(\omega t)}{\omega}-t\right)\right] \tag{4.258}$$

从式(4.258)中可以看到，在一次正向旋转调制过程中，速度误差上存在周期性的误差以及随时间线性积累的误差。在正向旋转调制后，继续进行一次反向旋转调制，对应积累的速度误差为

$$\delta v_{\mathrm{E}}(t) = -g\int_T^t \phi_{\mathrm{N}}(\tau)\mathrm{d}\tau = g\left[\left(\eta_{xz}\left(t-\frac{\sin(\omega t)}{\omega}\right)+\eta_{yz}\left(\frac{1-\cos(\omega t)}{\omega}\right)\right)\right] \tag{4.259}$$

$$\delta v_{\mathrm{N}}(t) = g\int_T^t \phi_{\mathrm{E}}(\tau)\mathrm{d}\tau = -g\left[\eta_{xz}\left(\frac{1-\cos(\omega t)}{\omega}\right)+\eta_{yz}\left(\frac{\sin(\omega t)}{\omega}-t\right)\right] \tag{4.260}$$

反向旋转调制过程中积累的速度误差与正向旋转调制过程中的完全相反，经过一个完整的旋转调制周期后，速度误差的最终积分结果为零，但是旋转调制过程中会产生明显变化的周期的速度锯齿误差。

为了让读者对旋转调制效果有一个更直接的认识，按照表4.3设置参数，对纯捷联设备、单轴旋转调制和双轴旋转调制方案进行了仿真，给出了其对应的姿态、速度和位置误差曲线，如图4.6所示。从仿真结果看，采用单轴和双轴旋转调制以后，定位精度相比于纯捷联设备都有明显提升，双轴系统长期精度又优于单轴系统。同时看到，采用旋转调制方案以后，导航参数的短时稳定性会有所降低。

表4.3　系统误差参数设定

误差参数	陀螺误差	加速度计误差
标度因数	5×10^{-6}	20×10^{-6}
安装偏角	3″	3″
零偏	0.003°/h	30μg

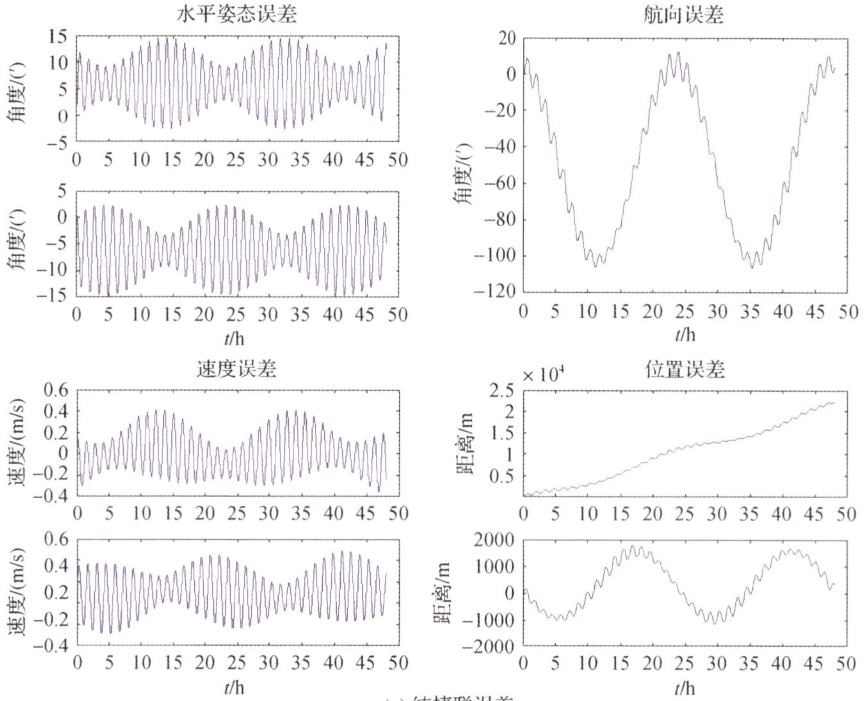

(a) 纯捷联误差

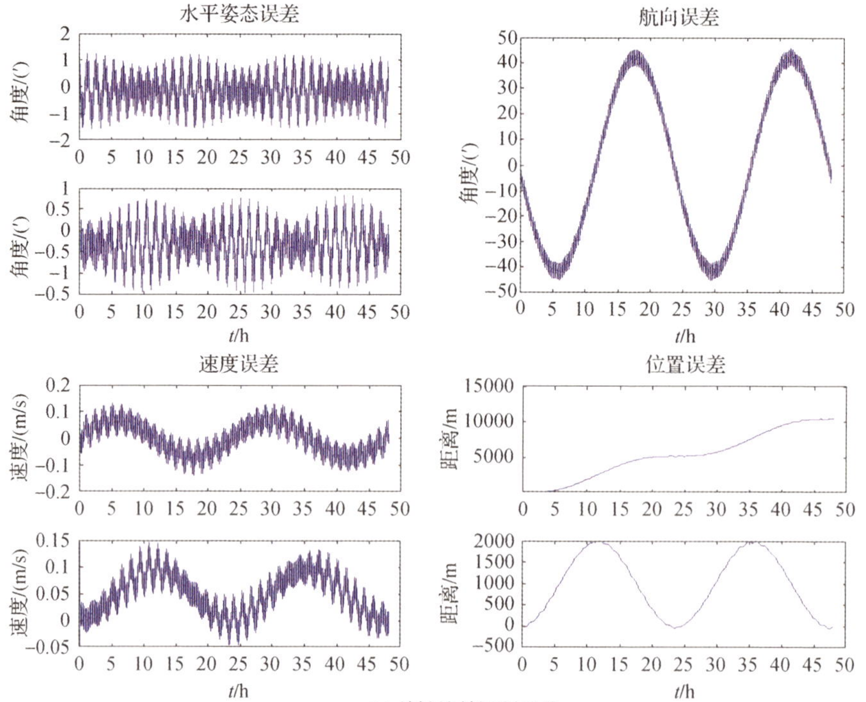

(b) 单轴旋转调制误差

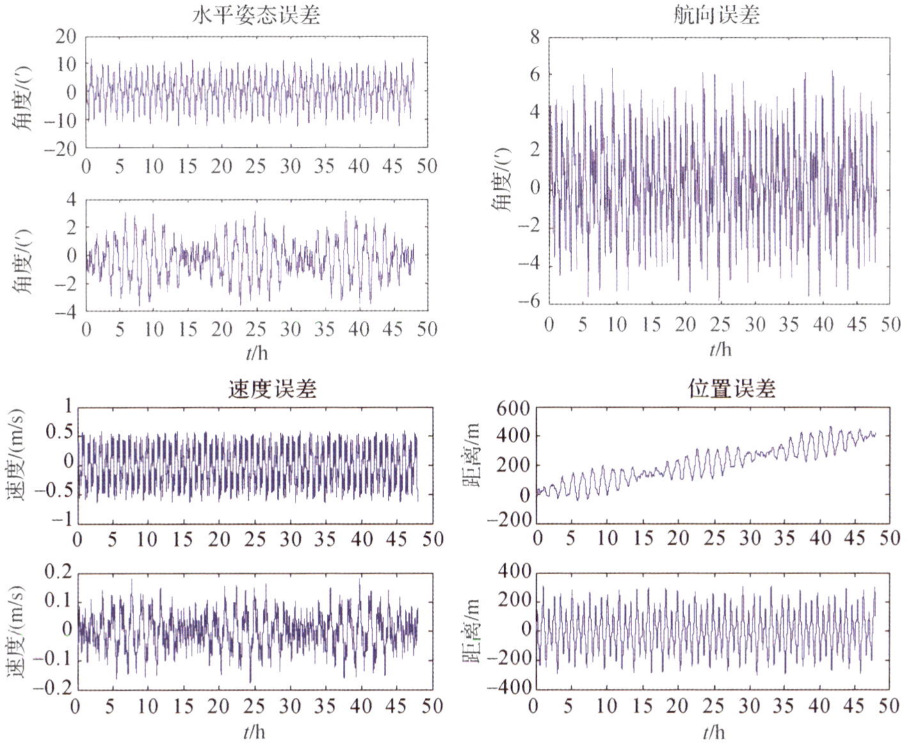

(c) 双轴旋转调制误差

图4.6　不同调制方案误差对比

参考文献

[1]袁信,郑谔.捷联式惯性导航原理[M].北京:航空专业教材编审组,1985.

[2]张树侠,孙静.捷联式惯性导航系统[M].北京:国防工业出版社,1992.

[3]以光衢.惯性导航原理[M].北京:航空工业出版社,1987.

[4]严恭敏,翁浚.捷联惯导算法与组合导航原理[M].西安:西北工业大学出版社,2019.

[5]BORTZ J E. A New Mathematical Formulation for Strapdown Inertial Navigation [J]. IEEE Transactions on Aerospace and Electronic Systems, 1971, AES-7 (1):61-66.

[6]严恭敏,严卫生,徐德民.经典圆锥误差补偿算法中剩余误差估计的局限性研究[J].中国惯性技术学报,2008,16(4):379-385.

[7]严恭敏,翁浚,杨小康,等.基于毕卡迭代的捷联姿态更新精确数值解法[J].

宇航学报,2017,38(12):1307 - 1313.

[8]严恭敏,杨小康,翁浚,等. 一种求解姿态不可交换误差补偿系数的通用方法[J]. 宇航学报,2017,38(7):723 - 727.

[9]舒东亮,秦永元,孙丽. 捷联惯导系统划桨效应补偿算法研究 [J]. 弹箭与制导学报,2006(S8):727 - 730.

[10]PARK C G,KIM K J,LEE J G,et al. Formalized Approach to Obtaining Optimal Coefficients for Coning Algorithms[J]. Journal of Guidance,Control,and Dynamics,1999,22(1):165 - 168.

[11]SAVAGE P G. Strapdown Inertial Navigation Integration Algorithm Design Part 1:Attitude Algorithms[J]. Journal of Guidance,Control,and Dynamics,1998,21(1):19 - 28.

[12]秦永元. 惯性导航[M]. 2 版. 北京:科学出版社,2014.

[13]龙兴武,于旭东,张鹏飞,等. 激光陀螺单轴旋转惯性导航系统[J]. 中国惯性技术学报,2010,18(2):149 - 153.

[14]王子磊,尹洪亮,王丹. 激光陀螺双轴旋转惯导系统转位方案设计[J]. 舰船科学技术,2013,36(12):114 - 120.

[15]于旭东. 二频机抖激光陀螺单轴旋转旋转惯性导航系统若干关键技术研究[D]. 长沙:国防科技大学,2011.

第 5 章　卡尔曼滤波与组合导航技术

5.1　概　　述

惯性导航从本质上而言是一种递推式的导航算法,其精度水平依赖于惯性传感器对角速度和加速度的测量能力。不论如何提升惯性传感器的性能,受测量噪声和漂移等因素的影响,在时间积分的作用下,必然导致导航误差,区别在于其误差发散的速率以分钟、小时、天还是周为单位。为了解决惯性导航系统误差随时间发散的固有问题,通常使用其他导航设备(如卫星导航系统)来提供更加准确的参考信息,然后利用滤波算法将惯性导航系统的数据与其他导航设备的数据进行组合,用于估计和校正惯性导航系统的误差,从而提高惯性导航系统的长期精度和可靠性[1]。

卡尔曼滤波方法作为一种最优的状态滤波方法,可以用于解决受随机干扰的动态系统状态估计问题。随着惯性导航技术的发展,卡尔曼滤波算法已经是一种适用于融合惯性导航系统和其他辅助导航设备数据的方法。本章给出了卡尔曼滤波器的基本原理和设计方法[2]。

5.2　卡尔曼滤波方程

5.2.1　最小二乘估计

最小二乘估计由高斯在 1795 年提出,最初是作为测定行星轨道参数的一种估计算法。这种算法简单实用,通过测量量与被估计量之间的线性关系,即可实现对相关参数的估计。

设 $\boldsymbol{X}$ 为某一维数为 n 的确定性矢量，一般情况下不能直接对 $\boldsymbol{X}$ 进行直接测量，通常可以实现对 $\boldsymbol{X}$ 各分量的线性组合结果的测量，当然在可以直接测量时，对应的量测矩阵中对应参数为 1。

记其中第 i 次的量测为 $\boldsymbol{Z}_i$，量测与矢量 $\boldsymbol{X}_i$ 之间的关系可以表示为

$$\boldsymbol{Z}_i=\boldsymbol{H}_i\boldsymbol{X}_i+\boldsymbol{V}_i \tag{5.1}$$

式中：$\boldsymbol{Z}_i$ 为 m_i 维矢量；$\boldsymbol{H}_i$ 和 $\boldsymbol{V}_i$ 分别为第 i 次测量的量测矩阵和随机量测噪声。假设测量共进行了 r 组，则可以表示为

$$\begin{cases}\boldsymbol{Z}_1=\boldsymbol{H}_1\boldsymbol{X}+\boldsymbol{V}_1\\ \boldsymbol{Z}_2=\boldsymbol{H}_2\boldsymbol{X}+\boldsymbol{V}_2\\ \qquad\vdots\\ \boldsymbol{Z}_r=\boldsymbol{H}_r\boldsymbol{X}+\boldsymbol{V}_r\end{cases} \tag{5.2}$$

简化式(5.2)可以表示为

$$\boldsymbol{Z}=\boldsymbol{H}\boldsymbol{X}+\boldsymbol{V} \tag{5.3}$$

式中：$\boldsymbol{Z}=[\boldsymbol{Z}_1^{\mathrm{T}}\boldsymbol{Z}_2^{\mathrm{T}}\cdots\boldsymbol{Z}_r^{\mathrm{T}}]^{\mathrm{T}}$；$\boldsymbol{V}=[\boldsymbol{V}_1^{\mathrm{T}}\boldsymbol{V}_2^{\mathrm{T}}\cdots\boldsymbol{V}_r^{\mathrm{T}}]^{\mathrm{T}}$；$\boldsymbol{H}=[\boldsymbol{H}_1^{\mathrm{T}}\boldsymbol{H}_2^{\mathrm{T}}\cdots\boldsymbol{H}_r^{\mathrm{T}}]^{\mathrm{T}}$。

最小二乘的定义是指各次测量值与估计值 $\hat{\boldsymbol{X}}$ 由线性组合关系确定的量测值偏差的平方和最小，即

$$\boldsymbol{J}(\hat{\boldsymbol{X}})=(\boldsymbol{Z}-\boldsymbol{H}\hat{\boldsymbol{X}})^{\mathrm{T}}(\boldsymbol{Z}-\boldsymbol{H}\hat{\boldsymbol{X}})=\min \tag{5.4}$$

若需满足以上要求，则有

$$\left.\frac{\partial \boldsymbol{J}}{\partial \boldsymbol{X}}\right|_{X=\hat{X}}=-2\boldsymbol{H}^{\mathrm{T}}(\boldsymbol{Z}-\boldsymbol{H}\hat{\boldsymbol{X}})=0 \tag{5.5}$$

当 $\boldsymbol{H}$ 具有最大的秩 n，即 $\boldsymbol{H}^{\mathrm{T}}\boldsymbol{H}$ 正定，且 $m=\sum m_i>n$，则 $\boldsymbol{X}$ 的最小二乘估计为

$$\hat{\boldsymbol{X}}=(\boldsymbol{H}^{\mathrm{T}}\boldsymbol{H})^{-1}\boldsymbol{H}^{\mathrm{T}}\boldsymbol{Z} \tag{5.6}$$

当系统状态 $\boldsymbol{X}$ 的估计从确定性矢量扩展到状态空间，已知在状态空间对线性系统进行描述。

$$\begin{cases}\boldsymbol{X}_k=\boldsymbol{\Phi}_{k/k-1}\boldsymbol{X}_{k-1}+\boldsymbol{\Gamma}_{k-1}\boldsymbol{W}_{k-1}\\ \boldsymbol{Z}_k=\boldsymbol{H}_k\boldsymbol{X}_k+\boldsymbol{V}_k\end{cases} \tag{5.7}$$

式中：$\boldsymbol{X}_k$ 为 $n\times1$ 维状态矢量；$\boldsymbol{Z}_k$ 为 $m\times1$ 量测矢量；$\boldsymbol{\Phi}_{k/k-1}$ 为已知的系统状态转移矩阵；$\boldsymbol{\Gamma}_{k-1}$ 为 $n\times l$ 维系统噪声驱动矩阵；$\boldsymbol{H}_k$ 为 $m\times n$ 维量测矩阵；$\boldsymbol{W}_{k-1}$ 为 $l\times1$ 维系统激励噪声序列；$\boldsymbol{V}_k$ 为 $m\times1$ 维量测噪声序列。

假定 $\boldsymbol{W}_k$ 和 $\boldsymbol{V}_k$ 是满足零均值的高斯白噪声序列，那么对于任意的 k 和 j 满足

$$\begin{cases} E[\boldsymbol{W}_k]=\boldsymbol{0}, \quad E[\boldsymbol{W}_k\boldsymbol{W}_j^{\mathrm{T}}]=\boldsymbol{Q}_k\delta_{kj} \\ E[\boldsymbol{V}_k]=\boldsymbol{0}, \quad E[\boldsymbol{V}_k\boldsymbol{V}_j^{\mathrm{T}}]=\boldsymbol{R}_k\delta_{kj} \\ E[\boldsymbol{W}_k\boldsymbol{V}_j^{\mathrm{T}}]=\boldsymbol{0} \end{cases} \tag{5.8}$$

式中:$\boldsymbol{Q}_k$ 为系统激励噪声序列的方差阵,为非负定阵;$\boldsymbol{R}_k$ 为量测噪声序列的方差阵,为正定阵。

在确定被估计状态 $\boldsymbol{X}_k$ 的最优估计 $\hat{\boldsymbol{X}}_k$ 时,最优性是通过选择最优的权值矩阵,使最小二乘意义下的方差估计最小给出的。但是,需要联合所有的量测数据 $\boldsymbol{Z}_k$ 的信息来确定 $\boldsymbol{X}_k$ 的最优估计 $\hat{\boldsymbol{X}}_k$。为了实现该过程,类似最小二乘的过程,引入矢量 $\bar{z}_j$,其中包含了所有的量测信息,并利用数据矢量 $\bar{z}_j$估计得到状态矢量的最优估计 $\hat{\boldsymbol{X}}_k$,其中 $\bar{z}_j$为

$$\bar{z}_j=\begin{bmatrix} Z_0 \\ \vdots \\ Z_j \end{bmatrix}, j=0,1,\cdots \tag{5.9}$$

为了实现该过程,假设从起始时刻到当前时刻的所有系统转移矩阵 $\boldsymbol{\Phi}_{k/k-1}$ 全部非奇异。那么状态空间描述的线性系统可以写为

$$\bar{z}_j=\bar{\boldsymbol{h}}_{j,k}x_k+\bar{\boldsymbol{\varepsilon}}_{j,k} \tag{5.10}$$

式中:$\bar{\boldsymbol{h}}_{j,k}=\begin{bmatrix} H_0\boldsymbol{\Phi}_{0,k} \\ \vdots \\ H_j\boldsymbol{\Phi}_{j,k} \end{bmatrix}$;$\bar{\boldsymbol{\varepsilon}}_{j,k}=\begin{bmatrix} \varepsilon_{0,k} \\ \vdots \\ \varepsilon_{j,k} \end{bmatrix}$。

其中,转移矩阵的定义为

$$\boldsymbol{\Phi}_{j,k}=\begin{cases} \boldsymbol{\Phi}_{j/j-1}\cdots\boldsymbol{\Phi}_{k+1k}, & j>k \\ I, & j=k \end{cases} \tag{5.11}$$

当 $j<k$ 时,$\boldsymbol{\Phi}_{j,k}=\boldsymbol{\Phi}_{k,j}^{-1}$,且

$$\boldsymbol{\varepsilon}_{j,k}=\boldsymbol{V}_j-\boldsymbol{H}_j\sum_{i=j+1}^{k}\boldsymbol{\Phi}_{j,i}\boldsymbol{\Gamma}_{i-1}\boldsymbol{V}_{i-1} \tag{5.12}$$

状态矢量的转移方程为

$$\boldsymbol{X}_k=\boldsymbol{\Phi}_{k,j}\boldsymbol{X}_j+\sum_{i=j+1}^{k}\boldsymbol{\Phi}_{k,i}\boldsymbol{\Gamma}_{i-1}\boldsymbol{\varepsilon}_{i-1} \tag{5.13}$$

对式(5.13)通过简单变换得

$$\boldsymbol{X}_j=\boldsymbol{\Phi}_{j,k}\boldsymbol{X}_k-\sum_{i=j+1}^{k}\boldsymbol{\Phi}_{j,i}\boldsymbol{\Gamma}_{i-1}\boldsymbol{\varepsilon}_{i-1} \tag{5.14}$$

通过以上的转化过程,就可以将状态空间的线性系统的状态估计问题转变为最小二乘的估计问题:

$$\bar{z}_j = \bar{\boldsymbol{h}}_{j,k}\boldsymbol{X}_k + \bar{\boldsymbol{\varepsilon}}_{j,k} = \begin{bmatrix} \boldsymbol{H}_0\boldsymbol{\Phi}_{0,k} \\ \vdots \\ \boldsymbol{H}_j\boldsymbol{\Phi}_{j,k} \end{bmatrix}\boldsymbol{X}_k + \begin{bmatrix} \boldsymbol{V}_0 - \boldsymbol{H}_0\sum\limits_{i=1}^{k}\boldsymbol{\Phi}_{0,i}\boldsymbol{\Gamma}_{i-1}\boldsymbol{V}_{i-1} \\ \vdots \\ \boldsymbol{V}_j - \boldsymbol{H}_j\sum\limits_{i=j+1}^{k}\boldsymbol{\Phi}_{j,i}\boldsymbol{\Gamma}_{i-1}\boldsymbol{V}_{i-1} \end{bmatrix} \tag{5.15}$$

按照最小二乘理论,该系统状态估计的权值为 $\boldsymbol{W}_{j,k} = (\mathrm{Var}(\boldsymbol{\varepsilon}_{j,k}))^{-1}$,这样通过量测数据 $\bar{z}_j$就可以实现系统状态 $\boldsymbol{X}_k$ 的线性、无偏和最小方差的最优估计 $\hat{\boldsymbol{X}}_{k|j}$。当 $j>k$ 时,该估计 $\hat{\boldsymbol{X}}_{k|j}$为 $\boldsymbol{X}_k$ 的平滑估计;当 $j=k$ 时,该估计 $\hat{\boldsymbol{X}}_{k|j}$为 $\boldsymbol{X}_k$ 的最优估计 $\hat{\boldsymbol{X}}_k$;当 $j<k$ 时,该估计 $\hat{\boldsymbol{X}}_{k|j}$为 $\boldsymbol{X}_k$ 的最优预测。

在以上的分析过程中,由于 $\hat{\boldsymbol{X}}_{k|j}$是利用了所有时刻的 $\boldsymbol{Z}_j(j=0,1,\cdots)$确定的,因为数据存储量和计算量会随着时间增加,该方法不适用于 k 值很大的实时计算问题。因此,必须使用一种可以实时预测和估计的方法,该方法只使用当前的数据信息,不需要存储大量的历史数据,能够实时地估计系统参数,卡尔曼滤波器恰好能够满足这些要求。

5.2.2 卡尔曼滤波推导

卡尔曼滤波器是一种用于估计动态系统状态的最优估计算法,由 Rudolf E. Kalman 在 20 世纪 60 年代提出[3]。该方法基于系统的数学模型和测量数据,对系统的状态进行递归估计。通过结合系统的预测值和测量值,以最优估计的方式估计系统的真实状态。在每次的迭代中,首先根据系统模型进行预测,其次结合新的测量值对预测进行修正,其计算效率高,适用于实时的系统。该方法最初提出是为了解决航天器状态估计与控制问题,目前已经在导航系统、自动控制、信号处理、图像处理等诸多领域得到了广泛的应用。

按照线性系统方程和最优估计的理论对卡尔曼滤波的基本公式进行推导[4-5]。为了方便理解,这里直接给出结论,再依次对各公式进行推导。

状态一步预测方程为

$$\hat{\boldsymbol{X}}_{k/k-1} = \boldsymbol{\Phi}_{k/k-1}\hat{\boldsymbol{X}}_{k-1} \tag{5.16}$$

状态一步预测均方误差为

$$\boldsymbol{P}_{k/k-1} = \boldsymbol{\Phi}_{k/k-1}\boldsymbol{P}_{k-1}\boldsymbol{\Phi}_{k/k-1}^{\mathrm{T}} + \boldsymbol{\Gamma}_{k-1}\boldsymbol{Q}_{k-1}\boldsymbol{\Gamma}_{k-1}^{\mathrm{T}} \tag{5.17}$$

滤波增益方程为

$$\boldsymbol{K}_k = \boldsymbol{P}_{k/k-1}\boldsymbol{H}_k^{\mathrm{T}}(\boldsymbol{H}_k\boldsymbol{P}_{k/k-1}\boldsymbol{H}_k^{\mathrm{T}} + \boldsymbol{R}_k)^{-1} \tag{5.18}$$

状态估计方程为

$$\hat{\boldsymbol{X}}_k = \hat{\boldsymbol{X}}_{k/k-1} + \boldsymbol{K}_k(\boldsymbol{Z}_k - \boldsymbol{H}_k\hat{\boldsymbol{X}}_{k/k-1}) \tag{5.19}$$

状态估计均方误差为

$$\boldsymbol{P}_k = (\boldsymbol{I} - \boldsymbol{K}_k\boldsymbol{H}_k)\boldsymbol{P}_{k/k-1} \tag{5.20}$$

1. 状态预测方程

根据系统状态方程,按照 $k-1$ 时刻的状态预测 k 时刻的状态,即根据历史时刻 $Z_1, Z_2, \cdots, Z_{k-1}$ 的量测对 k 时刻进行最小方差估计:

$$\begin{aligned}\hat{\boldsymbol{X}}_{k,k-1} &= E[\boldsymbol{X}_k/\boldsymbol{Z}_1\boldsymbol{Z}_2\cdots\boldsymbol{Z}_{k-1}]\\ &= E[(\boldsymbol{\Phi}_{k,k-1}\boldsymbol{X}_{k-1} + \boldsymbol{\Gamma}_{k-1}\boldsymbol{W}_{k-1})/\boldsymbol{Z}_1\boldsymbol{Z}_2\cdots\boldsymbol{Z}_{k-1}]\end{aligned} \tag{5.21}$$

根据线性系统最小方差估计的性质,有

$$\hat{\boldsymbol{X}}_{k,k-1} = \boldsymbol{\Phi}_{k,k-1}E[\boldsymbol{X}_{k-1}/\boldsymbol{Z}_1\boldsymbol{Z}_2\cdots\boldsymbol{Z}_{k-1}] + \boldsymbol{\Gamma}_{k-1}E[\boldsymbol{W}_{k-1}/\boldsymbol{Z}_1\boldsymbol{Z}_2\cdots\boldsymbol{Z}_{k-1}] \tag{5.22}$$

由于系统一般都是因果系统,系统激励噪声 $\boldsymbol{W}_{k-1}$ 仅对 $\boldsymbol{X}_k$ 产生影响,与历史时刻的量测 $\boldsymbol{Z}_1, \boldsymbol{Z}_2, \cdots, \boldsymbol{Z}_{k-1}$ 没有任何关系,因此有

$$E[\boldsymbol{W}_{k-1}/\boldsymbol{Z}_1\boldsymbol{Z}_2\cdots\boldsymbol{Z}_{k-1}] = E[\boldsymbol{W}_{k-1}] = 0 \tag{5.23}$$

而

$$E[\boldsymbol{X}_{k-1}/\boldsymbol{Z}_1\boldsymbol{Z}_2\cdots\boldsymbol{Z}_{k-1}] = E[\boldsymbol{X}_{k-1}] \tag{5.24}$$

则

$$\hat{\boldsymbol{X}}_{k/k-1} = \boldsymbol{\Phi}_{k/k-1}\hat{\boldsymbol{X}}_{k-1} \tag{5.25}$$

2. 状态一步预测均方误差方程

记 $k-1$ 时刻的状态量为 $\boldsymbol{X}_{k-1}$,状态估计为 $\hat{\boldsymbol{X}}_{k-1}$,状态估计的误差为 $\tilde{\boldsymbol{X}}_{k-1}$,状态估计误差的均方误差阵为 $\boldsymbol{P}_{k-1}$,那么应该满足

$$\tilde{\boldsymbol{X}}_{k-1} = \boldsymbol{X}_{k-1} - \hat{\boldsymbol{X}}_{k-1} \tag{5.26}$$

$$\boldsymbol{P}_{k-1} = E(\tilde{\boldsymbol{X}}_{k-1}\tilde{\boldsymbol{X}}^{\mathrm{T}}_{k-1}) = E((\boldsymbol{X}_{k-1} - \hat{\boldsymbol{X}}_{k-1})(\boldsymbol{X}_{k-1} - \hat{\boldsymbol{X}}_{k-1})^{\mathrm{T}}) \tag{5.27}$$

从系统状态空间方程和状态预测方程建立一步预测的误差方程可得

$$\begin{aligned}\tilde{\boldsymbol{X}}_{k,k-1} &= (\boldsymbol{\Phi}_{k/k-1}\boldsymbol{X}_{k-1} + \boldsymbol{\Gamma}_{k-1}\boldsymbol{W}_{k-1}) - (\boldsymbol{\Phi}_{k/k-1}\hat{\boldsymbol{X}}_{k-1})\\ &= \boldsymbol{\Phi}_{k/k-1}(\boldsymbol{X}_{k-1} - \hat{\boldsymbol{X}}_{k-1}) + \boldsymbol{\Gamma}_{k-1}\boldsymbol{W}_{k-1}\\ &= \boldsymbol{\Phi}_{k/k-1}\tilde{\boldsymbol{X}}_{k-1} + \boldsymbol{\Gamma}_{k-1}\boldsymbol{W}_{k-1}\end{aligned} \tag{5.28}$$

那么,对应的一步预测的均方误差阵为

$$\boldsymbol{P}_{k/k-1} = E[\tilde{\boldsymbol{X}}_{k/k-1}\tilde{\boldsymbol{X}}^{\mathrm{T}}_{k/k-1}]$$

$$
\begin{aligned}
&= E[(\boldsymbol{\Phi}_{k/k-1}\tilde{\boldsymbol{X}}_{k-1} + \boldsymbol{\Gamma}_{k-1}\boldsymbol{W}_{k-1})(\boldsymbol{\Phi}_{k/k-1}\tilde{\boldsymbol{X}}_{k-1} + \boldsymbol{\Gamma}_{k-1}\boldsymbol{W}_{k-1})^{\mathrm{T}}] \\
&= \boldsymbol{\Phi}_{k/k-1}E[\tilde{\boldsymbol{X}}_{k-1}\tilde{\boldsymbol{X}}_{k-1}^{\mathrm{T}}]\boldsymbol{\Phi}_{k/k-1}^{\mathrm{T}} + \boldsymbol{\Gamma}_{k-1}E[\boldsymbol{W}_{k-1}\boldsymbol{W}_{k-1}^{\mathrm{T}}]\boldsymbol{\Gamma}_{k-1}^{\mathrm{T}} \\
&= \boldsymbol{\Phi}_{k/k-1}\boldsymbol{P}_{k-1}\boldsymbol{\Phi}_{k/k-1}^{\mathrm{T}} + \boldsymbol{\Gamma}_{k-1}\boldsymbol{Q}_{k-1}\boldsymbol{\Gamma}_{k-1}^{\mathrm{T}}
\end{aligned}
\tag{5.29}
$$

3. 状态估计方程

用一步预测的系统状态与系统真实状态进行比较,对应的估计误差为

$$
\tilde{\boldsymbol{X}}_{k,k-1} = \boldsymbol{X}_k - \hat{\boldsymbol{X}}_{k,k-1} \tag{5.30}
$$

代入系统方程,对应的量测估计误差为

$$
\begin{aligned}
\tilde{\boldsymbol{Z}}_{k,k-1} &= \boldsymbol{Z}_k - \hat{\boldsymbol{Z}}_{k,k-1} \\
&= \boldsymbol{H}_k\boldsymbol{X}_k + \boldsymbol{V}_k - \boldsymbol{H}_k\hat{\boldsymbol{X}}_{k,k-1} \\
&= \boldsymbol{H}_k\tilde{\boldsymbol{X}}_{k,k-1} + \boldsymbol{V}_k
\end{aligned}
\tag{5.31}
$$

在卡尔曼滤波理论中,将 $\tilde{\boldsymbol{Z}}_{k,k-1}$ 称为残差或者新息。

从式(5.31)中可以看出,残差中包含了一步预测方程与系统量测之间的预测误差信息,对残差进行一定的加权处理即可以实现对一步预测 $\hat{\boldsymbol{X}}_{k,k-1}$ 的修正。为了保证全部的参数得到修正,根据系统模型可以得出修正矩阵必然是一个 $n \times m$ 的矩阵,才能将量测信息中的误差对应修正到状态估计量中:

$$
\begin{aligned}
\hat{\boldsymbol{X}}_k &= \hat{\boldsymbol{X}}_{k,k-1} + \boldsymbol{K}_k\tilde{\boldsymbol{Z}}_{k,k-1} \\
&= \hat{\boldsymbol{X}}_{k,k-1} + \boldsymbol{K}_k(\boldsymbol{Z}_k - \boldsymbol{H}_k\hat{\boldsymbol{X}}_{k,k-1})
\end{aligned}
\tag{5.32}
$$

式中:$\boldsymbol{K}_k$ 为利用残差对系统状态一步预测的修正加权矩阵,称为滤波增益阵。

4. 状态估计均方误差方程

按照状态估计方程,对 k 时刻的状态估计的均方误差方程可以直接计算。记当前 k 时刻的状态估计误差为

$$
\tilde{\boldsymbol{X}}_k = \boldsymbol{X}_k - \hat{\boldsymbol{X}}_k \tag{5.33}
$$

将状态估计方程代入式(5.33),整理得到:

$$
\begin{aligned}
\tilde{\boldsymbol{X}}_{k,k-1} &= \boldsymbol{X}_k - \hat{\boldsymbol{X}}_{k,k-1} \\
&= \tilde{\boldsymbol{X}}_{k,k-1} - \boldsymbol{K}_k(\boldsymbol{H}_k\boldsymbol{X}_k + \boldsymbol{V}_k - \boldsymbol{H}_k\hat{\boldsymbol{X}}_{k,k-1}) \\
&= (\boldsymbol{I} - \boldsymbol{K}_k\boldsymbol{H}_k)\tilde{\boldsymbol{X}}_{k,k-1} - \boldsymbol{K}_k\boldsymbol{V}_k
\end{aligned}
\tag{5.34}
$$

上述状态估计误差对应的系统均方误差为

$$
\begin{aligned}
\boldsymbol{P}_k &= E[\tilde{\boldsymbol{X}}_k\tilde{\boldsymbol{X}}_k^{\mathrm{T}}] \\
&= E\{[(\boldsymbol{I}-\boldsymbol{K}_k\boldsymbol{H}_k)\tilde{\boldsymbol{X}}_{k/k-1}-\boldsymbol{K}_k\boldsymbol{V}_k][(\boldsymbol{I}-\boldsymbol{K}_k\boldsymbol{H}_k)\tilde{\boldsymbol{X}}_{k/k-1}-\boldsymbol{K}_k\boldsymbol{V}_k]^{\mathrm{T}}\} \\
&= (\boldsymbol{I}-\boldsymbol{K}_k\boldsymbol{H}_k)E[\tilde{\boldsymbol{X}}_{k/k-1}\tilde{\boldsymbol{X}}_{k/k-1}^{\mathrm{T}}](\boldsymbol{I}-\boldsymbol{K}_k\boldsymbol{H}_k)^{\mathrm{T}}+\boldsymbol{K}_kE[\boldsymbol{V}_k\boldsymbol{V}_k^{\mathrm{T}}]\boldsymbol{K}_k^{\mathrm{T}} \\
&= (\boldsymbol{I}-\boldsymbol{K}_k\boldsymbol{H}_k)\boldsymbol{P}_{k/k-1}(\boldsymbol{I}-\boldsymbol{K}_k\boldsymbol{H}_k)^{\mathrm{T}}+\boldsymbol{K}_k\boldsymbol{R}_{k-1}\boldsymbol{K}_k^{\mathrm{T}}
\end{aligned} \tag{5.35}
$$

5. 滤波增益方程

从以上滤波方程的推导过程看，其他方程的计算各项均已完备，唯一需要确定的就是对滤波增益阵的计算，以实现系统状态最优估计的整个闭环运算。

要实现系统的最优估计，就是令各系统状态的估计误差的均方误差阵 $\boldsymbol{P}_k$ 最小。假设 $\boldsymbol{K}_k$ 是使得状态估计均方误差阵最小的滤波增益矩阵，对应最小的状态估计均方误差阵为 $\boldsymbol{P}_k$。此时，假定使用的滤波增益矩阵与最优增益矩阵存在一定的偏差 $\delta\boldsymbol{K}_k$，对应的状态估计矩阵的均方误差为 $\boldsymbol{P}_k+\delta\boldsymbol{P}_k$，且 δP_k 为非负定阵。则对应滤波增益阵和均方误差阵满足的方程为

$$
\begin{aligned}
\boldsymbol{P}_k+\delta\boldsymbol{P}_k = {}&[\boldsymbol{I}-(\boldsymbol{K}_k+\delta\boldsymbol{K}_k)\boldsymbol{H}_k]\boldsymbol{P}_{k/k-1}(\boldsymbol{I}-(\boldsymbol{K}_k+\delta\boldsymbol{K}_k)\boldsymbol{H}_k)^{\mathrm{T}} \\
&+(\boldsymbol{K}_k+\delta\boldsymbol{K}_k)\boldsymbol{R}_{k-1}(\boldsymbol{K}_k+\delta\boldsymbol{K}_k)^{\mathrm{T}}
\end{aligned} \tag{5.36}
$$

其中，$\boldsymbol{P}_k$ 和 $\boldsymbol{K}_k$ 满足

$$
\boldsymbol{P}_k=(\boldsymbol{I}-\boldsymbol{K}_k\boldsymbol{H}_k)\boldsymbol{P}_{k/k-1}(\boldsymbol{I}-\boldsymbol{K}_k\boldsymbol{H}_k)^{\mathrm{T}}+\boldsymbol{K}_k\boldsymbol{R}_{k-1}\boldsymbol{K}_k^{\mathrm{T}} \tag{5.37}
$$

将式(5.37)代入式(5.36)得

$$
\delta\boldsymbol{P}_k=\boldsymbol{W}+\boldsymbol{W}^{\mathrm{T}}+\delta\boldsymbol{K}_k(\boldsymbol{H}_k\boldsymbol{P}_{k,k-1}\boldsymbol{H}_k^{\mathrm{T}}+\boldsymbol{R}_k)\delta\boldsymbol{K}_k^{\mathrm{T}} \tag{5.38}
$$

其中

$$
\begin{aligned}
\boldsymbol{W} &= -\delta\boldsymbol{K}_k[\boldsymbol{H}_k\boldsymbol{P}_{k/k-1}(\boldsymbol{I}-\boldsymbol{H}_k^{\mathrm{T}}\boldsymbol{K}_k^{\mathrm{T}})-\boldsymbol{R}_k\boldsymbol{K}_k^{\mathrm{T}}] \\
&= -\delta\boldsymbol{K}_k[\boldsymbol{H}_k\boldsymbol{P}_{k/k-1}-(\boldsymbol{H}_k^{\mathrm{T}}\boldsymbol{P}_{k/k-1}\boldsymbol{K}_k^{\mathrm{T}}+\boldsymbol{R}_k)\boldsymbol{K}_k^{\mathrm{T}}]
\end{aligned} \tag{5.39}
$$

如果令

$$
[\boldsymbol{H}_k\boldsymbol{P}_{k/k-1}-(\boldsymbol{H}_k^{\mathrm{T}}\boldsymbol{P}_{k/k-1}\boldsymbol{H}_k^{\mathrm{T}}+\boldsymbol{R}_k)\boldsymbol{K}_k^{\mathrm{T}}]=0 \tag{5.40}
$$

即

$$
\boldsymbol{K}_k=\boldsymbol{P}_{k/k-1}\boldsymbol{H}_k^{\mathrm{T}}(\boldsymbol{H}_k^{\mathrm{T}}\boldsymbol{P}_{k/k-1}\boldsymbol{H}_k^{\mathrm{T}}+\boldsymbol{R}_k)^{-1} \tag{5.41}
$$

那么满足

$$
\boldsymbol{W}=0 \tag{5.42}
$$

$$
\delta\boldsymbol{P}_k=\delta\boldsymbol{K}_k(\boldsymbol{H}_k\boldsymbol{P}_{k,k-1}\boldsymbol{H}_k^{\mathrm{T}}+\boldsymbol{R}_k)\delta\boldsymbol{K}_k^{\mathrm{T}} \tag{5.43}
$$

由于 $\boldsymbol{R}_k$ 必然是正定阵，$\boldsymbol{P}_{k,k-1}$ 至少为非负定阵，所以 $\boldsymbol{H}_k\boldsymbol{P}_{k,k-1}\boldsymbol{H}_k^{\mathrm{T}}+\boldsymbol{R}_k$ 必然是非负定阵。如果 $\delta\boldsymbol{K}_k$ 为非零阵，则 $\delta\boldsymbol{P}_k$ 为非负定阵。那么可以理解为，当滤波增益矩阵 $\boldsymbol{K}_k$ 按照式(5.41)确定时，对于任何的非零偏离 $\delta\boldsymbol{K}_k$，其必然令均方误差阵产生非负的偏差 $\delta\boldsymbol{P}_k$。因此，按照式(5.41)确定的 $\boldsymbol{K}_k$ 即为最优

的滤波增益矩阵。

将最优的滤波增益阵代入状态估计均方误差方程,整理可得

$$\boldsymbol{P}_k = (\boldsymbol{I} - \boldsymbol{K}_k\boldsymbol{H}_k)\boldsymbol{P}_{k/k-1} \tag{5.44}$$

同时,还存在两种等价形式:

$$\begin{cases}\boldsymbol{P}_k = \boldsymbol{P}_{k/k-1} + \boldsymbol{K}_k(\boldsymbol{H}_k\boldsymbol{P}_{k/k-1}\boldsymbol{H}_k^{\mathrm{T}} + \boldsymbol{R}_k)\boldsymbol{K}_k^{\mathrm{T}} \\ \boldsymbol{P}_k^{-1} = \boldsymbol{P}_{k/k-1}^{-1} + \boldsymbol{H}_k^{\mathrm{T}}\boldsymbol{R}_k^{-1}\boldsymbol{H}_k\end{cases} \tag{5.45}$$

根据以上的推导过程,完整的卡尔曼滤波过程可以用图 5.1 来表示。

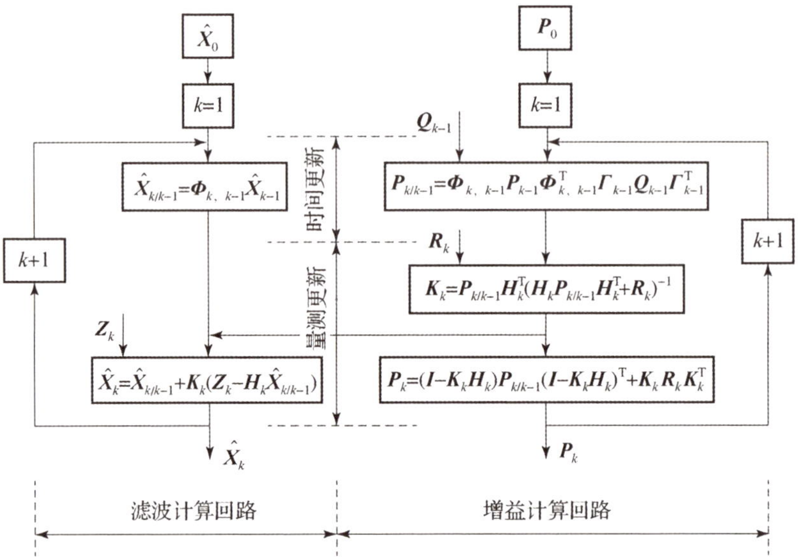

图 5.1　卡尔曼滤波计算回路

5.2.3　系统噪声和量测噪声

1. 典型有色噪声

在常规卡尔曼滤波器的设计和推导过程中,一般认为系统的驱动噪声和量测噪声都是理想的白噪声,但是某些实际系统的驱动噪声和量测噪声不一定都是白噪声,也可能是有色噪声,在这种情况下,必须做一些有针对性的修改才能适用于实际系统。

已知满足白噪声的随机过程应当满足

$$\begin{cases}E[\boldsymbol{w}(t)] = 0 \\ E[\boldsymbol{w}(t)\boldsymbol{w}^{\mathrm{T}}(\tau)] = q\delta(t-\tau)\end{cases} \tag{5.46}$$

其中,第二个式子就是系统噪声的自相关函数:

$$R_w(\mu) = R_w(t-\tau) = q\delta(t-\tau) \tag{5.47}$$

从式(5.47)可以看出,白噪声 $\boldsymbol{w}(t)$ 的自相关函数仅与时间间隔有关,与时间点无关,所以 $\boldsymbol{w}(t)$ 是平稳过程。其中,q 是 $\boldsymbol{w}(t)$ 的方差强度。因此,$\boldsymbol{w}(t)$ 的功率谱为

$$S(w) = \mathcal{F}\{R_w(\mu)\} = \int_{-\infty}^{\infty} q\delta(\mu)\mathrm{e}^{-\mathrm{j}w\mu}\mathrm{d}\mu = q \tag{5.48}$$

白噪声 $\boldsymbol{w}(t)$ 的功率谱在整个频率区间都是常值 q,这与白光的光谱分布在整个可见光频率内的现象是类似的,所以 $\boldsymbol{w}(t)$ 称为白噪声,功率谱与噪声强度相等。

同样,在离散过程中,如果随机序列 $\boldsymbol{W}_k$ 满足

$$\begin{cases} E[\boldsymbol{W}_k] = 0 \\ E[\boldsymbol{W}_k\boldsymbol{W}_j^{\mathrm{T}}] = \boldsymbol{Q}\delta_{kj} \end{cases} \tag{5.49}$$

则 $\boldsymbol{W}_k$ 称为白色噪声序列。白色噪声过程和白色噪声序列都可以称为白噪声过程,凡是不满足以上特性的都称为有色噪声过程。这里列举几种常见的有色噪声。

1)随机常数

连续型的随机常数满足

$$\dot{\boldsymbol{N}}(t) = 0 \tag{5.50}$$

式中:$\boldsymbol{N}(0)$ 为随机变量。

离散型随机常数 $\boldsymbol{N}_k$ 满足的差分方程为

$$\boldsymbol{N}_{k+1} = \boldsymbol{N}_k \tag{5.51}$$

式中:$\boldsymbol{N}_0$ 为随机变量。

2)随机游走

连续型随机游走满足的方程为

$$\dot{\boldsymbol{N}}(t) = \boldsymbol{w}(t) \tag{5.52}$$

式中:$\boldsymbol{w}(t)$ 为白噪声过程。

随机游走的均值、相关函数和方差特性如下。

设

$$\boldsymbol{N}(0) = 0 \tag{5.53}$$

$$E[\boldsymbol{w}(t)\boldsymbol{w}(\tau)] = q_w\delta(t-\tau) \tag{5.54}$$

则

$$\boldsymbol{N}(t) = \int_0^t \boldsymbol{w}(\tau)\mathrm{d}\tau \tag{5.55}$$

那么,$\boldsymbol{N}(t)$ 的均值为

$$E[\boldsymbol{N}(t)] = E\left[\int_0^t \boldsymbol{w}(\tau)\mathrm{d}\tau\right] = \int_0^t E[\boldsymbol{w}(\tau)]\mathrm{d}\tau = 0 \tag{5.56}$$

$\boldsymbol{N}(t)$的相关函数为

$$\begin{aligned} E[\boldsymbol{N}(t)\boldsymbol{N}(\tau)] &= E\left[\int_0^\tau \boldsymbol{w}(\mu)\mathrm{d}\mu \int_0^t \boldsymbol{w}(\lambda)\mathrm{d}\lambda\right] \\ &= \int_0^t \int_0^\tau E[\boldsymbol{w}(\mu)\boldsymbol{w}(\lambda)]\mathrm{d}\mu\mathrm{d}\lambda \\ &= \int_0^t \int_0^\tau q\delta(\mu-\lambda)\mathrm{d}\mu\mathrm{d}\lambda \\ &= q_w[t,\tau]_{\min} \end{aligned} \tag{5.57}$$

式(5.57)说明,时间过程越长,随机游走的相关性就越强。

$\boldsymbol{N}(t)$的方差为

$$\begin{aligned} \sigma_{N(t)}^2 &= E[(\boldsymbol{N}(t)-\boldsymbol{E}[\boldsymbol{N}(t)])(\boldsymbol{N}(t)-\boldsymbol{E}[\boldsymbol{N}(t)])^{\mathrm{T}}] \\ &= E[\boldsymbol{N}(t)\boldsymbol{N}(t)] = q_w t \end{aligned} \tag{5.58}$$

式(5.58)表明,随机游走的方差随时间变化。

从连续时间过程推广到随机游走序列$\boldsymbol{N}_k$满足

$$\boldsymbol{N}_{k+1} = \int_0^{t_{k+1}} \boldsymbol{w}(\tau)\mathrm{d}\tau = \int_0^{t_k} \boldsymbol{w}(\tau)\mathrm{d}\tau + \int_{t_k}^{t_{k+1}} \boldsymbol{w}(\tau)\mathrm{d}\tau = \boldsymbol{N}_k + \boldsymbol{W}_k \tag{5.59}$$

其中

$$\boldsymbol{W}_k = \int_{t_k}^{t_{k+1}} \boldsymbol{w}(\tau)\mathrm{d}\tau \tag{5.60}$$

当$\boldsymbol{N}(0)=0$时,式(5.60)可以表达为

$$\boldsymbol{N}_k = \sum_{i=0}^{k-1} \boldsymbol{W}_i \tag{5.61}$$

那么,随机游走序列$\boldsymbol{N}_k$的均值为

$$E[\boldsymbol{N}_k] = E\left[\sum_{i=0}^{k-1} \boldsymbol{W}_i\right] = 0 \tag{5.62}$$

随机游走序列$\boldsymbol{N}_k$的方差为

$$\begin{aligned} E[\boldsymbol{N}_k^2] &= [(\boldsymbol{W}_0+\boldsymbol{W}_1+\cdots+\boldsymbol{W}_{k-1})(\boldsymbol{W}_0+\boldsymbol{W}_1+\cdots+\boldsymbol{W}_{k-1})] \\ &= E[\boldsymbol{W}_0^2]+E[\boldsymbol{W}_1^2]+\cdots+E[\boldsymbol{W}_{k-1}^2] \\ &= k\boldsymbol{T}q_w = t_k q_w \end{aligned} \tag{5.63}$$

3)随机斜坡

连续型随机斜坡满足方程

$$\begin{cases} \dot{\boldsymbol{N}}_1(t) = \boldsymbol{N}_2(t) \\ \dot{\boldsymbol{N}}_2(t) = 0 \end{cases} \tag{5.64}$$

式中:$\boldsymbol{N}_2(t)$为随机常数。$\boldsymbol{N}_2(t)$的选值取决于初始随机变量$\boldsymbol{N}_2(0)$,$\boldsymbol{N}_1(t)$的初

始值为零,则

$$\begin{cases}\boldsymbol{N}_1(t)=t\boldsymbol{N}_2(0)\\ \boldsymbol{N}_2(t)=\boldsymbol{N}_2(0)\end{cases}\tag{5.65}$$

随机斜坡的均值和均方值分别为

$$\begin{cases}E[\boldsymbol{N}_1(t)]=tE[\boldsymbol{N}_2(0)]\\ E[\boldsymbol{N}_1^2(t)]=t^2E[\boldsymbol{N}_2^2(0)]\end{cases}\tag{5.66}$$

按照采样周期进行采样,随机斜坡序列可以表示为

$$\begin{cases}\boldsymbol{N}_1(k)=k\boldsymbol{T}\boldsymbol{N}_2(0)\\ \boldsymbol{N}_2(k)=\boldsymbol{N}_2(0)\end{cases}\tag{5.67}$$

相应的均值和均方值分别为

$$\begin{cases}E[\boldsymbol{N}_1(k)]=k\boldsymbol{T}E[\boldsymbol{N}_2(0)]\\ E[\boldsymbol{N}_1^2(k)]=k^2\boldsymbol{T}^2E[\boldsymbol{N}_2^2(0)]\end{cases}\tag{5.68}$$

4)一阶马尔可夫过程

一阶马尔可夫的相关函数为

$$\boldsymbol{R}_N(\tau)=\boldsymbol{R}_N(0)\mathrm{e}^{-\alpha|\tau|}\tag{5.69}$$

式中:τ 为两个时间点之间的间隔;$\boldsymbol{R}_N(0)$ 为均方值;α 为反相关时间常数。反相关时间常数描述了不同时间点上随机信号的关联性,α 越大,在相同的时间间隔上随机信号的相干性越弱,信号越接近于白噪声。

在时域上对一阶马尔可夫过程进行表示:

$$\dot{\boldsymbol{N}}(t)=-\alpha\boldsymbol{N}(t)+\sqrt{2\boldsymbol{R}_N(0)\alpha}\boldsymbol{m}(t)\tag{5.70}$$

或

$$\dot{\boldsymbol{N}}(t)=-\alpha\boldsymbol{N}(t)+\boldsymbol{w}(t)\tag{5.71}$$

其中,$\boldsymbol{m}(t)$ 为单位强度的白噪声,其他变量满足

$$\begin{cases}\boldsymbol{w}(t)=\sqrt{2\boldsymbol{R}_N(0)\alpha}\boldsymbol{m}(t)\\ E[\boldsymbol{w}(t)]=0\\ E[\boldsymbol{w}(t)\boldsymbol{w}(\tau)]=2\boldsymbol{R}_N(0)\alpha\delta(t-\tau)\end{cases}\tag{5.72}$$

所以 $\boldsymbol{w}(t)$ 的方差强度为

$$q_w=2\boldsymbol{R}_N(0)\alpha\tag{5.73}$$

在离散化处理后,一阶马尔可夫的过程表达式为

$$\boldsymbol{N}_{k+1}=\boldsymbol{\Phi}(T)\boldsymbol{N}_k+\int_{t_k}^{t_{k+1}}\boldsymbol{\Phi}(t_{k+1}-\tau)\boldsymbol{w}(\tau)\mathrm{d}\tau\tag{5.74}$$

其中

$$\begin{cases}\boldsymbol{\Phi}(T)=\mathrm{e}^{-\alpha T}\\ \boldsymbol{T}=t_{k+1}-t_k\end{cases}\tag{5.75}$$

令

$$\boldsymbol{W}_k = \int_{t_k}^{t_{k+1}} \boldsymbol{\Phi}(t_{k+1} - \tau)\boldsymbol{w}(\tau)\mathrm{d}\tau \tag{5.76}$$

可以得到一阶马尔可夫的离散化表达式为

$$\boldsymbol{N}_{k+1} = \mathrm{e}^{-\alpha T}\boldsymbol{N}_k + \boldsymbol{W}_k \tag{5.77}$$

计算 $\boldsymbol{W}_k$ 的均值和均方值：

$$\begin{aligned} E(\boldsymbol{W}_k) &= \int_{t_k}^{t_{k+1}} \boldsymbol{\Phi}(t_{k+1} - \tau)E[\boldsymbol{w}(\tau)]\mathrm{d}\tau \\ &= \sqrt{2\boldsymbol{R}_N(0)\alpha}\int_{t_k}^{t_{k+1}} \mathrm{e}^{-(t_{k+1}-\tau)}E[\boldsymbol{m}(\tau)]\mathrm{d}\tau = 0 \end{aligned} \tag{5.78}$$

$$\begin{aligned} E[\boldsymbol{W}_k\boldsymbol{W}_j] &= 2\boldsymbol{R}_N(0)\alpha E\left[\int_{t_k}^{t_{k+1}} \mathrm{e}^{-(t_{k+1}-\tau)}E[\boldsymbol{m}(\tau)]\mathrm{d}\tau \int_{t_j}^{t_{j+1}} \mathrm{e}^{-(t_{j+1}-\sigma)}E[\boldsymbol{m}(\sigma)]\mathrm{d}\sigma\right] \\ &= 2\boldsymbol{R}_N(0)\int_{t_k}^{t_{k+1}}\int_{t_j}^{t_{j+1}} \mathrm{e}^{-(t_{k+1}-\tau)}\mathrm{e}^{-(t_{j+1}-\sigma)}\delta(\tau - \alpha)\mathrm{d}\sigma\mathrm{d}\tau \end{aligned} \tag{5.79}$$

仅有 $\sigma = \tau$ 时，积分才不为零，此时必然满足 $j = k$。对应的离散化噪声的均方值为

$$E[\boldsymbol{W}_k\boldsymbol{W}_j] = \boldsymbol{R}_N(0)(1 - \mathrm{e}^{-2\alpha T})\delta_{kj} \tag{5.80}$$

从以上分析过程来看，连续时间和离散化的一阶马尔可夫过程均是白噪声驱动的随机过程。

2. 有色噪声条件下的卡尔曼滤波器

1）系统噪声有色

系统方程和量测方程为

$$\begin{cases} \boldsymbol{X}_k = \boldsymbol{\Phi}_{k/k-1}\boldsymbol{X}_{k-1} + \boldsymbol{\Gamma}_{k-1}\boldsymbol{W}_{k-1} \\ \boldsymbol{Z}_k = \boldsymbol{H}_k\boldsymbol{X}_k + \boldsymbol{V}_k \end{cases} \tag{5.81}$$

式中：量测噪声 $\boldsymbol{V}_k$ 为零均值白噪声；系统噪声 $\boldsymbol{W}_k$ 为有色噪声，满足方程

$$\boldsymbol{W}_{k+1} = \boldsymbol{\Pi}_{k+1,k}\boldsymbol{W}_k + \boldsymbol{\zeta}_k \tag{5.82}$$

式中：$\boldsymbol{\zeta}_k$ 为零均值白噪声。

将 $\boldsymbol{W}_k$ 也作为系统状态，扩增后的状态为

$$\boldsymbol{X}_k^a = \begin{bmatrix} \boldsymbol{X}_k \\ \boldsymbol{W}_k \end{bmatrix} \tag{5.83}$$

扩增以后的系统方程和量测方程为

$$\begin{bmatrix} \boldsymbol{X}_{k+1} \\ \boldsymbol{W}_{k+1} \end{bmatrix} = \begin{bmatrix} \boldsymbol{\Phi}_{k+1,k} & \boldsymbol{\Gamma}_k \\ 0 & \boldsymbol{\Pi}_{k+1,k} \end{bmatrix}\begin{bmatrix} \boldsymbol{X}_k \\ \boldsymbol{W}_k \end{bmatrix} + \begin{bmatrix} 0 \\ \boldsymbol{I} \end{bmatrix}\boldsymbol{\zeta}_k \tag{5.84}$$

$$\boldsymbol{Z}_k = [\boldsymbol{H}_k \quad 0]\begin{bmatrix}\boldsymbol{X}_k \\ \boldsymbol{W}_k\end{bmatrix} + \boldsymbol{V}_k \tag{5.85}$$

即

$$\boldsymbol{X}_{k+1}^a = \boldsymbol{\Phi}_{k+1,k}^a \boldsymbol{X}_k^a + \boldsymbol{\Gamma}_k^a \boldsymbol{W}_k^a \tag{5.86}$$

$$\boldsymbol{Z}_k = \boldsymbol{H}_k^a \boldsymbol{X}_k^a + \boldsymbol{V}_k \tag{5.87}$$

式中：$\boldsymbol{W}_k^a$ 和 $\boldsymbol{V}_k$ 都是零均值的白噪声，满足对卡尔曼滤波设计的假设要求。但是，由于扩增后的状态量增加，所以滤波维数增加，计算量增加，其增加量是滤波维数的三次方。

2）量测噪声有色

除了系统噪声有色的情况，同样在量测噪声中也存在有色的情况，要解决量测噪声有色的情况，不能简单地将量测噪声模型加入系统模型中，因为这样处理会导致原有的状态量对应的量测噪声为零，使得系统量测噪声非正定，不能满足卡尔曼滤波的要求。

采用量测扩增的方法是解决量测噪声有色的有效方法，下面对这种方法进行推导。

已知系统的方程和量测方程为

$$\begin{cases}\boldsymbol{X}_k = \boldsymbol{\Phi}_{k/k-1}\boldsymbol{X}_{k-1} + \boldsymbol{\Gamma}_{k-1}\boldsymbol{W}_{k-1} \\ \boldsymbol{Z}_k = \boldsymbol{H}_k\boldsymbol{X}_k + \boldsymbol{V}_k\end{cases} \tag{5.88}$$

那么量测噪声对应

$$\boldsymbol{V}_k = \boldsymbol{Z}_k - \boldsymbol{H}\boldsymbol{X}_k \tag{5.89}$$

所以

$$\begin{aligned}\boldsymbol{Z}_{k+1} &= \boldsymbol{H}_{k+1}\boldsymbol{X}_{k+1} + \boldsymbol{V}_{k+1} \\ &= \boldsymbol{H}_{k+1}[\boldsymbol{\Phi}_{k+1/k}\boldsymbol{X}_k + \boldsymbol{\Gamma}_k\boldsymbol{W}_k] + \boldsymbol{\Psi}_{k+1,k}\boldsymbol{V}_k + \boldsymbol{\xi}_k \\ &= (\boldsymbol{H}_{k+1}\boldsymbol{\Phi}_{k+1/k} - \boldsymbol{\Psi}_{k+1,k}\boldsymbol{H}_k)\boldsymbol{X}_k + \boldsymbol{\Psi}_{k+1,k}\boldsymbol{Z}_k + \boldsymbol{H}_{k+1}\boldsymbol{\Gamma}_k\boldsymbol{W}_k + \boldsymbol{\xi}_k\end{aligned} \tag{5.90}$$

即

$$\boldsymbol{Z}_{k+1} - \boldsymbol{\Psi}_{k+1,k}\boldsymbol{Z}_k = (\boldsymbol{H}_{k+1}\boldsymbol{\Phi}_{k+1/k} - \boldsymbol{\Psi}_{k+1,k}\boldsymbol{H}_k)\boldsymbol{X}_k + \boldsymbol{H}_{k+1}\boldsymbol{\Gamma}_k\boldsymbol{W}_k + \boldsymbol{\xi}_k \tag{5.91}$$

令

$$\begin{cases}\boldsymbol{Z}_k^* = \boldsymbol{Z}_{k+1} - \boldsymbol{\Psi}_{k+1,k}\boldsymbol{Z}_k \\ \boldsymbol{H}_k^* = \boldsymbol{H}_{k+1}\boldsymbol{\Phi}_{k+1/k} - \boldsymbol{\Psi}_{k+1,k}\boldsymbol{H}_k \\ \boldsymbol{V}_k^* = \boldsymbol{H}_{k+1}\boldsymbol{\Gamma}_k\boldsymbol{W}_k + \boldsymbol{\xi}_k\end{cases} \tag{5.92}$$

则量测方程可以写为

$$\boldsymbol{Z}_k^* = \boldsymbol{H}_k^*\boldsymbol{X}_k + \boldsymbol{V}_k^* \tag{5.93}$$

式中：量测噪声 $\boldsymbol{V}_k^*$ 的统计特性为

$$E[\boldsymbol{V}_k^*]=\boldsymbol{H}_{k+1}\boldsymbol{\Gamma}_k E[\boldsymbol{W}_k]+E[\boldsymbol{\xi}_k]=0 \tag{5.94}$$

$$\begin{aligned}E[\boldsymbol{V}_k^*\boldsymbol{V}_j^{*\mathrm{T}}]&=E[(\boldsymbol{H}_{k+1}\boldsymbol{\Gamma}_k\boldsymbol{W}_k+\boldsymbol{\xi}_k)(\boldsymbol{H}_{j+1}\boldsymbol{\Gamma}_j\boldsymbol{W}_j+\boldsymbol{\xi}_j)^{\mathrm{T}}]\\&=(\boldsymbol{H}_{k+1}\boldsymbol{\Gamma}_k\boldsymbol{Q}_k\boldsymbol{\Gamma}_k^{\mathrm{T}}\boldsymbol{H}_{k+1}^{\mathrm{T}}+\boldsymbol{R}_k)\delta_{kj}\end{aligned} \tag{5.95}$$

其满足卡尔曼滤波器量测噪声为白噪声的要求。但是,要注意到此时系统噪声与量测噪声是相关的:

$$E[\boldsymbol{W}_k\boldsymbol{V}_j^{*\mathrm{T}}]=E[\boldsymbol{W}_k(\boldsymbol{H}_{j+1}\boldsymbol{\Gamma}_j\boldsymbol{W}_j+\boldsymbol{\xi}_j)^{\mathrm{T}}]=\boldsymbol{Q}_k\boldsymbol{\Gamma}_k^{\mathrm{T}}\boldsymbol{H}_{k+1}^{\mathrm{T}}\delta_{kj}=\boldsymbol{S}_k\delta_{kj} \tag{5.96}$$

那么,此时

$$\boldsymbol{X}_{k+1/k}^*=\boldsymbol{\Phi}_{k+1,k}\hat{\boldsymbol{X}}_{k/k-1}^*+\bar{\boldsymbol{K}}_k^*(\boldsymbol{Z}_k^*-\boldsymbol{H}_k^*\hat{\boldsymbol{X}}_{k/k-1}^*) \tag{5.97}$$

$$\boldsymbol{P}_{k+1/k}^*=\boldsymbol{\Phi}_{k+1,k}\boldsymbol{P}_{k/k-1}^*\boldsymbol{\Phi}_{k+1,k}^{\mathrm{T}}+\boldsymbol{\Gamma}_k\boldsymbol{Q}_k\boldsymbol{\Gamma}_k^{\mathrm{T}}-\bar{\boldsymbol{K}}_k^*(\boldsymbol{H}_k^*\boldsymbol{P}_{k/k-1}^*\boldsymbol{\Phi}_{k+1,k}^{\mathrm{T}}+\boldsymbol{S}_k^{\mathrm{T}}\boldsymbol{\Gamma}_k^{\mathrm{T}}) \tag{5.98}$$

$$\bar{\boldsymbol{K}}_k^*=(\boldsymbol{\Phi}_{k+1,k}\boldsymbol{P}_{k/k-1}^*\boldsymbol{H}_k^{*\mathrm{T}}+\boldsymbol{\Gamma}_k\boldsymbol{S}_k)(\boldsymbol{H}_k^*\boldsymbol{P}_{k/k-1}^*\boldsymbol{H}_k^{*\mathrm{T}}+\boldsymbol{R}_k^*)^{-1} \tag{5.99}$$

而

$$\begin{aligned}\boldsymbol{X}_{k+1/k}^*&=E^*[\boldsymbol{X}_{k+1}/\boldsymbol{Z}_1^*\boldsymbol{Z}_2^*\cdots\boldsymbol{Z}_k^*]\\&=E^*[\boldsymbol{X}_{k+1}/\boldsymbol{Z}_1\boldsymbol{Z}_2\cdots\boldsymbol{Z}_k\boldsymbol{Z}_{k+1}]=\hat{\boldsymbol{X}}_{k+1}\end{aligned} \tag{5.100}$$

所以

$$\boldsymbol{P}_{k+1/k}^*=\boldsymbol{P}_{k+1} \tag{5.101}$$

$$\bar{\boldsymbol{K}}_k^*=\bar{\boldsymbol{K}}_{k+1} \tag{5.102}$$

因此,滤波方程为

$$\hat{\boldsymbol{X}}_{k+1}=\boldsymbol{\Phi}_{k+1,k}\hat{\boldsymbol{X}}_k+\bar{\boldsymbol{K}}_{k+1}(\boldsymbol{Z}_{k+1}-\boldsymbol{\Psi}_{k+1,k}\boldsymbol{Z}_k-\boldsymbol{H}_k^*\hat{\boldsymbol{X}}_k) \tag{5.103}$$

$$\bar{\boldsymbol{K}}_{k+1}=(\boldsymbol{\Phi}_{k+1,k}\boldsymbol{P}_k\boldsymbol{H}_k^{*\mathrm{T}}+\boldsymbol{\Gamma}_k\boldsymbol{S}_k)(\boldsymbol{H}_k^*\boldsymbol{P}_k\boldsymbol{H}_k^{*\mathrm{T}}+\boldsymbol{R}_k^*)^{-1} \tag{5.104}$$

$$\boldsymbol{P}_{k+1}=\boldsymbol{\Phi}_{k+1,k}\boldsymbol{P}_k\boldsymbol{\Phi}_{k+1,k}^{\mathrm{T}}+\boldsymbol{\Gamma}_k\boldsymbol{Q}_k\boldsymbol{\Gamma}_k^{\mathrm{T}}-\bar{\boldsymbol{K}}_{k+1}(\boldsymbol{H}_k^*\boldsymbol{P}_k\boldsymbol{\Phi}_{k+1,k}^{\mathrm{T}}+\boldsymbol{S}_k^{\mathrm{T}}\boldsymbol{\Gamma}_k^{\mathrm{T}}) \tag{5.105}$$

需要注意的是,量测噪声有色时,系统的初始状态量 $\boldsymbol{X}_0$ 需要由量测 $\boldsymbol{Z}_0$ 确定:

$$\hat{\boldsymbol{X}}_0=\boldsymbol{m}_{X_0}+\boldsymbol{C}_{X_0}\boldsymbol{H}_0^{\mathrm{T}}(\boldsymbol{H}_0\boldsymbol{C}_{X_0}\boldsymbol{H}_0^{\mathrm{T}}+\boldsymbol{R}_0)^{-1}(\boldsymbol{Z}_0-\boldsymbol{H}_0\boldsymbol{m}_{X_0}) \tag{5.106}$$

$$\boldsymbol{P}_0=(\boldsymbol{C}_{X_0}^{-1}+\boldsymbol{H}_0^{\mathrm{T}}\boldsymbol{R}_0^{-1}\boldsymbol{H}_0)^{-1} \tag{5.107}$$

以上介绍了常见的有色噪声,如随机常值、随机游走、随机斜坡和一阶马尔可夫的系统特征,并给出了系统噪声和量测噪声在有色情况下的处理方法,以便于处理后的方程满足卡尔曼滤波的基本假设,完成滤波估计。

5.2.4 可观测性分析方法

在进行卡尔曼滤波器的设计前,为了保证系统能够估计各个状态,一般还需要进行系统的可观测性分析,以确保卡尔曼滤波器的滤波效果。对于具备可观测性的状态量，卡尔曼滤波器能够收敛，并将这些状态变量估计出来，对于不具备可观测性的量，卡尔曼滤波器则无法将对应的状态变量估计出来。对于卡尔曼滤波器而言，可观测性分析主要进行两个工作：一是系统是否是完全可观的；二是对于不完全可观测的系统，需要分析哪些状态量是可以观测的、哪些状态量是不可以观测的[6-7]。

在自动控制理论中，可观测性表示输出值反映状态量的能力。对任意输入，在有限观测时间内，如果根据这段时间的输出值可以唯一确定系统在初始时刻的状态量，则称系统为可观测的。系统对每一个状态量可观测时称该系统是完全可观测的，系统对状态量的可观测程度称为可观测度。

对于线性定常系统，可以直接采用线性定常系统的可观测性判据：

$$\begin{cases}\dot{X}(t)=\boldsymbol{A}X(t)+\boldsymbol{B}u(t)\\ Y(t)=\boldsymbol{C}X(t)+\boldsymbol{D}u(t)\end{cases}\tag{5.108}$$

式中：$\boldsymbol{A}\in R^{n\times n}$，$\boldsymbol{X}\in R^{n}$，$\boldsymbol{C}\in R^{m\times n}$，$\boldsymbol{Y}\in R^{m}$，$\boldsymbol{A}$、$\boldsymbol{C}$ 均为常值矩阵，根据线性定常系统可观测性判定准则，可观测性矩阵为

$$\boldsymbol{Q}=[\boldsymbol{C}\quad \boldsymbol{CA}\quad \cdots\quad \boldsymbol{CA}^{n-1}]^{\mathrm{T}}\tag{5.109}$$

若 $\boldsymbol{Q}$ 满秩，即 $\mathrm{rank}(\boldsymbol{Q})=n$，则该系统是完全可观测的；若 $\mathrm{rank}(\boldsymbol{Q})<n$，则系统是不完全可观测的。

对于线性时变系统，式(5.108)中 $\boldsymbol{A}$，$\boldsymbol{B}$，$\boldsymbol{C}$，$\boldsymbol{D}$ 中元素有些或全部是与时间有关的函数，上述检验秩的方法也不再可行。根据现代控制理论，时变系统应由时变矩阵构成格拉姆(Gram)矩阵，并由其奇异性作为判别依据。格拉姆矩阵为

$$\boldsymbol{W}(t_0,t_f)=\int_{t_0}^{t_f}\boldsymbol{\Phi}^{\mathrm{T}}(t,t_0)\boldsymbol{C}^{\mathrm{T}}(t)\boldsymbol{\Phi}(t,t_0)\mathrm{d}t\tag{5.110}$$

式中：$[t_0,t_f]$ 为观测时间；$\boldsymbol{\Phi}$ 函数来自系统状态方程解中状态变量的系数。可以看出，计算 $\boldsymbol{W}(t_0,t_f)$ 的工作量非常大，在工程上并不适用。

针对线性时变系统可观测性难以判别的问题，以色列学者 Goshen - Meskin 提出了一种十分有效的分段线性定常系统(Piece Wise Constant System，PWCS)可观测性分析方法，使线性时变系统的可观测性分析问题的研究前进了一大步。

由于系统的可观测性分析不取决于输入激励，故以线性时变系统的离散齐次线性模型为例进行讨论。假定系统在 r 个时间段的第 j 段上，则有

$$\begin{cases}\boldsymbol{X}(k+1)=\boldsymbol{F}_j(k)\boldsymbol{X}(k)\\ \boldsymbol{Z}_j(k)=\boldsymbol{H}_j\boldsymbol{X}(k)\end{cases}\tag{5.111}$$

式中：$\boldsymbol{F}_j(k)\in R^{n\times n}$，$\boldsymbol{X}(k)\in R^n$，$\boldsymbol{H}_j\in R^{m\times n}$，$\boldsymbol{Z}_j(k)\in R^m$，$j=1,2,\cdots,r$，在每个时间段 j，矩阵 $\boldsymbol{F}_j$、$\boldsymbol{H}_j$ 都是不变的。对应不同的时间段，上述矩阵是不同的。

设时间段 j 内有 n 个观测值，全部观测能够表示为初始状态 $\boldsymbol{X}(1)$ 的函数：

$$\begin{cases}\boldsymbol{Z}_1(1)=\boldsymbol{H}_1\boldsymbol{X}(1)\\ \boldsymbol{Z}_1(2)=\boldsymbol{H}_1\boldsymbol{F}_1\boldsymbol{X}(1)\\ \qquad\vdots\\ \boldsymbol{Z}_1(n)=\boldsymbol{H}_1\boldsymbol{F}_1^{n-1}\boldsymbol{X}(1)\\ \boldsymbol{Z}_2(n)=\boldsymbol{H}_2\boldsymbol{F}_1^{n-1}\boldsymbol{X}(1)\\ \boldsymbol{Z}_2(n+1)=\boldsymbol{H}_2\boldsymbol{F}_2^{n-1}\boldsymbol{X}(1)\\ \qquad\vdots\\ \boldsymbol{Z}_2(2n)=\boldsymbol{H}_2\boldsymbol{F}_2^{n-1}\boldsymbol{F}_1^{n-1}\boldsymbol{X}(1)\\ \boldsymbol{Z}_3(2n)=\boldsymbol{H}_3\boldsymbol{F}_2^{n-1}\boldsymbol{F}_1^{n-1}\boldsymbol{X}(1)\\ \boldsymbol{Z}_3(2n+1)=\boldsymbol{H}_3\boldsymbol{F}_3^{n-1}\boldsymbol{F}_2^{n-1}\boldsymbol{F}_1^{n-1}\boldsymbol{X}(1)\\ \qquad\vdots\end{cases}\tag{5.112}$$

如果观测矩阵在相邻时间段之间不发生变化，则在时间段的分界点上可以得到两个完全相同的观测量，总的观测方程可以写成如下矩阵形式：

$$\boldsymbol{Z}=\boldsymbol{Q}(r)\boldsymbol{X}(1)\tag{5.113}$$

这里 $\boldsymbol{Z}$ 为观测矢量的全部观测值。

对应每一时间段的可观测矩阵定义为

$$\boldsymbol{Q}_j^{\mathrm{T}}=\begin{bmatrix}\boldsymbol{H}_j^{\mathrm{T}} & (\boldsymbol{H}_j\boldsymbol{F}_j)^{\mathrm{T}} & \cdots & (\boldsymbol{H}_j\boldsymbol{F}_j^{n-1})^{\mathrm{T}}\end{bmatrix}\tag{5.114}$$

故 $\boldsymbol{Q}(r)$ 可以表示为

$$\boldsymbol{Q}(r)=\begin{bmatrix}\boldsymbol{Q}_1\\ \boldsymbol{Q}_2\boldsymbol{F}_1^{n-1}\\ \vdots\\ \boldsymbol{Q}_r\boldsymbol{F}_{r-1}^{n-1}\boldsymbol{F}_{r-2}^{n-1}\cdots\boldsymbol{F}_1^{n-1}\end{bmatrix}\tag{5.115}$$

为了研究离散 PWCS 的可观测特性，必须研究 $\boldsymbol{Q}(r)$ 阵，$\boldsymbol{Q}(r)$ 阵称为离散系统 PWCS 的总可观测性矩阵（Total Observability Matrix，TOM）。

同理，可以求得连续时变系统的 TOM 阵 $\tilde{\boldsymbol{Q}}(r)$ 为

$$\tilde{\boldsymbol{Q}}(r)=\begin{bmatrix}\tilde{\boldsymbol{Q}}_1\\ \tilde{\boldsymbol{Q}}_2\mathrm{e}^{\boldsymbol{A}_1\Delta_1}\\ \vdots\\ \tilde{\boldsymbol{Q}}_r\mathrm{e}^{\boldsymbol{A}_{r-1}\Delta_{r-1}}\cdots\mathrm{e}^{\boldsymbol{A}_1\Delta_1}\end{bmatrix} \tag{5.116}$$

式中：$\tilde{\boldsymbol{Q}}_j^{\mathrm{T}}=[\boldsymbol{H}_j^{\mathrm{T}}\quad(\boldsymbol{H}_j\boldsymbol{A}_j)^{\mathrm{T}}\quad\cdots\quad(\boldsymbol{H}_j\boldsymbol{A}_j^{n-1})^{\mathrm{T}}]$，$\boldsymbol{A}$ 为连续系统的状态矩阵，Δ_j 为时间间隔。

然而，直接用 $\boldsymbol{Q}(r)$ 阵研究离散的 PWCS 的可观测性与用 $\tilde{\boldsymbol{Q}}(r)$ 研究连续的 PWCS 的可观测性都相当麻烦，为此有些情况可将 $\boldsymbol{Q}(r)$ 及 $\tilde{\boldsymbol{Q}}(r)$ 矩阵简化。将 TOM 阵进行简化，得到离散 PWCS 的提取可观测性矩阵 $\boldsymbol{Q}_{\mathrm{s}}(r)$（Stripped Observability Matrix，SOM）和连续 PWCS 的 SOM 阵 $\tilde{\boldsymbol{Q}}_{\mathrm{s}}(r)$，分别为

$$\boldsymbol{Q}_{\mathrm{s}}(r)=[\boldsymbol{Q}_1\quad\boldsymbol{Q}_2\quad\cdots\quad\boldsymbol{Q}_r]^{\mathrm{T}} \tag{5.117}$$

$$\tilde{\boldsymbol{Q}}_{\mathrm{s}}(r)=[\tilde{\boldsymbol{Q}}_1\quad\tilde{\boldsymbol{Q}}_2\quad\cdots\quad\tilde{\boldsymbol{Q}}_r]^{\mathrm{T}} \tag{5.118}$$

在一定条件下，能够用 $\boldsymbol{Q}_{\mathrm{s}}(r)$ 代替 $\boldsymbol{Q}(r)$、$\tilde{\boldsymbol{Q}}_{\mathrm{s}}(r)$ 代替 $\tilde{\boldsymbol{Q}}(r)$ 分别研究离散 PWCS 和连续 PWCS 的可观测性，用 SOM 阵比直接用 TOM 阵要简单得多。

5.3 惯性导航系统卡尔曼滤波的实现

5.3.1 预测量测模型

基于任何模型的卡尔曼滤波器的实现都必须以系统的数学模型为基础。基于惯性导航系统的卡尔曼滤波器的建立，必然是建立在惯性导航系统误差模型的基础上。为了方便，这里重新列举了惯性导航系统的误差模型：

$$\dot{\phi}_{\mathrm{E}}=\left(\omega_{ie}\sin L+\frac{v_{\mathrm{E}}\tan L}{R_{\mathrm{N}}+h}\right)\phi_{\mathrm{N}}-\left(\omega_{ie}\cos L+\frac{v_{\mathrm{E}}}{R_{\mathrm{N}}+h}\right)\phi_{\mathrm{U}}-\frac{\delta v_{\mathrm{N}}}{R_{\mathrm{M}}+h}+\frac{v_{\mathrm{N}}\delta h}{(R_{\mathrm{M}}+h)^2}-\varepsilon_{\mathrm{E}} \tag{5.119}$$

$$\dot{\phi}_{\mathrm{N}}=-\left(\omega_{ie}\sin L+\frac{v_{\mathrm{E}}\tan L}{R_{\mathrm{N}}+h}\right)\phi_{\mathrm{E}}-\frac{v_{\mathrm{N}}\phi_{\mathrm{U}}}{R_{\mathrm{M}}+h}+\frac{\delta v_{\mathrm{E}}}{R_{\mathrm{N}}+h}-\omega_{ie}\sin L\delta L-\frac{v_{\mathrm{E}}\delta h}{(R_{\mathrm{N}}+h)^2}-\varepsilon_{\mathrm{N}} \tag{5.120}$$

$$\dot{\phi}_{\mathrm{U}}=\left(\omega_{ie}\cos L+\frac{v_{\mathrm{E}}}{R_{\mathrm{N}}+h}\right)\phi_{\mathrm{E}}+\frac{v_{\mathrm{N}}\phi_{\mathrm{N}}}{R_{\mathrm{M}}+h}+\frac{\tan L\delta v_{\mathrm{E}}}{R_{\mathrm{N}}+h}+\left(\omega_{ie}\cos L+\frac{v_{\mathrm{E}}\sec^2 L}{R_{\mathrm{N}}+h}\right)\delta L-\frac{v_{\mathrm{E}}\tan L\delta h}{(R_{\mathrm{N}}+h)^2}-\varepsilon_{\mathrm{U}} \tag{5.121}$$

$$\begin{aligned}\delta\dot{v}_{\mathrm{E}} = & -f_{\mathrm{U}}\phi_{\mathrm{N}} + f_{\mathrm{N}}\phi_{\mathrm{U}} + \frac{v_{\mathrm{N}}\tan L - v_{\mathrm{U}}}{R_{\mathrm{N}}+h}\delta v_{\mathrm{E}} + \left(2\omega_{ie}\sin L + \frac{v_{\mathrm{E}}\tan L}{R_{\mathrm{N}}+h}\right)\delta v_{\mathrm{N}} \\ & - \left(2\omega_{ie}\cos L + \frac{v_{\mathrm{E}}}{R_{\mathrm{N}}+h}\right)\delta v_{\mathrm{U}} + \left[2(v_{\mathrm{N}}\omega_{ie}\cos L + v_{\mathrm{U}}\omega_{ie}\sin L) + \frac{v_{\mathrm{E}}v_{\mathrm{N}}\sec^2 L}{R_{\mathrm{N}}+h}\right]\delta L \\ & + \frac{v_{\mathrm{E}}(v_{\mathrm{U}} - v_{\mathrm{N}}\tan L)\delta h}{(R_{\mathrm{N}}+h)^2} + \nabla_{\mathrm{E}}\end{aligned} \tag{5.122}$$

$$\begin{aligned}\delta\dot{v}_{\mathrm{N}} = & f_{\mathrm{U}}\phi_{\mathrm{E}} - f_{\mathrm{E}}\phi_{\mathrm{U}} - 2\left(\omega_{ie}\sin L + \frac{v_{\mathrm{E}}\tan L}{R_{\mathrm{N}}+h}\right)\delta v_{\mathrm{E}} - \frac{v_{\mathrm{U}}}{R_{\mathrm{M}}+h}\delta v_{\mathrm{N}} - \frac{v_{\mathrm{N}}}{R_{\mathrm{M}}+h}\delta v_{\mathrm{U}} \\ & - \left(2v_{\mathrm{E}}\omega_{ie}\cos L + \frac{v_{\mathrm{E}}^2\sec^2 L}{R_{\mathrm{N}}+h}\right)\delta L + \left(\frac{v_{\mathrm{N}}v_{\mathrm{U}}}{(R_{\mathrm{M}}+h)^2} + \frac{v_{\mathrm{E}}^2\tan L}{(R_{\mathrm{N}}+h)^2}\right)\delta h + \nabla_{\mathrm{N}}\end{aligned} \tag{5.123}$$

$$\begin{aligned}\delta\dot{v}_{\mathrm{U}} = & -f_{\mathrm{N}}\phi_{\mathrm{E}} + f_{\mathrm{E}}\phi_{\mathrm{N}} + 2\left(\omega_{ie}\cos L + \frac{v_{\mathrm{E}}}{R_{\mathrm{N}}+h}\right)\delta v_{\mathrm{E}} + \frac{2v_{\mathrm{N}}}{R_{\mathrm{M}}+h}\delta v_{\mathrm{N}} \\ & - 2\omega_{ie}\sin L v_{\mathrm{E}}\delta L - \left(\frac{v_{\mathrm{E}}^2}{(R_{\mathrm{N}}+h)^2} + \frac{v_{\mathrm{N}}^2}{(R_{\mathrm{M}}+h)^2}\right)\delta h + \nabla_{\mathrm{U}}\end{aligned} \tag{5.124}$$

$$\delta\dot{L} = \frac{1}{R_{\mathrm{M}}+h}\delta v_{\mathrm{N}} - \frac{v_{\mathrm{N}}}{(R_{\mathrm{M}}+h)^2}\delta h \tag{5.125}$$

$$\delta\dot{\lambda} = \frac{\sec L}{R_{\mathrm{N}}+h}\delta v_{\mathrm{E}} + \frac{v_{\mathrm{E}}\sec L\tan L}{R_{\mathrm{N}}+h}\delta L - \frac{v_{\mathrm{E}}\sec L}{(R_{\mathrm{N}}+h)^2}\delta h \tag{5.126}$$

$$\delta\dot{h} = \delta v_{\mathrm{U}} \tag{5.127}$$

以惯性导航系统常规的误差模型建立卡尔曼滤波方程。根据系统的误差特性,选择系统姿态误差、速度误差和位置误差以及陀螺零偏与加速度计零偏为系统的状态量。

与卡尔曼滤波器的模型进行对应,需要将惯性导航系统描述为

$$\boldsymbol{X}_k = \boldsymbol{\Phi}_{k/k-1}\boldsymbol{X}_{k-1} + \boldsymbol{W}_{k-1} \tag{5.128}$$

其中:

$$\boldsymbol{X} = [\phi_{\mathrm{E}} \quad \phi_{\mathrm{N}} \quad \phi_{\mathrm{U}} \quad \delta v_{\mathrm{E}} \quad \delta v_{\mathrm{N}} \quad \delta v_{\mathrm{U}} \quad \delta L \quad \delta\lambda \quad \delta h \quad \varepsilon_x^b \quad \varepsilon_y^b \quad \varepsilon_z^b \quad \nabla_x^b \quad \nabla_y^b \quad \nabla_z^b]^{\mathrm{T}}$$

$$\begin{bmatrix}\varepsilon_x^b \\ \varepsilon_y^b \\ \varepsilon_z^b\end{bmatrix} = \boldsymbol{C}_n^b\begin{bmatrix}\varepsilon_{\mathrm{E}} \\ \varepsilon_{\mathrm{N}} \\ \varepsilon_{\mathrm{U}}\end{bmatrix},\ \begin{bmatrix}\nabla_x^b \\ \nabla_y^b \\ \nabla_z^b\end{bmatrix} = \boldsymbol{C}_n^b\begin{bmatrix}\nabla_{\mathrm{E}} \\ \nabla_{\mathrm{N}} \\ \nabla_{\mathrm{U}}\end{bmatrix}$$

最关键的步骤在于将连续时间域的误差方程进行离散化。导航系统的状态误差可以表示为状态误差微分方程

$$\delta\dot{\boldsymbol{X}}(t) = \boldsymbol{F}(t)\delta\boldsymbol{X}(t) + \boldsymbol{G}(t)\boldsymbol{w}(t) \tag{5.129}$$

其中

$$\boldsymbol{F}=\begin{bmatrix} \boldsymbol{F}_{11} & \boldsymbol{F}_{12} & \boldsymbol{F}_{13} & -\boldsymbol{C}_b^n & \boldsymbol{0}_{3\times3} \\ \boldsymbol{F}_{21} & \boldsymbol{F}_{22} & \boldsymbol{F}_{23} & \boldsymbol{0}_{3\times3} & \boldsymbol{C}_b^n \\ \boldsymbol{0}_{3\times3} & \boldsymbol{F}_{32} & \boldsymbol{F}_{33} & \boldsymbol{0}_{3\times3} & \boldsymbol{0}_{3\times3} \\ \multicolumn{5}{c}{\boldsymbol{0}_{6\times15}} \end{bmatrix} \tag{5.130}$$

$$\boldsymbol{F}_{11}=\begin{bmatrix} 0 & \omega_{ie}\sin L+\dfrac{v_{\mathrm{E}}\tan L}{R_{\mathrm{N}}+h} & -\left(\omega_{ie}\cos L+\dfrac{v_{\mathrm{E}}}{R_{\mathrm{N}}+h}\right) \\ -\left(\omega_{ie}\sin L+\dfrac{v_{\mathrm{E}}\tan L}{R_{\mathrm{N}}+h}\right) & 0 & -\dfrac{v_{\mathrm{N}}}{R_{\mathrm{M}}+h} \\ \omega_{ie}\cos L+\dfrac{v_{\mathrm{E}}}{R_{\mathrm{N}}+h} & \dfrac{v_{\mathrm{N}}}{R_{\mathrm{M}}+h} & 0 \end{bmatrix} \tag{5.131}$$

$$\boldsymbol{F}_{12}=\begin{bmatrix} 0 & -\dfrac{1}{R_{\mathrm{M}}+h} & 0 \\ \dfrac{1}{R_{\mathrm{N}}+h} & 0 & 0 \\ \dfrac{\tan L}{R_{\mathrm{N}}+h} & 0 & 0 \end{bmatrix} \tag{5.132}$$

$$\boldsymbol{F}_{13}=\begin{bmatrix} 0 & 0 & \dfrac{v_{\mathrm{N}}}{(R_{\mathrm{M}}+h)^2} \\ -\omega_{ie}\sin L & 0 & \dfrac{v_{\mathrm{E}}}{(R_{\mathrm{N}}+h)^2} \\ \omega_{ie}\cos L+\dfrac{v_{\mathrm{E}}}{R_{\mathrm{N}}+h}\sec^2 L & 0 & \dfrac{v_{\mathrm{E}}\tan L}{(R_{\mathrm{N}}+h)^2} \end{bmatrix} \tag{5.133}$$

$$\boldsymbol{F}_{21}=\begin{bmatrix} 0 & -f_{\mathrm{U}} & f_{\mathrm{N}} \\ f_{\mathrm{U}} & 0 & -f_{\mathrm{E}} \\ -f_{\mathrm{N}} & f_{\mathrm{E}} & 0 \end{bmatrix} \tag{5.134}$$

$$\boldsymbol{F}_{22}=\begin{bmatrix} \dfrac{v_{\mathrm{N}}\tan L-v_{\mathrm{U}}}{R_{\mathrm{N}}+h} & 2\omega_{ie}\sin L+\dfrac{v_{\mathrm{E}}\tan L}{R_{\mathrm{N}}+h} & -\left(2\omega_{ie}\cos L+\dfrac{v_{\mathrm{E}}}{R_{\mathrm{N}}+h}\right) \\ -2\left(\omega_{ie}\sin L+\dfrac{v_{\mathrm{E}}\tan L}{R_{\mathrm{N}}+h}\right) & -\dfrac{v_{\mathrm{U}}}{R_{\mathrm{M}}+h} & -\dfrac{v_{\mathrm{N}}}{R_{\mathrm{M}}+h} \\ 2\left(\omega_{ie}\cos L+\dfrac{v_{\mathrm{E}}}{R_{\mathrm{N}}+h}\right) & 2\dfrac{v_{\mathrm{N}}}{R_{\mathrm{M}}+h} & 0 \end{bmatrix} \tag{5.135}$$

$$F_{23}=\begin{bmatrix}\left(2\omega_{ie}\cos L+\dfrac{v_E}{R_N+h}\sec^2 L\right)v_N+2\omega_{ie}\sin L v_U & 0 & \dfrac{v_E(v_U-v_N\tan L)}{(R_N+h)^2}\\ -\left(2\omega_{ie}\cos L+\dfrac{v_E}{R_N+h}\sec^2 L\right)v_E & 0 & \dfrac{v_N v_U}{(R_M+h)^2}+\dfrac{v_E^2\tan L}{(R_N+h)^2}\\ -2\omega_{ie}\sin L v_E & 0 & -\dfrac{v_E^2}{(R_N+h)^2}-\dfrac{v_N^2}{(R_M+h)^2}\end{bmatrix}\tag{5.136}$$

$$F_{32}=\begin{bmatrix}0 & \dfrac{1}{R_M+h} & 0\\ \dfrac{1}{(R_N+h)\cos L} & 0 & 0\\ 0 & 0 & 1\end{bmatrix}\tag{5.137}$$

$$F_{33}=\begin{bmatrix}0 & 0 & \dfrac{v_N}{(R_M+h)^2}\\ \dfrac{v_E}{R_N+h}\tan L\sec L & 0 & -\dfrac{v_E\sec L}{(R_N+h)^2}\\ 0 & 0 & 0\end{bmatrix}\tag{5.138}$$

记$(t_{k-1},t_k]$为一个预测周期，$T=t_k-t_{k-1}$。预测周期 h 一般较短，状态转移阵计算如下：

$$\begin{aligned}\boldsymbol{\Phi}_{k,k-1} &= \exp\int_{t_{k-1}}^{t_k}\boldsymbol{F}(t)\,dt\\ &\approx \exp\int_{t_{k-1}}^{t_k}\boldsymbol{F}(t_{k-1})\,dt = e^{t\boldsymbol{F}(t_{k-1})}\\ &= \boldsymbol{I}+\sum_{n=1}^{+\infty}\frac{1}{n!}\boldsymbol{F}^n(t_{k-1})\boldsymbol{T}^n\end{aligned}\tag{5.139}$$

一般取 2 ~3 阶即可，因此

$$\boldsymbol{\Phi}_{k,k-1}=\boldsymbol{I}+\boldsymbol{F}(t_{k-1})T+\frac{1}{2}\boldsymbol{F}^2(t_{k-1})T^2+\frac{1}{6}\boldsymbol{F}^3(t_{k-1})T^3\tag{5.140}$$

同样，系统噪声过程也需要进行离散化处理，惯性导航系统的驱动噪声为陀螺和加速度计的传感器噪声，因此系统噪声 $\boldsymbol{w}(t)$ 对应的传感器的噪声水平，可以事先统计得到。

$$q=\mathrm{diag}[g_x^2\quad g_y^2\quad g_z^2\quad a_x^2\quad a_y^2\quad a_z^2]\tag{5.141}$$

对应的 $\boldsymbol{G}(k-1)$ 为

$$\boldsymbol{G}(k-1)\approx\boldsymbol{G}(t_{k-1})=\begin{bmatrix}\boldsymbol{C}_b^n(t_{k-1}) & \boldsymbol{0}_{3\times3}\\ \boldsymbol{0}_{3\times3} & \boldsymbol{C}_b^n(t_{k-1})\end{bmatrix}\tag{5.142}$$

对应系统输入噪声方差阵为

$$\boldsymbol{Q}_k = \sum_{n=1}^{+\infty} \frac{1}{n!}\boldsymbol{M}_n T^n \tag{5.143}$$

其中

$$\begin{cases} \boldsymbol{M}_1 = \boldsymbol{Q} = \boldsymbol{G}_{k-1} q \boldsymbol{G}_{k-1}^{\mathrm{T}} \\ \boldsymbol{M}_2 = \boldsymbol{F}_{k-1}\boldsymbol{M}_1 + (\boldsymbol{F}_{k-1}\boldsymbol{M}_1)^{\mathrm{T}} \\ \qquad \vdots \\ \boldsymbol{M}_n = \boldsymbol{F}_{k-1}\boldsymbol{M}_{n-1} + (\boldsymbol{F}_{k-1}\boldsymbol{M}_{n-1})^{\mathrm{T}} \end{cases} \tag{5.144}$$

基于惯性导航系统的量测模型与普通卡尔曼滤波器的处理方法一致，其中关键的是关于量测的选择与对应的量测矩阵的建立，一般方案选择速度和位置作为惯性导航系统对应的量测。

当以位置信息为量测时，计算量测值公式为

$$\boldsymbol{Z}_k = \begin{bmatrix} L_{\mathrm{s}} - L_{\mathrm{r}} \\ \lambda_{\mathrm{s}} - \lambda_{\mathrm{r}} \\ h_{\mathrm{s}} - h_{\mathrm{r}} \end{bmatrix} \tag{5.145}$$

式中：下标 s 表示惯性导航系统解算输出；下标 r 表示参考基准输出。

对应的量测矩阵选择为

$$\boldsymbol{H}_k = [\boldsymbol{0}_{3\times 6} \quad \boldsymbol{I}_{3\times 3} \quad \boldsymbol{0}_{3\times 6}] \tag{5.146}$$

当以速度信息为量测时，计算量测值公式为

$$\boldsymbol{Z}_k = \begin{bmatrix} v_{\mathrm{Es}} - v_{\mathrm{Er}} \\ v_{\mathrm{Ns}} - v_{\mathrm{Nr}} \\ v_{\mathrm{Us}} - v_{\mathrm{Ur}} \end{bmatrix} \tag{5.147}$$

对应的量测矩阵选择为

$$\boldsymbol{H}_k = [\boldsymbol{0}_{3\times 3} \quad \boldsymbol{I}_{3\times 3} \quad \boldsymbol{0}_{3\times 9}] \tag{5.148}$$

5.3.2 系统校正方法

从卡尔曼滤波器得到的状态估计量有两种利用方法：一种是将估计结果作为组合导航系统的输出，或作为惯性导航系统输出的校正量，这种方法称为开环法；另一种是将估计量反馈到惯性导航系统和其余子系统中，估计出的单行参数就作为惯性导航机械编排方程中的相应参数，估计出的误差作为校正量，将惯性导航系统或其他导航设备中的相应设备误差量校正补偿，这种方法称为闭环法。开环法和闭环法校正的原理示意图分别如图 5.2 和图 5.3 所示。由于基于惯性导航系统的卡尔曼滤波模型建立的状态量都是各导航参量的偏差量,这些估计结果都是作为校正量来利用的。因此,开环法也称为输出校正,闭环法也称为反馈校正。

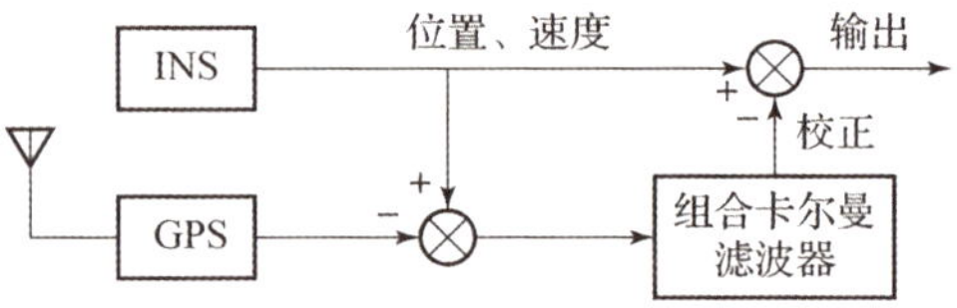

图 5.2 开环输出校正惯性导航原理示意图

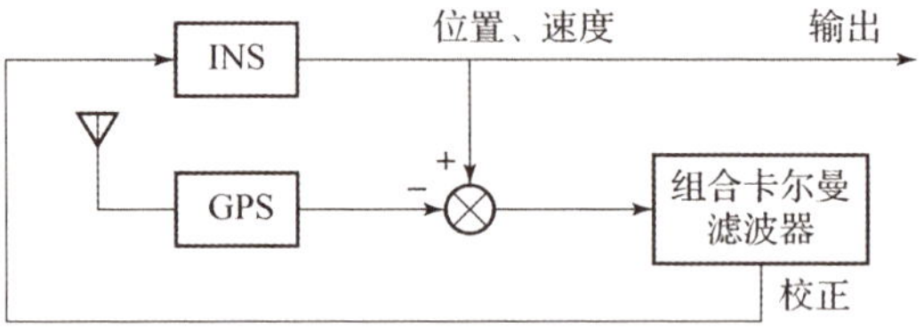

图 5.3 闭环反馈校正惯性导航原理示意图

当滤波执行到校正时间时,进行滤波校正,姿态四元数、速度、位置、陀螺漂移、加速度计零偏校正量计算如下(假设 t_k 时刻为校正时间点)。

1. 姿态四元数校正

t_k 时刻,利用卡尔曼滤波估计得到失准角 ϕ_E、ϕ_N、ϕ_U,对应 $\hat{\boldsymbol{X}}_k$ 的第 1、2、3 个元素,修正角记为 $\boldsymbol{\phi}_c=[\phi_E \quad \phi_N \quad \phi_U]^T$,采用四元数法校正 t_k 时刻的姿态四元数 $\boldsymbol{Q}_{n'}^{p}(t_k)$。

$$\boldsymbol{Q}_n^p(t_k)=\boldsymbol{q}_n^{n'}\otimes\boldsymbol{Q}_{n'}^p(t_k) \tag{5.149}$$

式中:

$$\boldsymbol{q}_n^{n'}=\cos\frac{|\phi_c|}{2}+\sin\frac{|\phi_c|}{2}\frac{\boldsymbol{\phi}_c}{|\phi_c|} \tag{5.150}$$

2. 速度校正

t_k 时刻,利用卡尔曼滤波估计得到速度误差量 δv_E、δv_N、δv_U,对应 $\hat{\boldsymbol{X}}_k$ 的第 4、5、6 个元素,修正 t_k 时刻的解算速度为

$$\begin{bmatrix} v_E(t_k) \\ v_N(t_k) \\ v_U(t_k) \end{bmatrix}=\begin{bmatrix} v_E(t_k) \\ v_N(t_k) \\ v_U(t_k) \end{bmatrix}-\begin{bmatrix} \delta v_E \\ \delta v_N \\ \delta v_U \end{bmatrix} \tag{5.151}$$

3. 位置校正

t_k 时刻,利用卡尔曼滤波估计得到位置误差量 δL、$\delta\lambda$、δh,对应 $\hat{\boldsymbol{X}}_k$ 的第

7、8、9 个元素，修正 t_k 时刻的解算位置为

$$\begin{bmatrix} L(t_k) \\ \lambda(t_k) \\ S(t_k) \end{bmatrix} = \begin{bmatrix} L(t_k) \\ \lambda(t_k) \\ h(t_k) \end{bmatrix} - \begin{bmatrix} \delta L \\ \delta \lambda \\ \delta h \end{bmatrix} \tag{5.152}$$

4. 陀螺漂移校正

利用卡尔曼滤波估计得到陀螺漂移 ε_x^b、ε_y^b、ε_z^b，对应 $\hat{\boldsymbol{X}}_k$ 的第 10、11、12 个元素，修正陀螺零偏误差为

$$\begin{bmatrix} B_{gx} \\ B_{gy} \\ B_{gz} \end{bmatrix} = \begin{bmatrix} B_{gx} \\ B_{gy} \\ B_{gz} \end{bmatrix} + \begin{bmatrix} \varepsilon_x^b \\ \varepsilon_y^b \\ \varepsilon_z^b \end{bmatrix} \tag{5.153}$$

5. 加速度计零偏校正

利用卡尔曼滤波估计得到加速度计零偏∇_x^b、∇_y^b、∇_z^b，对应 $\hat{\boldsymbol{X}}_k$ 的第 13、14、15 个元素，修正加速度计零位为

$$\begin{bmatrix} B_{ax} \\ B_{ay} \\ B_{az} \end{bmatrix} = \begin{bmatrix} B_{ax} \\ B_{ay} \\ B_{az} \end{bmatrix} + \begin{bmatrix} \nabla_x^b \\ \nabla_y^b \\ \nabla_z^b \end{bmatrix} \tag{5.154}$$

5.3.3 卡尔曼滤波器应用

1. 时间一致性修正

在进行卡尔曼滤波器的设计时，默认辅助导航信息在时间上与惯性导航信息是同步的，但是实际系统中由于传输延迟、计算处理延迟等问题，无法保障所有信息在时刻上的绝对一致[8]。在进行组合导航时，需要将光学惯性导航卡尔曼滤波更新计算速度、位置信息与同一时刻的卫导速度、位置信息求差，以避免时间不一致而导致的量测误差。一般可以通过硬件同步的方式进行补偿，即通过统一的外部 PPS(Pulse per Second)信号，同时输入辅助导航设备和惯性导航设备，按照 PPS 信号时刻生成对应的导航信息。卫星导航接收机也具备 PPS 信号的输出功能，在与卫导设备进行组合时，可以直接采用卫星导航接收机的同步信号。但是，硬件同步的功能仅能解决一部分的同步问题，更加精细化的补偿还需要采用软件和硬件结合的方式进行更准确的修正。精细化的补偿原理如图 5.4 所示。

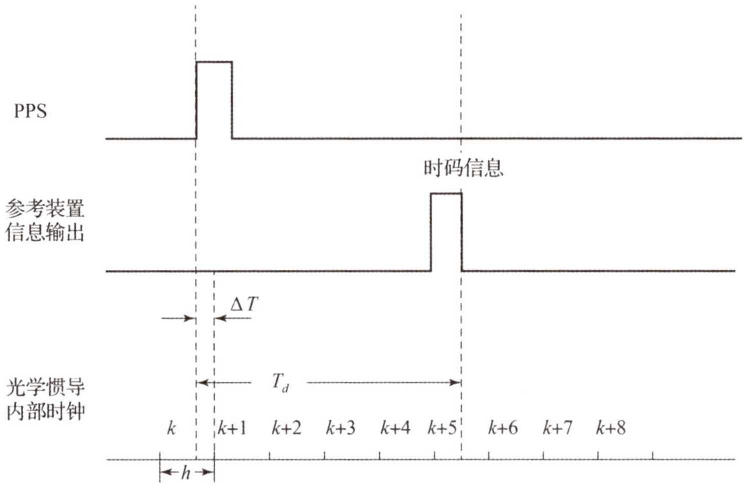

图 5.4　内外时间不同步示意图

外参考信息的产生时刻 t_{PPS} 在时刻 t_k 和 t_{k+1} 之间，距离时刻 t_{k+1} 的时间差为 ΔT，但是由于其解算自身位置速度等导航信息以及生成报文发送给惯性导航设备都需要一定处理时间，惯性导航设备只有在时刻 t_{k+6} 时才能接收到完整的参考信息，为了保证系统导航数据与参考数据时间的一致性，需要缓存历史时刻的导航信息，在接收到参考信息之后使用缓存的历史数据与接收到的参考信息完成滤波量测更新，缓存的惯性导航数据的计算方法按照差值方法处理。

$$\mathrm{pva}_{\mathrm{PPS}} = \mathrm{pva}_{t_k}\frac{\Delta T}{h} + \mathrm{pva}_{t_{k+1}}\left(1 - \frac{\Delta T}{h}\right) \tag{5.155}$$

2. 空间一致性修正

载体上惯性导航设备的惯性传感器敏感自身设备所在位置的运动状态，与外部参考导航信息设备在空间上不可能重合，因此两者设备敏感的运动参数不在同一空间点上，需要将外部辅助导航设备测量点的速度和位置，经杆臂补偿算法修正到惯性导航测量点。

惯性导航所在 b 点与外部辅助导航设备所在 B 点的杆臂如图 5.5 所示，记外部辅助设备在 B 点的纬度、经度、高度测量值为 L_B、λ_B、S_B，东向速度、北向速度、垂向速度测量值为 v_{EB}、v_{NB}、v_{UB}，b 点指向 B 点的杆臂在载体坐标系上的分量为 $[r_x \quad r_y \quad r_z]^{\mathrm{T}}$，补偿杆臂误差后外部辅助导航设备测量的位置、速度在 b 点的观测量为

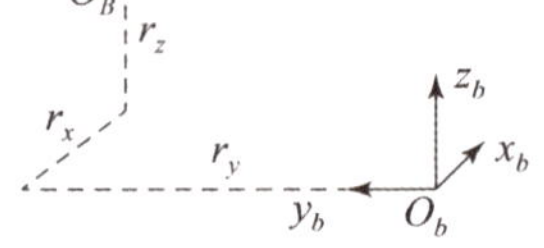

图 5.5　两个测量点之间的杆臂

$$\begin{bmatrix}\lambda_b\\L_b\\S_b\end{bmatrix}=\begin{bmatrix}\lambda_B\\L_B\\S_B\end{bmatrix}-\begin{bmatrix}[\boldsymbol{C}_b^n(1,1)r_x+\boldsymbol{C}_b^n(1,2)r_y+\boldsymbol{C}_b^n(1,3)r_z]/(R\cos L_B)\\ [\boldsymbol{C}_b^n(2,1)r_x+\boldsymbol{C}_b^n(2,2)r_y+\boldsymbol{C}_b^n(2,3)r_z]/R\\ \boldsymbol{C}_b^n(3,1)r_x+\boldsymbol{C}_b^n(3,2)r_y+\boldsymbol{C}_b^n(3,3)r_z\end{bmatrix} \tag{5.156}$$

$$\begin{bmatrix}v_{\mathrm{E}b}\\v_{\mathrm{N}b}\\v_{\mathrm{U}b}\end{bmatrix}=\begin{bmatrix}v_{\mathrm{EB}}\\v_{\mathrm{NB}}\\v_{\mathrm{UB}}\end{bmatrix}-\boldsymbol{C}_b^n\left(\begin{bmatrix}\omega_{nbx}^b\\\omega_{nby}^b\\\omega_{nbz}^b\end{bmatrix}\times\begin{bmatrix}r_x\\r_y\\r_z\end{bmatrix}\right) \tag{5.157}$$

式中：

$$\begin{bmatrix}\omega_{nbx}^b\\\omega_{nby}^b\\\omega_{nbz}^b\end{bmatrix}=\begin{bmatrix}0&\cos R&\sin R\cos P\\1&0&-\sin P\\0&\sin R&-\cos R\cos P\end{bmatrix}\begin{bmatrix}\dot{R}\\\dot{P}\\\dot{H}\end{bmatrix} \tag{5.158}$$

$\boldsymbol{C}_b^n$ 为惯性导航的方位余弦阵；R、P 为惯性导航的横摇角、纵摇角；$\dot{R}$、$\dot{P}$、$\dot{H}$ 为惯性导航的姿态角速率。

5.4　卡尔曼滤波的发展

5.4.1　序贯卡尔曼滤波

序贯卡尔曼滤波(Sequential Kalman Filtering,SKF)是卡尔曼滤波的一种扩展形式,可以将高维数的量测更新降低为多次的低维数的量测更新。

序贯卡尔曼滤波的提出主要解决了两个问题:首先是高维度矩阵求逆的计算问题,从卡尔曼滤波的方程中可以看到,增益矩阵的计算是唯一的矩阵求逆的过程,当滤波维度较高时,计算量会大大增加。通过采用序贯滤波,可以降低增益矩阵维数的计算量,降低对计算器资源的需求。其次是对于复杂系统的处理,在很多系统中,可能存在多个量测值依次到达的情况,采用序贯卡尔曼滤波,可以依次处理按顺序到来的测量值,实现对系统状态的及时更新和准确的状态估计。

为了描述的方便,这里将系统方程重新列出：

$$\begin{cases}\boldsymbol{X}_k=\boldsymbol{\Phi}_{k/k-1}\boldsymbol{X}_{k-1}+\boldsymbol{\Gamma}_{k-1}\boldsymbol{W}_{k-1}\\ \boldsymbol{Z}_k=\boldsymbol{H}_k\boldsymbol{X}_k+\boldsymbol{V}_k\end{cases} \tag{5.159}$$

$$\begin{cases}E[\boldsymbol{W}_k]=\boldsymbol{0},\quad E[\boldsymbol{W}_k\boldsymbol{W}_j^{\mathrm{T}}]=\boldsymbol{Q}_k\delta_{kj}\\ E[\boldsymbol{V}_k]=\boldsymbol{0},\quad E[\boldsymbol{V}_k\boldsymbol{V}_j^{\mathrm{T}}]=\boldsymbol{R}_k\delta_{kj}\\ E[\boldsymbol{W}_k\boldsymbol{V}_{\mathrm{j}}^{\mathrm{T}}]=\boldsymbol{0}\end{cases} \tag{5.160}$$

一般量测信息的方差阵为对角阵,即

$$\boldsymbol{R}_k = \mathrm{diag}[r_1^2 \quad r_2^2 \quad \cdots \quad r_m^2] \tag{5.161}$$

但在特殊情况下,当量测方差阵为非对角阵时,可以确定一个正交阵 $\boldsymbol{T}_k$,使得转换矩阵为 $\boldsymbol{T}_k^{\mathrm{T}}\boldsymbol{R}_k\boldsymbol{T}_k$。这样,对应的量测矩阵为

$$\tilde{\boldsymbol{Z}}_k = \tilde{\boldsymbol{H}}_k\boldsymbol{X}_k + \tilde{\boldsymbol{V}}_k \tag{5.162}$$

式中:

$$\begin{cases} \tilde{\boldsymbol{Z}}_k = \boldsymbol{T}_k^{\mathrm{T}}\boldsymbol{Z}_k \\ \tilde{\boldsymbol{H}}_k = \boldsymbol{T}_k^{\mathrm{T}}\tilde{\boldsymbol{V}}_k \\ \tilde{\boldsymbol{V}}_k = \boldsymbol{T}_k^{\mathrm{T}}\tilde{\boldsymbol{V}}_k \end{cases} \tag{5.163}$$

通过简单的变换,即可以将非对角阵形式的方差阵转换为对角阵,因此后续的序贯卡尔曼滤波的推导形式直接按照量测信息方差阵为对角阵,并不影响其一般性。

首先令

$$\boldsymbol{Z}_k = \begin{bmatrix} z_1 \\ z_2 \\ \vdots \\ z_m \end{bmatrix}, \boldsymbol{H}_k = \begin{bmatrix} h_1 \\ h_2 \\ \vdots \\ h_m \end{bmatrix}_{m\times n} \tag{5.164}$$

一步预测过程与卡尔曼滤波基本方程一致,则序贯卡尔曼滤波主要是对量测更新的处理,其具体的实现形式为

$$\begin{cases} k_i = \dfrac{1}{h_i\boldsymbol{P}'_{i-1}\boldsymbol{h}_i^{\mathrm{T}} + r_i^2}P'_{i-1}\boldsymbol{h}_i^{\mathrm{T}} \\ \hat{x}_i = \hat{x}_{i-1} + (z_i - \boldsymbol{h}_i\hat{x}_{i-1})k_i \\ \boldsymbol{P}'_i = \boldsymbol{P}'_{i-1} - k_i\boldsymbol{h}_i^{\mathrm{T}}\boldsymbol{P}'_{i-1} \end{cases}, i = 1,2,\cdots,m \tag{5.165}$$

式中:

$$\begin{cases} \boldsymbol{P}'_0 = \boldsymbol{P}_{k/k-1} \\ \boldsymbol{x}_0 = \boldsymbol{X}_{k/k-1} \end{cases} \tag{5.166}$$

则经过 m 维量测信息更新的处理后,得到的增益矩阵和系统状态量为

$$\begin{cases} \hat{\boldsymbol{X}}_k = \boldsymbol{x}_m \\ \boldsymbol{P}_k = \boldsymbol{P}'_m \end{cases} \tag{5.167}$$

序贯卡尔曼滤波量测处理流程示意图如图 5.6 所示。

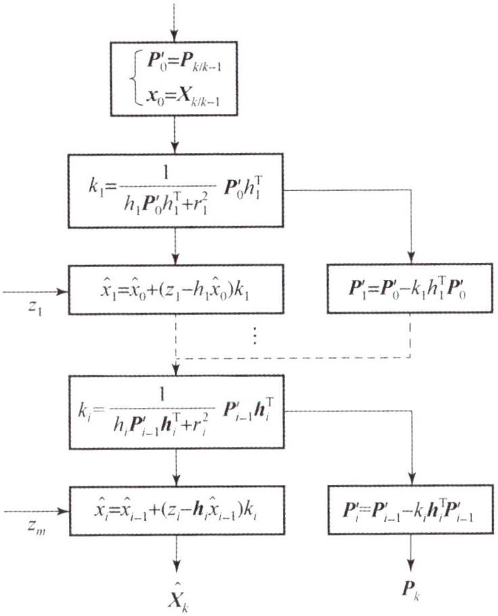

图 5.6　序贯卡尔曼滤波量测处理流程示意图

证明序贯卡尔曼滤波与普通卡尔曼滤波方程的等价性，其关键在于证明其降维多次滤波更新后的状态估计量和状态估计的方差具备一致性。

$$
\begin{aligned}
\boldsymbol{P}_k^{-1} &= \boldsymbol{P}_{k/k-1}^{-1}+\boldsymbol{H}_k^{\mathrm{T}}\boldsymbol{R}_k^{-1}\boldsymbol{H}_k \\
&= \boldsymbol{P}_{k/k-1}^{-1}+[h_1^{\mathrm{T}}\quad\cdots\quad h_m^{\mathrm{T}}]\begin{bmatrix} r_1^2 & & \mathbf{0} \\ & \ddots & \\ \mathbf{0} & & r_m^2\end{bmatrix}^{-1}\begin{bmatrix} h_1 \\ h_2 \\ \vdots \\ h_m\end{bmatrix} \\
&= \boldsymbol{P}_{k/k-1}^{-1}+\frac{h_1^{\mathrm{T}}h_1}{r_1^2}+\cdots+\frac{h_m^{\mathrm{T}}h_m}{r_m^2}
\end{aligned}
\tag{5.168}
$$

同样，在序贯卡尔曼滤波的 m 次量测更新中，其应当满足

$$
\begin{aligned}
(\boldsymbol{P}'_m)^{-1} &= (\boldsymbol{P}'_{m-1})^{-1}+h_m^{\mathrm{T}}(r_m^2)^{-1}h_m \\
&= (\boldsymbol{P}'_{m-2})^{-1}+h_m^{\mathrm{T}}(r_m^2)^{-1}h_m+h_{m-1}^{\mathrm{T}}(r_{m-1}^2)^{-1}h_{m-1} \\
&\vdots \\
&= (\boldsymbol{P}'_0)^{-1}+h_m^{\mathrm{T}}(r_m^2)^{-1}h_m+\cdots+h_1^{\mathrm{T}}(r_1^2)^{-1}h_1
\end{aligned}
\tag{5.169}
$$

将式(5.166)代入式(5.168)和式(5.169)，得到序贯卡尔曼滤波与常规滤波状态估计方差的一致性，即

$$
\boldsymbol{P}_k=\boldsymbol{P}'_m \tag{5.170}
$$

下面证明其滤波估计的一致性。由卡尔曼滤波的一般方程得

$$\begin{aligned}\boldsymbol{K}_k &= \boldsymbol{P}_{k/k-1}\boldsymbol{H}_k^{\mathrm{T}}(\boldsymbol{H}_k\boldsymbol{P}_{k/k-1}\boldsymbol{H}_k^{\mathrm{T}}+\boldsymbol{R})^{-1}\\ &= (\boldsymbol{P}_k+\boldsymbol{KHP}_{k/k-1})\boldsymbol{H}_k^{\mathrm{T}}(\boldsymbol{H}_k\boldsymbol{P}_{k/k-1}\boldsymbol{H}_k^{\mathrm{T}}+\boldsymbol{R})^{-1}\end{aligned} \tag{5.171}$$

对其化简得

$$\boldsymbol{K}_k = \boldsymbol{P}_k\boldsymbol{H}_k^{\mathrm{T}}\boldsymbol{R}^{-1} = \boldsymbol{P}'_m\boldsymbol{H}_k^{\mathrm{T}}\boldsymbol{R}^{-1} \tag{5.172}$$

按照卡尔曼滤波器一般方程

$$\begin{aligned}\boldsymbol{X}_k &= \boldsymbol{X}_{k/k-1} + \boldsymbol{K}_k(\boldsymbol{Z}_k - \boldsymbol{H}_k\boldsymbol{X}_{k/k-1})\\
&= (\boldsymbol{I} - \boldsymbol{K}_k\boldsymbol{H}_k)\boldsymbol{X}_{k/k-1} + \boldsymbol{K}_k\boldsymbol{Z}_k\\
&= (\boldsymbol{I} - \boldsymbol{P}'_m\boldsymbol{H}_k^{\mathrm{T}}\boldsymbol{R}^{-1}\boldsymbol{H}_k)\boldsymbol{X}_{k/k-1} + \boldsymbol{P}'_m\boldsymbol{H}_k^{\mathrm{T}}\boldsymbol{R}^{-1}\boldsymbol{Z}_k\\
&= (\boldsymbol{I} - \boldsymbol{P}'_m\boldsymbol{H}_k^{\mathrm{T}}\boldsymbol{R}^{-1}\boldsymbol{H}_k)x_0 + \boldsymbol{P}'_m\boldsymbol{H}_k^{\mathrm{T}}\boldsymbol{R}^{-1}\boldsymbol{Z}_k\\
&= \left(\boldsymbol{I} - \sum_{i=1}^{m}\boldsymbol{P}'_m h_i^{\mathrm{T}} h_i \frac{1}{r_i^2}\right)x_0 + \sum_{i=1}^{m}\boldsymbol{P}'_m h_i^{\mathrm{T}}\frac{z_i}{r_i^2}\\
&= \left[\left(\boldsymbol{I} - \boldsymbol{P}'_m h_m^{\mathrm{T}} h_m \frac{1}{r_m^2}\right) - \sum_{i=1}^{m-1}(\boldsymbol{I} - k^m h_m)\cdots(\boldsymbol{I} - k^{i+1}h_{i+1})\boldsymbol{P}'_i h_i^{\mathrm{T}} h_i\frac{1}{r_i^2}\right]x_0\\
&\quad + \sum_{i=1}^{m-1}(\boldsymbol{I} - k^m h_m)\cdots(\boldsymbol{I} - k^{i+1}h_{i+1})\boldsymbol{P}'_i h_i^{\mathrm{T}}\frac{z_i}{r_i^2} + \boldsymbol{P}'_m h_m^{\mathrm{T}}\frac{z_m}{r_m^2}\\
&= \left[(\boldsymbol{I} - k_m h_m) - \sum_{i=1}^{m-1}(\boldsymbol{I} - k^m h_m)\cdots(\boldsymbol{I} - k_{i+1}h_{i+1})k_i h_i\right]x_0\\
&\quad + \sum_{i=1}^{m-1}(\boldsymbol{I} - k_m h_m)\cdots(\boldsymbol{I} - k_{i+1}h_{i+1})g_i z_i + g_m z_m\\
&= (\boldsymbol{I} - k_m h_m)\cdots(\boldsymbol{I} - k_1 h_1)x_0\\
&\quad + \sum_{i=1}^{m-1}(\boldsymbol{I} - k_m h_m)\cdots(\boldsymbol{I} - k_{i+1}h_{i+1})g_i z_i + g_m z_m\end{aligned} \tag{5.173}$$

从式(5.165)的递推公式可得

$$\begin{aligned}x_m &= (\boldsymbol{I} - k_m h_m)x_{m-1} + k_m z_m\\
&= (\boldsymbol{I} - k_m h_m)(\boldsymbol{I} - k_{m-1}h_{m-1})x_{m-2} + (\boldsymbol{I} - k_m h_m)k_{m-1}v_{m-1} + k_m z_m\\
&= (\boldsymbol{I} - k_m h_m)\cdots(\boldsymbol{I} - k_1 h_1)x_0\\
&\quad + \sum_{i=1}^{m-1}(\boldsymbol{I} - k_m h_m)\cdots(\boldsymbol{I} - k_{i+1}h_{i+1})k_i z_i + g_m z_m\end{aligned} \tag{5.174}$$

式(5.173)和式(5.174)最终的表达形式一致,证明了序贯卡尔曼滤波器与普通卡尔曼滤波器的量测更新的一致性。

从序贯卡尔曼滤波设计的工作流程,在进行序贯卡尔曼量测信息更新前,其过程与普通卡尔曼滤波的流程是一致的,均是进行卡尔曼滤波一步预测方程和一步预测均方误差的计算。在序贯的测量信息降维滤波更新后,其状态估计量和状态估计均方误差与普通卡尔曼滤波器是等价的。因此,从处理结果上来说,序贯卡尔曼滤波器与常规卡尔曼滤波器是等价的。

5.4.2 自适应卡尔曼滤波

在动态系统的状态估计中，卡尔曼滤波具有重要的实用意义。但是，随着实际应用场景的复杂和多样化，真实系统数学模型充满了不确定性，对于系统模型参数和系统噪声特性难以定量地给出准确数值。自适应卡尔曼滤波器(Adaptive Kalman Filter, AKF)核心方法就是针对以上问题，通过实时监测和调整滤波中的关键参数，以适应系统和噪声动态变化。具体来说，自适应卡尔曼滤波器主要包括对系统噪声协方差阵和测量噪声协方差阵的自适应估计。

对应系统噪声协方差的自适应估计，常见的是基于新息的方法。新息表征了测量值与预测值之间的差异，通过分析新息的统计特性，可以判断出当前系统噪声的实际情况，并相应地调整系统的噪声协方差阵。如果新息较大，说明系统的实际动态与系统预测模型之间存在比较大的偏差，需要相应地增加系统噪声的协方差。测量噪声系统方差的自适应估计通常基于测量残差。测量残差是测量值与滤波估计值之间的差异，通过对测量残差的分析，可以评估测量噪声的实际水平，并对测量噪声的协方差矩阵进行调整。

1969 年，学者 A. P. Sage 和 G. W. Husa 提出了一种自适应滤波算法，它在进行状态估计的同时，还可以通过量测输出，实时估计出系统的噪声参数[9]。Sage – Husa 自适应滤波算法由常规卡尔曼滤波算法与时变噪声统计估值器组合而成，利用卡尔曼滤波器进行状态估计的同时，采用时变噪声统计估值器对过程噪声和量测噪声的统计值进行估计。

针对线性离散系统，有

$$\begin{cases}\boldsymbol{X}_k = \boldsymbol{\Phi}_{k/k-1}\boldsymbol{X}_{k-1} + \boldsymbol{\Gamma}_{k-1}\boldsymbol{W}_{k-1}\\ \boldsymbol{Z}_k = \boldsymbol{H}_k\boldsymbol{X}_k + \boldsymbol{V}_k\end{cases} \tag{5.175}$$

Sage – Husa 自适应滤波算法如下：

$$\begin{cases}\hat{\boldsymbol{X}}_k = \boldsymbol{X}_{k,k-1} + \boldsymbol{K}_k\tilde{\boldsymbol{Z}}_k\\ \hat{\boldsymbol{X}}_{k,k-1} = \boldsymbol{\Phi}_{k,k-1}\hat{\boldsymbol{X}}_{k-1} + \hat{q}_k\\ \tilde{\boldsymbol{Z}}_k = \boldsymbol{Z}_k - \boldsymbol{H}_k\hat{\boldsymbol{X}}_{k,k-1} - \hat{r}_k\\ \boldsymbol{K}_k = \boldsymbol{P}_{k,k-1}\boldsymbol{H}_k^{\mathrm{T}}[\boldsymbol{H}_k\boldsymbol{P}_{k,k-1}\boldsymbol{H}_k^{\mathrm{T}} + \hat{\boldsymbol{R}}_k]^{-1}\\ \boldsymbol{P}_{k,k-1} = \boldsymbol{\Phi}_{k,k-1}\boldsymbol{P}_{k-1}\boldsymbol{\Phi}_{k,k-1}^{\mathrm{T}} + \hat{\boldsymbol{Q}}_k\\ \boldsymbol{P}_k = [\boldsymbol{I} - \boldsymbol{K}_k\boldsymbol{H}_k]\boldsymbol{P}_{k,k-1}\end{cases} \tag{5.176}$$

其中，时变噪声递推估计算法为

$$\begin{cases}\hat{r}_{k+1}=(1-d_k)\hat{r}_k+d_k(\boldsymbol{Z}_{k+1}-\boldsymbol{H}_{k+1}\boldsymbol{X}_{k+1,k})\\ \hat{\boldsymbol{R}}_{k+1}=(1-d_k)\hat{\boldsymbol{R}}_k+d_k(\tilde{\boldsymbol{Z}}_{k+1}\tilde{\boldsymbol{Z}}_{k+1}^{\mathrm{T}}-\boldsymbol{H}_{k+1}\boldsymbol{P}_{k+1}\boldsymbol{H}_{k+1}^{\mathrm{T}})\\ \hat{q}_{k+1}=(1-d_k)\hat{q}_k+d_k(\hat{\boldsymbol{X}}_{k+1}-\boldsymbol{\Phi}_{k+1,k}\hat{\boldsymbol{X}}_k)\\ \hat{\boldsymbol{Q}}_{k+1}=(1-d_k)\hat{\boldsymbol{Q}}_k+d_k(\boldsymbol{K}_{k+1}\tilde{\boldsymbol{Z}}_{k+1}\tilde{\boldsymbol{Z}}_{k+1}^{\mathrm{T}}\boldsymbol{K}_{k+1}^{\mathrm{T}}+\boldsymbol{P}_{k+1}-\boldsymbol{\Phi}_{k+1,k}\boldsymbol{P}_k\boldsymbol{\Phi}_{k+1,k}^{\mathrm{T}})\end{cases}\tag{5.177}$$

式中：$d_k=(1-b)/(1-b^{k+1})$，b 为遗忘因子，取值为 0～1。

但要对所有的噪声参数(系统噪声均值和方差、量测噪声均值和方差)进行估计往往是不现实的，而且对于惯性导航系统而言，其系统噪声的模型一般相对稳定。而对于组合滤波系统而言，采用的测量辅助导航信息的品质往往不能得到保证，因此在实际应用中，更常见和有效的是针对量测噪声阵的自适应算法。

$\boldsymbol{R}_k$ 的等加权递推估计方法可构造如下：

$$\begin{aligned}\hat{\boldsymbol{R}}_k&=\frac{1}{k}\sum_{i=1}^{k}(\tilde{\boldsymbol{Z}}_{i/i-1}\tilde{\boldsymbol{Z}}_{i/i-1}^{\mathrm{T}}-\boldsymbol{H}_i\boldsymbol{P}_{i/i-1}\boldsymbol{H}_i^{\mathrm{T}})\\ &=\frac{1}{k}\left[\sum_{i=1}^{k-1}(\tilde{\boldsymbol{Z}}_{i/i-1}\tilde{\boldsymbol{Z}}_{i/i-1}^{\mathrm{T}}-\boldsymbol{H}_i\boldsymbol{P}_{i/i-1}\boldsymbol{H}_i^{\mathrm{T}})+(\tilde{\boldsymbol{Z}}_{k/k-1}\tilde{\boldsymbol{Z}}_{k/k-1}^{\mathrm{T}}-\boldsymbol{H}_k\boldsymbol{P}_{k/k-1}\boldsymbol{H}_k^{\mathrm{T}})\right]\\ &=\frac{1}{k}[(k-1)\hat{\boldsymbol{R}}_{k-1}+(\tilde{\boldsymbol{Z}}_{k/k-1}\tilde{\boldsymbol{Z}}_{k/k-1}^{\mathrm{T}}-\boldsymbol{H}_k\boldsymbol{P}_{k/k-1}\boldsymbol{H}_k^{\mathrm{T}})]\\ &=\left(1-\frac{1}{k}\right)\hat{\boldsymbol{R}}_{k-1}+\frac{1}{k}(\tilde{\boldsymbol{Z}}_{k/k-1}\tilde{\boldsymbol{Z}}_{k/k-1}^{\mathrm{T}}-\boldsymbol{H}_k\boldsymbol{P}_{k/k-1}\boldsymbol{H}_k^{\mathrm{T}})\end{aligned}\tag{5.178}$$

其中，初值 $\hat{\boldsymbol{R}}_0$ 可根据实际情况选择为适当大的方差阵。当滤波步数 $k\to\infty$ 时有 $1/k\to0$，也就是在长时间滤波后自适应能力将逐渐减弱，直至几乎失去自适应效果，为了始终保持适当大小的自适应能力，可将等加权式(5.178)改为指数渐消记忆加权平均，即

$$\hat{\boldsymbol{R}}_k=(1-\beta_k)\hat{\boldsymbol{R}}_{k-1}+\beta_k(\tilde{\boldsymbol{Z}}_{k/k-1}\tilde{\boldsymbol{Z}}_{k/k-1}^{\mathrm{T}}-\boldsymbol{H}_k\boldsymbol{P}_{k/k-1}\boldsymbol{H}_k^{\mathrm{T}})\tag{5.179}$$

$$\beta_k=\frac{\beta_{k-1}}{\beta_{k-1}+b}\tag{5.180}$$

其中，初值 $\beta_0=1$，而 $0<b<1$ 称为渐消因子。当 k 充分大时，有 $\beta_k\approx1-b$，渐消因子 b 取得越小，则对新量测噪声变化的自适应能力就越强，常取 $b=0.9\sim0.999$。

5.4.3 遗忘卡尔曼滤波

普通的卡尔曼滤波为了实现全局最优，所有的量测信息会一直在滤波估计中起作用。随着滤波时间的增长，历史数据所占比重会越来越大，在公式中对

应的预测方差 $\boldsymbol{P}_k$ 收敛到一个比较小的值，相应的滤波增益矩阵逐渐变小，新的数据对滤波状态的修正作用也会越来越弱。而在实际应用中，系统可能会随着时间发生变化，如系统的参数可能会逐渐改变，或者环境条件可能会发生突变。在这种情况下，普通的卡尔曼滤波器可能无法及时跟踪系统的变化，导致状态估计的准确性下降。

为了解决这个问题，遗忘卡尔曼滤波器（Forgetting Kalman Filter，FKF）引入了遗忘因子，遗忘因子的作用是给予近期的测量数据更大的权重，而对过去的测量数据逐渐减小权重。这样可以使滤波器更加采信系统的当前状态，提高对动态变化的适应性。遗忘卡尔曼滤波器的处理方法实质上是通过调整系统噪声与量测噪声的权重，逐渐减少历史信息的权重，相对而言就提高了新信息的权重，达到对历史数据的“遗忘”，实现对最新信息的跟踪，所以称为遗忘卡尔曼滤波器[10]。

针对状态空间模型，重写如下：

$$\begin{cases}\boldsymbol{X}_k=\boldsymbol{\Phi}_{k/k-1}\boldsymbol{X}_{k-1}+\boldsymbol{\Gamma}_{k-1}\boldsymbol{W}_{k-1}\\ \boldsymbol{Z}_k=\boldsymbol{H}_k\boldsymbol{X}_k+\boldsymbol{V}_k\end{cases}\tag{5.181}$$

式中：$\boldsymbol{W}_k,\boldsymbol{V}_k$ 为零均值白噪声且两者不相关，对于某有限时间序列 $1\sim N$，如果噪声的方差阵为

$$\left.\begin{cases}E[\boldsymbol{W}_k\boldsymbol{W}_j^{\mathrm{T}}]=s^{N-k+1}\boldsymbol{Q}_k\delta_{kj}\\ E[\boldsymbol{V}_k\boldsymbol{V}_j^{\mathrm{T}}]=s^{N-k}\boldsymbol{R}_k\delta_{kj}\end{cases}\right.,j,k\leqslant N\tag{5.182}$$

其中，s 为大于 1 的比例因子。从系统噪声和量测噪声相关性来看，相比于最后滤波时刻，时间越早其对应的噪声水平越大，则意味着对应时刻的置信度越低，那么其在最后的状态估计中起到的作用也就越弱，相当于将 k 时刻之前的数据进行了一定程度的遗忘，对应的比例因子 s 也称为遗忘因子或者渐消因子。

根据卡尔曼滤波的基本公式，在放大噪声和量测之后 N 时刻对应的滤波公式为

$$\begin{cases}\hat{\boldsymbol{X}}_{k/k-1}^N=\boldsymbol{\Phi}_{k/k-1}\hat{\boldsymbol{X}}_{k-1}^N\\ \boldsymbol{P}_{k/k-1}^N=\boldsymbol{\Phi}_{k/k-1}\boldsymbol{P}_{k-1}^N\boldsymbol{\Phi}_{k/k-1}^{\mathrm{T}}+\boldsymbol{\Gamma}_{k-1}s^{N-k}\boldsymbol{Q}_{k-1}\boldsymbol{\Gamma}_{k-1}^{\mathrm{T}}\\ \boldsymbol{K}_k^N=\boldsymbol{P}_{k/k-1}^N\boldsymbol{H}_k^{\mathrm{T}}(\boldsymbol{H}_k\boldsymbol{P}_{k/k-1}^N\boldsymbol{H}_k^{\mathrm{T}}+s^{N-k}\boldsymbol{R}_k)^{-1}\\ \hat{\boldsymbol{X}}_k^N=\hat{\boldsymbol{X}}_{k/k-1}^N+\boldsymbol{K}_k^N(\boldsymbol{Z}_k-\boldsymbol{H}_k\hat{\boldsymbol{X}}_{k/k-1}^N)\\ \boldsymbol{P}_k^N=(\boldsymbol{I}-\boldsymbol{K}_k^N\boldsymbol{H}_k)\boldsymbol{P}_{k/k-1}^N\end{cases}\tag{5.183}$$

对第二式进行简化，两边同时乘以 $s^{-(N-k)}$，得

$$s^{-(N-k)}\boldsymbol{P}_{k/k-1}^{N}=\boldsymbol{\Phi}_{k/k-1}s^{-(N-k)}\boldsymbol{P}_{k-1}^{N}\boldsymbol{\Phi}_{k/k-1}^{\mathrm{T}}+\boldsymbol{\Gamma}_{k-1}\boldsymbol{Q}_{k-1}\boldsymbol{\Gamma}_{k-1}^{\mathrm{T}} \tag{5.184}$$

令

$$\begin{cases}\boldsymbol{P}_{k-1}^{*}=s^{-[N-(k-1)]}\boldsymbol{P}_{k-1}^{N}\\ \boldsymbol{P}_{k/k-1}^{*}=s^{-(N-k)}\boldsymbol{P}_{k/k-1}^{N}\end{cases} \tag{5.185}$$

则

$$\boldsymbol{P}_{k/k-1}^{*}=\boldsymbol{\Phi}_{k/k-1}(s\boldsymbol{P}_{k-1}^{*})\boldsymbol{\Phi}_{k/k-1}^{\mathrm{T}}+\boldsymbol{\Gamma}_{k-1}\boldsymbol{Q}_{k-1}\boldsymbol{\Gamma}_{k-1}^{\mathrm{T}} \tag{5.186}$$

增益矩阵 $\boldsymbol{K}_k^N$ 可改写为

$$\begin{aligned}\boldsymbol{K}_k^{N}&=s^{-(N-k)}\boldsymbol{P}_{k/k-1}^{N}\boldsymbol{H}_k^{\mathrm{T}}(\boldsymbol{H}_k s^{-(N-k)}\boldsymbol{P}_{k/k-1}^{N}\boldsymbol{H}_k^{\mathrm{T}}+\boldsymbol{R}_k)^{-1}\\ &=\boldsymbol{P}_{k/k-1}^{*}\boldsymbol{H}_k^{\mathrm{T}}(\boldsymbol{H}_k\boldsymbol{P}_{k/k-1}^{*}\boldsymbol{H}_k^{\mathrm{T}}+\boldsymbol{R}_k)^{-1}\end{aligned} \tag{5.187}$$

状态估计均方误差阵更新公式两边同时乘以 $s^{-(N-k)}$,可得

$$s^{-(N-k)}\boldsymbol{P}_k^{N}=(\boldsymbol{I}-\boldsymbol{K}_k^{N}\boldsymbol{H}_k)s^{-(N-k)}\boldsymbol{P}_{k/k-1}^{N} \tag{5.188}$$

将式(5.185)代入式(5.188),得

$$\boldsymbol{P}_k^{*}=(\boldsymbol{I}-\boldsymbol{K}_k^{N}\boldsymbol{H}_k)\boldsymbol{P}_{k/k-1}^{*} \tag{5.189}$$

同时令

$$\begin{cases}\hat{\boldsymbol{X}}_{k-1}^{*}=\hat{\boldsymbol{X}}_{k-1}^{N}\\ \hat{\boldsymbol{X}}_{k}^{*}=\hat{\boldsymbol{X}}_{k}^{N}\\ \hat{\boldsymbol{X}}_{k/k-1}^{*}=\hat{\boldsymbol{X}}_{k/k-1}^{N}\\ \boldsymbol{K}_k^{*}=\boldsymbol{K}_k^{N}\end{cases} \tag{5.190}$$

则遗忘卡尔曼滤波器的公式为

$$\begin{cases}\hat{\boldsymbol{X}}_{k/k-1}^{*}=\boldsymbol{\Phi}_{k/k-1}\hat{\boldsymbol{X}}_{k-1}^{*}\\ \boldsymbol{P}_{k/k-1}^{*}=\boldsymbol{\Phi}_{k/k-1}(s\boldsymbol{P}_{k-1}^{*})\boldsymbol{\Phi}_{k/k-1}^{\mathrm{T}}+\boldsymbol{\Gamma}_{k-1}\boldsymbol{Q}_{k-1}\boldsymbol{\Gamma}_{k-1}^{\mathrm{T}}\\ \boldsymbol{K}_k^{*}=\boldsymbol{P}_{k/k-1}^{*}\boldsymbol{H}_k^{\mathrm{T}}(\boldsymbol{H}_k\boldsymbol{P}_{k/k-1}^{*}\boldsymbol{H}_k^{\mathrm{T}}+\boldsymbol{R}_k)^{-1}\\ \hat{\boldsymbol{X}}_k^{*}=\hat{\boldsymbol{X}}_{k/k-1}^{*}+\boldsymbol{K}_k^{*}(\boldsymbol{Z}_k-\boldsymbol{H}_k\hat{\boldsymbol{X}}_{k/k-1}^{*})\\ \boldsymbol{P}_k^{*}=(\boldsymbol{I}-\boldsymbol{K}_k^{*}\boldsymbol{H}_k)\boldsymbol{P}_{k/k-1}^{*}\end{cases} \tag{5.191}$$

关于遗忘因子 s 的选择,一般略大于 1 即可。从式(5.191)也可以看出,在状态预测方差的计算中,通过 s 作用后,对应的 $\boldsymbol{P}_{k/k-1}^{*}$ 的计算值被放大。相应地,在计算 $\boldsymbol{K}_k^{*}$ 时也比原本的 $\boldsymbol{K}_k$ 要大,这在于状态估计的修正作用更加明显。

除采用固定的 s 外,还可以根据量测新息的相关性对遗忘因子进行自适应的更新。根据卡尔曼滤波公式,新息的协方差为

$$E[\tilde{\boldsymbol{Z}}_{k/k-1}\tilde{\boldsymbol{Z}}_{k/k-1}^{\mathrm{T}}]=\boldsymbol{H}_k(\boldsymbol{\Phi}_{k/k-1}\boldsymbol{P}_{k-1}\boldsymbol{\Phi}_{k/k-1}^{\mathrm{T}}+\boldsymbol{\Gamma}_{k-1}\boldsymbol{Q}_{k-1}\boldsymbol{\Gamma}_{k-1}^{\mathrm{T}})\boldsymbol{H}_k^{\mathrm{T}}+\boldsymbol{R}_k \tag{5.192}$$

令 $\hat{\boldsymbol{C}}_k=E(\tilde{\boldsymbol{Z}}_{k/k-1}\tilde{\boldsymbol{Z}}_{k/k-1}^{\mathrm{T}})$，在稳态工作时，应当满足

$$\hat{\boldsymbol{C}}_k-\boldsymbol{H}_k\boldsymbol{\Gamma}_{k-1}\boldsymbol{Q}_{k-1}\boldsymbol{\Gamma}_{k-1}^{\mathrm{T}}\boldsymbol{H}_k^{\mathrm{T}}-\boldsymbol{R}_k\approx\boldsymbol{H}_k\boldsymbol{\Phi}_{k/k-1}\boldsymbol{P}_{k-1}\boldsymbol{\Phi}_{k/k-1}^{\mathrm{T}}\boldsymbol{H}_k^{\mathrm{T}} \tag{5.193}$$

然而当系统估计误差过度收敛或者量测信息与系统一步预测存在明显偏差，则会引起新息失配，即模型参数与实际系统参数不匹配，有

$$\hat{\boldsymbol{C}}_k-\boldsymbol{H}_k\boldsymbol{\Gamma}_{k-1}\boldsymbol{Q}_{k-1}\boldsymbol{\Gamma}_{k-1}^{\mathrm{T}}H_k^{\mathrm{T}}-\boldsymbol{R}_k>\boldsymbol{H}_k\boldsymbol{\Phi}_{k/k-1}\boldsymbol{P}_{k-1}\boldsymbol{\Phi}_{k/k-1}^{\mathrm{T}}\boldsymbol{H}_k^{\mathrm{T}} \tag{5.194}$$

此时，引入遗忘因子 s，令

$$\hat{\boldsymbol{C}}_k-\boldsymbol{H}_k\boldsymbol{\Gamma}_{k-1}\boldsymbol{Q}_{k-1}\boldsymbol{\Gamma}_{k-1}^{\mathrm{T}}\boldsymbol{H}_k^{\mathrm{T}}-\boldsymbol{R}_k\approx\boldsymbol{H}_k\boldsymbol{\Phi}_{k/k-1}(s\boldsymbol{P}_{k-1})\boldsymbol{\Phi}_{k/k-1}^{\mathrm{T}}\boldsymbol{H}_k^{\mathrm{T}} \tag{5.195}$$

则对应的遗忘因子的计算公式如下：

$$s=\max\left(1,\frac{\mathrm{tr}(\hat{\boldsymbol{C}}_k-\boldsymbol{H}_k\boldsymbol{\Gamma}_{k-1}\boldsymbol{Q}_{k-1}\boldsymbol{\Gamma}_{k-1}^{\mathrm{T}}\boldsymbol{H}_k^{\mathrm{T}}-\boldsymbol{R}_k)}{\mathrm{tr}(\boldsymbol{H}_k\boldsymbol{\Phi}_{k/k-1}\boldsymbol{P}_{k-1}\boldsymbol{\Phi}_{k/k-1}^{\mathrm{T}}\boldsymbol{H}_k^{\mathrm{T}})}\right) \tag{5.196}$$

此处引入了自适应调整渐消因子 s，当新息失配时，$s>1$，使增益矩阵变大，系统状态估计快速跟踪当前的量测信息变化，因此该方法又称为强跟踪卡尔曼滤波器（Strong Tracking KF，STKF）。

5.4.4 扩展卡尔曼滤波

以上对于卡尔曼滤波器的分析都是基于物理系统是线性系统，但是现实工程问题往往并不是简单的线性系统，更常见的是系统方程与量测方程都是非线性的。扩展卡尔曼滤波器（Extended Kalman Filter，EKF）的基本思想是将非线性系统在当前估计值附近进行线性化处理。具体来说，对于一个非线性系统，首先通过泰勒级数展开将其在当前估计点处线性化，这样就可以将非线性系统近似为一个线性系统，从而可以应用卡尔曼滤波器的框架进行状态估计。相对于线性系统模型，可以给出更通用的系统模型和量测模型。

$$\begin{cases}\boldsymbol{X}_k=\boldsymbol{f}(\boldsymbol{X}_{k-1})+\boldsymbol{\Gamma}_{k-1}\boldsymbol{W}_{k-1}\\ \boldsymbol{Z}_k=\boldsymbol{h}(\boldsymbol{X}_k)+\boldsymbol{V}_k\end{cases} \tag{5.197}$$

式中：$\boldsymbol{f}[\cdot]=[f_1(\boldsymbol{X}_{k-1})\quad f_2(\boldsymbol{X}_{k-1})\quad\cdots\quad f_n(\boldsymbol{X}_{k-1})]^{\mathrm{T}}$，是 n 维矢量函数，对其自变量而言是非线性的；$\boldsymbol{h}[\cdot]=[h_1(\boldsymbol{X}_{k-1})\quad h_2(\boldsymbol{X}_{k-1})\quad\cdots\quad h_m(\boldsymbol{X}_{k-1})]^{\mathrm{T}}$，是 m 维矢量函数，对其自变量而言是非线性的。此处主要分析系统非线性的问题，因此假设系统噪声和量测噪声满足白噪声的特性，且与系统初始状态无关。

$$\begin{cases} E[\boldsymbol{W}_k]=\boldsymbol{0}, & E[\boldsymbol{W}_k\boldsymbol{W}_j^{\mathrm{T}}]=\boldsymbol{Q}_k\delta_{kj} \\ E[\boldsymbol{V}_k]=\boldsymbol{0}, & E[\boldsymbol{V}_k\boldsymbol{V}_j^{\mathrm{T}}]=\boldsymbol{R}_k\delta_{kj} \\ E[\boldsymbol{W}_k\boldsymbol{V}_{\mathrm{j}}^{\mathrm{T}}]=\boldsymbol{0} \end{cases} \tag{5.198}$$

已知 $k-1$ 时刻状态 $\boldsymbol{X}_{k-1}$ 的一个参考值为 $\boldsymbol{X}_{k-1}^n$，该值与真实值之间的偏差记为

$$\delta\boldsymbol{X}_{k-1}=\boldsymbol{X}_{k-1}-\boldsymbol{X}_{k-1}^n \tag{5.199}$$

状态预测的偏差为

$$\delta\boldsymbol{X}_k=\boldsymbol{X}_k-\boldsymbol{X}_{k/k-1}^n=\boldsymbol{X}_k-\boldsymbol{f}(\boldsymbol{X}_{k-1}^n) \tag{5.200}$$

同时，测量预测的偏差为

$$\delta\boldsymbol{Z}_k=\boldsymbol{Z}_k-\boldsymbol{Z}_{k/k-1}^n=\boldsymbol{Z}_k-\boldsymbol{h}(X_{k/k-1}^n) \tag{5.201}$$

将式(5.197)第一式在 $k-1$ 时刻的参考值 $\boldsymbol{X}_{k-1}^n$ 上展开为泰勒一级级数的形式，可得

$$\begin{aligned} \boldsymbol{X}_k &\approx \boldsymbol{f}(\boldsymbol{X}_{k-1}^n)+\boldsymbol{J}(\boldsymbol{f}(\boldsymbol{X}_{k-1}^n))(\boldsymbol{X}_{k-1}-\boldsymbol{X}_{k-1}^n)+\boldsymbol{\Gamma}_{k-1}\boldsymbol{W}_{k-1} \\ &=\boldsymbol{X}_{k/k-1}^n+\boldsymbol{\Phi}_{k/k-1}^n(\boldsymbol{X}_{k-1}-\boldsymbol{X}_{k-1}^n)+\boldsymbol{\Gamma}_{k-1}\boldsymbol{W}_{k-1} \end{aligned} \tag{5.202}$$

其中，简记非线性状态方程的雅可比矩阵 $\boldsymbol{\Phi}_{k/k-1}^n=\boldsymbol{J}(\boldsymbol{f}(\boldsymbol{X}_{k-1}^n))$。

$$\begin{aligned} \boldsymbol{\Phi}_{k/k-1}^n &=\boldsymbol{J}(\boldsymbol{f}(\boldsymbol{X}_{k-1}^n))\approx\boldsymbol{I}+\boldsymbol{T}\boldsymbol{F}_{k-1}^n \\ &=\boldsymbol{I}+\boldsymbol{T}\begin{bmatrix} \dfrac{\partial f_1(\boldsymbol{X}_{k-1})}{\partial x_1(t_{k-1})} & \dfrac{\partial f_1(\boldsymbol{X}_{k-1})}{\partial x_2(t_{k-1})} & \cdots & \dfrac{\partial f_1(\boldsymbol{X}_{k-1})}{\partial x_n(t_{k-1})} \\ \dfrac{\partial f_2(\boldsymbol{X}_{k-1})}{\partial x_1(t_{k-1})} & \dfrac{\partial f_2(\boldsymbol{X}_{k-1})}{\partial x_2(t_{k-1})} & \cdots & \dfrac{\partial f_2(\boldsymbol{X}_{k-1})}{\partial x_n(t_{k-1})} \\ \vdots & \vdots & & \vdots \\ \dfrac{\partial f_n(\boldsymbol{X}_{k-1})}{\partial x_1(t_{k-1})} & \dfrac{\partial f_n(\boldsymbol{X}_{k-1})}{\partial x_2(t_{k-1})} & \cdots & \dfrac{\partial f_n(\boldsymbol{X}_{k-1})}{\partial x_n(t_{k-1})} \end{bmatrix}_{\boldsymbol{X}_{k-1}=\boldsymbol{X}_{k-1}^n} \end{aligned} \tag{5.203}$$

将式(5.197)第二式在 $k-1$ 时刻的参考值 $\boldsymbol{X}_{k-1}^n$ 上展开为泰勒一级级数的形式可得

$$\begin{aligned} \boldsymbol{Z}_k &\approx \boldsymbol{h}(\boldsymbol{X}_{k/k-1}^n)+\boldsymbol{J}(\boldsymbol{h}(\boldsymbol{X}_{k/k-1}^n))(\boldsymbol{X}_k-\boldsymbol{X}_{k/k-1}^n)+\boldsymbol{V}_k \\ &=\boldsymbol{Z}_{k/k-1}^n+\boldsymbol{H}_k^n(\boldsymbol{X}_k-\boldsymbol{X}_{k/k-1}^n)+\boldsymbol{V}_k \end{aligned} \tag{5.204}$$

其中，简记非量测方程的雅可比矩阵 $\boldsymbol{H}_k^n=\boldsymbol{J}(\boldsymbol{h}(\boldsymbol{X}_{k/k-1}^n))$。

$$
\boldsymbol{H}_k^n = \boldsymbol{J}(\boldsymbol{h}(\boldsymbol{X}_{k,k-1}^n))
\approx \boldsymbol{I} + \boldsymbol{T}\begin{bmatrix}
\dfrac{\partial h_1(\boldsymbol{X}_{k-1})}{\partial x_1(t_{k-1})} & \dfrac{\partial h_1(\boldsymbol{X}_{k-1})}{\partial x_2(t_{k-1})} & \cdots & \dfrac{\partial h_1(\boldsymbol{X}_{k-1})}{\partial x_n(t_{k-1})} \\
\dfrac{\partial h_2(\boldsymbol{X}_{k-1})}{\partial x_1(t_{k-1})} & \dfrac{\partial h_2(\boldsymbol{X}_{k-1})}{\partial x_2(t_{k-1})} & \cdots & \dfrac{\partial h_2(\boldsymbol{X}_{k-1})}{\partial x_n(t_{k-1})} \\
\vdots & \vdots & & \vdots \\
\dfrac{\partial h_n(\boldsymbol{X}_{k-1})}{\partial x_1(t_{k-1})} & \dfrac{\partial h_n(\boldsymbol{X}_{k-1})}{\partial x_2(t_{k-1})} & \cdots & \dfrac{\partial h_n(\boldsymbol{X}_{k-1})}{\partial x_n(t_{k-1})}
\end{bmatrix}_{\boldsymbol{X}_{k-1}=\boldsymbol{X}_{k,k-1}^n} \tag{5.205}
$$

基于式(5.203)和式(5.205)进行简化,得到线性化系统方程为

$$
\begin{cases}
\delta\boldsymbol{X}_k = \boldsymbol{\Phi}_{k/k-1}^n \delta\boldsymbol{X}_{k-1} + \boldsymbol{\Gamma}_{k-1}\boldsymbol{W}_{k-1} \\
\delta\boldsymbol{Z}_k = \boldsymbol{H}_k^n \delta\boldsymbol{X}_k + \boldsymbol{V}_k
\end{cases} \tag{5.206}
$$

其中,系统状态误差和预测误差分别为

$$
\begin{cases}
\delta\boldsymbol{X}_k = \boldsymbol{X}_k - \boldsymbol{X}_{k/k-1}^n \\
\delta\boldsymbol{X}_{k-1} = \boldsymbol{X}_{k-1} - \boldsymbol{X}_{k-1}^n
\end{cases} \tag{5.207}
$$

由于式(5.206)满足线性系统方程,可以直接参考卡尔曼滤波标准模型建立如下过程:

$$
\begin{cases}
\delta\hat{\boldsymbol{X}}_{k/k-1} = \boldsymbol{\Phi}_{k/k-1}^n \delta\hat{\boldsymbol{X}}_{k-1} \\
\boldsymbol{P}_{k/k-1} = \boldsymbol{\Phi}_{k/k-1}^n \boldsymbol{P}_{k-1} (\boldsymbol{\Phi}_{k/k-1}^n)^{\mathrm{T}} + \boldsymbol{\Gamma}_{k-1}\boldsymbol{Q}_{k-1}\boldsymbol{\Gamma}_{k-1}^{\mathrm{T}} \\
\boldsymbol{K}_k^n = \boldsymbol{P}_{k/k-1}(\boldsymbol{H}_k^n)^{\mathrm{T}}[\boldsymbol{H}_k\boldsymbol{P}_{k/k-1}(\boldsymbol{H}_k^n)^{\mathrm{T}} + \boldsymbol{R}_k]^{-1} \\
\delta\hat{\boldsymbol{X}}_k = \delta\hat{\boldsymbol{X}}_{k/k-1} + \boldsymbol{K}_k^n(\delta\boldsymbol{Z}_k - \boldsymbol{H}_k^n \delta\hat{\boldsymbol{X}}_{k/k-1}) \\
\boldsymbol{P}_k = (\boldsymbol{I} - \boldsymbol{K}_k^n\boldsymbol{H}_k^n)\boldsymbol{P}_{k/k-1}
\end{cases} \tag{5.208}
$$

式中:

$$
\begin{cases}
\delta\hat{\boldsymbol{X}}_k = \hat{\boldsymbol{X}}_k - \boldsymbol{X}_{k/k-1}^n \\
\delta\hat{\boldsymbol{X}}_{k-1} = \hat{\boldsymbol{X}}_{k-1} - \boldsymbol{X}_{k-1}^n
\end{cases} \tag{5.209}
$$

如果取参考值 $\boldsymbol{X}_{k-1}^n = \hat{\boldsymbol{X}}_{k-1}$,便有 $\delta\hat{\boldsymbol{X}}_{k/k-1} = \delta\hat{\boldsymbol{X}}_{k-1} = \boldsymbol{0}$,可对非线性滤波过程式(5.208)第四式作进一步简化。

$$
\delta\hat{\boldsymbol{X}}_k = \boldsymbol{K}_k^n \delta\boldsymbol{Z}_k \tag{5.210}
$$

将式(5.199)和式(5.201)代入式(5.210),得

$$
\begin{aligned}
\hat{\boldsymbol{X}}_k &= \boldsymbol{X}_{k/k-1}^n + \boldsymbol{K}_k^n(\boldsymbol{Z}_k - \boldsymbol{Z}_{k/k-1}^n) \\
&= \boldsymbol{f}(\boldsymbol{X}_{k-1}^n) + \boldsymbol{K}_k^n[\boldsymbol{Z}_k - h(\boldsymbol{f}(\boldsymbol{X}_{k-1}^n))]
\end{aligned}
$$

$$=\boldsymbol{f}(\hat{\boldsymbol{X}}_{k-1})+\boldsymbol{K}_k^n[\boldsymbol{Z}_k-\boldsymbol{h}(\boldsymbol{f}(\hat{\boldsymbol{X}}_{k-1}))]$$
$$=\hat{\boldsymbol{X}}_{k/k-1}+\boldsymbol{K}_k^n[\boldsymbol{Z}_k-\boldsymbol{h}(\hat{\boldsymbol{X}}_{k/k-1})] \tag{5.211}$$

至此,非线性系统的滤波方程经过转换,就获得了直接针对状态 $\boldsymbol{X}_k$ 的非线性系统 EKF 滤波公式,即

$$\begin{cases}\hat{\boldsymbol{X}}_{k/k-1}=\boldsymbol{f}(\hat{\boldsymbol{X}}_{k-1})\\ \boldsymbol{P}_{k/k-1}=\boldsymbol{\Phi}_{k/k-1}\boldsymbol{P}_{k-1}\boldsymbol{\Phi}_{k/k-1}^{\mathrm{T}}+\boldsymbol{\Gamma}_{k-1}\boldsymbol{Q}_{k-1}\boldsymbol{\Gamma}_{k-1}^{\mathrm{T}}\\ \boldsymbol{K}_k=\boldsymbol{P}_{k/k-1}\boldsymbol{H}_k^{\mathrm{T}}(\boldsymbol{H}_k\boldsymbol{P}_{k/k-1}\boldsymbol{H}_k^{\mathrm{T}}+\boldsymbol{R}_k)^{-1}\\ \hat{\boldsymbol{X}}_k=\hat{\boldsymbol{X}}_{k/k-1}+\boldsymbol{K}_k[\boldsymbol{Z}_k-\boldsymbol{h}(\hat{\boldsymbol{X}}_{k/k-1})]\\ \boldsymbol{P}_k=(\boldsymbol{I}-\boldsymbol{K}_k\boldsymbol{H}_k)\boldsymbol{P}_{k/k-1}\end{cases} \tag{5.212}$$

5.4.5 无迹卡尔曼滤波

扩展卡尔曼滤波可以用于解决系统方程和量测方程都是非线性的滤波估计问题,但是必须对系统和量测方程做泰勒级数展开并保留线性项,最后将其转换为标准卡尔曼滤波器进行处理,所以扩展卡尔曼滤波器本质上与普通卡尔曼滤波器是一致的,只是其改变了系统状态量的选择。而且由于在线性化的过程中舍弃了高阶级数分量,因此系统非线性越强,其引起的系统误差越大。为了解决强非线性的系统估计问题,1995 年,S. J. Julier 和 J. K. Uhlmann 提出了无迹卡尔曼滤波算法。无迹卡尔曼滤波器(Unscented Kalman Filter, UKF)是一种用于非线性系统状态估计的滤波算法,它的基本方法是通过一组称为“sigma 点”的采样点来近似非线性系统的概率分布,从而避免对非线性函数进行线性化的过程。

设 $\boldsymbol{X}$ 为被估计随机矢量,对 $\boldsymbol{X}$ 的量测为随机矢量 $\boldsymbol{Z}$,则 $\boldsymbol{X}$ 基于 $\boldsymbol{Z}$ 的线性最小方差估计为

$$\hat{\boldsymbol{X}}_{ML}=E\boldsymbol{X}+\boldsymbol{C}_{XZ}\boldsymbol{C}_{XZ}^{-1}(\boldsymbol{Z}-E\boldsymbol{X}) \tag{5.213}$$

估计的均方误差为

$$\boldsymbol{P}=\boldsymbol{C}_{XX}-\boldsymbol{C}_{XZ}\boldsymbol{C}_{XZ}^{-1}\boldsymbol{C}_{ZX} \tag{5.214}$$

式(5.213)和式(5.214)适用于 $\boldsymbol{X}$ 和 $\boldsymbol{Z}$ 服从任意分布。当两者均服从于正态分布时,所得的估计值即线性估计中的最高精度,也是所有估计中的最高精度,同时也是最小方差估计。

设系统方程和量测方程满足离散形式为

$$\begin{cases}\boldsymbol{X}_k=\boldsymbol{f}(\boldsymbol{X}_{k-1})+\boldsymbol{W}_{k-1}\\ \boldsymbol{Z}_k=\boldsymbol{h}(\boldsymbol{X}_k)+\boldsymbol{V}_k\end{cases} \tag{5.215}$$

式中：$\boldsymbol{f}$ 和 $\boldsymbol{h}$ 都是非线性矢量函数；$\boldsymbol{W}_k$ 和 $\boldsymbol{V}_k$ 为不相关的零均值白噪声，方差阵分别为 $\boldsymbol{Q}_k$ 和 $\boldsymbol{R}_k$。则 $\boldsymbol{X}_k$ 基于 $\boldsymbol{Z}_o^k=\{Z_0,Z_1,Z_2,\cdots,Z_k\}$ 的线性最小方差估计为

$$\hat{\boldsymbol{X}}_k=E^*[\boldsymbol{X}_k/\boldsymbol{Z}_o^k]=E^*[\boldsymbol{X}_k/\boldsymbol{Z}_o^{k-1},\boldsymbol{Z}_k] \tag{5.216}$$

根据最小二乘方差估计的线性性质，得

$$\hat{\boldsymbol{X}}_k=E^*[\boldsymbol{X}_k/\boldsymbol{Z}_o^{k-1}]+E^*[\boldsymbol{X}_k/\boldsymbol{Z}_k]-E\boldsymbol{X}_k=\hat{\boldsymbol{X}}_{k/k-1}+E^*[\boldsymbol{X}_k/\boldsymbol{Z}_k]-E\boldsymbol{X}_k \tag{5.217}$$

令 $\boldsymbol{X}=\boldsymbol{X}_k,\boldsymbol{Z}=\boldsymbol{Z}_k$，则

$$\begin{aligned}E^*[\boldsymbol{X}_k/\boldsymbol{Z}_k]&=E[\boldsymbol{X}_k/\boldsymbol{Z}_k]=E\boldsymbol{X}+\boldsymbol{C}_{XZ}\boldsymbol{C}_{ZZ}^{-1}(\boldsymbol{Z}-E\boldsymbol{Z})\\&=E\boldsymbol{X}_k+E[(\boldsymbol{X}_k-E\boldsymbol{X}_k)(\boldsymbol{Z}_k-E\boldsymbol{Z}_k)^{\mathrm{T}}]\{E[(\boldsymbol{Z}_k-E\boldsymbol{Z}_k)(\boldsymbol{Z}_k-E\boldsymbol{Z}_k)^{\mathrm{T}}]\}^{-1}(\boldsymbol{Z}_k-E\boldsymbol{Z}_k)\\&\approx E\boldsymbol{X}_k+E[(\boldsymbol{X}_k-\hat{\boldsymbol{X}}_{k/k-1})(\boldsymbol{Z}_k-\hat{\boldsymbol{Z}}_{k/k-1})^{\mathrm{T}}]\{E[(\boldsymbol{Z}_k-\hat{\boldsymbol{Z}}_{k/k-1})(\boldsymbol{Z}_k-\hat{\boldsymbol{Z}}_{k/k-1})^{\mathrm{T}}]\}^{-1}\\&\quad(\boldsymbol{Z}_k-\hat{\boldsymbol{Z}}_{k/k-1})\end{aligned} \tag{5.218}$$

式(5.218)中均值近似为条件均值 $E\boldsymbol{Z}_k\approx\hat{\boldsymbol{Z}}_{k/k-1},E\boldsymbol{X}_k\approx\hat{\boldsymbol{X}}_{k/k-1}$。

令

$$\boldsymbol{P}_{XZ_{k/k-1}}=E[(\boldsymbol{X}_k-\hat{\boldsymbol{X}}_{k/k-1})(\boldsymbol{Z}_k-\hat{\boldsymbol{Z}}_{k/k-1})^{\mathrm{T}}]$$

$$\boldsymbol{P}_{ZZ_{k/k-1}}=E[(\boldsymbol{X}_k-\hat{\boldsymbol{X}}_{k/k-1})(\boldsymbol{Z}_k-\hat{\boldsymbol{Z}}_{k/k-1})^{\mathrm{T}}]$$

则

$$E^*[\boldsymbol{X}_k/\boldsymbol{Z}_k]=E\boldsymbol{X}_k+\boldsymbol{P}_{XZ_{k/k-1}}\boldsymbol{P}_{ZZ_{k/k-1}}^{-1}(\boldsymbol{Z}_k-\hat{\boldsymbol{Z}}_{k/k-1})=E\boldsymbol{X}_k+\boldsymbol{K}_k(\boldsymbol{Z}_k-\hat{\boldsymbol{Z}}_{k/k-1}) \tag{5.219}$$

鉴于 $\boldsymbol{P}_{ZZ_{k/k-1}}$ 为对称阵，有 $\boldsymbol{P}_{ZZ_{k/k-1}}=\boldsymbol{P}_{ZZ_{k/k-1}}^{\mathrm{T}}$，则状态估计的方差阵为

$$\begin{aligned}\boldsymbol{P}_k&=\boldsymbol{C}_X-\boldsymbol{C}_{XZ}\boldsymbol{C}_{ZZ}^{-1}\boldsymbol{C}_{ZX}\\&=\boldsymbol{P}_{k/k-1}-\boldsymbol{P}_{XZ_{k/k-1}}\boldsymbol{P}_{ZZ_{k/k-1}}^{-1}\boldsymbol{P}_{ZZ_{k/k-1}}\boldsymbol{P}_{ZZ_{k/k-1}}^{-1}\boldsymbol{P}_{XZ_{k/k-1}}^{\mathrm{T}}\\&=\boldsymbol{P}_{k/k-1}-\boldsymbol{K}_k\boldsymbol{P}_{ZZ_{k/k-1}}\boldsymbol{K}_k^{\mathrm{T}}\end{aligned} \tag{5.220}$$

以上给出了无迹卡尔曼滤波的核心算法。在具体实现时，计算过程如下：

(1)选定滤波器的初值为

$$\begin{cases}\hat{\boldsymbol{X}}_0=E\boldsymbol{X}_0\\\boldsymbol{P}_0=E[(\boldsymbol{X}_0-\hat{\boldsymbol{X}}_0)(\boldsymbol{X}_0-\hat{\boldsymbol{X}}_0)^{\mathrm{T}}]\end{cases} \tag{5.221}$$

(2)计算 $k-1$ 时刻的 $2n+1$ 个 σ 样本点：

$$\begin{cases}\tilde{\boldsymbol{x}}_{k-1}^{(0)}=\hat{\boldsymbol{X}}_{k-1}\\\tilde{\boldsymbol{x}}_{k-1}^{(i)}=\tilde{\boldsymbol{x}}_{k-1}^{(0)}+\gamma(\sqrt{\boldsymbol{P}_{k-1}})_{(i)},\quad i=1,2,\cdots,n\\\tilde{\boldsymbol{x}}_{k-1}^{(i)}=\tilde{\boldsymbol{x}}_{k-1}^{(0)}-\gamma(\sqrt{\boldsymbol{P}_{k-1}})_{(i-n)},\quad i=n+1,n+2,\cdots,2n\end{cases} \tag{5.222}$$

式中：

$$\begin{cases}\gamma=\sqrt{n+\lambda}\\ \lambda=\alpha^2(n+\kappa)-n\end{cases} \tag{5.223}$$

α 是很小的正数，可以取$10^{-4}\leqslant\alpha\leqslant1$，$\kappa=3-n$。

(3)计算模型一步预测值：

$$\begin{cases}\boldsymbol{x}_{k,k-1}^{*(i)}=\boldsymbol{f}(\tilde{\boldsymbol{x}}_{k-1}^{(i)})\\ \hat{\boldsymbol{X}}_{k/k-1}=\sum_{i=0}^{2n}\boldsymbol{W}_i^{(m)}\boldsymbol{x}_{k,k-1}^{*(i)}\\ \boldsymbol{P}_{k/k-1}=\sum_{i=0}^{2n}\boldsymbol{W}_i^{(c)}[\boldsymbol{x}_{k,k-1}^{*(i)}-\hat{\boldsymbol{X}}_{k/k-1}][\boldsymbol{x}_{k,k-1}^{*(i)}-\hat{\boldsymbol{X}}_{k/k-1}]^{\mathrm{T}}+\boldsymbol{Q}_{k-1}\end{cases},i=0,1,2,\cdots,2n \tag{5.224}$$

式中：

$$\begin{cases}\boldsymbol{W}_0^{(m)}=\dfrac{\lambda}{n+\lambda}\\ \boldsymbol{W}_0^{(c)}=\dfrac{\lambda}{n+\lambda}+1-\alpha^2+\beta\\ \boldsymbol{W}_i^{(m)}=\boldsymbol{W}_i^{(c)}=\dfrac{1}{2(n+\lambda)},\quad i=1,2,\cdots,2n\end{cases} \tag{5.225}$$

对于正态分布，$\beta=2$。

(4)计算 k 时刻一步预测样本点：

$$\begin{cases}\boldsymbol{x}_{k,k-1}^{(0)}=\hat{\boldsymbol{X}}_{k/k-1}\\ \boldsymbol{x}_{k,k-1}^{(i)}=\boldsymbol{x}_{k,k-1}^{(0)}+\gamma(\sqrt{\boldsymbol{P}_{k/k-1}})_{(i)},\quad i=1,2,\cdots,n\\ \boldsymbol{x}_{k,k-1}^{(i)}=\boldsymbol{x}_{k,k-1}^{(0)}-\gamma(\sqrt{\boldsymbol{P}_{k/k-1}})_{(i-n)},\quad i=n+1,n+2,\cdots,2n\end{cases} \tag{5.226}$$

(5)计算 $\boldsymbol{P}_{XZ_{k/k-1}}$ 和 $\boldsymbol{P}_{ZZ_{k/k-1}}$：

$$\begin{cases}\boldsymbol{P}_{XZ_{k/k-1}}=\sum_{i=0}^{2n}\boldsymbol{W}_i^{(c)}[\boldsymbol{x}_{k,k-1}^{(i)}-\hat{\boldsymbol{X}}_{k/k-1}][\mathbb{Z}_{k,k-1}^{(i)}-\hat{\boldsymbol{Z}}_{k/k-1}]^{\mathrm{T}}\\ \boldsymbol{P}_{ZZ_{k/k-1}}=\sum_{i=0}^{2n}\boldsymbol{W}_i^{(c)}[\mathbb{Z}_{k,k-1}^{(i)}-\hat{\boldsymbol{Z}}_{k/k-1}][\mathbb{Z}_{k,k-1}^{(i)}-\hat{\boldsymbol{Z}}_{k/k-1}]^{\mathrm{T}}+\boldsymbol{R}_k\end{cases} \tag{5.227}$$

式中：

$$\begin{cases}\mathbb{Z}_{k,k-1}^{(i)}=\boldsymbol{h}[\boldsymbol{x}_{k,k-1}^{(i)}]\\ \hat{\boldsymbol{Z}}_{k/k-1}=\sum_{i=0}^{2n}\boldsymbol{W}_i^{(m)}\mathbb{Z}_{k,k-1}^{(i)}\end{cases},i=0,1,2,\cdots,2n \tag{5.228}$$

(6)计算增益矩阵：

$$\boldsymbol{K}_k = \boldsymbol{P}_{XZ_{k/k-1}} \boldsymbol{P}_{ZZ_{k/k-1}}^{-1} \tag{5.229}$$

(7)计算滤波值：

$$\hat{\boldsymbol{X}}_k = \hat{\boldsymbol{X}}_{k/k-1} + \boldsymbol{K}_k [\boldsymbol{Z}_k - \hat{\boldsymbol{Z}}_{k/k-1}] \tag{5.230}$$

$$\boldsymbol{P}_k = \boldsymbol{P}_{k/k-1} - \boldsymbol{K}_k \boldsymbol{P}_{ZZ_{k/k-1}} \boldsymbol{K}_k^{\mathrm{T}} \tag{5.231}$$

从以上的计算实现过程可以看出，在多样本点的更新和量测值计算上，其可以根据系统方程和量测方程的非线性矢量方程直接计算得到，避免了类似扩展卡尔曼滤波器实现过程中雅可比矩阵的求解，也因此可以避免在雅可比矩阵求解过程中对高阶级数分量舍弃引起的线性化误差，相比于扩展卡尔曼滤波器，无迹卡尔曼滤波对非线性系统的适用性更强。

5.4.6 联邦卡尔曼滤波

现代导航技术实现手段多种多样，除以惯性导航系统作为核心导航设备，可以靠全球卫星导航系统、罗兰无线电导航系统、天文导航系统、地形辅助导航、声学导航定位系统以及视觉导航等多种辅助手段。利用卡尔曼滤波对组合导航系统进行最优组合有两种方案：一种是集中式卡尔曼滤波器；另一种是分散式卡尔曼滤波器。集中式卡尔曼滤波器利用一个卡尔曼滤波器集中地处理所有导航系统的信息，理论上可以给出误差状态的最优估计，但是存在以下缺点：集中式卡尔曼滤波状态维数高，计算量大，不适用于滤波的实时运行。滤波器的计算量随着状态维数 n 的增加呈 n^3 增加；集中式滤波器将所有子系统建立在一个滤波中，任何一个系统的故障都会进入整个滤波器，影响滤波中的其他状态，使组合导航的输出信息异常。

本节介绍一种分散式的滤波方案，称为联邦卡尔曼滤波器(Federated Kalman Filter，FKF)。联邦卡尔曼滤波器容错性能好，当一个或几个导航子系统出现问题时，能更容易地检测和分离故障，并能很快地将余下正常的导航子系统重新组合以便于继续滤波，由局部滤波结果到全局滤波的合成算法简单，计算量小，有利于算法的实现[11-12]。

首先介绍有两个局部滤波器的情况。局部状态估计分别为 $\hat{\boldsymbol{X}}_1$ 和 $\hat{\boldsymbol{X}}_2$，相对应的估计方差为 $\boldsymbol{P}_{11}$ 和 $\boldsymbol{P}_{22}$。融合后的全局状态估计值 $\hat{\boldsymbol{X}}_g$ 为局部状态估计的线性组合。

$$\hat{\boldsymbol{X}}_g = \boldsymbol{W}_1 \hat{\boldsymbol{X}}_1 + \boldsymbol{W}_2 \hat{\boldsymbol{X}}_2 \tag{5.232}$$

如果 $\hat{\boldsymbol{X}}_1$ 和 $\hat{\boldsymbol{X}}_2$ 是无偏估计，且选择合适的 $\boldsymbol{W}_1$ 和 $\boldsymbol{W}_2$，那么 $\hat{\boldsymbol{X}}_k$ 也应当是无偏估计。对应误差的协方差阵 $\boldsymbol{P}_g$ 也应当是最小的。

由

$$E\{\boldsymbol{X}-\hat{\boldsymbol{X}}_g\}=E\{\boldsymbol{X}-\boldsymbol{W}_1\hat{\boldsymbol{X}}_1-\boldsymbol{W}_2\hat{\boldsymbol{X}}_2\}=0 \tag{5.233}$$

可得

$$\{\boldsymbol{I}-\boldsymbol{W}_1-\boldsymbol{W}_2\}E\{\boldsymbol{X}\}+\boldsymbol{W}_1E\{\boldsymbol{X}-\hat{\boldsymbol{X}}_1\}+\boldsymbol{W}_2E\{\boldsymbol{X}-\hat{\boldsymbol{X}}_2\}=0 \tag{5.234}$$

由于 $\hat{\boldsymbol{X}}_1$ 和 $\hat{\boldsymbol{X}}_2$ 均是无偏估计,因此有

$$\boldsymbol{I}-\boldsymbol{W}_1-\boldsymbol{W}_2=0 \tag{5.235}$$

将式(5.235)代入式(5.232)得

$$\hat{\boldsymbol{X}}_g=\hat{\boldsymbol{X}}_1+\boldsymbol{W}_2(\hat{\boldsymbol{X}}_2-\hat{\boldsymbol{X}}_1) \tag{5.236}$$

那么

$$\boldsymbol{X}-\hat{\boldsymbol{X}}_g=(\boldsymbol{I}-\boldsymbol{W}_2)(\boldsymbol{X}-\hat{\boldsymbol{X}}_1)+\boldsymbol{W}_2(\boldsymbol{X}-\hat{\boldsymbol{X}}_2) \tag{5.237}$$

于是,可以得到估计误差的协方差阵为

$$\begin{aligned}\boldsymbol{P}_g&=E\{(\boldsymbol{X}-\hat{\boldsymbol{X}}_g)(\boldsymbol{X}-\hat{\boldsymbol{X}}_g)^{\mathrm{T}}\}\\&=\boldsymbol{P}_{11}-\boldsymbol{W}_2(\boldsymbol{P}_{11}-\boldsymbol{P}_{12})^{\mathrm{T}}-(\boldsymbol{P}_{11}-\boldsymbol{P}_{12})\boldsymbol{W}_2^{\mathrm{T}}+\boldsymbol{W}_2(\boldsymbol{P}_{11}-\boldsymbol{P}_{12}-\boldsymbol{P}_{21}+\boldsymbol{P}_{22})\boldsymbol{W}_2^{\mathrm{T}}\end{aligned} \tag{5.238}$$

式中:

$$\begin{cases}\boldsymbol{P}_{11}=E\{(\boldsymbol{X}-\hat{\boldsymbol{X}}_1)(\boldsymbol{X}-\hat{\boldsymbol{X}}_1)^{\mathrm{T}}\}\\\boldsymbol{P}_{11}=E\{(\boldsymbol{X}-\hat{\boldsymbol{X}}_2)(\boldsymbol{X}-\hat{\boldsymbol{X}}_2)^{\mathrm{T}}\}\\\boldsymbol{P}_{12}=E\{(\boldsymbol{X}-\hat{\boldsymbol{X}}_1)(\boldsymbol{X}-\hat{\boldsymbol{X}}_2)^{\mathrm{T}}\}\\\boldsymbol{P}_{21}=E\{(\boldsymbol{X}-\hat{\boldsymbol{X}}_2)^{\mathrm{T}}(\boldsymbol{X}-\hat{\boldsymbol{X}}_1)\}\end{cases} \tag{5.239}$$

令 $\boldsymbol{P}_g$ 最小,则

$$\frac{\partial \mathrm{tr}\boldsymbol{P}_g}{\partial \boldsymbol{W}_2}=-(\boldsymbol{P}_{11}-\boldsymbol{P}_{12})-(\boldsymbol{P}_{11}-\boldsymbol{P}_{12})+2\boldsymbol{W}_2(\boldsymbol{P}_{11}-\boldsymbol{P}_{12}-\boldsymbol{P}_{21}+\boldsymbol{P}_{22})=0 \tag{5.240}$$

将式(5.240)代入式(5.236)和式(5.238)得

$$\boldsymbol{P}_g=\boldsymbol{P}_{11}-(\boldsymbol{P}_{11}-\boldsymbol{P}_{12})(\boldsymbol{P}_{11}+\boldsymbol{P}_{22}-\boldsymbol{P}_{21}-\boldsymbol{P}_{12})^{-1}(\boldsymbol{P}_{11}-\boldsymbol{P}_{12})^{\mathrm{T}} \tag{5.241}$$

$$\hat{\boldsymbol{X}}_g=\hat{\boldsymbol{X}}_1+(\boldsymbol{P}_{11}-\boldsymbol{P}_{12})(\boldsymbol{P}_{11}+\boldsymbol{P}_{22}-\boldsymbol{P}_{21}-\boldsymbol{P}_{12})^{-1}(\hat{\boldsymbol{X}}_2-\hat{\boldsymbol{X}}_1) \tag{5.242}$$

由于

$$\begin{aligned}&\boldsymbol{P}_{11}-\boldsymbol{P}_{12}-\boldsymbol{P}_{21}+\boldsymbol{P}_{22}\\&=E\{[(\boldsymbol{X}-\hat{\boldsymbol{X}}_1)-(\boldsymbol{X}-\hat{\boldsymbol{X}}_2)][(\boldsymbol{X}-\hat{\boldsymbol{X}}_1)-(\boldsymbol{X}-\hat{\boldsymbol{X}}_2)]^{\mathrm{T}}\}\\&=E\{(\hat{\boldsymbol{X}}_1-\hat{\boldsymbol{X}}_2)(\hat{\boldsymbol{X}}_1-\hat{\boldsymbol{X}}_2)^{\mathrm{T}}\}>0\end{aligned} \tag{5.243}$$

可得

$$(\boldsymbol{P}_{11}-\boldsymbol{P}_{12})(\boldsymbol{P}_{11}+\boldsymbol{P}_{22}-\boldsymbol{P}_{21}-\boldsymbol{P}_{12})^{-1}(\boldsymbol{P}_{11}-\boldsymbol{P}_{12})^{\mathrm{T}}>0 \tag{5.244}$$

因此，全局的估计方差 $\boldsymbol{P}_g$ 小于两个局部滤波器方差 $\boldsymbol{P}_{11}$ 和 $\boldsymbol{P}_{22}$。

当 $\hat{\boldsymbol{X}}_1$ 和 $\hat{\boldsymbol{X}}_2$ 不相关时，即 $\boldsymbol{P}_{12}=\boldsymbol{P}_{21}=0$，全局状态估计和方差可以简化为

$$\begin{aligned}\hat{\boldsymbol{X}}_g &= \boldsymbol{P}_g(\boldsymbol{P}_{11}^{-1}\hat{\boldsymbol{X}}_1+\boldsymbol{P}_{22}^{-1}\hat{\boldsymbol{X}}_2)\\ \boldsymbol{P}_g &= (\boldsymbol{P}_{11}^{-1}+\boldsymbol{P}_{22}^{-1})^{-1}\end{aligned} \tag{5.245}$$

利用归纳法，可以将上述公式推广到 N 个局部估计的状态估计和方差为

$$\begin{cases}\hat{\boldsymbol{X}}_g = \boldsymbol{P}_g\sum\limits_{i=1}^{N}\boldsymbol{P}_{ii}^{-1}\hat{\boldsymbol{X}}_i\\ \boldsymbol{P}_g = \left(\sum\limits_{i=1}^{N}\boldsymbol{P}_{ii}^{-1}\right)^{-1}\end{cases} \tag{5.246}$$

联邦卡尔曼滤波处理流程示意图如图 5.7 所示。

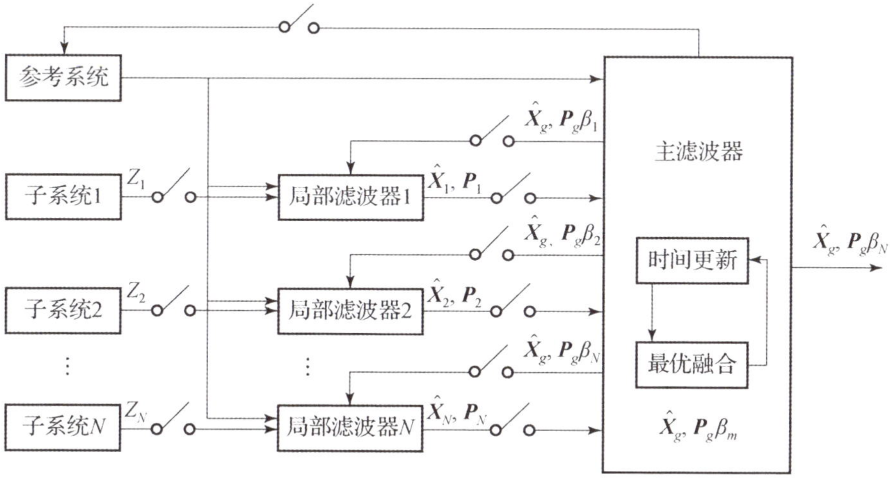

图 5.7　联邦卡尔曼滤波处理流程示意图

假设有 N 个子滤波器，状态空间模型如下：

$$\begin{cases}\boldsymbol{X}_k^{(i)} = \boldsymbol{\Phi}_{k/k-1}^{(i)}\boldsymbol{X}_{k-1}^{(i)}+\boldsymbol{\Gamma}_{k-1}^{(i)}\boldsymbol{W}_{k-1}^{(i)}\\ \boldsymbol{Z}_k^{(i)} = \boldsymbol{H}_k^{(i)}\boldsymbol{X}_k^{(i)}+\boldsymbol{V}_k^{(i)}\end{cases} \tag{5.247}$$

式中：

$$\boldsymbol{X}_k^{(i)} = \begin{bmatrix}\boldsymbol{X}_k^{(ci)}\\ \boldsymbol{X}_k^{(bi)}\end{bmatrix} \tag{5.248}$$

$\boldsymbol{X}_k^{(ci)}$ 为所有子滤波器共有的公共状态；$\boldsymbol{X}_k^{(bi)}$ 为第 i 个子滤波器的专有状态。假

设 $k-1$ 时刻第 i 个子滤波器的状态估计及其均方误差阵分别为

$$\hat{\boldsymbol{X}}_{k-1}^{(i)}=\begin{bmatrix}\hat{\boldsymbol{X}}_{k-1}^{(ci)}\\ \hat{\boldsymbol{X}}_{k-1}^{(bi)}\end{bmatrix} \tag{5.249}$$

$$\boldsymbol{P}_{k-1}^{(i)}=E[\tilde{\boldsymbol{X}}_{k-1}^{(i)}(\tilde{\boldsymbol{X}}_{k-1}^{(i)})^{\mathrm{T}}]=\begin{bmatrix}\boldsymbol{P}_{k-1}^{(ci)} & \boldsymbol{P}_{k-1}^{(cibi)}\\ \boldsymbol{P}_{k-1}^{(bici)} & \boldsymbol{P}_{k-1}^{(bi)}\end{bmatrix} \tag{5.250}$$

各子滤波器经过信息融合为

$$\boldsymbol{P}_{k-1}^{g}=\left[\sum_{i=1}^{N}(\boldsymbol{P}_{k-1}^{(ci)})^{-1}\right]^{-1} \tag{5.251}$$

$$\hat{\boldsymbol{X}}_{k-1}^{g}=\boldsymbol{P}_{k-1}^{g}\sum_{i=1}^{N}(\boldsymbol{P}_{k-1}^{(ci)})^{-1}\hat{\boldsymbol{X}}_{k-1}^{(ci)} \tag{5.252}$$

在开始滤波前,经重置后滤波初值选择为

$$\begin{cases}\boldsymbol{P}_{k-1}^{(i)}=\beta_i^{-1}\boldsymbol{P}_{g,k-1}\\ \boldsymbol{Q}_{k-1}^{(i)}=\beta_i^{-1}\boldsymbol{Q}_{g,k-1}\end{cases} \tag{5.253}$$

其中

$$\sum_{i=1}^{N}\beta_i+\beta_m=1 \tag{5.254}$$

按照 β 的数据设计产生了不同的信息分配策略,以下给出了 4 种实现模式与对应的特点。

(1)零复位模式($\beta_m=1,\beta_i=0$,零式化重置):主滤波器分配到全部的信息,故障检测和隔离能力强;减少了数据通信量,计算简单,但解算精度不高。

(2)变比例模式($\beta_m=\beta_i=1/(N+1)$,有重置):主滤波器与子滤波器之间平均分配信息;融合后全局滤波精度高,由于全局精度高,子滤波器精度对应提高;但是一个子滤波器发生故障后,主滤波器会受到污染,隔离后需重新初始化主滤波器。

(3)无反馈模式($\beta_m=0,\beta_i=1/N$,无重置):主滤波器状态方程无信息分配,主滤波器不需要进行滤波,只进行融合计算;子滤波器独立滤波,没有反馈环节提升系统的容错性能;由于没有全局估计的反馈,子滤波器估计精度降低。

(4)融合-反馈模式($\beta_m=0,\beta_i=1/N$,有重置):主滤波器状态反馈到子滤波器,子滤波器精度较高,但是由于反馈环节会使单个子系统的故障引入整个滤波器,需要检测隔离子系统后,再对滤波器进行重置。

参考文献

[1] 俞济祥. 卡尔曼滤波及其在惯性导航中的应用[M]. 北京:航空专业教材编审组,1984.

[2] 秦永元,张洪钺,汪叔华. 卡尔曼滤波与组合导航原理[M]. 西安:西北工业大学出版社,1998.

[3] KALMAN R E. A New Approach to Linear Filtering and Prediction Problems[J]. Journal of Basic Engineering,1960,82(1):35 – 45.

[4] CHUI C K,CHEN G G. 卡尔曼滤波及其实时应用[M]. 戴洪德,周绍磊,戴邵武,等译. 北京:清华大学出版社,2018.

[5] 严恭敏,翁浚. 捷联惯导算法与组合导航原理[M]. 西安:西北工业大学出版社,2019.

[6] 万德钧,房建成. 惯性导航系统初始对准[M]. 南京:东南大学出版社,1998.

[7] 程向红,万德钧,仲巡. 捷联惯导系统的可观测性和可观测度研究[J]. 东南大学学报(自然科学版),1997,27(6):6 – 11.

[8] 李杨,孙伟强,王兴岭,等. 空间不一致在动态对准中影响分析及补偿方法[J]. 中国惯性技术学报,2018,26(5):567 – 570.

[9] SAGE A P,HUSA G W. Adaptieve Filtering with Unkonwn Priori Statistics[C]//Proceedings of the Joint Automatic Control Conference. New York,USA:ASME,1965:760 – 769.

[10] 周东华,席裕庚,张钟俊. 一种带多重次优渐消因子的扩展卡尔曼滤波器[J]. 自动化学报,1991,17(6):689 – 695,758.

[11] 顾启泰,王颂. 联邦滤波器的最优性[J]. 清华大学学报(自然科学版). 2003,43(11):1460 – 1463.

[12] 邱恺,吴训忠,张宗麟,等. 全局最优联邦滤波器信息分配原则[J]. 控制理论与应用,2007,24(1):39 – 45.

第 6 章　光学陀螺惯性导航系统对准与标定

6.1 概　述

初始对准是惯性导航设备启动完成自检及惯性参数初始化后，进行导航参数初始化的过程，该过程任务是对惯性导航设备姿态、速度和位置等信息的初值确定。完成初始对准后的惯性导航设备可以提供准确的初始姿态、速度、位置信息，在此基础上进行惯性迭代积分计算，只有经过对准后才能转为自主导航、惯性/卫星组合导航等状态。对准的前提是准确惯性量的测量，而每一个惯性器件都不是理想器件。本章针对光学惯性测量单元的零偏、敏感轴安装误差和标度因数等诸多参数的标定方法进行了介绍，只有经过标定校准后的器件才能准确反映载体的三维角速度和三维加速度信息，也只有经过标定补偿后的惯性测量信息才能用于惯性导航。

6.2 光学惯性导航初始对准

光学惯性导航系统实现初始对准有多种方案，其应用场景和原理各不相同，从早期的光学惯性导航罗经方案到以静基准为隐含条件的解析式对准，后来发展的动基座对准，以及动基座下多种导航参数匹配的传递对准，在设计光学惯性导航初始对准算法时，需要根据惯性导航系统的应用条件以及惯性导航系统自身的惯性元件精度来选择适合的算法，本节以光学惯性导航系统应用场景较多的自主初始对准为例，即在没有主惯性导航姿态角辅助条件下，利用外参考位置或者速度信息进行姿态角初始化的初始对准技术。

6.2.1 粗对准

粗对准算法是为了“粗略”地确定载体姿态角的过程，相比对准精度，粗对准强调的是对准速度，在最短时间内实现粗略姿态角计算功能，为后续精对准提供小误差失准角。粗对准算法是影响初始对准精度的重要因素之一，虽然对精度要求不高，但粗对准误差过大会导致后续精对准滤波器收敛精度降低甚至超差，是整个初始对准过程的关键步骤。

粗对准的目的是寻找大略的方向余弦矩阵 $\boldsymbol{C}_b^n$，是进行卡尔曼精对准的基础。方案的基本思路以惯性坐标系作为参考基准，初始固定两个惯性坐标系，分别为初始的导航系 n_0 和载体系 b_0，之后更新载体相对惯性坐标系的角运动四元数，并利用重力和载体线运动在两个惯性坐标系间的变换关系求取两个凝固惯性坐标系的变换阵，由此反推 $\boldsymbol{C}_b^n$。基于惯性凝固坐标系的粗对准[1-2]流程如图 6.1 所示。

首先将方位余弦阵分解为

$$\boldsymbol{C}_b^n=\boldsymbol{C}_{n_0}^n\boldsymbol{C}_{b_0}^{n_0}\boldsymbol{C}_b^{b_0} \tag{6.1}$$

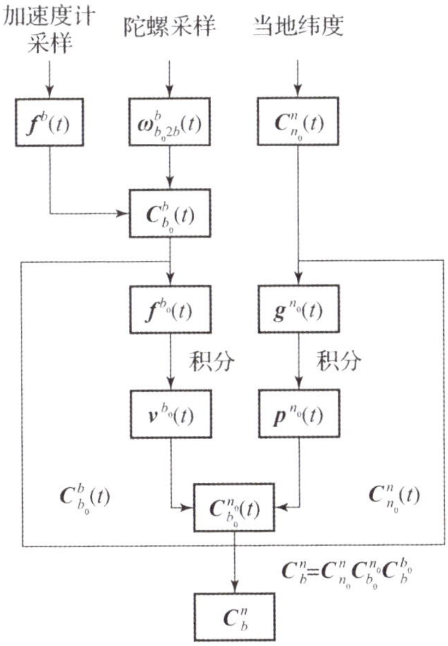

图 6.1 基于凝固惯性坐标系的粗对准流程

问题转为分别求取 $\boldsymbol{C}_{n_0}^n$、$\boldsymbol{C}_{b_0}^{n_0}$ 和 $\boldsymbol{C}_b^{b_0}$。

其中，$\boldsymbol{C}_{n_0}^n(t)$ 可以写成

$$\boldsymbol{C}_{n_0}^n(t)=\boldsymbol{C}_e^n(t)\boldsymbol{C}_{e_0}^e\boldsymbol{C}_{n_0}^{e_0} \tag{6.2}$$

式中:

$$\boldsymbol{C}_e^n(t)=\begin{bmatrix}-\sin\lambda_t & \cos\lambda_t & 0\\ -\sin L_t\cos\lambda_t & -\sin L_t\sin\lambda_t & \cos L_t\\ \cos L_t\cos\lambda_t & \cos L_t\sin\lambda_t & \sin L_t\end{bmatrix} \tag{6.3}$$

$$\boldsymbol{C}_{n_0}^{e_0}=\begin{bmatrix}0 & -\sin L_0 & \cos L_0\\ 1 & 0 & 0\\ 0 & \cos L_0 & \sin L_0\end{bmatrix} \tag{6.4}$$

$$\boldsymbol{C}_{e_0}^{e}(t)=\begin{bmatrix}\cos(\omega_{ie}t) & \sin(\omega_{ie}t) & 0\\ -\sin(\omega_{ie}t) & \cos(\omega_{ie}t) & 0\\ 0 & 0 & 1\end{bmatrix} \tag{6.5}$$

式中:λ_0 和 L_0 为对准初始时刻经度和纬度;λ_t 和 L_t 为对准 t 时刻的经度和纬度。

将式(6.3)~式(6.6)代入式(6.2)得

$$\boldsymbol{C}_{n_0}^{n}(t)=\begin{bmatrix}-\sin(\lambda_t-\lambda_0+\omega_{ie}t) & \cos(\lambda_t-\lambda_0+\omega_{ie}t) & 0\\ -\sin L_t\cos(\lambda_t-\lambda_0+\omega_{ie}t) & -\sin L_t\sin(\lambda_t-\lambda_0+\omega_{ie}t) & \cos L_t\\ \cos L_t\cos(\lambda_t-\lambda_0+\omega_{ie}t) & \cos L_t\sin(\lambda_t-\lambda_0+\omega_{ie}t) & \sin L_t\end{bmatrix} \tag{6.6}$$

$\boldsymbol{C}_b^{b_0}(t)$ 与姿态更新算法相同,利用姿态四元数更新求取微分方程。

$$\boldsymbol{Q}_{b_0}^{b_k}=\boldsymbol{Q}_{b_0}^{b_{k-1}}\circ\boldsymbol{Q}_{b_{k-1}}^{b_k} \tag{6.7}$$

$\boldsymbol{Q}_{b_{k-1}}^{b_k}$ 对应的等效旋转矢量为 $\boldsymbol{\theta}_{ib}^b$,对应的姿态更新四元数的计算结果如下,其中 $\boldsymbol{\theta}_{ib}^b$ 的构成采用子样补偿方法进行校正。

$$\boldsymbol{Q}_{b_{k-1}}^{b_k}=\begin{bmatrix}\cos\dfrac{|\boldsymbol{\theta}_{ib}^b|}{2}\\ \dfrac{\boldsymbol{\theta}_{ib}^b}{|\boldsymbol{\theta}_{ib}^b|}\sin\dfrac{|\boldsymbol{\theta}_{ib}^b|}{2}\end{bmatrix} \tag{6.8}$$

在惯性系下的加速度计测量值转换到初始时刻的载体系为

$$\boldsymbol{f}^{b_0}=\boldsymbol{C}_b^{b_0}\boldsymbol{f}^b \tag{6.9}$$

动基座下加速度计输出为

$$\boldsymbol{f}^b=\boldsymbol{g}^b+\boldsymbol{a}_d^b \tag{6.10}$$

式中:$\boldsymbol{g}^b$ 为重力在 b 系上投影;$\boldsymbol{a}_d^b$ 为载体线运动加速度。

定义 $\boldsymbol{v}^{b_0}=\int_{t_0}^{t_k}\boldsymbol{f}^{b_0}\mathrm{d}t$,有

$$\boldsymbol{v}^{b_0} = \int_{t_0}^{t_k} \boldsymbol{f}^{b_0}\mathrm{d}t = \int_{t_0}^{t_k} (\boldsymbol{C}_{n_0}^{b_0}\boldsymbol{C}_b^{n_0}\boldsymbol{g}^b + \boldsymbol{C}_b^{b_0}\boldsymbol{a}_d^b)\mathrm{d}t = \int_{t_0}^{t_k} \boldsymbol{C}_{n_0}^{b_0}\boldsymbol{g}^{n_0}\mathrm{d}t + \int_{t_0}^{t_k} \boldsymbol{C}_b^{b_0}\boldsymbol{a}_d^b\mathrm{d}t \tag{6.11}$$

式中：$\boldsymbol{g}^{n_0} = \boldsymbol{C}_n^{n_0}\boldsymbol{g}^n$。

另外，由惯性导航速度更新的基本方程为

$$\dot{\boldsymbol{v}}^n = \boldsymbol{f}^n - (2\boldsymbol{\omega}_{ie}^n + \boldsymbol{\omega}_{en}^n) \times \boldsymbol{v}^n + \boldsymbol{g}^n \tag{6.12}$$

简单移项可以得

$$\boldsymbol{g}^n = \dot{\boldsymbol{v}}^n + (\boldsymbol{\omega}_{in}^n + \boldsymbol{\omega}_{ie}^n) \times \boldsymbol{v}^n - \boldsymbol{f}^n \tag{6.13}$$

则

$$\begin{aligned}\boldsymbol{C}_{i_0}^{b_0}\int_{t_0}^{t_k} \boldsymbol{g}^{i_0}\mathrm{d}t &= \boldsymbol{C}_{i_0}^{b_0}\boldsymbol{C}_n^{i_0}\int_{t_0}^{t_k} \boldsymbol{g}^n\mathrm{d}t = \boldsymbol{C}_b^{b_0}\boldsymbol{C}_n^b\int_{t_0}^{t_k} [\dot{\boldsymbol{v}}^n + (\boldsymbol{\omega}_{in}^n + \boldsymbol{\omega}_{ie}^n) \times \boldsymbol{v}^n - \boldsymbol{f}^n]\mathrm{d}t \\ &= \boldsymbol{C}_b^{b_0}\int_{t_0}^{t_k} [\dot{\boldsymbol{v}}^b + (\boldsymbol{\omega}_{ib}^b + \boldsymbol{\omega}_{ie}^b) \times \boldsymbol{v}^b - \boldsymbol{f}^b]\mathrm{d}t\end{aligned} \tag{6.14}$$

式中：$\boldsymbol{v}^b$ 为外参考对地速度。

定义 $\boldsymbol{u}^{n_0} = \int_{t_0}^{t_k} \boldsymbol{g}^{n_0}\mathrm{d}t$，整理式(6.14)有

$$\boldsymbol{v}^{b_0} = \boldsymbol{C}_{n_0}^{b_0}\boldsymbol{u}^{n_0} \tag{6.15}$$

式中：$\boldsymbol{v}^{b_0} = \boldsymbol{C}_b^{b_0}\int_{t_0}^{t_k} [\dot{\boldsymbol{v}}^b + (\boldsymbol{\omega}_{ib}^b + \boldsymbol{\omega}_{ie}^b) \times \boldsymbol{v}^b - \boldsymbol{f}^b]\mathrm{d}t$；$\boldsymbol{u}^{n_0} = \int_{t_0}^{t_k} \boldsymbol{C}_n^{n_0}\boldsymbol{g}^n\mathrm{d}t$。

任意取对准过程中的两个时刻点 $\boldsymbol{v}^{b_0}(t_1) = \boldsymbol{C}_{n_0}^{b_0}\boldsymbol{u}^{n_0}(t_1)$，$\boldsymbol{v}^{b_0}(t_2) = \boldsymbol{C}_{n_0}^{b_0}\boldsymbol{u}^{n_0}(t_2)$，求得

$$\boldsymbol{C}_{n_0}^{b_0} = \begin{bmatrix} [\boldsymbol{u}^{n_0}(t_1)]^{\mathrm{T}} \\ [\boldsymbol{u}^{n_0}(t_1) \times \boldsymbol{u}^{n_0}(t_2)]^{\mathrm{T}} \\ [\boldsymbol{u}^{n_0}(t_1) \times \boldsymbol{u}^{n_0}(t_2) \times \boldsymbol{u}^{n_0}(t_1)]^{\mathrm{T}} \end{bmatrix}^{-1} \begin{bmatrix} [\boldsymbol{v}^{b_0}(t_1)]^{\mathrm{T}} \\ [\boldsymbol{v}^{b_0}(t_1) \times \boldsymbol{v}^{b_0}(t_2)]^{\mathrm{T}} \\ [\boldsymbol{v}^{b_0}(t_1) \times \boldsymbol{v}^{b_0}(t_2) \times \boldsymbol{v}^{b_0}(t_1)]^{\mathrm{T}} \end{bmatrix} \tag{6.16}$$

将 $\boldsymbol{C}_{n_0}^n$、$\boldsymbol{C}_b^{b_0}$ 和 $\boldsymbol{C}_{n_0}^{b_0}$ 代入式(6.1)中，即可求得方位余弦阵 $\boldsymbol{C}_b^n$。

由以上推导可以看出，粗对准的最大误差源为对准期间载体运动的加速度 $\boldsymbol{a}_d^b$，而对于做匀速运动的水面舰船而言，$\boldsymbol{a}_d^b$ 相对于 $\boldsymbol{g}^b$ 为小量，对于水面舰艇粗对准，要求在粗对准期间限制机动，在匀速直航条件下完成粗对准，对于车载惯性导航系统，则要求车辆在怠速下完成粗对准过程。

6.2.2　精对准

采用卡尔曼滤波技术进行光学惯性导航系统的初始对准、组合导航和组合校准，最基本的目的就是在外部信息（姿态、速度或位置）辅助条件下，将失准角、速度误差、位置误差估计出来，用它对捷联惯性导航系统的四元数、解算速

度、解算位置进行修正,使计算的导航坐标系与真实的导航坐标系尽可能重合。如果时间允许和可观性足够的前提下,可以将惯性元件的误差(陀螺仪漂移和加速度偏置)估计出来。卡尔曼滤波在惯性导航系统的作用方式[3]如图 6.2 所示。

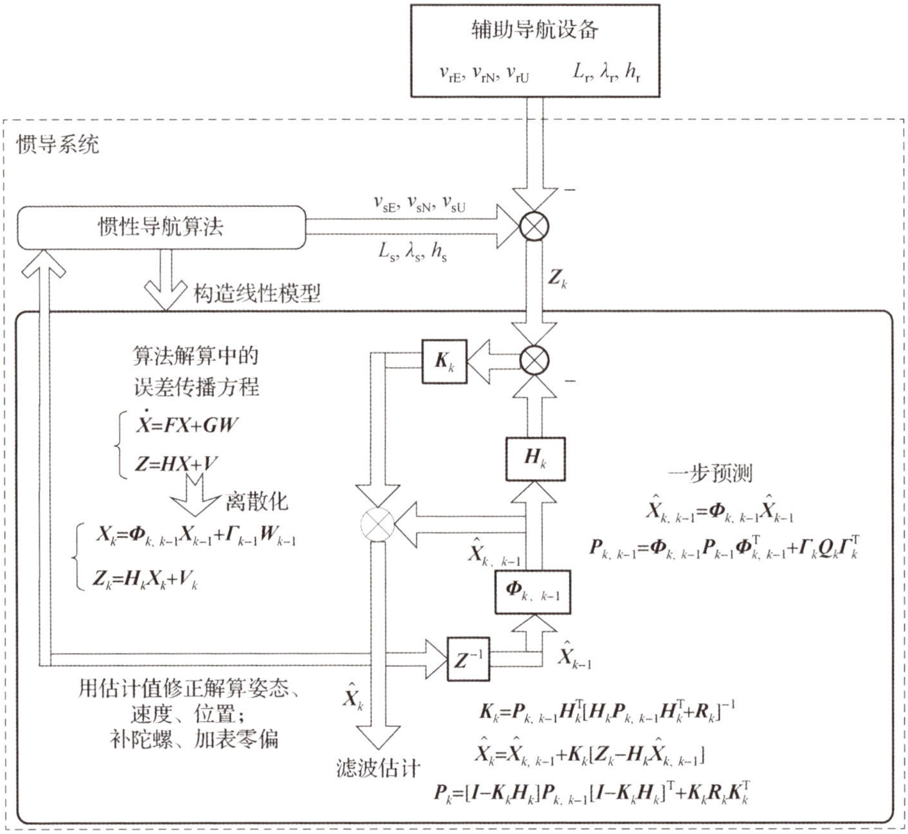

图 6.2　惯性导航卡尔曼滤波精对准流程

在第 5 章已经对光学惯性导航系统卡尔曼滤波的实现方法做了介绍,这里重新列写如下。

1. 状态方程

将陀螺仪漂移和加速度计偏置均可看作随机常数过程,有

$$\begin{cases}\delta\boldsymbol{\omega}_{ib}^{b}=\boldsymbol{\varepsilon}=[\varepsilon_x \quad \varepsilon_y \quad \varepsilon_z]^{\mathrm{T}}\\ \delta\boldsymbol{f}^{b}=\boldsymbol{\nabla}=[\nabla_x \quad \nabla_y \quad \nabla_z]^{\mathrm{T}}\end{cases}$$

取姿态误差角、速度误差、位置误差、陀螺和加速度计的零偏为状态变量,

卡尔曼滤波器状态量选取15维：

$$\boldsymbol{X}=[\phi_{\mathrm{E}} \quad \phi_{\mathrm{N}} \quad \phi_{\mathrm{U}} \quad \delta v_{\mathrm{E}} \quad \delta v_{\mathrm{N}} \quad \delta v_{\mathrm{U}} \quad \delta L \quad \delta\lambda \quad \delta h \quad \varepsilon_x^b \quad \varepsilon_y^b \quad \varepsilon_z^b \quad \nabla_x^b \quad \nabla_y^b \quad \nabla_z^b]^{\mathrm{T}} \tag{6.17}$$

式中：$\phi_{\mathrm{E}}, \phi_{\mathrm{N}}, \phi_{\mathrm{U}}$ 分别为东向、北向、天向姿态失准角误差，为初始对准主要的估计变量；$\delta v_{\mathrm{E}}, \delta v_{\mathrm{N}}, \delta v_{\mathrm{U}}$ 为东向、北向、天向速度误差估计量；$\delta L, \delta\lambda, \delta h$ 为纬度、经度和高度误差估计量。

由惯性导航系统误差[4]传播方程，卡尔曼滤波器连续系统的状态方程可以描述为

$$\dot{\boldsymbol{X}}=\boldsymbol{F}\boldsymbol{X}+\boldsymbol{G}\boldsymbol{W} \tag{6.18}$$

式中：$\boldsymbol{F}$ 为状态转移矩阵；$\boldsymbol{G}$ 为噪声驱动矩阵。

$$\boldsymbol{F}=\begin{bmatrix} \boldsymbol{F}_{11} & \boldsymbol{F}_{12} & \boldsymbol{F}_{13} & -\boldsymbol{C}_b^n & \boldsymbol{0}_{3\times3} \\ \boldsymbol{F}_{21} & \boldsymbol{F}_{22} & \boldsymbol{F}_{23} & \boldsymbol{0}_{3\times3} & \boldsymbol{C}_b^n \\ \boldsymbol{0}_{3\times3} & \boldsymbol{F}_{32} & \boldsymbol{F}_{33} & \boldsymbol{0}_{3\times3} & \boldsymbol{0}_{3\times3} \\ \multicolumn{5}{c}{\boldsymbol{0}_{6\times15}} \end{bmatrix} \tag{6.19}$$

其中

$$\boldsymbol{F}_{11}=\begin{bmatrix} 0 & \omega_{ie}\sin L+\dfrac{v_{\mathrm{E}}\tan L}{R_{\mathrm{N}}+h} & -\left(\omega_{ie}\cos L+\dfrac{v_{\mathrm{E}}}{R_{\mathrm{N}}+h}\right) \\ -\left(\omega_{ie}\sin L+\dfrac{v_{\mathrm{E}}\tan L}{R_{\mathrm{N}}+h}\right) & 0 & -\dfrac{v_{\mathrm{N}}}{R_{\mathrm{M}}+h} \\ \omega_{ie}\cos L+\dfrac{v_{\mathrm{E}}}{R_{\mathrm{N}}+h} & \dfrac{v_{\mathrm{N}}}{R_{\mathrm{M}}+h} & 0 \end{bmatrix} \tag{6.20}$$

$$\boldsymbol{F}_{12}=\begin{bmatrix} 0 & -\dfrac{1}{R_{\mathrm{M}}+h} & 0 \\ \dfrac{1}{R_{\mathrm{N}}+h} & 0 & 0 \\ \dfrac{\tan L}{R_{\mathrm{N}}+h} & 0 & 0 \end{bmatrix} \tag{6.21}$$

$$\boldsymbol{F}_{13}=\begin{bmatrix} 0 & 0 & \dfrac{v_{\mathrm{N}}}{(R_{\mathrm{M}}+h)^2} \\ -\omega_{ie}\sin L & 0 & \dfrac{v_{\mathrm{E}}}{(R_{\mathrm{N}}+h)^2} \\ \omega_{ie}\cos L+\dfrac{v_{\mathrm{E}}}{R_{\mathrm{N}}+h}\sec^2 L & 0 & \dfrac{v_{\mathrm{E}}\tan L}{(R_{\mathrm{N}}+h)^2} \end{bmatrix} \tag{6.22}$$

$$\boldsymbol{F}_{21}=\begin{bmatrix}0 & -f_{\mathrm{U}} & f_{\mathrm{N}}\\ f_{\mathrm{U}} & 0 & -f_{\mathrm{E}}\\ -f_{\mathrm{N}} & f_{\mathrm{E}} & 0\end{bmatrix} \tag{6.23}$$

$$\boldsymbol{F}_{22}=\begin{bmatrix}\dfrac{v_{\mathrm{N}}\tan L-v_{\mathrm{U}}}{R_{\mathrm{N}}+h} & 2\omega_{ie}\sin L+\dfrac{v_{\mathrm{E}}\tan L}{R_{\mathrm{N}}+h} & -\left(2\omega_{ie}\cos L+\dfrac{v_{\mathrm{E}}}{R_{\mathrm{N}}+h}\right)\\ -2\left(\omega_{ie}\sin L+\dfrac{v_{\mathrm{E}}\tan L}{R_{\mathrm{N}}+h}\right) & -\dfrac{v_{\mathrm{U}}}{R_{\mathrm{M}}+h} & -\dfrac{v_{\mathrm{N}}}{R_{\mathrm{M}}+h}\\ 2\left(\omega_{ie}\cos L+\dfrac{v_{\mathrm{E}}}{R_{\mathrm{N}}+h}\right) & 2\dfrac{v_{\mathrm{N}}}{R_{\mathrm{M}}+h} & 0\end{bmatrix} \tag{6.24}$$

$$\boldsymbol{F}_{23}=\begin{bmatrix}\left(2\omega_{ie}\cos L+\dfrac{v_{\mathrm{E}}}{R_{\mathrm{N}}+h}\sec^2 L\right)v_{\mathrm{N}}+2\omega_{ie}\sin L v_{\mathrm{U}} & 0 & \dfrac{v_{\mathrm{E}}(v_{\mathrm{U}}-v_{\mathrm{N}}\tan L)}{(R_{\mathrm{N}}+h)^2}\\ -\left(2\omega_{ie}\cos L+\dfrac{v_{\mathrm{E}}}{R_{\mathrm{N}}+h}\sec^2 L\right)v_{\mathrm{E}} & 0 & \dfrac{v_{\mathrm{N}}v_{\mathrm{U}}}{(R_{\mathrm{M}}+h)^2}+\dfrac{v_{\mathrm{E}}^2\tan L}{(R_{\mathrm{N}}+h)^2}\\ -2\omega_{ie}\sin L v_{\mathrm{E}} & 0 & -\dfrac{v_{\mathrm{E}}^2}{(R_{\mathrm{N}}+h)^2}-\dfrac{v_{\mathrm{N}}^2}{(R_{\mathrm{M}}+h)^2}\end{bmatrix} \tag{6.25}$$

$$\boldsymbol{F}_{32}=\begin{bmatrix}0 & \dfrac{1}{R_{\mathrm{M}}+h} & 0\\ \dfrac{1}{(R_{\mathrm{N}}+h)\cos L} & 0 & 0\\ 0 & 0 & 1\end{bmatrix} \tag{6.26}$$

$$\boldsymbol{F}_{33}=\begin{bmatrix}0 & 0 & \dfrac{v_{\mathrm{N}}}{(R_{\mathrm{M}}+h)^2}\\ \dfrac{v_{\mathrm{E}}}{R_{\mathrm{N}}+h}\tan L\sec L & 0 & -\dfrac{v_{\mathrm{E}}\sec L}{(R_{\mathrm{N}}+h)^2}\\ 0 & 0 & 0\end{bmatrix} \tag{6.27}$$

$$\boldsymbol{G}=\begin{bmatrix}-\boldsymbol{C}_b^n & \boldsymbol{0}_{3\times 3}\\ \boldsymbol{0}_{3\times 3} & \boldsymbol{C}_b^n\\ \multicolumn{2}{c}{\boldsymbol{0}_{9\times 6}}\end{bmatrix} \tag{6.28}$$

$$\boldsymbol{W}=[\,n_{\varepsilon_x}\quad n_{\varepsilon_y}\quad n_{\varepsilon_z}\quad n_{\nabla_x}\quad n_{\nabla_y}\quad n_{\nabla_z}\,]^{\mathrm{T}} \tag{6.29}$$

式中：$n_{\varepsilon_x}, n_{\varepsilon_y}, n_{\varepsilon_z}, n_{\nabla_x}, n_{\nabla_y}, n_{\nabla_z}$为陀螺漂移和加速度计偏置噪声方差。

2. 量测方程

根据外参考信息种类不同，在初始对准中，可以选择不同的观测量匹配方式，在陆用惯性导航领域，静基准对准时间缩短至 5min 以内，此时一般采用速度匹配方式。在舰船、水下等惯性导航领域，一般对准时间在 10 ~ 60min 甚至更长，选择速度和位置匹配或者位置匹配方式能够提高初始对准稳定性和重复性。

设外参考速度为

$$\boldsymbol{v}_{\text{ref}} = \begin{bmatrix} v_{\text{rE}} \\ v_{\text{rN}} \\ v_{\text{rU}} \end{bmatrix} \tag{6.30}$$

式中：v_{rE} 为外参考东向速度；v_{rN} 为外参考北向速度；v_{rU} 为外参考天向速度。

外参考位置分别为

$$\boldsymbol{p}_{\text{ref}} = \begin{bmatrix} L_{\text{r}} \\ \lambda_{\text{r}} \\ h_{\text{r}} \end{bmatrix} \tag{6.31}$$

式中：L_{r} 为外参考纬度；λ_{r} 为外参考经度；h_{r} 为外参考高度。

惯性导航系统无阻尼解算的速度、位置分别为

$$\boldsymbol{v}_{\text{INS}} = \begin{bmatrix} v_{\text{E}} \\ v_{\text{N}} \\ v_{\text{U}} \end{bmatrix}, \quad \boldsymbol{p}_{\text{INS}} = \begin{bmatrix} L \\ \lambda \\ h \end{bmatrix} \tag{6.32}$$

三种主要的初始对准匹配观测方程分别如下：

1) 速度与位置量测方程

以速度与位置为观测量的量测方程为

$$\boldsymbol{Z} = \begin{bmatrix} v_{\text{E}} - v_{\text{rE}} \\ v_{\text{N}} - v_{\text{rN}} \\ v_{\text{U}} - v_{\text{rU}} \\ L - L_{\text{r}} \\ \lambda - \lambda_{\text{r}} \\ h - h_{\text{r}} \end{bmatrix} = \boldsymbol{HX} + \boldsymbol{V} \tag{6.33}$$

式中：$\boldsymbol{H} = [\boldsymbol{0}_{6\times3} \quad \boldsymbol{I}_{6\times6} \quad \boldsymbol{0}_{6\times6}]$；$\boldsymbol{V}$ 为六维量测中速度与位置观测白噪声。

2) 位置量测方程

以位置为观测量的量测方程为

$$Z_p = \begin{bmatrix} L - L_r \\ \lambda - \lambda_r \\ h - h_r \end{bmatrix} = H_p X + V \tag{6.34}$$

式中：$H_p = [\mathbf{0}_{3\times6} \quad I_{3\times3} \quad \mathbf{0}_{3\times6}]$；$V$ 为三维位置观测白噪声。

3）速度量测方程

以位置为观测量的量测方程为

$$Z_p = \begin{bmatrix} v_{sE} - v_{rE} \\ v_{sN} - v_{rN} \\ v_{sU} - v_{rU} \end{bmatrix} = H_v X + V \tag{6.35}$$

式中：$H_v = [\mathbf{0}_{3\times3} \quad I_{3\times3} \quad \mathbf{0}_{3\times9}]$；$V$ 为三维速度观测白噪声。

3. 连续系统离散化

利用定常系统的计算方法，状态转移阵 $\Phi_{k,k-1}$ 与系统矩阵 F 的关系为

$$\Phi_{k,k-1} = \exp\left(\int_{t_{k-1}}^{t_k} F\mathrm{d}t\right) \tag{6.36}$$

式中：$(t_k, t_{k+1}]$ 为预测周期，记 $h = t_{k+1} - t_k$。

预测周期 h 一般较短，可以对状态转移矩阵进行泰勒展开，得

$$\Phi_{k,k-1} \approx \exp(Fh) = I + F(t_k)h + \frac{1}{2}F^2(t_k)h^2 + \frac{1}{6}F^3(t_k)h^3 + o(h^4) \tag{6.37}$$

连续系统的噪声矢量 $W(t)$ 的协方差阵为 $Q(t)$，则输入噪声的方差阵为

$$Q_q = G(t)Q(t)G^{\mathrm{T}}(t) \tag{6.38}$$

卡尔曼滤波的输入噪声方差 $\Gamma_k Q_k \Gamma_k^{\mathrm{T}}$ 与连续系统的输入噪声方差 Q_q 的关系为

$$\begin{aligned}\Gamma_k Q_k \Gamma_k^{\mathrm{T}} = {} & Q_q h + \frac{1}{2}[FQ_q + (FQ_q)^{\mathrm{T}}]h^2 + \frac{1}{6}\{F[FQ_q + (FQ_q)^{\mathrm{T}}] \\ & + (F[FQ_q + (FQ_q)^{\mathrm{T}}])^{\mathrm{T}}\}h^3 + o(h^4)\end{aligned} \tag{6.39}$$

6.3 光学惯性导航动基座传递对准

随着光学惯性导航系统的发展，小型化、低功耗等优势使其在机载武器、舰载机以及弹载武器等平台系统中得到广泛应用。但是，由于使用场景的限制，要求其装备的惯性导航系统在机动环境下，短时间内完成高精度对准，采用常规的速度位置匹配方案无法在短时间完成对准，对准精度也无法保证。而在这些武器平台上，一般都会装备中、高精度惯性导航系统作为基准主惯性导航，因

此利用主惯性导航信息来修正武器平台上尚未对准的中、低精度惯性导航对提高舰载、弹载武器具有重大军事意义，这种对准方法称为传递对准。

传递对准是子惯性导航利用主惯性导航的基准信息进行对准的方法。对于机载、弹载武器的光学捷联惯性导航系统来说，传递对准是一种非常有效的方法，可以极大地缩短武器装备的响应时间，进而增强战争应对能力。传递对准技术相比于其他对准方法有着更快的对准速度和对准精度，从而可以有效地提高载体和人员在现代战争中的生存能力，因此广泛用于弹载以及机载惯性导航系统中。

在传递对准过程中，主、子惯性导航都固联在同一个载体上，所以在初始时刻，子惯性导航的参数都由主惯性导航直接复制过去，这也称为"一次装订"粗对准过程。但是，这样的粗对准过程是不准确的，主、子惯性导航之间必然存在着一定的失准角，需要进行估计和补偿。对于捷联式主、子惯性导航系统来说，如果能够事先获取两者之间的安装误差角，在子惯性导航姿态矩阵中直接补偿误差会方便很多，并且与传统意义下的失准角补偿方法等价。但在实际应用中，主、子惯性导航之间的安装误差还客观存在着杆臂效应、挠曲变形，时间延迟等，无法获取实时准确的安装误差角。传递对准的主要任务就是消除这些影响，尽可能快速、精确地得到子惯性导航的准确姿态，且在适当的机动激励环境下，对子惯性导航的惯性元件误差进行估计，保障子惯性导航自主导航的精度。

6.3.1 传递对准匹配量

在进行传递对准模型的设计时，首先要分析捷联惯性导航系统传递对准的误差方程，然后依据误差方程，并结合弹载/机载等动基座对准的实际环境，选择合适的对准匹配方式，从而确定完整的传递对准模型。在确定了传递对准误差模型，并选择合适的量测匹配方式之后，即可进行动基座传递对准设计。动基座传递算法流程如图6.3所示。

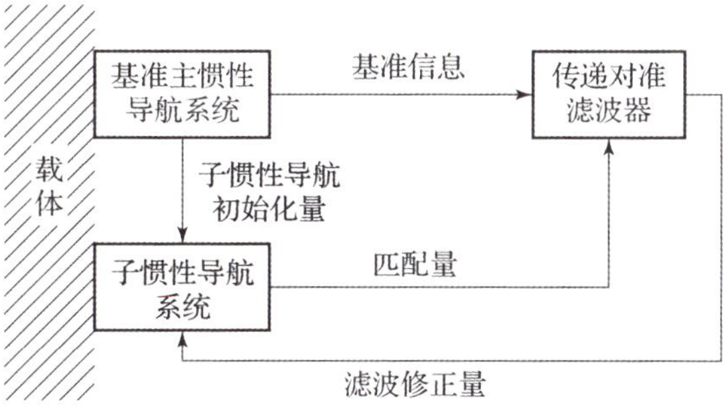

图6.3 传递对准原理

在惯性技术领域，按照量测量的获取来源，动基座传递对准滤波估计主要包括计算参数匹配、测量参数匹配以及混合参数匹配等模式；按照具体的量测信息，动基座传递对准滤波估计主要包括位置匹配、速度匹配、加速度匹配、角速度匹配、速度+加速度匹配、速度+姿态匹配、速度+角速度匹配等。在弹载和机载环境中，鉴于使用环境以及工程应用可行性一般采用姿态匹配或者姿态+速度匹配方式。舰载机或者其他空间武器应用中，有更短的时间或者更高的比力激励输入，可能会采用速度+角速度或者速度+加速度匹配，但现实中惯性量匹配需要克服工程应用上的很多问题，方案技术风险较大。

姿态角匹配对准原理是利用主、子惯性导航之间的几何安装关系进行对准，通过姿态角的传递，可快速完成对准，这是姿态角匹配的优点，但同时，由于其对准原理的限制，需要保证主、子惯性导航之间的安装刚度。由于载体结构变形的不可预测性，姿态匹配受主、子惯性导航之间挠曲变形的影响较大。因此，在姿态角匹配的基础上引入速度匹配可以继承速度匹配对准精度高的特点，同时又能够在一定程度上缩短对准时间。

速度+姿态匹配传递对准方法能够在保证精度的前提下，有效缩短对准时间，比较适合于弹载、机载武器惯性导航系统的初始对准[5]。在众多影响传递对准的因素中，挠曲变形的影响是速度+姿态匹配对准的主要难点。研究分析，挠曲变形可分为静态挠曲变形与动态挠曲变形两种[6]：静态挠曲变形是由于舰载、机载动平台使用过程中缓慢变形等因素造成的，变化较为缓慢，且变形量相对较小，研究表明，静态挠曲变形能够达到角分级，由于该变形一般在对准过程中不变，对传递对准精度的影响较小；而动态挠曲变形是由于震动、冲击等原因引起的高频挠曲变形，受弹体、飞机结构、外界环境的影响，研究表明，有些情况下，特别是在机载环境中，动态挠曲变形最大能够达到角分级，对动基座传递对准存在较大的影响，在传递对准设计时，必须根据实际应用环境考虑挠曲变形的问题。

6.3.2 主、子惯性导航误差建模

鉴于子惯性导航是在动态过程实施传递对准，由于发动机、风阻以及机动等因素的影响，基准主惯性导航与子惯性导航之间存在高频挠曲变形，对准过程需要同时考虑两者之间时间延迟以及挠曲变形的影响。对于挠曲变形的影响可以在数学建模中通过实验数据对变形量建模。研究表明，在舰载或机载环境中，挠曲变形符合二阶马尔可夫过程[7]。

对于时间延迟的影响，一般通过两个方面保证：一是提高主惯性导航发送基准信息的频率，通过基准同步信号实现“硬同步”来减少主、子惯性导航之间

的时间延迟,同步精度能达到一个解算周期以内,一般在舰载等机动环境应用中就满足同步要求,但考虑高动态弹载武器平台应用其“硬同步”剩余的延迟误差不可忽略;二是在“硬同步”基础上,对延迟信息进行建模[8-9],通过滤波器估计出延迟的影响,实现“软同步”。

对传递对准时间延迟影响进行推导建模,主惯性导航传递的姿态角由于存在传输延迟,在 t 时刻传递的姿态角相比当前时刻延迟了 Δt,则有

$$\boldsymbol{C}_n^{b_m}(t)=\boldsymbol{C}_n^{b_m}(t-\Delta t)+\dot{\boldsymbol{C}}_n^{b_m}(t-\Delta t)\Delta t \tag{6.40}$$

式中:$\boldsymbol{C}_n^{b_m}$ 为主惯性导航姿态角方向余弦矩阵;Δt 为主惯性导航信息时间延迟;t 为主惯性导航信息的导航时刻。

由式(6.40),则有

$$\boldsymbol{C}_n^{b_m}(t-\Delta t)=\boldsymbol{C}_n^{b_m}(t)-\dot{\boldsymbol{C}}_n^{b_m}(t-\Delta t)\Delta t \tag{6.41}$$

根据姿态更新微分方程,可得

$$\dot{\boldsymbol{C}}_n^{b_m}(t-\Delta t)=\boldsymbol{C}_n^{b_m}(t-\Delta t)[\boldsymbol{\omega}_{b_n,n}^n(t-\Delta t)\times]\approx\boldsymbol{C}_n^{b_m}(t-\Delta t)[\boldsymbol{\omega}_{b_m,n}^n(t)\times] \tag{6.42}$$

式中:$\boldsymbol{\omega}_{b_n,n}^n$为主惯性导航姿态角速率。

下面对主、子惯性导航传递对准的误差模型进行推导。设主、子惯性导航之间的静态变形角为小角度,其满足

$$\boldsymbol{C}_m^s=\boldsymbol{\lambda}\times=\begin{bmatrix}0 & -\lambda_z & \lambda_y\\ \lambda_z & 0 & -\lambda_x\\ -\lambda_y & \lambda_x & 0\end{bmatrix} \tag{6.43}$$

式中:$\boldsymbol{C}_m^s$ 为主、子惯性导航之间的安装角矩阵;$\lambda_i(i=x,y,z)$ 为主、子惯性导航之间在 x、y、z 轴的安装角。

对于子惯性导航的方向余弦矩阵可以表示为

$$\boldsymbol{C}_n^s=\boldsymbol{C}_m^s\boldsymbol{C}_n^m=[1-(\boldsymbol{\lambda}\times)]\boldsymbol{C}_n^m \tag{6.44}$$

则有

$$\boldsymbol{C}_s^n=[1+(\boldsymbol{\lambda}\times)]\boldsymbol{C}_m^n,\boldsymbol{C}_m^n=\boldsymbol{C}_s^n[1-(\boldsymbol{\lambda}\times)] \tag{6.45}$$

对姿态角量测方程进行推导,有

$$\begin{aligned}
\boldsymbol{Z}_{dcm}&=\tilde{\boldsymbol{C}}_{b_m}^n\tilde{\boldsymbol{C}}_{b_s}^{b_m}\tilde{\boldsymbol{C}}_n^{b_s}=\boldsymbol{C}_{b_m}^n(t-\Delta t)\tilde{\boldsymbol{C}}_{b_m}^{b_s}\tilde{\boldsymbol{C}}_n^{b_s}\\
&=[\boldsymbol{I}-(\boldsymbol{\phi}_m\times)][\boldsymbol{C}_{b_m}^n(t)-\dot{\boldsymbol{C}}_{b_n}^n(t-\Delta t)\Delta t]\tilde{\boldsymbol{C}}_{b_m}^{b_s}\tilde{\boldsymbol{C}}_n^{b_s}\\
&\approx[\boldsymbol{I}-(\boldsymbol{\phi}_m\times)]\{\boldsymbol{C}_{b_m}^n(t)-\boldsymbol{C}_{b_m}^n(t-\Delta t)[\boldsymbol{\omega}_{n,b_m}^n(t)\times]\Delta t\}\tilde{\boldsymbol{C}}_{b_m}^{b_s}\tilde{\boldsymbol{C}}_n^{b_s}\\
&=[\boldsymbol{I}-(\boldsymbol{\phi}_m\times)]\{\boldsymbol{C}_{b_m}^n(t)\tilde{\boldsymbol{C}}_{b_m}^{b_s}\tilde{\boldsymbol{C}}_n^{b_s}-\boldsymbol{C}_{b_m}^n(t-\Delta t)[\boldsymbol{\omega}_{n,b_m}^n(t)\times]\tilde{\boldsymbol{C}}_{b_m}^{b_s}\tilde{\boldsymbol{C}}_n^{b_s}\Delta t\}\\
&=[\boldsymbol{I}-(\boldsymbol{\phi}_m\times)]\{\boldsymbol{I}+(\boldsymbol{\phi}_s\times)-\boldsymbol{C}_{b_m}^n(\boldsymbol{\lambda}\times)-\boldsymbol{C}_{b_m}^n(t-\Delta t)[\boldsymbol{\omega}_{n,b_m}^n(t)\times]\tilde{\boldsymbol{C}}_{b_m}^{b_s}\tilde{\boldsymbol{C}}_n^{b_s}\Delta t\}
\end{aligned}$$

$$=\boldsymbol{I}+(\boldsymbol{\phi}_s\times)-\boldsymbol{C}_{b_s}^{n}(\boldsymbol{\lambda}\times)+(\boldsymbol{\phi}_m\times)-\boldsymbol{C}_{b_m}^{n}(t-\Delta t)[\boldsymbol{\omega}_{n,b_m}^{n}(t)\times]\tilde{\boldsymbol{C}}_{b_m}^{b_s}\tilde{\boldsymbol{C}}_{n}^{b_s}\Delta t$$

$$\approx\boldsymbol{I}+(\boldsymbol{\phi}_s\times)-\boldsymbol{C}_{b_m}^{n}(\boldsymbol{\lambda}\times)-\boldsymbol{C}_{b_m}^{n}(t-\Delta t)[\boldsymbol{\omega}_{n,b_m}^{n}(t)\times]\tilde{\boldsymbol{C}}_{b_m}^{b_s}\tilde{\boldsymbol{C}}_{n}^{b_s}\Delta t \tag{6.46}$$

即

$$\boldsymbol{Z}_{dcm}=\boldsymbol{I}+(\boldsymbol{\phi}_s\times)-\boldsymbol{C}_{b_m}^{n}(\boldsymbol{\lambda}\times)-\boldsymbol{C}_{b_m}^{n}(t-\Delta t)[\boldsymbol{\omega}_{n,b_m}^{n}(t)\times]\tilde{\boldsymbol{C}}_{b_m}^{b_s}\tilde{\boldsymbol{C}}_{n}^{b_s}\Delta t \tag{6.47}$$

式中：$\tilde{\boldsymbol{C}}_{b_m}^{n}$为主惯性导航载体系($b_m$)到导航系($n$)的姿态转换矩阵；$\tilde{\boldsymbol{C}}_{n}^{b_s}$为子惯性导航系($n$)到载体系($b_s$)的姿态转换矩阵；$\tilde{\boldsymbol{C}}_{b_s}^{b_m}$为主、子惯性导航之间的安装误差姿态转换矩阵；$\boldsymbol{\phi}_m$ 为主惯性导航姿态角误差；$\boldsymbol{\phi}_s$ 为子惯性导航姿态角误差；$\boldsymbol{\lambda}$ 为主、子惯性导航之间的静态变形角；$\boldsymbol{\omega}_{b_m,n}^{n}$为主惯性导航的载体角速率。

设 $\boldsymbol{\phi}_m$ 误差特性为符合正态分布的白噪声，则式(6.47)可以简化为

$$\boldsymbol{Z}_{dcm}=\boldsymbol{I}-[\boldsymbol{\phi}-\boldsymbol{C}_{b_s}^{n}\boldsymbol{\lambda}-\tilde{\boldsymbol{C}}_{b_s}^{n}\tilde{\boldsymbol{C}}_{b_m}^{b_s}\boldsymbol{C}_{n}^{b_m}(t-\Delta t)\boldsymbol{\omega}_{b_m,n}^{n}(t)\Delta t]\times=\boldsymbol{Z}_{\phi} \tag{6.48}$$

取姿态观测量，有

$$[\phi_x \quad \phi_y \quad \phi_z]^{\mathrm{T}}=[Z_{dcm}(3,2) \quad Z_{dcm}(1,3) \quad Z_{dcm}(2,1)]^{\mathrm{T}} \tag{6.49}$$

取速度观测量，有

$$[\delta v_{\mathrm{E}} \quad \delta v_{\mathrm{N}} \quad \delta v_{\mathrm{U}}]^{\mathrm{T}}=v_{\mathrm{ref}}-v_{\mathrm{INS}} \tag{6.50}$$

则动基座传递对准的量测方程如下：

$$\begin{bmatrix}\delta\phi\\ \delta V\end{bmatrix}=\boldsymbol{H}\boldsymbol{X}+\boldsymbol{V} \tag{6.51}$$

式中：

$$\boldsymbol{H}=\begin{bmatrix}\boldsymbol{I}_{3\times3} & \boldsymbol{0}_{3\times3} & \boldsymbol{0}_{3\times3} & \boldsymbol{0}_{3\times3} & \boldsymbol{M}_1 & \boldsymbol{M}_2\\ \boldsymbol{0}_{3\times3} & \boldsymbol{I}_{3\times3} & \boldsymbol{0}_{3\times3} & \boldsymbol{0}_{3\times3} & \boldsymbol{0}_{3\times3} & \boldsymbol{M}_3\end{bmatrix} \tag{6.52}$$

式中：$\boldsymbol{M}_1=\boldsymbol{C}_{b_s}^{n}$；$\boldsymbol{M}_2=[M_{2D}(3,2)\,M_{2D}(1,3)\,M_{2D}(2,1)]^{\mathrm{T}}$；$\boldsymbol{M}_{2D}=\tilde{\boldsymbol{C}}_{b_s}^{n}\tilde{\boldsymbol{C}}_{b_m}^{b_s}\boldsymbol{C}_{n}^{b_m}(t-\Delta t)[\boldsymbol{\omega}_{b_m,n}^{n}(t)\times]$；$\boldsymbol{M}_3=[a_x a_y a_z]^{\mathrm{T}}$，$a_i(i=x,y,z)$为子惯性导航在 n 系下的比力。

6.4 光学惯性导航系统参数标定

惯性元件误差是影响惯性导航精度的主要因素，在惯性导航设备出厂前均需要对惯性元件误差(安装误差、零位、标度等)进行精确标定，但是惯性导航设备交付用户使用后，系统参数可能会随使用环境、工作时间发生变化，且惯性元件还存在逐次启动误差。要保证惯性导航设备长时间处于较高的导航定位精度，就需要定期对惯性导航设备的标定参数(安装误差、零位、标度等)进行重新

标定。光学惯性导航系统标定不同于传统的液浮或挠性惯性导航平台,其标定方法可分为分立式标定方法和系统级标定方法两种:分立式标定方法需要将惯性导航设备或惯性测量单元从载体上拆下,通过高精度转台进行参数标定,其依赖高精度三轴或双轴转台,对操作人员的技术能力要求高;系统级标定方法则利用多位置转动激励改善系统状态变量的可观测性,基于系统误差传递原理,利用卡尔曼滤波对标定参数误差进行估计的方法,不需要高精度转台,甚至在外场没有转台的情况下,可以通过人工翻转多个位置实现标定的激励过程,相比于分立式标定,系统级标定具备适应性强、操作简单的特点。

6.4.1 标定误差模型

1. 光学惯性元件标度因数

光学惯性导航采用的激光或者光纤陀螺和石英加速度计为数字量输出,单位输入量与输出量之间的比值称为标度因数。对陀螺而言,角增量与数字输出脉冲数之间的比值 $\boldsymbol{K}_g$,称为陀螺的标度因数;对加速度计而言,比力增量与数字输出脉冲之间的比值 $\boldsymbol{K}_a$,称为加速度计的标度因数。标度因数通过标定试验测定后储存在计算机里,在导航解算时,采样值乘以标度因数可得到测量的角增量和比力增量输出。当惯性元件工作过程中的实际标度因数与储存在计算机里的标度因数不一致时,就会造成标度因数误差,影响惯性量的计算。标度因数的性能包含不同转速的线性度、同一转速逐次启动的重复性、转速方向相反时的对称性衡量,在工程应用中,一般按常值处理,但是在高精度系统中需要对以上参数进行更精确的补偿和计算。光学惯性导航陀螺和加速度计标度因数误差以百分比(%)或百万分比($\times 10^{-6}$或 ppm)来表示。

$$\begin{cases}\boldsymbol{K}_{gc}=\boldsymbol{K}_g(\boldsymbol{I}+\boldsymbol{S}_g)\\ \boldsymbol{K}_{ac}=\boldsymbol{K}_a(\boldsymbol{I}+\boldsymbol{S}_a)\end{cases} \tag{6.53}$$

式中:$\boldsymbol{K}_{gc}$和 $\boldsymbol{K}_{ac}$为陀螺和加速度计的标度因数计算值;$\boldsymbol{K}_g$ 和 $\boldsymbol{K}_a$ 为光学陀螺和加速度计的标度因数实际值,$\boldsymbol{K}_g=\mathrm{diag}([K_{gx}\quad K_{gy}\quad K_{gz}])$,$\boldsymbol{K}_a=\mathrm{diag}([K_{ax}\quad K_{ay}\quad K_{az}])$;$\boldsymbol{S}_g$ 和 $\boldsymbol{S}_a$ 为陀螺和加速度计的标度因数误差阵,$\boldsymbol{S}_g=\mathrm{diag}([S_{gx}\quad S_{gy}\quad S_{gz}])$,$\boldsymbol{S}_a=\mathrm{diag}([S_{ax}\quad S_{ay}\quad S_{az}])$。

由标度因数误差引起的陀螺和加速度计测量误差分别为

$$\begin{cases}\delta\boldsymbol{\omega}_{ip}^p=\boldsymbol{S}_g\hat{\boldsymbol{\omega}}_{ip}^p\\ \delta\boldsymbol{f}_{ip}^p=\boldsymbol{S}_a\hat{\boldsymbol{f}}_{ip}^p\end{cases} \tag{6.54}$$

2. 安装偏角误差

在现实的应用系统中，各惯性仪表组件敏感轴系与载体系存在安装误差，使仪表的安装坐标系与载体系非正交。陀螺系与载体系由3组6个不对准角 $\mu_{xz},\mu_{xy},\mu_{yz},\mu_{yx},\mu_{zy},\mu_{zx}$ 描述。如图6.4所示，Ox' 为 Ox_g 在 Oz_bx_b 上的投影，Ox' 与 Ox_g 的夹角为 μ_{xz}，Ox' 与 Ox_b 的夹角为 μ_{xy}；Oy' 为 Oy_g 在 Ox_by_b 上的投影，Oy' 与 Oy_g 的夹角为 μ_{yx}，Oy' 与 Oy_b 的夹角为 μ_{yz}；Oz' 为 Oz_g 在 Oy_bz_b 上的投影，Oz' 与 Oz_g 的夹角为 μ_{zy}，Oz' 与 Oz_b 的夹角为 μ_{zx}。

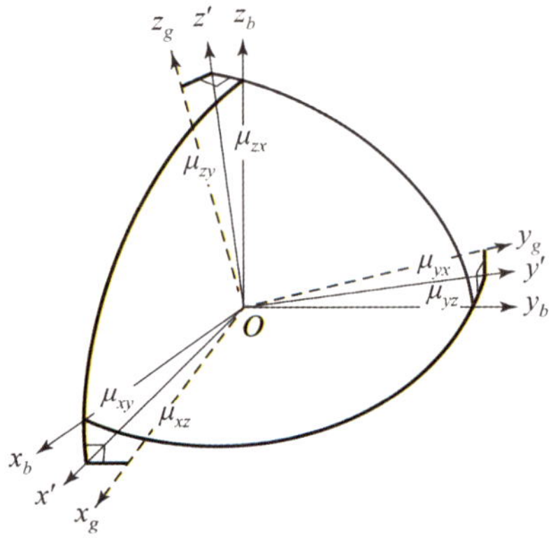

图 6.4 安装偏角示意图

矢量由 g 系到 b 系的转换为

$$\begin{cases} x_b = x_g\cos\mu_{xz}\cos\mu_{xy} - y_g\cos\mu_{yx}\sin\mu_{yz} + z_g\sin\mu_{zy} \\ y_b = x_g\sin\mu_{xz} + y_g\cos\mu_{yx}\cos\mu_{yz} - z_g\cos\mu_{zy}\sin\mu_{zx} \\ z_b = -x_g\cos\mu_{xz}\sin\mu_{xy} + y_g\sin\mu_{yx} + z_g\cos\mu_{zy}\cos\mu_{zx} \end{cases} \tag{6.55}$$

一般来说，不对准角为小角度，式(6.55)可以简化为

$$\begin{bmatrix} x_b \\ y_b \\ z_b \end{bmatrix} = \begin{bmatrix} 1 & -\mu_{yz} & \mu_{zy} \\ \mu_{xz} & 1 & -\mu_{zx} \\ -\mu_{xy} & \mu_{yx} & 1 \end{bmatrix} \begin{bmatrix} x_g \\ y_g \\ z_g \end{bmatrix} = \boldsymbol{C}_g^b \begin{bmatrix} x_g \\ y_g \\ z_g \end{bmatrix} \tag{6.56}$$

记

$$\boldsymbol{C}_g^b = \begin{bmatrix} 1 & -\mu_{yz} & \mu_{zy} \\ \mu_{xz} & 1 & -\mu_{zx} \\ -\mu_{xy} & \mu_{yx} & 1 \end{bmatrix} \tag{6.57}$$

为陀螺测量组件系到载体系的敏感轴误差变换阵。同理

$$
\boldsymbol{C}_a^b = \begin{bmatrix} 1 & -\tau_{yz} & \tau_{zy} \\ \tau_{xz} & 1 & -\tau_{zx} \\ -\tau_{xy} & \tau_{yx} & 1 \end{bmatrix} \tag{6.58}
$$

为加速度计测量组件系到载体系的变换阵。

陀螺测量组件系到载体系的变换阵和加速度计测量组件系到载体系的变换阵重新列写如下：

$$
\boldsymbol{C}_g^b = \begin{bmatrix} 1 & -\mu_{yz} & \mu_{zy} \\ \mu_{xz} & 1 & -\mu_{zx} \\ -\mu_{xy} & \mu_{yx} & 1 \end{bmatrix} = \boldsymbol{I} + \begin{bmatrix} 0 & -\mu_{yz} & \mu_{zy} \\ \mu_{xz} & 0 & -\mu_{zx} \\ -\mu_{xy} & \mu_{yx} & 0 \end{bmatrix} \triangleq \boldsymbol{I} + \Delta\boldsymbol{C}_g^p \tag{6.59}
$$

$$
\boldsymbol{C}_a^b = \begin{bmatrix} 1 & -\tau_{yz} & \tau_{zy} \\ \tau_{xz} & 1 & -\tau_{zx} \\ -\tau_{xy} & \tau_{yx} & 1 \end{bmatrix} = \boldsymbol{I} + \begin{bmatrix} 0 & -\tau_{yz} & \tau_{zy} \\ \tau_{xz} & 0 & -\tau_{zx} \\ -\tau_{xy} & \tau_{yx} & 0 \end{bmatrix} \triangleq \boldsymbol{I} + \Delta\boldsymbol{C}_a^p \tag{6.60}
$$

式中：$\Delta\boldsymbol{C}_g^p$ 和 $\Delta\boldsymbol{C}_a^p$ 为安装误差。

由安装误差引起的陀螺和加速度计测量误差分别为

$$
\delta\boldsymbol{\omega}_{ip}^p = (\Delta\boldsymbol{C}_g^p)^{\mathrm{T}}\hat{\boldsymbol{\omega}}_{ip}^p, \delta\boldsymbol{f}_{ip}^p = (\Delta\boldsymbol{C}_a^p)^{\mathrm{T}}\hat{\boldsymbol{f}}_{ip}^p \tag{6.61}
$$

分立式标定的参考坐标系为转台坐标系，同样，系统级标定也需要在计算上建立一个加速度计和陀螺共同的参考正交坐标系。分立式标定中，陀螺和加速度计共12个安装误差角，其中存在同一变换阵对角线相对位置元素和不同变换阵相同位置元素的耦合关系[10]，将陀螺测量组件系到载体系的变换阵和加速度计测量组件系到载体系的变换阵重新列写如下：

$$
\boldsymbol{C}_g^b = \begin{bmatrix} 1 & -\mu_{yz} & \mu_{zy} \\ \mu_{xz} & 1 & -\mu_{zx} \\ -\mu_{xy} & \mu_{yx} & 1 \end{bmatrix} \tag{6.62}
$$

$$
\boldsymbol{C}_a^b = \begin{bmatrix} 1 & -\tau_{yz} & \tau_{zy} \\ \tau_{xz} & 1 & -\tau_{zx} \\ -\tau_{xy} & \tau_{yx} & 1 \end{bmatrix} \tag{6.63}
$$

式中：$\boldsymbol{C}_g^b$ 的 μ_{xz} 和 μ_{yz}、μ_{xy} 和 μ_{zy}、μ_{yx} 和 μ_{zx} 为相互耦合元素；$\boldsymbol{C}_a^b$ 的 τ_{xz} 和 τ_{yz}、τ_{xy} 和 τ_{zy}、τ_{yx} 和 τ_{zx} 为相互耦合元素；$\boldsymbol{C}_g^b$ 的 μ_{xz}，μ_{xy}，μ_{yz}，μ_{yx}，μ_{zy}，μ_{zx} 和 $\boldsymbol{C}_a^b$ 相同位置上的 τ_{xz}，τ_{xy}，τ_{yz}，τ_{yx}，τ_{zy}，τ_{zx} 为相互耦合元素。

定义参考坐标系的 x 轴与 x 陀螺敏感轴方向一致，并且规定 y 轴在 Ox_gy_g 平面上，然后根据右手定则确定 z 轴，此时 μ_{xz}，μ_{xy}，μ_{yx} 均为0，如图6.5所示。

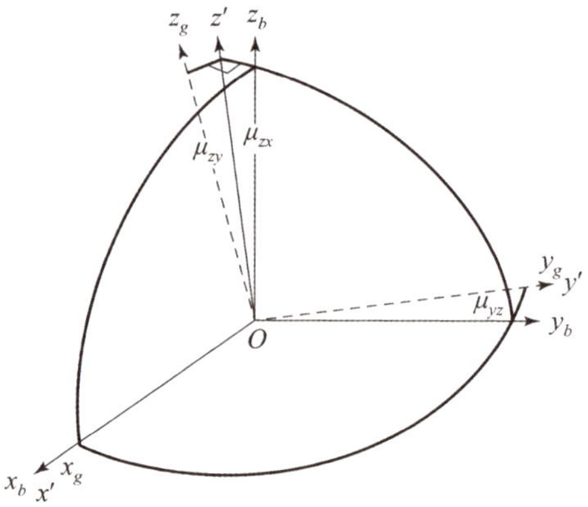

图 6.5　安装偏角示意图

矢量由 g 系到 b 系的转换为

$$\begin{cases} x_b = x_g - y_g\sin\mu_{yz} + z_g\sin\mu_{zy} \\ y_b = y_g\cos\mu_{yz} - z_g\cos\mu_{zy}\sin\mu_{zx} \\ z_b = z_g\cos\mu_{zy}\cos\mu_{zx} \end{cases} \tag{6.64}$$

当敏感轴不对准角为小角度，式(6.64)可以简化为

$$\begin{bmatrix} x_b \\ y_b \\ z_b \end{bmatrix} = \begin{bmatrix} 1 & -\mu_{yz} & \mu_{zy} \\ 0 & 1 & -\mu_{zx} \\ 0 & 0 & 1 \end{bmatrix} \begin{bmatrix} x_g \\ y_g \\ z_g \end{bmatrix} \tag{6.65}$$

于是，陀螺测量组件系到载体系的变换阵为

$$\boldsymbol{C}_g^b = \begin{bmatrix} 1 & -\mu_{yz} & \mu_{zy} \\ 0 & 1 & -\mu_{zx} \\ 0 & 0 & 1 \end{bmatrix} \tag{6.66}$$

而加速度计测量组件系到载体系的变换阵仍为

$$\boldsymbol{C}_a^b = \begin{bmatrix} 1 & -\tau_{yz} & \tau_{zy} \\ \tau_{xz} & 1 & -\tau_{zx} \\ -\tau_{xy} & \tau_{yx} & 1 \end{bmatrix} \tag{6.67}$$

3. 零偏误差

光学陀螺的零偏误差又称常值漂移，是指输入角速度为零时激光陀螺仪的输出频差，一般用输出脉冲频率的平均值折合成输入角速度的大小来表示。如果该值是恒定的或可以监测的，则可用计算机进行修正。但实际上，零偏误差

本身是变化的,带有随机的性质,是惯性元件的重要误差项。加速度计的零偏误差是指输入比力为零时加速度计的输出值。

陀螺和加速度计的零偏误差表示为

$$\delta\boldsymbol{\omega}_{ip}^{p}=\boldsymbol{b}_{g},\delta\boldsymbol{f}_{ip}^{p}=\boldsymbol{b}_{a} \tag{6.68}$$

式中:$\boldsymbol{b}_g$ 为陀螺常值漂移,$\boldsymbol{b}_g=[b_{gx}\quad b_{gy}\quad b_{gz}]^{\mathrm{T}}$;$\boldsymbol{b}_a$ 为加速度计零偏,$\boldsymbol{b}_a=[b_{ax}\quad b_{ay}\quad b_{az}]^{\mathrm{T}}$。

综合以上部分,陀螺组件误差模型为

$$\delta\boldsymbol{\omega}_{ip}^{p}=\begin{bmatrix} S_{gx} & 0 & 0 \\ -\mu_{yz} & S_{gy} & 0 \\ \mu_{zy} & -\mu_{zx} & S_{gz} \end{bmatrix}\hat{\boldsymbol{\omega}}_{ip}^{p}+\boldsymbol{\varepsilon} \tag{6.69}$$

加速度计组件误差模型为

$$\delta\boldsymbol{f}_{ip}^{p}=\begin{bmatrix} S_{ax} & \tau_{xz} & -\tau_{xy} \\ -\tau_{yz} & S_{ay} & \tau_{yx} \\ \tau_{zy} & -\tau_{zx} & S_{az} \end{bmatrix}\hat{\boldsymbol{f}}_{ip}^{p}+\nabla \tag{6.70}$$

6.4.2　分立式标定方法

激光或者光纤陀螺仪参数标定时,分别将 X、Y、Z 三个轴向上和向下以一定的角速率 Ω,分别顺时针和逆时针转动转台,采集陀螺仪的输出脉冲,在旋转中,根据实际使用情况选取小于 60°/h 的角速率进行测试,可以选取不同的角速率进行标定[11]。

1. 绕 X 轴旋转

(1)X 轴向上,转台以恒定角速率 Ω 顺时针转动,采集三个陀螺仪的输出脉冲,记为 N_{gxxu}^{+}、N_{gyxu}^{+}、N_{gzxu}^{+},转台旋转 n 圈(n 为整数)所用时间记为 T_1。X 轴旋转转台转动示意图如图 6.6 所示。

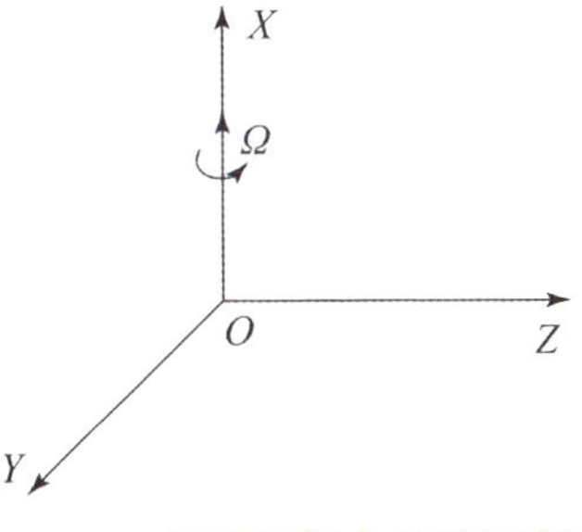

图 6.6　X 轴旋转转台转动示意图

转台以恒定角速率 Ω 逆时针转动，采集三个陀螺仪的输出脉冲，记为 N_{gxxu}^{-}、N_{gyxu}^{-}、N_{gzxu}^{-}，转台旋转 n 圈所用时间记为 $T_2(T_2=T_1=T)$。

（2）X 轴向下，转台以恒定角速率 Ω 顺时针转动，采集三个陀螺仪的输出脉冲，记为 N_{gxxd}^{+}、N_{gyxd}^{+}、N_{gzxd}^{+}，转台旋转 n 圈所用时间记为 T_3。

转台以恒定角速率 Ω 逆时针转动，采集三个陀螺仪的输出脉冲，记为 N_{gxxd}^{-}、N_{gyxd}^{-}、N_{gzxd}^{-}，转台旋转 n 圈所用时间记为 $T_4(T_4=T_3=T)$。

由上所采集的数据计算 X 陀螺仪的标度，安装误差系数如下：

$$\begin{aligned}K_{gx} &= -\frac{1}{2}\left(\frac{\sum N_{gxxu}^{+}-\sum N_{gxxu}^{-}}{2\Omega T}+\frac{\sum N_{gxxd}^{+}-\sum N_{gxxd}^{-}}{2\Omega T}\right)\\ &= -\frac{1}{2}\left(\frac{\sum \Delta N_{gxxu}}{4n\pi}+\frac{\sum \Delta N_{gxxd}}{4n\pi}\right)\\ &= -\frac{1}{8n\pi}\left(\sum \Delta N_{gxxu}+\sum \Delta N_{gxxd}\right)\end{aligned} \tag{6.71}$$

$$\begin{aligned}K_{gyx} &= -\frac{1}{2}\left(\frac{\sum N_{gyxu}^{+}-\sum N_{gyxu}^{-}}{2\Omega T}+\frac{\sum N_{gyxd}^{+}-\sum N_{gyxd}^{-}}{2\Omega T}\right)\\ &= -\frac{1}{2}\left(\frac{\sum \Delta N_{gyxu}}{4n\pi}+\frac{\sum \Delta N_{gyxd}}{4n\pi}\right)\\ &= -\frac{1}{8n\pi}\left(\sum \Delta N_{gyxu}+\sum \Delta N_{gyxd}\right)\end{aligned} \tag{6.72}$$

$$\begin{aligned}K_{gzx} &= -\frac{1}{2}\left(\frac{\sum N_{gzxu}^{+}-\sum N_{gzxu}^{-}}{2\Omega T}+\frac{\sum N_{gzxd}^{+}-\sum N_{gzxd}^{-}}{2\Omega T}\right)\\ &= -\frac{1}{2}\left(\frac{\sum \Delta N_{gzxu}}{4n\pi}+\frac{\sum \Delta N_{gzxd}}{4n\pi}\right)\\ &= -\frac{1}{8n\pi}\left(\sum \Delta N_{gzxu}+\sum \Delta N_{gzxd}\right)\end{aligned} \tag{6.73}$$

2. 绕 Y 轴旋转

（1）Y 轴向上，转台以恒定角速率 Ω 顺时针转动，采集三个陀螺仪的输出脉冲，记为 N_{gxyu}^{+}、N_{gyyu}^{+}、N_{gzyu}^{+}，转台旋转 n 圈所用时间记为 T_5。Y 轴旋转转台转动示意图如图 6.7 所示。

转台以恒定角速率 Ω 逆时针转动，采集三个陀螺仪的输出脉冲，记为 N_{gxyu}^{-}、N_{gyyu}^{-}、N_{gzyu}^{-}，转台旋转 n 圈所用时间记为 $T_6(T_6=T_5=T)$。

（2）Y 轴向下，转台以恒定角速率 Ω 顺时针转动，采集三个陀螺仪的输出脉冲，记为 N_{gxyd}^{+}、N_{gyyd}^{+}、N_{gzyd}^{+}，转台旋转 n 圈所用时间记为 T_7。

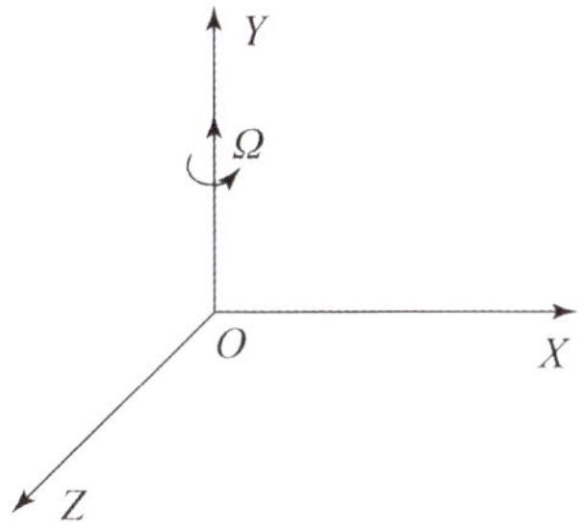

图 6.7　Y 轴旋转转台转动示意图

转台以恒定角速率 Ω 逆时针转动，采集三个陀螺仪的输出脉冲，记为 N_{gxyd}^{-}、N_{gyyd}^{-}、N_{gzyd}^{-}，转台旋转 n 圈所用时间记为 $T_8(T_8=T_7=T)$。

由上所采集的数据计算 Y 陀螺仪的标度，安装误差系数如下：

$$\begin{aligned}K_{gy}&=-\frac{1}{2}\left(\frac{\sum N_{gyyu}^{+}-\sum N_{gyyu}^{-}}{2\Omega T}+\frac{\sum N_{gyyd}^{+}-\sum N_{gyyd}^{-}}{2\Omega T}\right)\\&=-\frac{1}{8n\pi}\left(\sum \Delta N_{gyyu}+\sum \Delta N_{gyyd}\right)\end{aligned}\tag{6.74}$$

$$\begin{aligned}K_{gxy}&=-\frac{1}{2}\left(\frac{\sum N_{gxyu}^{+}-\sum N_{gxyu}^{-}}{2\Omega T}+\frac{\sum N_{gxyd}^{+}-\sum N_{gxyd}^{-}}{2\Omega T}\right)\\&=-\frac{1}{8n\pi}\left(\sum \Delta N_{gxyu}+\sum \Delta N_{gxyd}\right)\end{aligned}\tag{6.75}$$

$$\begin{aligned}K_{gzy}&=-\frac{1}{2}\left(\frac{\sum N_{gzyu}^{+}-\sum N_{gzyu}^{-}}{2\Omega T}+\frac{\sum N_{gzyd}^{+}-\sum N_{gzyd}^{-}}{2\Omega T}\right)\\&=-\frac{1}{8n\pi}\left(\sum \Delta N_{gzyu}+\sum \Delta N_{gzyd}\right)\end{aligned}\tag{6.76}$$

3. 绕 Z 轴旋转

(1) Z 轴向上，转台以恒定角速率 Ω 顺时针转动，采集三个陀螺仪的输出脉冲，记为 N_{gxzu}^{+}、N_{gyzu}^{+}、N_{gzzu}^{+}，转台旋转 n 圈 $(n=2)$ 所用时间记为 T_9。Z 轴旋转转台转动示意图如图 6.8 所示。

转台以恒定角速率 Ω 逆时针转动，采集三个陀螺仪的输出脉冲，记为 N_{gxzu}^{-}、N_{gyzu}^{-}、N_{gzzu}^{-}，转台旋转 n 圈所用时间记为 $T_{10}(T_{10}=T_9=T)$。

(2) Z 轴向下，转台以恒定角速率 Ω 顺时针转动，采集三个陀螺仪的输出脉冲，记为 N_{gxzd}^{+}、N_{gyzd}^{+}、N_{gzzd}^{+}，转台旋转 n 圈所用时间记为 T_{11}。

转台以恒定角速率 Ω 逆时针转动，采集三个陀螺仪的输出脉冲，记为 N_{gxzd}^{-}、N_{gyzd}^{-}、N_{gzzd}^{-}，转台旋转 n 圈所用时间记为 $T_{12}(T_{12}=T_{11}=T)$。

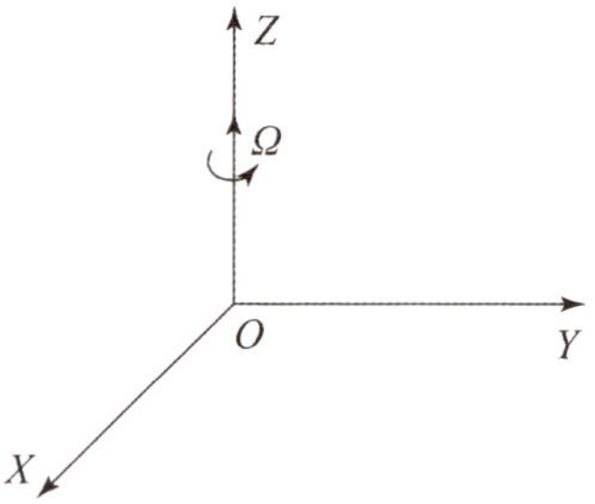

图 6.8　Z 轴旋转转台转动示意图

由上所采集的数据计算 Z 陀螺仪的标度，安装误差系数如下：

$$K_{gz} = -\frac{1}{2}\left(\frac{\sum N_{gzzu}^{+} - \sum N_{gzzu}^{-}}{2\Omega T} + \frac{\sum N_{gzzd}^{+} - \sum N_{gzzd}^{-}}{2\Omega T}\right)$$
$$= -\frac{1}{8n\pi}\left(\sum \Delta N_{gzzu} + \sum \Delta N_{gzzd}\right) \tag{6.77}$$

$$K_{gyz} = -\frac{1}{2}\left(\frac{\sum N_{gyzu}^{+} - \sum N_{gyzu}^{-}}{2\Omega T} + \frac{\sum N_{gyzd}^{+} - \sum N_{gyzd}^{-}}{2\Omega T}\right)$$
$$= -\frac{1}{8n\pi}\left(\sum \Delta N_{gyzu} + \sum \Delta N_{gyzd}\right) \tag{6.78}$$

$$K_{gxz} = -\frac{1}{2}\left(\frac{\sum N_{gxzu}^{+} - \sum N_{gxzu}^{-}}{2\Omega T} + \frac{\sum N_{gxzd}^{+} - \sum N_{gxzd}^{-}}{2\Omega T}\right)$$
$$= -\frac{1}{8n\pi}\left(\sum \Delta N_{gxzu} + \sum \Delta N_{gxzd}\right) \tag{6.79}$$

陀螺仪零位计算如下：

$$\varepsilon_x = \frac{1}{6}\left(\frac{N_{gxxu}^{+} + N_{gxxu}^{-}}{2T} + \frac{N_{gxxd}^{+} + N_{gxxd}^{-}}{2T} + \frac{N_{gxyu}^{+} + N_{gxyu}^{-}}{2T} + \frac{N_{gxyd}^{+} + N_{gxyd}^{-}}{2T} + \frac{N_{gxzu}^{+} + N_{gxzu}^{-}}{2T} + \frac{N_{gxzd}^{+} + N_{gxzd}^{-}}{2T}\right)$$
$$= \frac{1}{12T}\sum_{i=1}^{12} N_{gx}^{i} \tag{6.80}$$

$$\varepsilon_y = \frac{1}{6}\left(\frac{N_{gxxu}^{+} + N_{gxxu}^{-}}{2T} + \frac{N_{gxxd}^{+} + N_{gxxd}^{-}}{2T} + \frac{N_{gxyu}^{+} + N_{gxyu}^{-}}{2T} + \frac{N_{gxyd}^{+} + N_{gxyd}^{-}}{2T} + \frac{N_{gxzu}^{+} + N_{gxzu}^{-}}{2T} + \frac{N_{gxzd}^{+} + N_{gxzd}^{-}}{2T}\right)$$
$$= \frac{1}{12T}\sum_{i=1}^{12} N_{gy}^{i} \tag{6.81}$$

$$\begin{aligned}\varepsilon_z &= \frac{1}{6}\left(\frac{N_{gxxu}^+ + N_{gxxu}^-}{2T} + \frac{N_{gxxd}^+ + N_{gxxd}^-}{2T} + \frac{N_{gxyu}^+ + N_{gxyu}^-}{2T}\right.\\&\quad\left. + \frac{N_{gxyd}^+ + N_{gxyd}^-}{2T} + \frac{N_{gxzu}^+ + N_{gxzu}^-}{2T} + \frac{N_{gxzd}^+ + N_{gxzd}^-}{2T}\right)\\&= \frac{1}{12T}\sum_{i=1}^{12} N_{gz}^i\end{aligned} \tag{6.82}$$

加速度计的标定，以当地重力加速度 g 为系统输入量，分别将系统的三个轴向上和向下，并将转台控制在0°、90°、180°和270°等共计24个位置静止采集加速度计的输出脉冲，采样时间为 t，记录各位置加速度计的输出脉冲和，加速度计的相关参数计算如下。

（1）标度。

$$K_{ax} = -\frac{1}{8gt}\left(\sum_{i=17}^{20} Nx_i - \sum_{i=21}^{24} Nx_i\right) \tag{6.83}$$

$$K_{ay} = -\frac{1}{8gt}\left(\sum_{i=9}^{12} Ny_i - \sum_{i=13}^{16} Ny_i\right) \tag{6.84}$$

$$K_{az} = -\frac{1}{8gt}\left(\sum_{i=1}^{4} Nz_i - \sum_{i=5}^{8} Nz_i\right) \tag{6.85}$$

（2）安装误差。

$$K_{axy} = -\frac{1}{8gt}\left(\sum_{i=9}^{12} Nx_i - \sum_{i=13}^{16} Nx_i\right) \tag{6.86}$$

$$K_{axz} = -\frac{1}{8gt}\left(\sum_{i=1}^{4} Nx_i - \sum_{i=5}^{8} Nx_i\right) \tag{6.87}$$

$$K_{ayx} = -\frac{1}{8gt}\left(\sum_{i=17}^{20} Ny_i - \sum_{i=21}^{24} Ny_i\right) \tag{6.88}$$

$$K_{ayz} = -\frac{1}{8gt}\left(\sum_{i=1}^{4} Ny_i - \sum_{i=5}^{8} Ny_i\right) \tag{6.89}$$

$$K_{azx} = -\frac{1}{8gt}\left(\sum_{i=17}^{20} Nz_i - \sum_{i=21}^{24} Nz_i\right) \tag{6.90}$$

$$K_{azy} = -\frac{1}{8gt}\left(\sum_{i=9}^{12} Nz_i - \sum_{i=13}^{16} Nz_i\right) \tag{6.91}$$

（3）零位。

$$\Delta_{ax} = \frac{1}{16t}\sum_{i=1}^{16} Nx_i \tag{6.92}$$

$$\Delta_{ay} = \frac{1}{16t}\left(\sum_{i=1}^{8} Ny_i + \sum_{i=17}^{24} Ny_i\right) \tag{6.93}$$

$$\Delta_{az} = \frac{1}{16t}\sum_{i=9}^{24} Nz_i \tag{6.94}$$

式中：$Nx_i, Ny_i, Nz_i (i = 1 \sim 24)$为24个位置三个加速度计输出脉冲和(p)；$t$为采样时间(s)；$g$为当地重力加速度。

6.4.3 系统级标定方法

分立标定是直接以光学陀螺和加速度计的输出作为观测量对系统参数进行标定的方法。分立标定方法的理论及实验研究已经较为成熟，但是其原理决定标定过程需要高精度转台提供姿态基准，一般在实验室进行，其标定精度依赖转台精度。但是，捷联光学惯性导航在交付使用后往往需要对其定期进行标定，有时不具备返场标校的条件需要进行现场标定，但现场标定一般不具备高精度转台等设备。系统级标定是以导航误差(位置误差、速度误差及姿态误差)作为观测量对系统误差参数进行辨识的标定方法，系统级标定方法不依赖于高精度转台，通过普通的双轴转位机构即可实现所有激光惯性导航部件的参试标定，具备现场标定能力。

系统级标定的原理是利用双轴旋转机构旋转，使惯组分别绕三只陀螺敏感轴转动，激发由光学陀螺标度因数误差、敏感轴安装误差和零偏产生的导航误差；使三只加速度计敏感轴分别指天，激发由加速度计的标度因数误差、安装误差、零位产生的导航误差；然后以外参考信息(通常为固定位置和零速)为基准计算导航误差，通过建立导航误差与需标定参数之间的误差关系模型，采用卡尔曼滤波算法完成各标定参数的估计，实现设备快速标校。该方法具有操作简单、可维护性强、精度高的特点。

惯性导航设备的系统误差模型[10,12-14]如下。

$$\dot{\boldsymbol{\phi}} = -\boldsymbol{\omega}_{in}^{n} \times \boldsymbol{\phi} + \delta\boldsymbol{\omega}_{in}^{n} - \boldsymbol{C}_{p}^{n}\delta\boldsymbol{\omega}_{ip}^{p} \tag{6.95}$$

$$\delta\dot{\boldsymbol{v}} = \boldsymbol{f}^{n} \times \boldsymbol{\phi} + \boldsymbol{C}_{p}^{n}\delta\boldsymbol{f}_{ip}^{p} - (2\boldsymbol{\omega}_{ie}^{n} + \boldsymbol{\omega}_{en}^{n}) \times \delta\boldsymbol{v} - (2\delta\boldsymbol{\omega}_{ie}^{n} + \delta\boldsymbol{\omega}_{en}^{n}) \times \boldsymbol{v} - \delta\boldsymbol{g} \tag{6.96}$$

$$\delta\dot{\boldsymbol{p}} = \delta\boldsymbol{v} \tag{6.97}$$

式中：$\boldsymbol{\phi}$为姿态角误差，$\boldsymbol{\phi} = [\phi_{\mathrm{E}} \quad \phi_{\mathrm{N}} \quad \phi_{\mathrm{U}}]^{\mathrm{T}}$；$\delta\boldsymbol{v}$为东向、北向和垂向速度误差，$\delta\boldsymbol{v} = [\delta v_{\mathrm{E}} \quad \delta v_{\mathrm{N}} \quad \delta v_{\mathrm{U}}]^{\mathrm{T}}$；$\delta\boldsymbol{p}$为纬度、经度和高度误差，$\delta\boldsymbol{p} = [\delta L \quad \delta\lambda \quad \delta h]^{\mathrm{T}}$。

在线标定采用卡尔曼滤波算法，一般在固定位置进行，因此可以直接采用零速作量测信息。滤波器状态变量选取27维，将惯性导航误差方程与陀螺组件误差模型和加速度计组件误差模型合并，将陀螺仪漂移和加速度计偏置均看作随机常数过程，状态变量选择如下：

$$\begin{aligned}\boldsymbol{X} = [&\phi_{\mathrm{E}} \quad \phi_{\mathrm{N}} \quad \phi_{\mathrm{U}} \quad \delta v_{\mathrm{E}} \quad \delta v_{\mathrm{N}} \quad \delta v_{\mathrm{U}} \quad \varepsilon_x^b \quad \varepsilon_y^b \quad \varepsilon_z^b \quad \nabla_x^b \quad \nabla_y^b \quad \nabla_z^b \\ &S_{gx} \quad S_{gy} \quad S_{gz} \quad \mu_{yz} \quad \mu_{zy} \quad \mu_{zx} \quad S_{ax} \quad S_{ay} \quad S_{az} \quad \tau_{xz} \quad \tau_{xy} \quad \tau_{yx} \quad \tau_{yz} \quad \tau_{zy} \quad \tau_{zx}]^{\mathrm{T}}\end{aligned} \tag{6.98}$$

连续系统的状态方程为

$$\dot{\boldsymbol{X}} = \boldsymbol{F}\boldsymbol{X} + \boldsymbol{G}\boldsymbol{W} \tag{6.99}$$

式中：

$$\boldsymbol{F} = \begin{bmatrix} \boldsymbol{F}_{11} & \boldsymbol{F}_{12} & -\boldsymbol{C}_p^n & \boldsymbol{0}_{3\times 3} & \boldsymbol{F}_{15} & \boldsymbol{F}_{16} & \boldsymbol{0}_{3\times 3} & \boldsymbol{0}_{3\times 3} & \boldsymbol{0}_{3\times 3} \\ \boldsymbol{F}_{21} & \boldsymbol{F}_{22} & \boldsymbol{0}_{3\times 3} & \boldsymbol{C}_p^n & \boldsymbol{0}_{3\times 3} & \boldsymbol{0}_{3\times 3} & \boldsymbol{F}_{27} & \boldsymbol{F}_{28} & \boldsymbol{F}_{29} \\ \multicolumn{9}{c}{\boldsymbol{0}_{21\times 27}} \end{bmatrix} \tag{6.100}$$

$$\boldsymbol{F}_{11} = \begin{bmatrix} 0 & \omega_{ie}\sin L + \dfrac{v_{\mathrm{E}}\tan L}{R_{\mathrm{N}}} & -\left(\omega_{ie}\cos L + \dfrac{v_{\mathrm{E}}}{R_{\mathrm{N}}}\right) \\ -\left(\omega_{ie}\sin L + \dfrac{v_{\mathrm{E}}\tan L}{R_{\mathrm{N}}}\right) & 0 & -\dfrac{v_{\mathrm{N}}}{R_{\mathrm{M}}} \\ \omega_{ie}\cos L + \dfrac{v_{\mathrm{E}}}{R_{\mathrm{N}}} & \dfrac{v_{\mathrm{N}}}{R_{\mathrm{M}}} & 0 \end{bmatrix} \tag{6.101}$$

$$\boldsymbol{F}_{12} = \begin{bmatrix} 0 & -\dfrac{1}{R_{\mathrm{M}}} & 0 \\ \dfrac{1}{R_{\mathrm{N}}} & 0 & 0 \\ \dfrac{\tan L}{R_{\mathrm{N}}} & 0 & 0 \end{bmatrix} \tag{6.102}$$

$$\boldsymbol{F}_{21} = \begin{bmatrix} 0 & -f_{\mathrm{U}} & f_{\mathrm{N}} \\ f_{\mathrm{U}} & 0 & -f_{\mathrm{E}} \\ -f_{\mathrm{N}} & f_{\mathrm{E}} & 0 \end{bmatrix} \tag{6.103}$$

$$\boldsymbol{F}_{22} = \begin{bmatrix} \dfrac{v_{\mathrm{N}}\tan L - v_{\mathrm{U}}}{R_{\mathrm{N}}} & 2\omega_{ie}\sin L + \dfrac{v_{\mathrm{E}}\tan L}{R_{\mathrm{N}}} & -\left(2\omega_{ie}\cos L + \dfrac{v_{\mathrm{E}}}{R_{\mathrm{N}}}\right) \\ -2\left(\omega_{ie}\sin L + \dfrac{v_{\mathrm{E}}\tan L}{R_{\mathrm{N}}}\right) & -\dfrac{v_{\mathrm{U}}}{R_{\mathrm{M}}} & -\dfrac{v_{\mathrm{N}}}{R_{\mathrm{M}}} \\ 2\left(\omega_{ie}\cos L + \dfrac{v_{\mathrm{E}}}{R_{\mathrm{N}}}\right) & 2\dfrac{v_{\mathrm{N}}}{R_{\mathrm{M}}} & 0 \end{bmatrix} \tag{6.104}$$

$$\boldsymbol{F}_{15} = -\begin{bmatrix} c_{11}\omega_x & c_{12}\omega_y & c_{13}\omega_z \\ c_{21}\omega_x & c_{22}\omega_y & c_{23}\omega_z \\ c_{31}\omega_x & c_{32}\omega_y & c_{33}\omega_z \end{bmatrix} \tag{6.105}$$

$$F_{16}=-\begin{bmatrix}-c_{12}\omega_x & c_{13}\omega_x & -c_{13}\omega_y\\ -c_{22}\omega_x & c_{23}\omega_x & -c_{23}\omega_y\\ -c_{32}\omega_x & c_{33}\omega_x & -c_{33}\omega_y\end{bmatrix}\tag{6.106}$$

$$F_{27}=\begin{bmatrix}c_{11}f_x & c_{12}f_y & c_{13}f_z\\ c_{21}f_x & c_{22}f_y & c_{23}f_z\\ c_{31}f_x & c_{32}f_y & c_{33}f_z\end{bmatrix}\tag{6.107}$$

$$F_{28}=\begin{bmatrix}c_{11}f_y & -c_{11}f_z & c_{12}f_z\\ c_{21}f_y & -c_{21}f_z & c_{22}f_z\\ c_{31}f_y & -c_{31}f_z & c_{32}f_z\end{bmatrix}\tag{6.108}$$

$$F_{29}=\begin{bmatrix}-c_{12}f_x & c_{13}f_x & -c_{13}f_y\\ -c_{22}f_x & c_{23}f_x & -c_{23}f_y\\ -c_{32}f_x & c_{33}f_x & -c_{33}f_y\end{bmatrix}\tag{6.109}$$

$$G=\begin{bmatrix}-C_p^n & 0_{3\times3} & F_{15} & F_{16} & 0_{3\times3} & 0_{3\times3} & 0_{3\times3}\\ 0_{3\times3} & C_p^n & 0_{3\times3} & 0_{3\times3} & F_{27} & F_{28} & F_{29}\\ & & & 0_{21\times21} & & & \end{bmatrix}_{27\times21}\tag{6.110}$$

$$W=[n_{\varepsilon_x}\quad n_{\varepsilon_y}\quad n_{\varepsilon_z}\quad n_{\nabla_x}\quad n_{\nabla_y}\quad n_{\nabla_z}\quad n_{S_{gx}}\quad n_{S_{gy}}\quad n_{S_{gz}}\quad n_{\mu_{yz}}\quad n_{\mu_{zy}}\quad n_{\mu_{zx}}\quad n_{S_{ax}}\quad n_{S_{ay}}\quad n_{S_{az}}\quad n_{\tau_{xz}}\quad n_{\tau_{xy}}\quad n_{\tau_{yx}}\quad n_{\tau_{yz}}\quad n_{\tau_{zy}}\quad n_{\tau_{zx}}]^{\mathrm T}\tag{6.111}$$

式中:$n_{\varepsilon_x},n_{\varepsilon_y},n_{\varepsilon_z},n_{\nabla_x},n_{\nabla_y},n_{\nabla_z},n_{S_{gx}},n_{S_{gy}},n_{S_{gz}},n_{\mu_{yz}},n_{\mu_{zy}},n_{\mu_{zx}},n_{S_{ax}},n_{S_{ay}},n_{S_{az}},n_{\tau_{xz}},n_{\tau_{xy}},n_{\tau_{yx}},n_{\tau_{yz}},n_{\tau_{zy}},n_{\tau_{zx}}$为陀螺组件误差和加速度计组件误差的噪声方差。

以速度为观测量的量测方程为

$$Z_v=\begin{bmatrix}v_{sE}\\ v_{sN}\\ v_{sU}\end{bmatrix}=H_vX+V\tag{6.112}$$

式中:下标 s 表示捷联惯性导航系统解算输出。$H_v=[0_{3\times3}\quad I_{3\times3}\quad 0_{3\times21}]$,$V$ 为三维的速度观测白噪声。

惯性导航设备采用 20 个位置的在线自标定次序,如表 6.1 所示。

表 6.1　系统级自标定次序

转位次序	位置	旋转轴及角度	转位次序	位置	旋转轴及角度
0	ENU	—	11	SWD	$Y+90°$

续表

转位次序	位置	旋转轴及角度	转位次序	位置	旋转轴及角度
1	EUS	$X+90°$	12	UWS	$Y+90°$
2	ESD	$X+90°$	13	SWD	$Y-90°$
3	EDN	$X+90°$	14	DWN	$Y-90°$
4	ENU	$X+90°$	15	WUN	$Z+90°$
5	EDN	$X-90°$	16	UEN	$Z+90°$
6	ESD	$X-90°$	17	WUN	$Z-90°$
7	EUS	$X-90°$	18	DWN	$Z-90°$
8	UWS	$Z+90°$	19	EDN	$Z-90°$
9	NWU	$Y+90°$	20	ENU	$X-90°$
10	DWN	$Y+90°$			

参考文献

[1]翁海娜,姚琪,胡小毛.舰船单轴旋转激光捷联惯导系统动态初始对准[J].中国惯性技术学报,2012,20(1):34-38.

[2]严恭敏,翁浚.捷联惯导算法与组合导航原理[M].西安:西北工业大学出版社,2019.

[3]秦永元,张洪钺,汪叔华.卡尔曼滤波与组合导航原理[M].西安:西北工业大学出版社,1998.

[4]GROVES P D. GNSS 与惯性及多传感器组合导航系统原理[M].2 版.练军想,唐康华,潘献飞,等译.北京:国防工业出版社,2015.

[5]KAIN J E, CLOUTIER J R. Rapid Transfer Alignment for Tactical Weapon Applications[C]. AIAA Guidance, Navigation and Control Conference, Boston, USA,1989.

[6]MOCHALOV A V, KAZANTSEV A V. Use of Ring Laser Units for Measurement of the Moving Object Deformations[C]//Proceeding of the SPIE,2002, 4680:85-92.

[7]郑辛,武少伟,吴亮华.导弹武器惯导系统传递对准技术综述[J].导航定位与授时,2016,3(1):1-8.

[8]陈维娜,刘建业,曾庆化,等.基准信息误差对传递对准的影响分析与补偿方法[J].兵工自动化,2018,37(2):29-33.

[9]刘为任,宋高玲,孙伟强,等.双主惯性导航对子惯性导航的高精度传递对准方法[J].中国惯性技术学报,2016,24(5):561-564,570.

[10]吴赛成.船用高进精度激光陀螺姿态测量系统关键技术研究[D].长沙:国防科学技术大学,2011.

[11]严恭敏,李四海,秦永元.惯性仪器测试与数据分析[M].北京:国防工业出版社,2012.

[12]孙伟强,张礼伟,熊崴,等.激光陀螺惯组系统级标定方法[J].惯性技术学报,2016,24(1):9-13,25.

[13]黄凤荣,侯斌,孙伟强,等.双轴旋转式 SINS 自主标定技术[J].中国惯性技术学报,2012,20(2):146-151.

[14]张红良.陆用高精度激光陀螺捷联惯性导航系统误差参数估计方法研究[D].长沙:国防科学技术大学,2010.

第7章 光学陀螺惯性导航系统水平阻尼与系统校准

7.1 概　　述

按照系统误差特性的分析，惯性导航系统的误差主要包含地球周期、傅科周期和舒勒周期三种周期性振荡。对于满足舒勒调整条件的惯性导航系统，在使用时间较短的情况下，采用无阻尼工作状态即可满足使用要求。而无阻尼惯性导航系统实质是一种临界稳定系统，在常值误差源激励下，系统将产生周期性振荡误差，其幅值是不衰减的。随机性误差源引起的系统误差均方根随时间增长，对于工作时间较长的惯性导航系统，其误差会随时间累积影响系统精度，因此需要采用阻尼方案来降低长时间系统无阻尼震荡的导航误差[1-2]。

7.2 水平阻尼技术

根据控制理论可知，减小临界稳定系统振荡响应的有效方法是在系统中加入一校正环节，改变系统特征根，使系统成为渐进稳定系统。加入校正环节后，系统回路具有阻尼特性，系统输出在各误差源激励下的振荡性误差响应逐渐衰减。将阻尼环节加入不同的回路，对系统误差的抑制效果也有所不同。若在水平回路中加入阻尼校正环节，可以抑制舒勒周期振荡误差，这种阻尼方式称为水平阻尼。若在方位回路中加入阻尼，可以抑制地球周期振荡误差，这种方式称为方位阻尼。方位阻尼是在水平阻尼基础上进行的,同时进行方位阻尼和水平阻尼又称为全阻尼。在回路中加入阻尼环节,并不引入外部信息源的阻尼方式称为内阻尼。内阻尼可分为内水平阻尼和内全阻尼。相对地,如果在系统中引入外部信息进行阻尼校正,则称为外阻尼。外阻尼同样可分为外水平阻尼和外全阻尼[3-5]。

目前,理论上比较成熟,工程应用上也较为广泛的是基于串联校正的阻尼网络,它主要是在导航解算中串联一个二阶校正函数,该函数对导航振荡误差中的舒勒、傅科和地球振荡频段的信号有抑制作用。利用校正函数滤除解算速度中的振荡误差,再将滤除后的速度作为系统输出,可以同时消除姿态振荡误差,而定位信息由速度一次积分得到,因此阻尼后的信息中不存在振荡。

7.2.1 水平速度阻尼

水平阻尼是指惯性导航系统的舒勒回路中引入阻尼网络,将按舒勒周期振荡的误差阻尼下来。由于傅科周期振荡调制了舒勒周期振荡,所以傅科周期振荡也被阻尼衰减[3]。以惯性导航回路的北向修正回路为例,惯性导航系统的水平回路模型如图 7.1 所示。

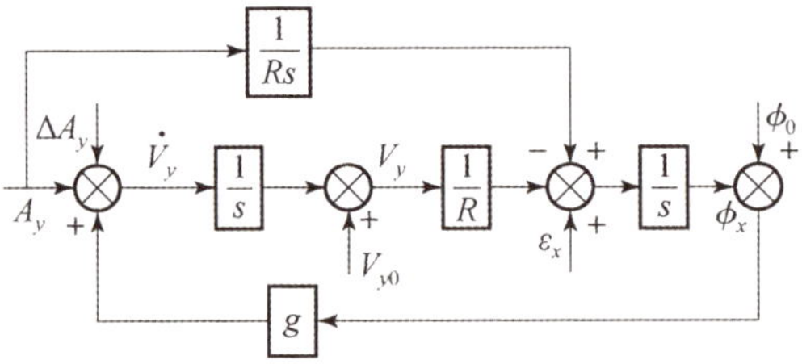

图 7.1 北向水平修正回路

图中,A_y 表示北向加速度,ΔA_y 表示北向零位加速度误差,V_y 表示北向速度,V_{y0}表示初始北向速度,ε_x 表示东向陀螺漂移,ϕ_0 表示初始平台失准角,R 表示地球半径,g 表示重力加速度,ϕ_x 表示东向平台失准角,$\frac{1}{s}$表示积分算子。鉴于陀螺漂移是惯性导航系统的最主要误差源,为了简化分析,假定误差源中仅考虑东向陀螺漂移的影响,从陀螺漂移 ε_x 到水平误差角 ϕ_x 的传递函数为

$$\frac{\phi_x}{\varepsilon_x}=\frac{s}{s^2+\dfrac{g}{R}}=\frac{s}{s^2+\omega_s^2} \tag{7.1}$$

式中:$\omega_s=\sqrt{\dfrac{g}{R}}$为舒勒振荡频率。

对于无阻尼惯性导航系统,在常值或随机陀螺漂移激励下,将产生等幅振荡或发散性误差。为了抑制和衰减惯性导航振荡性误差，一般采用在惯性导航修正回路前向通道中加入阻尼网络 $H(s)$，将速度信息输入阻尼网络，如图 7.2 所示。

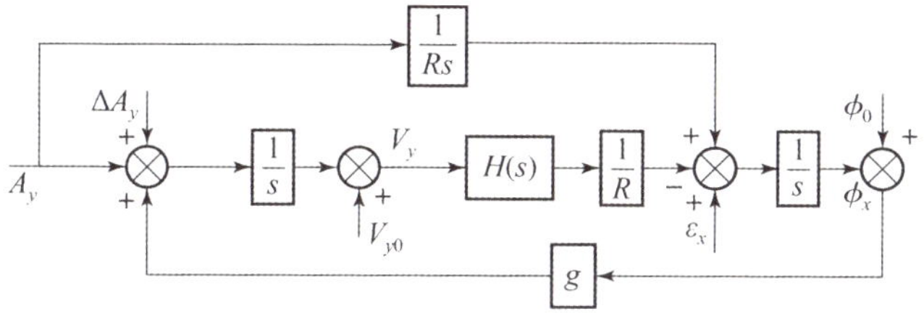

图 7.2 北向水平阻尼回路

此时，系统的特征方程得到改变，使系统具有负实部特征根，从而使惯性导航系统处于渐进稳定状态。加入阻尼网络后，从陀螺漂移 ε_x 到水平误差角 ϕ_x 的传递函数变为

$$\frac{\phi_x}{\varepsilon_x}=\frac{s}{s^2+\omega_s^2H(s)} \tag{7.2}$$

由于阻尼网络破坏了惯性导航系统无干扰舒勒振荡条件，加入阻尼网络后惯性导航系统增加了一条从加速度 A_y 到水平误差角 ϕ_x 的传递函数，即

$$\frac{\phi_x}{A_y}=\frac{1-H(s)}{s^2+\omega_s^2H(s)} \tag{7.3}$$

为了尽量减少机动加速度对惯性导航系统的影响，根据式(7.3)可知，阻尼网络 $H(s)$ 的选择应尽量接近于1，即阻尼网络的阻尼系数应该尽量小。另外，为了抑制和衰减惯性导航系统振荡性误差，由式(7.3)可知，阻尼网络 $H(s)$ 应使系统具有负特征根，在舒勒振动频率 ω_s 附近提供正相移，并且要求阻尼系数越大越好。考虑以上相互矛盾的两个方面，实际工作中一般采用折中的方式，选取阻尼网络等效阻尼系数为 0.5 左右，经过反复调整 $H(s)$ 网络参数直至满足要求。

$H(s)$ 一般选取形式为

$$H(s)=\frac{(s+\omega_1)(s+\omega_2)}{(s+\omega_3)(s+\omega_4)} \tag{7.4}$$

7.2.2 变阻尼技术

从式(7.3)可以看出，当惯性导航工作在无阻尼状态时，$H(s)$ 为 1；在惯性导航从无阻尼转化为阻尼状态时，$H(s)$ 由 1 变为式(7.4)的网络参数形式。由于修正回路的参数突变，在初始条件作用下，惯性导航从无阻尼切换到阻尼状态时，将带来较大的超调误差，如图 7.3 所示[6-10]。

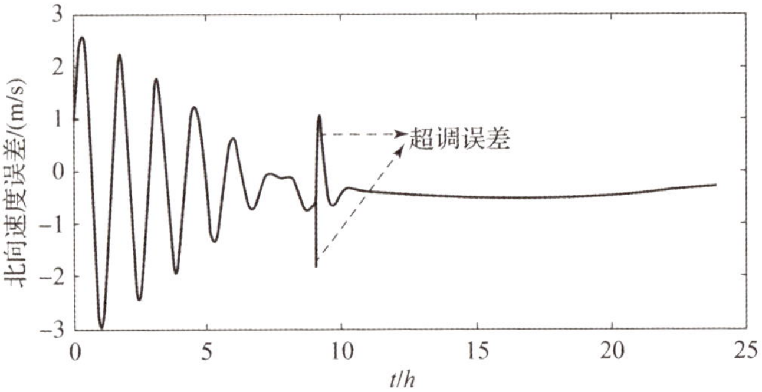

图 7.3　阻尼切换激发超调误差

为应对阻尼状态切换时产生超调误差等问题,可采用变阻尼控制的方式,如变阻尼比例控制方法,即通过控制参数的改变,修正系统阻尼系数的大小。其基本形式如图 7.4 所示,在惯性导航的水平修正回路中将加速度信息引出,增加一个比例控制回路,K 为可调控制参数。

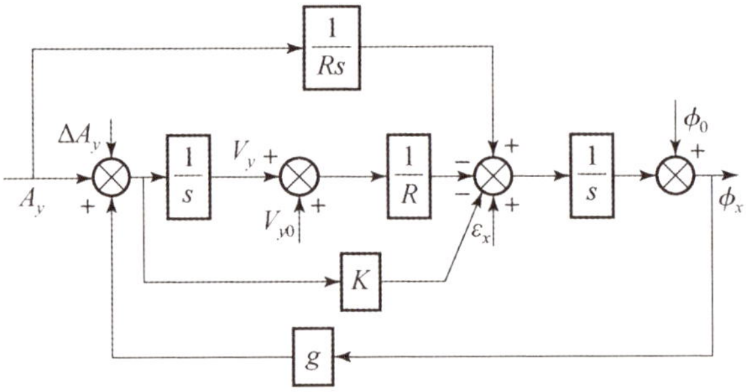

图 7.4　可调参数的惯性导航北向水平阻尼回路

在该阻尼控制回路下,从陀螺漂移 ε_x 到水平误差角 ϕ_x 的传递函数为

$$\frac{\phi_x}{\varepsilon_x}=\frac{s}{s^2+Kgs+\omega_s^2} \tag{7.5}$$

设 ξ 为阻尼系数,由式(7.5)可知,阻尼控制回路参数 K 与阻尼系数 ξ 的关系满足

$$\xi=\frac{Kg}{2\omega_s} \tag{7.6}$$

由于阻尼控制回路破坏了惯性导航系统无干扰舒勒振荡条件,从加速度 A_y 到水平误差角 ϕ_x 的传递函数为

$$\frac{\phi_x}{A_y}=\frac{-Ks}{s^2+Kgs+\omega_s^2} \tag{7.7}$$

通过修正可变控制参数 K,可以方便地实现惯性导航系统阻尼系数的改

变，以适应不同应用条件下加速度的影响。当载体机动加速度较大时，使控制参数 K 为零，当阻尼系数 ξ 为零时，惯性导航系统工作在无阻尼状态，切断从 A_y 到水平误差角 ϕ_x 的误差传递，完全消除机动产生的加速度对惯性导航的影响。当载体机动加速度较小时，通过增大控制参数 K，使得阻尼系数 ξ 随之增大。当惯性导航从无阻尼状态向阻尼状态改变时，可逐步增大阻尼系数，从而避免状态切换时产生明显超调。

根据自动控制理论，图 7.2 和图 7.4 中的阻尼方法应满足等价关系式为

$$\frac{1}{s}H(s)\frac{1}{R}=\frac{1}{sR}+K \tag{7.8}$$

即

$$H(s)=1+KRs \tag{7.9}$$

显然，式(7.9)也是满足要求的阻尼网络，形式相对于式(7.4)的网络参数形式有所简化。可以在惯性导航从无阻尼状态切换到阻尼状态时，通过控制比例参数 K 实现阻尼系数 ξ 的修正，使之从 0 逐渐线性增加至某设定的阻尼比，如 0.5 左右，从而避免阻尼回路不变导致的较大超调误差。

7.3　系统校准技术

阻尼技术可以对惯性导航系统中的振荡误差进行抑制，但无法对常值误差和随时间增长的误差进行有效抑制，而上述两种误差，特别是随时间增长的误差是制约惯性导航系统精度的重要因素。系统校准技术可以实现上述两种误差的修正，修正的方法通常是借助外部导航信息，如卫星导航定位信息和天文导航系统航向信息等，实现对相应惯性导航系统输出的重调以及陀螺常值漂移误差等的估计和修正。陀螺常值漂移是造成惯性导航系统位置误差发散的最主要原因，因而对陀螺常值漂移进行补偿后可有效提高惯性导航系统的精度[11]。

7.3.1　外参考信息有限的点位置校准算法

点位置校准是要根据系统的点位置误差计算出剩余漂移。由于东向剩余漂移和航向误差只引起系统的振荡误差，等效北向和等效垂向漂移才会引起系统经度误差的发散，因此，点位置校准时根据经度误差对等效北向和等效垂向漂移进行计算，并对位置进行修正[11]。

多点位置校准又包括双点位置校准和三点位置校准等，本节以三点位置校准为例对多点位置校准方法的基本原理进行介绍。

为方便描述，本节引入新的坐标系 qep 坐标系（o 系），坐标原点与导航系 n

相同，位于载体所处位置，Xo 平行于赤道平面与本地子午面的交线，由地轴指向外，Yo 与等纬度圈相切，指向东，Zo 平行于极轴与 Xo，Yo 构成右手坐标系。o 系与 n 系的关系如图 7.5 所示。

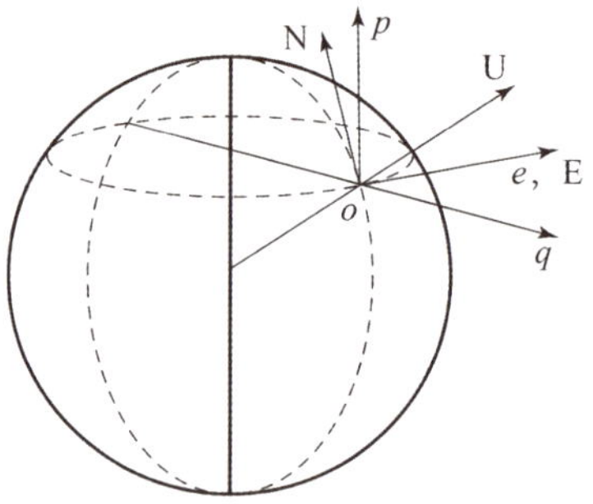

图 7.5　o 系与 n 系坐标示意图

对于大型舰船等载体，载体速度相对于地球自转速度通常可忽略不计，在这种情况下，惯性导航系统的平台漂移角 ψ 在 qep 坐标系下具有解析解，表示如下：

$$\boldsymbol{\psi}^o = \boldsymbol{\Phi}(t,t_0)\boldsymbol{\psi}^o(t_0) + \boldsymbol{B}(t,t_0)\boldsymbol{\varepsilon}_c^o \tag{7.10}$$

式中：$\boldsymbol{\psi}^o$ 和 $\boldsymbol{\varepsilon}_c^o$ 分别表示 ψ 角和陀螺常值漂移在 o 系下的投影，$\boldsymbol{\psi}^o$，$\boldsymbol{\varepsilon}_c^o$，$\boldsymbol{\Phi}(t,t_0)$ 和 $\boldsymbol{B}(t,t_0)$ 的具体表达式如下：

$$\boldsymbol{\psi}^o = \begin{bmatrix} \psi_q(t) \\ \psi_e(t) \\ \psi_p(t) \end{bmatrix} \tag{7.11}$$

$$\boldsymbol{\Phi}(t,t_0) = \begin{bmatrix} \cos\omega_{ie}(t-t_0) & \sin\omega_{ie}(t-t_0) & 0 \\ -\sin\omega_{ie}(t-t_0) & \cos\omega_{ie}(t-t_0) & 0 \\ 0 & 0 & 1 \end{bmatrix} \tag{7.12}$$

$$\boldsymbol{B}(t,t_0) = \begin{bmatrix} \frac{1}{\omega_{ie}}\sin(\omega_{ie}(t-t_0)) & \frac{1}{\omega_{ie}}(1-\cos(\omega_{ie}(t-t_0))) & 0 \\ \frac{1}{\omega_{ie}}(1-\cos(\omega_{ie}(t-t_0))) & \frac{1}{\omega_{ie}}\sin(\omega_{ie}(t-t_0)) & 0 \\ 0 & 0 & t-t_0 \end{bmatrix} \tag{7.13}$$

$$\boldsymbol{\varepsilon}_c^o = \begin{bmatrix} \varepsilon_{qc} \\ \varepsilon_{ec} \\ \varepsilon_{pc} \end{bmatrix} \tag{7.14}$$

位置误差角与惯性导航系统位置误差的关系为

$$\begin{cases}\delta\theta_E = -\delta\varphi \\ \delta\theta_N = \delta\lambda\cos\varphi \\ \delta\theta_U = \delta\lambda\sin\varphi\end{cases} \tag{7.15}$$

式中：$\delta\theta_E$，$\delta\theta_N$，$\delta\theta_U$ 分别表示位置误差角的东向、北向和天向分量；$\delta\lambda$ 和 $\delta\varphi$ 分别表示惯性导航系统的经度和纬度误差。

另外，根据 o 系与 n 系的关系可知：

$$\phi = \psi + \delta\theta \tag{7.16}$$

由式(7.15)和式(7.16)可得

$$\begin{bmatrix}\psi_E \\ \psi_N \\ \psi_U\end{bmatrix} = \begin{bmatrix}\phi_E - \delta\theta_E \\ \phi_N - \delta\theta_N \\ \phi_U - \delta\theta_U\end{bmatrix} = \begin{bmatrix}\phi_E + \delta\varphi \\ \phi_N - \delta\lambda\cos\varphi \\ \phi_U - \delta\lambda\sin\varphi\end{bmatrix} \tag{7.17}$$

式中：ψ_E，ψ_N，ψ_U 分别表示平台漂移角的东向、北向和天向分量；ϕ_E，ϕ_N，ϕ_U 分别表示失准角的东向、北向和天向分量。而对于长航时导航系统在阻尼工作模式下，ϕ_E 和 ϕ_N 可近似为 0，那么式(7.17)可简化为

$$\begin{bmatrix}\psi_E \\ \psi_N \\ \psi_U\end{bmatrix} = \begin{bmatrix}\delta\varphi \\ -\delta\lambda\cos\varphi \\ -\delta\lambda\sin\varphi\end{bmatrix} \tag{7.18}$$

又由导航系与 qep 系之间的转换关系有

$$\begin{bmatrix}\psi_E \\ \psi_N \\ \psi_U\end{bmatrix} = \begin{bmatrix}\psi_e \\ -\psi_q\sin\varphi + \psi_p\cos\varphi \\ \psi_q\cos\varphi + \psi_p\sin\varphi\end{bmatrix} \tag{7.19}$$

将式(7.19)代入式(7.18)可得

$$\begin{bmatrix}\delta\lambda \\ \delta\varphi\end{bmatrix} = \begin{bmatrix}\tan\varphi & 0 & -1 \\ 0 & 1 & 0\end{bmatrix}\begin{bmatrix}\psi_q \\ \psi_e \\ \psi_p\end{bmatrix} \tag{7.20}$$

式(7.20)可写为

$$\boldsymbol{y} = \boldsymbol{h}\boldsymbol{\psi}^o \tag{7.21}$$

设载体在 t_1 时刻获得第一次外参考点位置信息，根据式(7.21)可得

$$\boldsymbol{y}_1 = \boldsymbol{h}\boldsymbol{\psi}^o(t_1) + v_1 \tag{7.22}$$

v_1 表示外参考点位置信息的定位误差。在 t_2 时刻，获得第二次外参考点位置信息。则有

$$\boldsymbol{y}_2=[\boldsymbol{H\Phi}(t_2,t_1)\quad \boldsymbol{HB}(t_2,t_1)]\begin{bmatrix}\boldsymbol{\psi}^o(t_1)\\ \boldsymbol{\varepsilon}_c^o\end{bmatrix}+v_2 \tag{7.23}$$

同样地,设在 t_3 时刻,获得第三次外参考点位置信息。则有

$$\boldsymbol{y}_3=[\boldsymbol{H\Phi}(t_3,t_1)\quad \boldsymbol{HB}(t_3,t_1)]\begin{bmatrix}\boldsymbol{\psi}^o(t_1)\\ \boldsymbol{\varepsilon}_c^o\end{bmatrix}+v_3 \tag{7.24}$$

联合式(7.22)~式(7.24)可求解出 $\boldsymbol{\varepsilon}_c^o$,在根据 o 系和 n 系的关系可求解出导航坐标系下的陀螺常值漂移,进而对北向和天向陀螺常值漂移进行补偿,但需要注意的是东向陀螺常值漂移是无法补偿的。

7.3.2 基于卡尔曼滤波的连续校准算法

对于点位置校准方法,当外部观测信息由卫星导航提供时,由于一个位置仅仅提供两个观测信息,即经度误差和纬度误差,因此在需要多个点位置信息时就意味着载体要暴露多次去接受位置信息才能实现对陀螺常值漂移的估计,因而多点校准较为耗时,并且增加了潜艇等水下装备暴露的风险。为了利用尽可能少的时间完成陀螺常值漂移的估计,学者们提出了基于卡尔曼滤波的连续校准方法,即利用一次上浮的连续观测信息实现陀螺常值误差的估计[11]。该方法具体如下,对于舰船类载体,载体速度相对于地球自转通常为较小量,因此平台的漂移角动态方程为

$$\begin{bmatrix}\dot{\psi}_{\mathrm{E}}\\ \dot{\psi}_{\mathrm{N}}\\ \dot{\psi}_{\mathrm{U}}\end{bmatrix}=\begin{bmatrix}0 & \omega_{ie}\sin\varphi & -\omega_{ie}\cos\varphi\\ -\omega_{ie}\sin\varphi & 0 & 0\\ \omega_{ie}\cos\varphi & 0 & 0\end{bmatrix}\begin{bmatrix}\psi_{\mathrm{E}}\\ \psi_{\mathrm{N}}\\ \psi_{\mathrm{U}}\end{bmatrix}+\begin{bmatrix}\varepsilon_{\mathrm{E}}\\ \varepsilon_{\mathrm{N}}\\ \varepsilon_{\mathrm{U}}\end{bmatrix} \tag{7.25}$$

式中:$\varepsilon_{\mathrm{E}},\varepsilon_{\mathrm{N}},\varepsilon_{\mathrm{U}}$ 分别代表东向、北向和天向的陀螺漂移。假定陀螺漂移是由常值漂移和随机误差构成,表示为

$$\begin{bmatrix}\varepsilon_{\mathrm{E}}\\ \varepsilon_{\mathrm{N}}\\ \varepsilon_{\mathrm{U}}\end{bmatrix}=\begin{bmatrix}\varepsilon_{\mathrm{Ec}}\\ \varepsilon_{\mathrm{Nc}}\\ \varepsilon_{\mathrm{Uc}}\end{bmatrix}+\boldsymbol{w} \tag{7.26}$$

式中:$\varepsilon_{\mathrm{Ec}}$,$\varepsilon_{\mathrm{Nc}}$,$\varepsilon_{\mathrm{Uc}}$ 分别代表东向、北向和天向的陀螺常值漂移,$\boldsymbol{w}=[w_{\mathrm{E}}\quad w_{\mathrm{N}}\quad w_{\mathrm{U}}]^{\mathrm{T}}$ 为随机误差矢量。

由式(7.25)和式(7.26)可得校准的状态方程为

$$\dot{\boldsymbol{x}}=\boldsymbol{Ax}+\boldsymbol{Bw} \tag{7.27}$$

式中:

$$\boldsymbol{x}=[\psi_{\mathrm{E}}\quad \psi_{\mathrm{N}}\quad \psi_{\mathrm{U}}\quad \varepsilon_{\mathrm{Ec}}\quad \varepsilon_{\mathrm{Nc}}\quad \varepsilon_{\mathrm{Uc}}]^{\mathrm{T}} \tag{7.28}$$

$$
\boldsymbol{A}=\begin{bmatrix} 0 & \omega_{ie}\sin\varphi & -\omega_{ie}\cos\varphi & 1 & 0 & 0 \\ -\omega_{ie}\sin\varphi & 0 & 0 & 0 & 1 & 0 \\ \omega_{ie}\cos\varphi & 0 & 0 & 0 & 0 & 1 \\ 0 & 0 & 0 & 0 & 0 & 0 \\ 0 & 0 & 0 & 0 & 0 & 0 \\ 0 & 0 & 0 & 0 & 0 & 0 \end{bmatrix} \tag{7.29}
$$

当获取到外部位置参考信息时，观测方程为

$$
\boldsymbol{y}=\boldsymbol{C}\boldsymbol{x}+\boldsymbol{v} \tag{7.30}
$$

式中：

$$
\boldsymbol{y}=\begin{bmatrix} \lambda_{\text{INS}}-\lambda_{\text{REF}} \\ \varphi_{\text{INS}}-\varphi_{\text{REF}} \end{bmatrix}=\begin{bmatrix} \delta\lambda_{\text{INS}}-\delta\lambda_{\text{REF}} \\ \delta\varphi_{\text{INS}}-\delta\varphi_{\text{REF}} \end{bmatrix} \tag{7.31}
$$

$$
\boldsymbol{C}=\begin{bmatrix} 0 & -\dfrac{1}{\cos\varphi} & 0 & 0 & 0 & 0 \\ 1 & 0 & 0 & 0 & 0 & 0 \end{bmatrix},v=\begin{bmatrix} \delta\lambda_{\text{REF}} \\ \delta\varphi_{\text{REF}} \end{bmatrix} \tag{7.32}
$$

式中：λ_{INS}，φ_{INS}为惯性导航系统输出的经纬度；λ_{REF}，φ_{REF}为参考位置的经纬度；$\delta\lambda_{\text{REF}}$，$\delta\varphi_{\text{REF}}$为参考位置经纬度误差。在获取连续的外部参考位置时，对式(7.32)进行卡尔曼滤波计算，即可实现陀螺常值漂移的估计。

参考文献

[1] COX R, WEI S. Advances in the State of the Art for AUV Inertial Sensors and Navigation Systems[C]//Proceedings of the 1994 Symposium on Autonomous Underwater Vehicle Technology. IEEE, 1994: 360 – 369.

[2] ZHANG Z Y, XU Y F, LI K, et al. Angle Random Walk Error Propagation and Suppression Methods in Long – Term Inertial Navigation System[J]. Systems Engineering and Electronics, 2011, 33(9): 2050 – 2054.

[3] 丰璐. 长航时惯导系统的阻尼和综合校正技术研究[D]. 北京：北京理工大学，2016.

[4] 刘为任，庄良杰. 惯性导航系统水平阻尼网络的自适应控制[J]. 天津大学学报，2005, 38(2): 146 – 149.

[5] 李魁，张京娟，刘芳. 长航时惯导系统的模糊控制内阻尼算法[J]. 哈尔滨工程大学学报，2012, 33(4): 485 – 488.

[6] 奔粤阳，杨晓龙，杜蘅，等. 船用捷联惯导系统的快速阻尼导航算法[J]. 系统工程与电子技术，2014, 36(2): 343 – 347.

[7]覃方君,李安,许江宁,等.阻尼参数连续可调的惯导水平内阻尼方法[J].中国惯性技术学报,2011,19(3):290-292,301.
[8]刘飞,刘超,翁海娜,等.基于Kalman滤波技术的捷联惯导系统水平阻尼算法[J].中国惯性技术学报,2013,21(3):285-288.
[9]GAO W,ZHANG Y,BEN Y Y,et al. An Automatic Compensation Method for States Switch of Strapdown Inertial Navigation System[C]// Proceedings of the IEEE/ION Position,Location and Navigation Sysposium,2012:814-817.
[10]何泓洋,许江宁,覃方君.一种捷联惯导阻尼超调误差抑制算法研究[J].舰船电子工程,2012,32(11):39-41.
[11]黄德鸣,程禄.惯性导航系统[M].北京:国防工业出版社,1986.

第 8 章　光学陀螺惯性导航系统硬件设计

8.1　概　　述

为测量载体的瞬时运动信息,需要确定一个参考坐标系,建立参考坐标系的方法通常有两种:一是直接将惯性元件安装在稳定平台上,通过控制平台运动保证现实世界物理平台指向稳定;二是通过数学方法建立一个数学平台。但是,不论是物理平台还是数学平台都会受平台漂移影响逐渐偏移真值,如振动、温度场和电磁场均可使光学陀螺仪输出轴产生常值干扰力矩,从而引起惯性平台的常值漂移[1]。因此,随着光学陀螺惯性导航系统精度指标的不断提升,不但对惯性元件特别是光学陀螺仪提出了很高的要求,同时也对惯性导航系统平台结构的振动、温度以及电磁设计等也提出了相应要求。除了结构设计内容,本章还对旋转控制和惯性器件采样等与系统硬件有关的内容做了简要介绍。

8.2　光学陀螺惯性导航系统结构设计

8.2.1　结构设计原则

光学陀螺惯性导航系统结构是为光学惯性元件提供物理安装基准,同时保证光学惯性元件处于一个合适的力学、热学和电磁学环境的结构防护体系。

根据当前主流的光学陀螺惯性导航系统方案,可将光学惯性导航系统结构分为两大类：一是捷联式惯性导航系统结构，二是平台式惯性导航系统结构。其中，捷联式惯性导航系统结构又可细分为纯捷联式系统、单轴旋转式和双轴旋转式捷联系统；平台式惯性导航系统也可细分为三轴平台式系统和四轴平台式系统，或者按解析方式分为几何式、解析式和半解析式系统[2]。随着捷联算法和旋转方案的持续提升，基于载体运动隔离的双轴旋转调制的混合式三轴系统结构也逐渐成为当前高精度惯性导航系统的主要结构类型。

光学陀螺惯性导航系统结构设计主要涉及：结构方案设计，即系统总体结构形式的确定；结构技术设计，即结构指标分解、建模、整机热设计及仿真、整机力学设计及仿真、整机磁防护设计及仿真和整机三防设计及仿真；结构设计验证等。通常应遵循以下设计原则。

(1)满足惯性元件以及线路模块安装要求；系统外形、重量要求；系统安装基准要求；机械接口要求；环境适应性要求，包括环境温度要求、力学要求、磁敏感度要求以及密封性要求等。

(2)在满足上述要求的前提下，力求结构简单、可靠性高，整机体积小、质量小、经济性好。

(3)主体结构材料应当性能稳定，加工性能良好，整机结构易装配。

(4)结构设计应进行可靠性分析，保证结构在相应振动、冲击、磁场以及其他环境条件下的可靠性，提高结构的设计质量。

(5)结构设计应采用通用化、系列化和模块化设计。

(6)满足其他附加要求。

8.2.2 结构方案设计

光学陀螺惯性导航系统结构主要是为光学惯性元件提供安装基准，支撑和防护惯性元件、线路模块和电子器件，同时兼具减缓各种环境作用并提供系统对外安装基准的功能。结构设计需要基于以上功能需求而定，在满足功能的基础上，力求结构简单、成本低并易于批量生产等。

平台结构大致可分为光学惯性敏感组件和除惯性敏感组件之外的系统支撑防护组件。光学惯性敏感组件一般是集成了光学陀螺仪和加速度计的惯性测量基准组合体，是一个功能相对独立的测量单元。光学惯性敏感组件中有系统最重要的结构件——台体，其上具备光学陀螺仪和加速度计的安装基准，且安装基准面相互之间要有严格的形位公差要求和相对可靠的长期尺寸稳定性要求。系统支撑防护组件可为单独的支撑防护壳体或带框架部件的防护组件。

平台结构方案设计主要涉及结构精度指标分解、惯性元件安装形式以及平台结构形式的确认,同时考虑系统基准、系统温控和系统电磁兼容性设计,对于旋转系统还需做好旋转部件间输电方式的设计。

1. 结构精度指标分解

光学陀螺惯性导航系统平台与结构相关的指标要求主要根据设备总体设计,包括以下几个方面。

(1)惯性平台环境适应性要求包括环境温度要求、振动冲击要求、三防(湿热、盐雾及霉菌)要求等。

(2)惯性平台外形、重量及安装形式的要求。

(3)惯性平台结构的要求包括台体的要求、框架及其组件的要求、结构刚度的要求、摩擦力矩的要求、转动惯量的要求等。

(4)惯性元件安装精度的要求包括:

①台体上惯性元件安装面相互之间夹角误差。

②台体上惯性元件安装面的加工误差。

③惯性元件及台体材料匹配性。

④台体材料尺寸稳定性。

2. 惯性元件安装形式设计

惯性元件安装形式主要考虑的因素如下:

(1)按照设计要求配置惯性元件敏感轴(输入轴),并设计惯性元件的安装方式。

(2)台体上各惯性元件空间布局和质心平衡设计。

(3)惯性元件的安装、调试、维修性设计。

3. 平台结构形式设计

平台结构形式设计取决于如下因素:

(1)依据设计要求确认平台结构大方案并设计框架轴取向。

(2)船用惯性平台框架形式可分为内撑式、外撑式和混合式。

①内撑式又称内常平架式,隔离舰船运动的常平环制成万向接头形式,而模拟地理系的平台台体装在最外层。内撑结构多用于小型陀螺仪器,由于光学陀螺仪及其他构件均安装在仪器主体的外围,元件的安装、调试和维修方便。常平架结构的小型化利于减小转动惯量,提高仪器的动态性能。内撑式常平架对轴承、伺服机构以及角度传感器的尺寸要求严格。

②外撑式又称外常平架式,它以台体为结构中心,由逐渐加宽的环架构成。外撑式常平架结构对称,刚度较大,为了提高角度测量和发送的精度,可装大尺寸轴承,大功率伺服电机及大型角度传感器。采用此种结构形式便于整体仪器的减振和温控。

③混合式结构中,隔离舰船运动的摇摆常平环采用外撑式,平台采用内撑式。

(3)平台中还有用于支撑轴系的轴承、用于读角的感应同步器或光栅码盘,以及用于稳定回路驱动的力矩电机。

①用于支撑轴系的轴承一般采用高精度的有预紧力的成对角接触球轴承。

②感应同步器或光栅码盘、力矩电机一般装于框架两端。这种安装有利于框架的平衡,并能减少各元件间的干扰。

(4)框架组件设计时需要对框架上的各零部件进行相对于回转轴的力矩计算,使回转轴两端的力矩相等,必要时增加配重。

(5)框架组件作为支撑组件的基础必须有足够的刚度和强度,其结构形式视平台总体结构决定,必要时需要同平台温控结构和减震结构一同考虑。

4. 平台输电方式设计

平台输电方式设计需考虑如下因素:

(1)360°旋转进行的电气传输需要使用滑环装置。

(2)有角度限制的电气传输既可使用滑环装置,也可采用软导线的方式,进行导线排布时应采用减小导线扭力矩的设计。

5. 平台基准的设计

对于需要增加测量或校验基准的平台,基准的设计考虑如下因素:

(1)水平基准可分为机械水平基准和光学水平基准。机械水平基准在载体静态水平姿态良好时使用,光学水平基准在载体静态或动态时使用。

(2)方位基准可分为机械方位基准和光学方位基准。机械方位基准用于低精度方位对准,光学方位基准用于高精度方位对准。

6. 平台温控设计

对于有温控需求的平台,温控设计应考虑如下内容:

(1)为了保证光学惯性元件的工作要求及系统对环境适应性的要求需要对平台内部温度进行控制,选择合理的温控方式。

(2)一般采用电加热与强制风冷相结合的控制方式。在强制风冷不能满足系统要求的情况下,可采用液冷或半导体制冷等其他制冷措施。

(3)对温控结构初步设计后,需经过仿真计算,确定温控元件。

7. 平台电磁兼容性设计

平台电磁兼容性设计考虑如下因素:

(1)电磁兼容材料的选择及安装。按照总体对于电磁兼容的要求,结合平台具体结构进行电磁兼容的专项试验或仿真计算后,确定电磁兼容材料及其安装方式。

(2)平台布线的设计。平台布线接地点的焊点应可靠,接地电阻小;各个框架均应设置接地点,保证平台接地点一致;采用多个接地点的设计,保证平台可靠接地;分区、分束走线设计。

8.2.3 结构技术设计

光学陀螺惯性导航系统结构技术设计需要充分了解需求,结合工作环境条件具体开展。其主要重点设计内容如下:

1. 台体设计

台体设计一般包括台体结构形式的设计、台体材料的选择、台体基准的设计、台体静平衡设计、台体结构刚度及其模态仿真和优化。

台体设计应根据每种平台及所用惯性元件进行单独的设计。设计除了应满足惯性元件安装、台体坐标系取向及结构设计的通用要求,还要考虑以下各项要求。

(1)根据惯性元件的重量、安装方式、散热及形状尺寸的要求,同时结合系统对体积、重量的限制进行台体的材料选择。

(2)一般采用光学反射镜作为台体坐标系的光学基准,它应安装在台体上光路通达的部位。

(3)结合惯性元件的散热形式选择惯性元件的安装形式:埋入式或平面式。

(4)形成台体组件后,保证其质量分布均匀,质心偏移小,平衡配重少。

(5)惯性元件安装方式应保证台体热场的均衡。

(6)对台体组件进行刚度及模态仿真分析,在仿真分析的基础上确定台体设计。

台体结构设计一般应经过理论计算、计算机辅助设计优化及模型验证试验三个阶段,最后确定详细尺寸及形状。

2. 框架设计

框架设计一般包括框架的设计、轴系的设计、框架组件模态仿真及优化。

框架形状设计主要是截面形状及外形轮廓的设计，除了结构设计通用要求，还应考虑下列因素。

(1)根据台体组件的重量及对框架形状尺寸的要求进行框架的材料选择。

(2)承载能力要满足外界加速度、振动、冲击的综合作用要求。

(3)各向不等刚度力矩小。

(4)在外加载荷作用下，应力分布均匀，无过大应力集中点。

(5)形成框架组件后，模态计算应满足总体要求。

框架结构设计一般也应经过理论计算、计算机辅助设计优化及模型验证试验三个阶段，最后确定详细尺寸及形状。

此外，对于平台框架轴系，其设计计算如下：

(1)轴系尺寸链构成需合理，环节尽可能少。

(2)在尺寸链内设置调整环节，减少整个尺寸链内零件的加工精度。

(3)平台框架轴承采用成对安装角接触球轴承。

(4)小型平台或对轴系锥角要求低的平台，可在轴系一端安装预紧力的成对角接触球轴承，另一端安装深沟球轴承；大型平台或对轴系锥角要求高的平台，可在轴系一端安装预紧力较大的成对角接触球轴承，另一端安装预紧力较小的成对角接触球轴承，也可在框架轴系两端安装高精度轴承组件，将高精度轴承组件的轴线与框架轴线调整至同轴以减小轴系锥角。

(5)轴承预紧力一般按最大加速度作用下不产生轴向卸载为准。

(6)由于轴承的变形与外加载荷是非线性关系，因此，轴承的刚度不仅与轴承的结构尺寸有关，还与外加载荷有关。轴承装入轴承衬套后，装配后的过盈和间隙都直接影响轴承的刚度。

框架组件模态与框架组件本身的质量(或转动惯量)、刚度和阻尼有关。框架组件在正常工作条件下按无阻尼情况考虑。计算框架组件的模态时，首先应建立动力学模型。由于框架组件采用轴承连接，轴承的刚度计算或等效是建立框架组件动力学模型的关键。

3. 平台基准设计

平台基准设计一般包括平台基准结构形式设计和平台基准精度设计。

平台基准结构形式主要采用以下几种类型。

(1)在平台上设置方位标志刻线作为安装的方位基准。

(2)平台上的精加工基准面作为测量仪器的水平定位面。

(3)采用水泡式水准器作为平台水平基准。

(4)平面反射镜作为平台水平或方位基准。

(5)屋脊棱镜作为平台方位基准。

平台基准精度设计包括以下内容。

(1)作为平台安装基准应设置方位标志刻线并标明平台艏艉向,以便于平台的安装施工。

(2)平台上的精加工基准面的加工精度应根据平台的安装精度进行设计,宜采用优于安装精度的1/5进行加工。

(3)水泡式水准器可分为隔室式管状水准泡、补偿式管状水准泡、普通管状水准泡、圆形水准泡。隔室式管状水准泡的精度为1″~6″,补偿式管状水准泡的精度为10″~30″,普通管状水准泡的精度为4″~30′,圆形水准泡的精度为8′~60′。

(4)平面反射镜作为高精度水平和方位基准用于惯性平台。平面反射镜需在实验室内经过专门校正并安装于固定基座上,需要对平面反射镜的紧固螺钉采取防松措施,并保证紧固后不能影响平面反射镜的成像。

(5)当使用屋脊棱镜作为平台方位基准时需要对屋脊棱镜的棱脊进行整平,可采用普通管状水准泡作为其整平的基准。

4. 温控设计

温控设计一般包括温控元件的选择、平台温控结构设计、温度场仿真及优化。

温控元件的选择主要考虑以下内容。

(1)测温元件主要采用以下类型。

①热电阻的工作原理是利用金属导体的电阻值与温度成一定函数关系的特性,通过测量热电阻的电阻值而测得环境温度的变化。金属热电阻的物理化学性能稳定、线性度好,经常采用铂热电阻作为金属热电阻。

②温度继电器是当外界温度达到给定值时开启执行动作的元件。温度继电器在平台温控中既是测量元件又是执行元件,它可控制温控系统,使平台加热或冷却。

(2)加热元件选择。由于平台内空间有限且加热面积形状不规范,平台温控采用聚酰亚胺加热片作为加热元件。聚酰亚胺加热片的特点为厚度薄、重量轻、形状可以按需改变及允许表面功率密度大等。

(3)冷却及搅拌元件选择。风机作为平台温控的搅拌元件可以使平台内部温度场均匀,减小平台内部温度梯度;另外,风机也可结合半导体、散热器等元器件将平台内部热量传导到外部。

对惯性元件推荐应用嵌入式设计,并对惯性元件暴露的部分进行保温设计。同时,对台体部分应采用保温设计并用导热率高的材料加工保温罩,以减少平台内部搅拌风的流动及台体的旋转对惯性元件周围温度场的影响。平台内部热场采用对称设计,保证惯性元件周围温度场的均匀性和稳定性。

平台温控结构一般设计为双层风道,内风道为搅拌风道,其作用为使平台内部温度场均匀,减小平台内部温度梯度;风道间采用导热良好的材料或专用散热器进行隔离;外风道为冷却风道,其作用为通过风道间散热器或导热良好的材料将内风道的热量导出。在内风道贴近平台内腔的位置应均匀贴置加热片,起到平台快速到温及保温温控的作用。在内外风道间还应采取导电绝缘材料保证平台的密封及电磁兼容要求。

平台温控结构设计完成后,需要在有限元分析软件中对平台温控模型进行温度场的仿真,在仿真的基础上对平台温控结构设计进行优化改进。

5. 电磁兼容性设计

电磁兼容性设计一般包括电磁兼容结构形式的设计和平台布线的设计。

按总体要求及专用技术条件的要求进行平台系统电磁兼容性设计,主要考虑以下内容。

(1)平台的电磁兼容性设计需要考虑因素如下:

①对平台外壳进行电磁屏蔽设计,同时兼顾平台温控的设计。

②使力矩电机等强磁元件尽量远离惯性元件,同时采用高导磁材料进行隔离。

③对平台温控的风机进行磁场测量,必要时采取磁屏蔽措施。

(2)平台布线设计考虑内容如下:

①平台布线时各电源及信号频率应合理安排,其相互间的传导及辐射交联应在允许范围内。将强干扰信号和微弱信号进行物理分置。

②各电路接地方式要合理选择并通过试验验证其合理性;一般强信号地与弱信号地,模拟地与数字地要通过光耦或变压器隔离,通道各级要在一点接地。

③高电平线与低电平线分别捆扎固定,实现空间上隔离。

④信号线均使用绞合线。

⑤使用屏蔽线时,外绝缘层必须接地。

⑥各框架组件接地点必须使用低电阻值导线连通,保证平台系统成为一个等电位体。

6. 平台结构三防设计

平台主体机械结构件材料一般主要为铝合金和不锈钢。铝合金表面本身具有一层致密的天然氧化膜,具有一定的耐蚀能力;同时,建议对所有铝合金机械结构件进行硫酸阳极氧化或电化学氧化并喷涂油漆,提升其抗腐蚀能力。对于不锈钢结构件,采取提高零件表面光洁度、减少零件表面特征突变以及为零件涂防锈油等方式提高其抗腐蚀能力。

因此,系统的三防设计主要措施如下。

1)材料选择

正确地选择材料,是电子设备防腐蚀设计的必要保证。在材料选择时,选用经过鉴定、认证并经过实际使用可靠的金属和非金属材料,不使用未经入库检验的材料。非标准件及材料的选用必须经认可和质检方鉴定。

①在容易产生腐蚀和不容易维护的部位,优选钛合金、不锈钢等高耐蚀材料。

②选择腐蚀倾向小的材料。

③选择杂质含量低的材料,金属材料中的杂质直接影响其抗均匀腐蚀、应力腐蚀的能力。

④印制电路板优选高绝缘、耐燃、无毒、不易变形、刚度高的环氧玻璃布覆铜板。

2)密封设计

平台设备一般采用密封式结构。机箱外壳结构采用一体化铸件或整件坯料机加工,机箱盖板与壳体之间的密封圈选用永久变形小的硅橡胶材质,外壳与开关、电缆插头座等部件的连接部位均采取密封措施。外围壳体结构设计具有连续性,保证壳体密封;对于门、盖等可分离零部件,均加装双组分导电防腐密封条,保证壳体导电连续性和密封性。

外壳结构件采用连续面设计,减少局部突变特征,便于提高后续镀层和涂层的附着质量,也可减少腐蚀物的聚集从而避免局部腐蚀的发生。

机箱内避免采用不同类型金属接触,以防电耦腐蚀。必须由两种金属接触时,选用电位接近的金属。不同金属组成的构件,设计为阳极面积大于阴极面积,并采用下列一种或几种防护措施。

(1)选用与两者都允许接触的金属或镀层进行调整过渡。

(2)活动部位涂润滑油,不活动部位涂漆。

(3)用惰性材料绝缘。

(4)密封。

3)防腐设计

(1)平台所有铝合金零件在没有导电和着色要求的情况下均建议对其进行防腐防污性较强的硫酸法阳极氧化并封闭着色,镀层耐腐蚀、耐磨损性能相对较好。

(2)平台内部不锈钢零部件通过控制表面光洁度、后期清洁以及加涂防锈油等方式来加强其防腐防污性能。

(3)对于平台的外表面采用先镀覆再涂覆的方式,加强平台的防腐防污要求。

(4)对于有涂覆要求的铝合金零件,镀覆建议采用化学氧化,其镀层与后续的涂层结合力更好,保证平台在高低温、湿热、盐雾以及霉菌的作用下拥有良好的防护漆层。

(5)涂覆(漆层)建议在平台组装后,整体进行外表面涂漆以减少不必要的孔洞和缝隙。

平台的装卸、储存和运输包装均需按照标准执行。在储存或运输过程中,保证可靠的包装形式和包装材料,提出储存和运输的安全防护要求,使设备具有良好的防雷、防潮、防雨、防震、防沙尘、防霉、防冻、防盐雾、耐日晒、防其他有害侵蚀等能力。

4)防变形设计

使用螺钉安装的门、盖等分离零部件,在用螺钉的规格、材质以及安装间距均严格按照相关要求进行计算,保证门、盖安装的牢固性以及变形量,避免零部件因螺钉在紧固过程中出现变形而导致密封性变差。

在振动环境下,考虑通过舱体或框架结构传递过来的垂向、横向和纵向的冲击作用、惯性力和变形影响,提高设备刚度。避免采用悬臂式构件;开展振动、冲击仿真设计,保证设备结构稳定、不变形;进行振动、颠振、冲击等试验考核,对脆弱、易变形部件进行筛选。

7. 结构仿真设计

随着计算机硬件和软件技术的发展,结构仿真技术也逐渐达到了新的高度,仿真类型更完善、仿真体量更大、仿真精度更高。设计人员应该了解各类仿真软件的特点,并利用它们为设计服务,使设计工作事半功倍。前期许多研究者对惯性元件的热、力学和电磁均作了大量的研究[3-6],但对惯性系统在此方面的研究设计较少,需引起惯性导航系统设计者的注意。

充分利用三维数字样机，做好惯性导航系统三大结构仿真工作，即结构热设计及仿真、结构力学设计及仿真、结构磁屏蔽设计及仿真，可以更好地缩短项目研制周期，显著节省实物试验费用，并能有效提升产品的设计质量。例如，通过从热源的布置、结构热对称设计、热缓冲，以及均热和隔热等多方面的综合布局和作用，可以显著减小惯性导航系统中惯性元件所处空间的热不稳定性、温度梯度、温度变化率，从而减小系统热启动时间和热致误差。

8.2.4 结构验证设计

对于惯性导航系统的结构可以开展以下试验验证。

(1)对台体、框架及底座等主体支撑结构件进行刚度及承载能力试验，检测其尺寸变形、不等刚度、最大应力及承载极限。

(2)对框架组件进行振型测量，检测其振动响应特性及振型。

(3)对平台进行频率扫描及随机振动试验，检测其振动响应特性及耐振能力。

(4)随系统对平台进行指定冲击试验，检测平台抗冲击特性。

(5)随系统对平台进行升温、降温及恒温试验，检测温控系统的控制特性及控制精度、速度等指标参数。

(6)随系统对平台按总体要求及专用技术条件的规定进行电磁敏感度及电磁发射强度试验，检测平台的电磁波传导、辐射敏感度及发射强度。

以上试验可采取计算机仿真、专项试验或仿真与试验相结合的方法，验证结构设计的正确性、合理性，在验证试验通过的基础上，进行设计优化。

随着对光学陀螺惯性导航系统综合性能（温度、磁场、力学环境）要求的提高，平台的结构形式、材料组成必须趋于简单、实用；同时，随着设备体积、功耗和成本的要求不断提高，平台设计之初必须进行整体的、合理的动力学仿真、分析和比较，然后进行结构优化设计，保证结构部件能为光学惯性元件提供一个相对稳定和适宜的空间环境。

8.3 旋转伺服控制设计

8.3.1 控制系统组成

光学陀螺惯性导航旋转调制伺服控制系统总体构成如图 8.1 所示，包括力矩电机、测角部分、驱动部分、控制器和上位机部分。

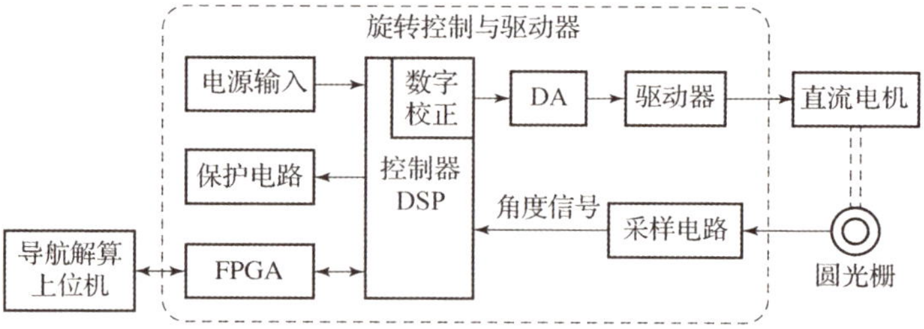

图 8.1　控制系统组成框图

8.3.2　控制系统电机选型

旋转系统框架旋转平稳，尤其对低速转动的稳定性及定点控制的精度和刚度有较高的要求。因此，要求执行元件具备体积小、重量轻、低速平稳运行能力、高耦合刚度、大扭矩、可堵转、响应快速、线性度好以及调速方便等特点。根据结构设计的要求和旋转方案的特点，系统可以采用有刷直流力矩电机作为伺服控制的执行元件。

力矩电机选型主要关注输出力矩，输出力矩需达到惯性测量组件（含旋转支撑框架）在各种工况下所需的驱动总力矩，并留有一定的裕量。所需的驱动总力矩可采用经验公式进行预估，即

$$M_{\mathrm{all}} = 3M_{\mathrm{c}} + 1.2(J_{\mathrm{d}} + J_{\mathrm{z}})\ddot{\alpha}_{\max} \tag{8.1}$$

式中：M_{all}为所需总力矩；M_{c} 为轴承预紧力矩、导电环摩擦力矩和电机磁拉力矩等的综合；J_{d} 为力矩电机转动惯量；J_{z} 为台体转动惯量；$\ddot{\alpha}_{\max}$为台体的最大角加速度。

在力矩满足的条件下，电机选型还要综合考虑其安装形式和尺寸、驱动电压和电流，并确保其力矩系数整圈波动满足控制稳定性的要求[7]。

8.3.3　控制系统工作原理

如果在光学陀螺惯性导航伺服控制系统中把诸如摩擦、力矩干扰等对控制不利的问题都集中到位置控制环来解决，往往很难实现要求的性能指标。因此，通常在位置控制环的设计之前引入速度闭环，通过反馈通道来改善对象的静、动态特性，增加内环刚度，提高抑制干扰的能力。速度控制环校正可采用常规的 PI 环节，该环节在参数整定、系统可靠性提升等方面具有一定优势。

驱动力矩电机的功率放大器自身有死区，并且在驱动电机的电路中，当输入信号的频率发生变化时，电机的电感发生变化，导致电枢电流和电磁转矩发生变化，从而引起加速度发生变化。为了减小它的死区，稳定放大倍数，提高它

的线性度,可以在电机驱动端添加电流环。电流环的引入,调整了直流力矩电机系统的动态结构,有助于加快系统动态响应,并减小因母线电压波动等环境因素引起的动态速变,保证系统稳定性的前提下,拓宽系统的频带,提高系统的快速性。由于电流环属于快速反应的环节,时间常数很小,这一环节可以采用比例环节。

图8.2所示是用光学惯性测量单元空间角位置随动的方式实现隔离载体运动,由动态解算惯性测量单元的姿态矩阵,解算出实时航向角,由旋转控制回路不断地跟踪平台姿态和位置,精确地保持在指定的位置上,实现隔离载体运动,实质是一种位置伺服控制系统。旋转框的位置控制回路采用典型的三环控制结构,由内到外分别是电流环、速度环和位置环。

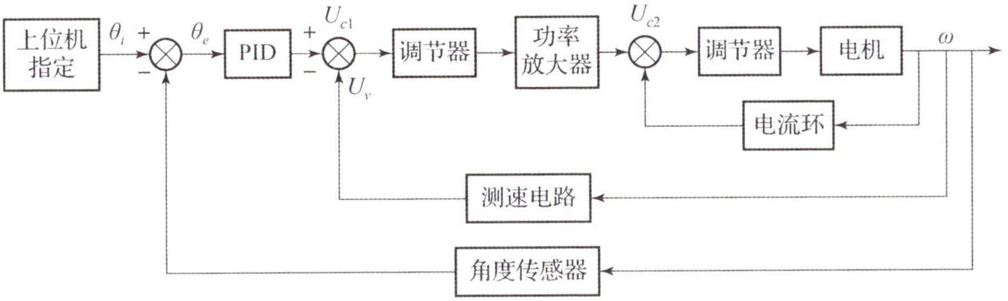

图8.2 位置随动控制系统框图

在实际系统中,带宽是受到一定限制的,除了受输入信号的作用,还受到各种干扰的影响,其中负载干扰是较为普遍的一种。确保系统随动性能的同时,如何来抑制干扰或对干扰作用进行过滤,是现代直流伺服系统工程设计的重点。当前的普遍观点是,直流电机伺服驱动装置最有效的控制方案,就是采用电流、速度、位置环控制,这种多环路控制在实际工程中被证明是有效的[8]。

8.3.4 伺服系统校正设计

在实际旋转式光学陀螺惯性导航系统中,惯性导航系统固联在载体上,随载体姿态变化而相对地理系运动,这样就导致了框架单纯以固定速度旋转时,无法完全抵消掉陀螺的常值漂移量,使导航精度受到影响。

为了实现载体在姿态运动过程中,仍然保证陀螺常值漂移得到完全补偿,就需要旋转框不仅能够按固定的速度旋转,还能够叠加载体姿态角速率在旋转轴上的分量。该分量是从导航解算结果中得来的,为了实现这一功能,旋转系统在上位机中进行了位置反馈和控制指令的计算。一方面接收当前角度传感器传送过来的角位置信息,另一方面接收解算单元发送的载体姿态角速率信息,两者进行叠加,并参照控制周期,再叠加旋转角增量。所以,隔离载体运动需要数字位置闭环才能完成[9]。

系统对位置控制的要求是:一方面要有稳定平滑的瞬态响应,避免位置跟踪超调;另一方面位置稳态跟踪误差要小,以便获得高精度的位置控制功能。设计位置环时,可将内部组件和闭环回路看成位置环的控制对象,作为其固有部分,位置反馈采用旋变来实现,位置环的结构如图 8.3 所示。

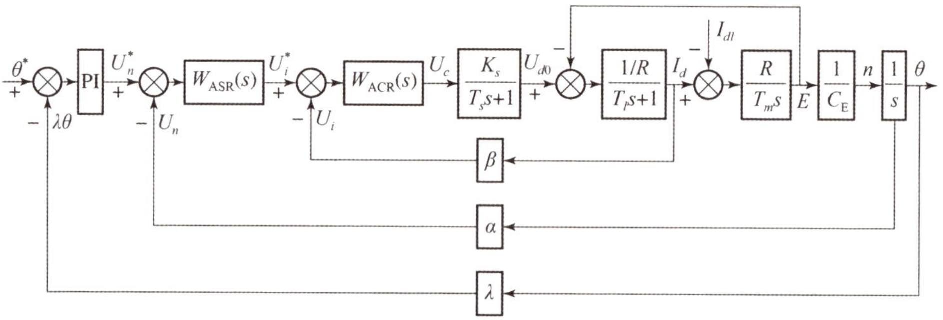

图 8.3 旋转控制系统简化框图

图中各符号含义如下:$K_s/(T_s s+1)$为电力电子驱动器传递函数;PI 为位置环调节器;$W_{ACR}(s)$为电流环调节器;$W_{ASR}(s)$为模拟速度环调节器;$(1/R)/(T_l s+1)$为电机电流与电动势传递函数;θ^* 为位置环给定值;θ 为当前位置测量值;β 为电流测量通道比例系数;α 为转速模拟量通道比例系数;λ 为角位置测量通道比例系数;$R/T_m s$ 为电机反电动势与电枢电流传递函数;C_E 为电动势常数。

位置伺服是旋转系统所实现的最终目标,位置环和速度环校正采用 PI 环节,主要目的是实现位置无静差,传递函数为

$$G(s)=K_p+\frac{K_i}{S} \tag{8.2}$$

通常工程中采用比例 – 积分 – 微分(Proportional Integral Derivative,PID)算法较多,这里为保证系统有较好的稳定性,并综合考虑系统响应速度,认定微分环节在本系统中的优势不大,故只采用 PI 环境校正[10]。位置闭环起到了如下作用:使框架位置快速跟随给定角度的变化,稳态时实现无静差;对外界干扰起到抵抗作用。

伺服系统按照上文所述过程设计完成后,搭建完整的单轴旋转捷联式惯性导航系统,在实验室静基座和摇摆台动基座两种工况条件下进行导航测试试验。试验中要求,框架旋转次序按照方案设计要求执行,并且要求隔离掉航向

姿态上的变化,保证因载体运动而引起的陀螺常值漂移误差被完全消除。

图 8.4 所示为静基座导航试验中框架的旋转速度曲线,从曲线中可以大致看出,设定转速为 6°/s 时,框架旋转无速度静差,速度稳定性良好。

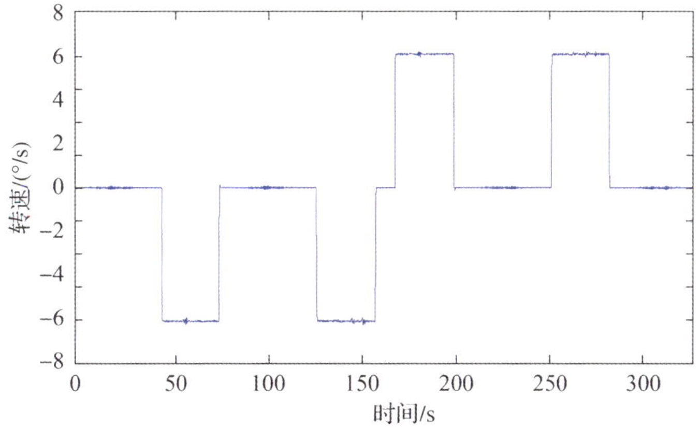

图 8.4　静基座旋转速度曲线

图 8.5 所示为框架旋转从静止起动到速度 6°/s 的响应过程,调节控制器旋转控制参数,统筹考虑框架抗干扰能力、稳态误差、响应时间、超调量等指标。由图 8.5 可得外框旋转控制的响应时间为 0.27s,超调量为 0,稳态误差为 0,转速稳定后 5ms 平滑波动范围为 5.96 ~6.04°/s。

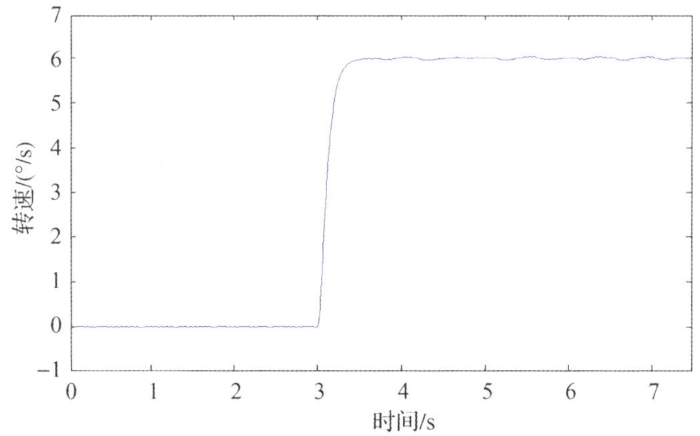

图 8.5　静基座旋转速度阶跃响应曲线

框架旋转的动静态指标满足静基座导航试验要求后,要实现惯性导航系统在载体运动时的良好工作性能,就要如上文所述,通过上位机添加位置闭环回路实现隔离载体运动,通过框架的旋转控制可以隔离航向和水平姿态变化。本系统动态摇摆试验在实验室摇摆台上完成,摇摆台三个轴做周期性正弦旋转运动,频率和幅值可以自行设定。图 8.6 所示为摇摆试验过程中的框架旋转速度曲线,从中可以看出,框架旋转速度存在与静基座类似的旋转调制,该调制速度作为基波,其上叠加的正弦载波为抵抗载体航向变化所产生的角速度分量,以此隔离载体运动对惯性测量组件空间指向变化的影响。

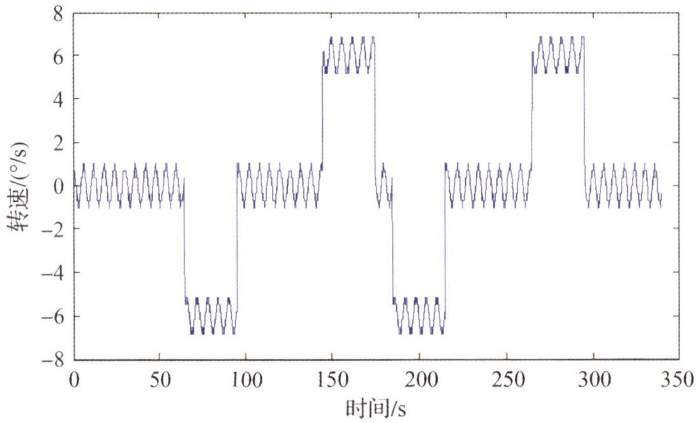

图 8.6 摇摆试验中框架旋转曲线

8.4 光学陀螺器件数据采集

8.4.1 光纤陀螺数据采集线路

光纤陀螺由于闭环反馈的要求,内部已经有集成处理电路,可以按照标准的电气协议向外输出角速度信息。光纤陀螺内部具备固定的刷新频率,采集板采集陀螺信号的频率需要小于陀螺内部的刷新频率。一般光纤陀螺内部控制频率在数十千赫以上,采集解算频率不会大于该频率。采集板卡与光纤陀螺之间为异步时序通信。在信号采集时,光纤陀螺包含一路同步信号接收信号,一路角度信息发送信号,光纤陀螺收到同步信号后,将最近锁存的角度信息通过串口以协议形式发送出去。采集板卡在设计时使用一片标准全双工串口芯片即可实现数据采集[11]。为保证信号正确性,在信号接收端采集板卡会对信号数据帧进行校验,光纤陀螺的采样电路设计如图 8.7 所示。

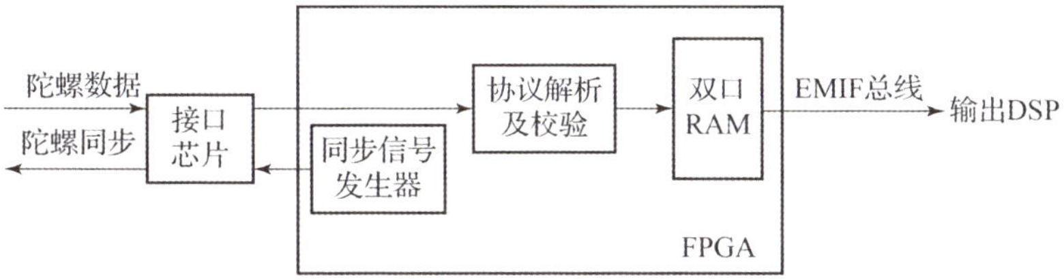

图 8.7　光纤陀螺采样电路设计

8.4.2　激光陀螺数据采集线路

激光陀螺输出一般为拍频信号 A/B 信号项，通常采用光耦或磁耦进行隔离采样，其中 A/B 信号中包含激光陀螺的机械抖动信号和干涉光形成的干涉条纹光信号，在激光玻璃腔体中 A/B 信号为具有一定相位的关联信号。设计人员可以从 A/B 信号中解析出抖幅、抖频及外输入角度，但由于 A/B 信号中存在机械抖动信号，因此设计中需要将机械抖动信号进行滤波后才能计算出外输入角动量，通常采用有限脉冲响应（Finite Impulse Response，FIR）滤波器对机械抖动信号进行滤除。基于对激光陀螺信号的监测，在 FIR 滤波前，会根据拍频信号解析出机械抖动信号相关参数。光纤陀螺采样电路设计如图 8.8 所示。

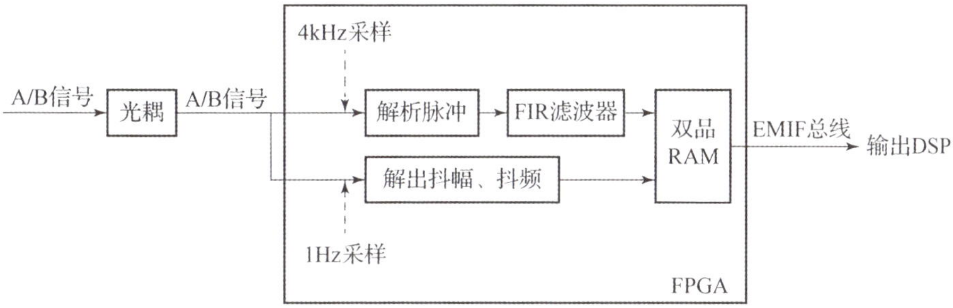

图 8.8　光纤陀螺采样电路设计

现场可编程门阵列（Field – Programmable Gate Array，FPGA）采样工作主要包含 A/B 信号的鉴频鉴相、同步采样、滤波及双口随机存取存储器（Random Access Memory，RAM）扩展流程。其中，FIR 滤波器在系统中采用 FPGA – IP 核方式实现或采用逻辑进行搭建。

为保证传感器同步延时，加表信号同时与陀螺信号共同进行 FIR 滤波，FIR 滤波器设计可使用 MATLAB 中 FDATOOL 工具进行，如图 8.9 所示，设置滤波器参数后会生成 FIR 抽头系数，将抽头系数导入 FPGA 代码中，可完成 FIR 滤波器的工程实现[12]。

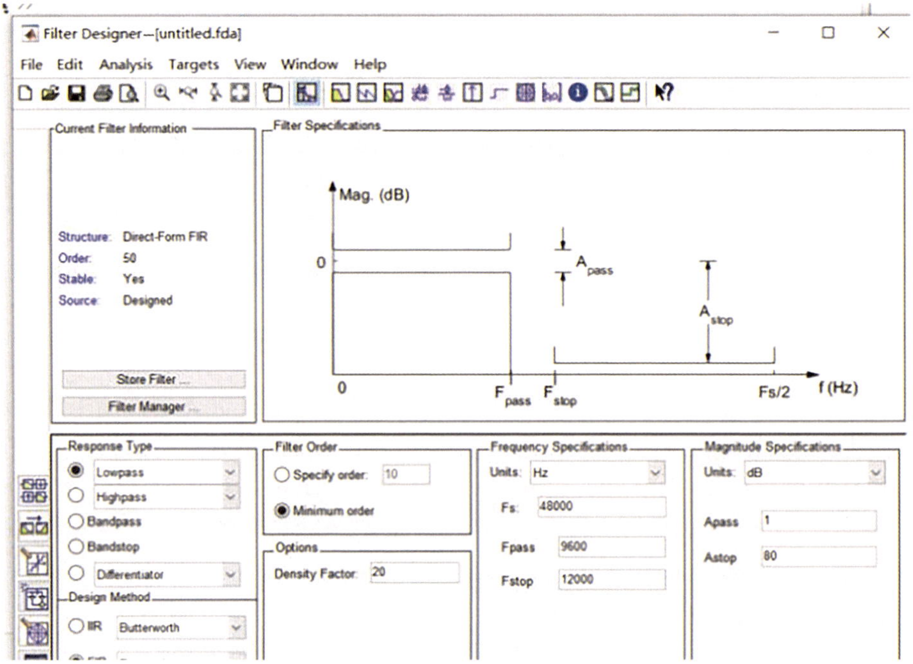

图 8.9　FIR 滤波 MATLAB 设计界面

参考文献

[1]黄德鸣,程禄. 惯性导航系统[M]. 北京:国防工业出版社,1983.

[2]章燕申. 高精度导航系统[M]. 北京:中国宇航出版社,2005.

[3]李金涛,房建成. 高精度光纤 IMU 的磁屏蔽方法及实验研究[J]. 航空学报,2011,32(11):2106-2116.

[4]TIRAT O F J,EUVERTE J F M. Finite Element Model of Thermal Transient Effect in Fiber Optic Gyro[C]//Proceedings of the Fiber Optic Gyros:20th Anniversary Conference,1996:230-238.

[5]赵小明,李茂春. FOG 光纤环三维温度瞬态模型[J]. 红外与激光工程,2010,39(5):929-933.

[6]BÖHM K,PETERMANN K,WEIDEL E. Sensitivity of a Fiber-Optic Gyroscope to Environmental Magnetic Fields[J]. Optics Letters,1982,7(4):180-182.

[7]李发海,王岩. 电机与拖动基础[M]. 3 版. 北京:清华大学出版社,2005.

[8]于浩,吴国强,高峰,等. 双轴旋转调制光纤惯导系统运动隔离控制实现[J]. 导航定位与授时,2016,3(4):9-12.

[9]王正林,王胜开,陈国顺,等. MATLAB/Simulink 与控制系统仿真[M].3 版. 北京:电子工业出版社,2012.
[10]胡寿松. 自动控制原理[M].5 版. 北京:科学出版社,2007.
[11]潘姣,徐寅,肖冉,等. 光纤陀螺的数据采集系统及误差分析[J]. 科技创新导报,2015,12(36):33 -35,37.
[12]从玉良,等. 数字信号处理原理及其 MATLAB 实现[M].3 版. 北京:电子工业出版社,2015.

第 9 章　光学陀螺惯性导航系统与元件测试方法

9.1　概　　述

光学陀螺惯性导航系统精度与其配备惯性元件的精度、质量、稳定性等性能息息相关。惯性导航系统及其惯性元件构造上的特点使其性能参数较易发生变化，因此在光学陀螺惯性导航系统研究、设计、制造、储存及使用前的各个阶段都要对它们进行测试及误差补偿，以确保它们在工作中具有所需的性能和质量。针对惯性导航系统及惯性元件的测试，主要包括精度测试和可靠性测试。本章主要给出光学陀螺仪、石英加速度计和光学陀螺惯性导航系统关于精度测试和可靠性测试的试验原理、试验设备、试验方法，以及测试过程中光纤陀螺仪和石英加速度计误差补偿方法。

9.2　测试原理

光学陀螺惯性导航系统及惯性元件的精度测试按照测试环境可分为实验室测试和现场测试。实验室测试主要为模拟测试，可以在搭建的标准环境条件下，利用各种测试设备分别对各项误差进行精确、详细的测试；现场测试主要为实况测试，基于现场具体条件，利用较简单的设备或仅靠惯性导航系统自身的条件对部分误差或某些误差进行检测。

实验室精度测试的主要目的和测试内容包括:一是检验系统及惯性元件的精度,为产品设计、验收、鉴定提供依据;二是提前暴露系统及惯性元件存在的设计问题及缺陷,为改进设计和生产工艺提升提供数据;三是标定系统及惯性元件相对稳定的常值误差,为系统保证精度工作提供保障。实验室测试根据不同测试环境条件,又可分为静态测试、加速度测试、角速度测试、角振动测试、温度测试等,本节仅介绍常规测试,专项测试请查阅相关书籍或标准[1]。

现场精度测试的主要目的和测试内容包括:一是对长期存储的系统或多次重复开机工作的系统进行现场定期或不定期的重复测试,标定其随时间变化的误差系数,以保障其近期应用的精度;二是对精度要求较高的系统进行一次通电状态下的误差标定,以得到更高精度的标定结果和补偿效果;三是对重要载体应用环境的系统进行工作前的综合精度检查,确认系统处于正常、良好的状态。现场测试主要针对外场实际使用时,测试系统及其惯性元件的综合性能是否满足技术要求,根据使用场景又可分为湖上测试、海上测试、陆地测试或高原测试、高海拔测试、高空测试等。

精度测试基于惯性导航系统及惯性元件的误差模型进行,误差模型为惯性导航系统及惯性元件的总误差与各子项误差间关系的数学描述[2]。惯性导航系统及惯性元件误差模型综合总误差的一般形式可写为

$$E_{综合} = \sqrt{E_0^2 + E_a^2 + E_\omega^2 + E_T^2 + E_{EMC}^2 + E_t^2 + E_\tau^2} \tag{9.1}$$

式中:$E_{综合}$为惯性导航系统或仪表的输出综合总误差;E_0 为与外界环境条件无关的误差;E_a 为与线加速度有关的误差;E_ω 为与角度率有关的误差;E_T 为与温度有关的误差;E_{EMC} 为与磁场、电场等有关的误差;E_t 为随时间变化的误差;E_τ 为随机误差。

9.2.1　静态测试

静态测试主要依据地球重力场条件和地球转速条件,利用地球重力矢量和地球转速矢量作为激励条件,同时测试设备或惯性导航系统自身的转位机构使系统或惯性元件在不同空间角位置上获得 $\pm g$ 范围内的加速度激励和 $\pm 15°/h$ 范围内的角速率激励,用来测定其与加速度或角速率无关的及部分与之有关的误差。

静态测试的优点是激励值精确、稳定,缺点是激励值较小,对于加速度二次方以上成比例的误差和与大角速率有关的误差无法测试,或测试精度不高。静态测试按测试项目,可分为与加速度相关误差的重力测试和与角速率相关误差的地速测试,光学陀螺惯性导航系统及其惯性元件的重力测试和地速测试一般采用多位置法。

1. 多位置法测加速度计误差

多位置法适用于各种加速度计误差的测试，根据所分离的误差项目多少以及精确程度可以采取二位置（正置、倒置）、四位置、十二位置、二十四位置或更多位置等方案，本节以石英摆式加速度计多位置试验方案为例进行说明。

石英摆式加速度计在重力测试中，通常采用数学模型如下：

$$A_{out} = K_0 + K_1 a_I + K_2 a_I^2 + K_3 a_I^3 + K_4 a_I a_O + K_5 a_I a_P \tag{9.2}$$

式中：A_{out} 为加速度计的输出；K_0 为加速度计的偏值；K_1 为加速度计的标度因数；K_2 为加速度计的二阶非线性系数；K_3 为加速度计的三阶非线性系数；K_4 为加速度计的输入轴和输出轴的交叉耦合系数；K_5 为加速度计的输入轴和摆轴的交叉耦合系数；a_I 为沿加速度计输入轴的加速度分量；a_O 为沿加速度计输出轴的加速度分量；a_P 为沿加速度计摆轴的加速度分量。

当加速度计摆轴处于水平面内，输入轴相对于水平面有不同倾斜角 θ（门状态）时，沿加速度计各轴作用的输入加速度（与重力加速度大小相等、方向相反）为

$$\begin{bmatrix} a_I \\ a_O \\ a_P \end{bmatrix} = \begin{bmatrix} \sin(\theta + \delta_P) \\ \cos(\theta + \delta_P) \\ 0 \end{bmatrix} g \tag{9.3}$$

式中：δ_P 为输入轴绕摆轴的失准角，即输入轴相对输出轴的不正交度。

当加速度计输出轴处于水平面内，输入轴相对于水平面有不同倾斜角 θ（摆状态）时，沿加速度计各轴作用的输入加速度为

$$\begin{bmatrix} a_I \\ a_O \\ a_P \end{bmatrix} = \begin{bmatrix} -\sin(\theta + \delta_O) \\ 0 \\ -\cos(\theta + \delta_O) \end{bmatrix} g \tag{9.4}$$

式中：δ_O 为输入轴绕输出轴的失准角，即输入轴相对摆轴的不正交度。

将式（9.3）代入式（9.2），并忽略 δ_P，K_2，K_3，K_4 以及二阶及其以上小量，可得

$$\begin{aligned} A_{out} &= K_0 + K_1 g\sin\theta + K_1 g\delta_P\cos\theta + K_2 g^2\sin^2\theta + K_3 g^3\sin^3\theta + \frac{1}{2}K_4 g^2\sin2\theta \\ &= \left(K_0 + \frac{1}{2}K_2 g^2\right) + \left(K_1 + \frac{3}{4}K_3 g^2\right) g\sin\theta + \frac{1}{2}K_4 g^2\sin2\theta - \frac{1}{4}K_3 g^3\sin3\theta \\ &\quad + K_1 g\delta_P\cos\theta - \frac{1}{2}K_2 g^2\cos2\theta \end{aligned} \tag{9.5}$$

利用一些特殊的角位置，根据式（9.5）可以直接计算出模型系数。

2. 多位置法测光学陀螺仪误差

多位置法测光学陀螺仪误差是利用地球转速作为激励源，通过转台改变陀螺输入轴与地轴不同的倾角为陀螺输入 $\pm\Omega_e$ 范围内稳定的小角速率，用来测试陀螺的零偏、阈值及零偏稳定性等参数。

小角速率试验所需的设备包括倾斜台或双轴转台、陀螺仪输出测量装置、记录装置、计时器等。

1）零偏测试

零偏是指当输入角速度为零时，陀螺仪的输出量折合为输入角速度的值，以规定时间内测得的平均值表示。

将被测陀螺仪安装转台，转台倾斜水平指东（西），调整转台使被测陀螺仪输入轴与地轴垂直。被测陀螺通电预热后，录取其输出脉冲，取采样间隔时间为 Δt，录取数据个数为 n，计算每一采样间隔时间内的输出脉冲数 N，被测陀螺仪零偏值如下：

$$G_{\text{Bias0}} = \frac{1}{\Delta t K_G} \cdot \frac{1}{n} \sum_{i=1}^{n} N_i \tag{9.6}$$

式中：G_{Bias0} 为零偏（°/h）；N_i 为第 i 次采样的累计脉冲数；n 为采样点数；K_G 为标度因数。

2）零偏稳定性测试

零偏稳定性是指在同一试验条件和一次连续开机通电状态下，在规定时间内多次测得的零偏值相对均值的离散程度，以标准差表示。零偏稳定性的测试方法与零偏的测试方法相同，计算公式为

$$G_{\text{Bsta}} = \frac{1}{\Delta t K_G} \left[\frac{\sum_{i=1}^{n} \left(N_i - \frac{1}{n} \sum_{i=1}^{n} N_i \right)^2}{n-1} \right]^{\frac{1}{2}} \tag{9.7}$$

式中：G_{Bsta} 为零偏稳定性（°/h）。

3）零偏重复性测试

零偏重复性是指在相同条件但多次开机通断电状态下，在规定时间内各次通电所测得的零偏值相对多次通断电所得零偏均值的离散程度，以标准偏差表示。

零偏重复性的测试方法与零偏稳定性的测试方法相同，其计算公式为

$$G_{\text{Brpt}} = \left[\frac{\sum_{i=1}^{k} \left(G_{\text{Bias0}i} - \frac{1}{k} \sum_{i=1}^{k} N_{\text{Bias0}i} \right)^2}{k-1} \right]^{\frac{1}{2}} \tag{9.8}$$

式中：G_{Brpt} 为零偏重复性（°/h）；$G_{\text{Bias0}i}$ 为第 i 次测得的零偏（°/h）。

9.2.2 加速度测试

加速度试验主要用于测试惯性导航系统及其惯性元件与加速度有关的,特别是与加速度二次方、高次方及乘积成比例的误差项目,实验室主要采用离心机和振动台模拟高量级加速度进行惯性导航系统及其惯性元件的精度测试。振动台一般为高量级振动提供机械动能,但其控制精度及稳定性差,很难用于高精度惯性导航系统及其惯性元件的误差标定,仅作为该量级加速度条件下的可靠性考核。离心机可以通过精密测量杆臂及转速测量实现高精度惯性导航系统及其惯性元件的精密离心试验[3]。

离心机载体坐标轴为 X,Y,Z,惯性导航系统或惯性元件坐标轴为 x,y,z,两个坐标轴固联并平行,沿 X 轴方向输入的向心加速度,其整圈平均结果为

$$a_c = \omega_0^2 R_0 \left(1 + \frac{\Delta R}{R_0} + \frac{2\Omega_V}{\omega_0}\right) + g_L \delta_C \tag{9.9}$$

式中:$\Delta R/R_0$ 为离心机静态回转半径的测量误差;$2\omega_0 R_0 \Omega_V$ 为地球科里奥利加速度;$g_L \delta_C$ 为离心机回转轴相对垂线方向静态失调造成的重力加速度分量。

式(9.9)中未考虑的动态回转半径的测量误差、离心机整转平均转速的测量误差、角速度波动误差等,或者本身很小,或者可通过整圈平均的方法降低影响,因而可以忽略。

式(9.9)给出了离心机试验时径向输入加速度的表达式,其中地球科里奥利加速度可通过计算得到,并对输入加速度计进行补偿。而回转静态失调角引起的误差和静态半径测量误差,导致在离心机试验中无法精确标定出待测加速度计的偏值和标度因数。

离心机转动时,由于结构的动不平衡以及空气动力效应或热效应等影响,将引起离心机和安装夹具的变形弯曲,使仪表基座产生与向心加速度有关的角偏差,该项误差有可能影响高阶误差项的辨识。在一阶近似条件下,该角偏差可以认为与加速度成正比,即

$$\begin{cases} \gamma_x = k_x a_c \\ \gamma_y = k_y a_c \\ \gamma_z = k_z a_c \end{cases} \tag{9.10}$$

式中:$\gamma_x,\gamma_y,\gamma_z$ 为惯性元件基座相对于离心机静止时绕 x,y,z 轴的转角。

设与惯性元件固联的离心机基座的坐标系为 uvw,当 $a_c = 0$ 时,u,v,w 三轴与 x,y,z 三轴重合,离心机转动时,惯性元件各轴承受的加速度为

$$\begin{bmatrix} a_u \\ a_v \\ a_w \end{bmatrix} = \begin{bmatrix} 1 & \gamma_z & -\gamma_y \\ -\gamma_z & 1 & \gamma_x \\ \gamma_y & -\gamma_x & 1 \end{bmatrix} \begin{bmatrix} a_x \\ a_y \\ a_z \end{bmatrix} = \begin{bmatrix} a_c(1+k_y) \\ -k_x a_c - k_x a_c^2 \\ -1+k_y a_c^2 \end{bmatrix} \tag{9.11}$$

摆式加速度计的输入/输出函数的标准模型见式(9.2)。

为了分离除零次项和一次项以外的其他各项系数,整个试验要使惯性元件在离心机上变换12个不同位置,分别进行12组试验。每次试验使离心机转速从0开始,逐渐平稳地上升到最大加速度值,再从最大加速度逐步下降,直到返回0。从0到最大加速度的测量范围内,均匀地分成若干级。当离心机转速达到某一加速度时,待转速稳定后,以90°间隔测量4个位置的加速度计输出并取平均,计算惯性元件的整转平均输出值,在转速下降时,重复上述的测量。根据获取的12个方程就可以在略去式中高阶小量时求得除零次项、一次项外的各项系数。

9.2.3 角速率测试

角速率测试用于各类速率陀螺仪及其系统与角速率有关的性能参数测试,光学陀螺仪也同样采用该测试方法进行标度因数、非线性、不对称性、重复性以及输入轴失准角等关键参数测试。角速率试验利用速率转台作为转速输入设备。

1. 标度因数测试

光学陀螺仪标度因数是陀螺的输出变化对输入变化的比值,用输入、输出数据在规定测量范围内拟合的直线斜率来表示。

测试时,速率转台转轴垂直于地垂线,陀螺敏感轴平行于转台转轴,转台在每个角速率测量点正、反各旋转 m 整圈,分别测量陀螺仪的平均输出脉冲频率 $\frac{N_i}{\Delta t}$,计算标度因数如下:

$$G_K = \frac{\sum\limits_n \frac{N_i}{\Delta t}\Omega_i - \frac{1}{n}\left(\sum\limits_n \Omega_i\right)\left(\sum\limits_n \frac{N_i}{\Delta t}\right)}{\sum\limits_n \Omega_i^2 - \frac{1}{n}\left(\sum\limits_n \Omega_i\right)^2} \tag{9.12}$$

式中:$\frac{N_i}{\Delta t}$为第 i 个角速率下陀螺平均输出脉冲频率;Ω_i 为第 i 个角速率值;n 为角速率测试点点数。

2. 标度因数非线性测试

非线性测试是指在规定测量范围内，陀螺输入、输出特性曲线偏离其标度因数的系统性偏差，用各测点实际输出量与按标度因数计算的输出量之差值在全量程内的最大值对量程的比值来表示。

$$G_{K\_nonline}=\frac{\left(\dfrac{N_i+N_0}{\Delta t}-G_K\Omega_i\right)_{max}}{\Omega_{max}} \tag{9.13}$$

式中：N_0 为陀螺的零偏值。

3. 标度因数不对称性测试

不对称性测试是指在规定的测量范围内，陀螺正、反向输入和输出特性的线性化斜率 G_{K+}，G_{K-} 存在差别，则不对称性为

$$G_{K\_asym}=\frac{\left|G_{K+}-G_{K-}\right|}{G_K} \tag{9.14}$$

4. 标度因数重复性测试

标度因数重复性测试是指在相同试验条件但多次开机通断电情况下，在规定时间内各次通电所测的标度因数数值相对多次通电所得标度因数均值的离散程度，以标准偏差表示。

测试标度因数重复性时，按标度因数测试的方法，重复测试陀螺标度因数 n 次，每次测量完毕后陀螺仪须断电并降至常温或定点温度后，再次通电启动。陀螺仪标度因数重复性为

$$G_{K\_rept}=\frac{\sqrt{\dfrac{\sum\limits_{n}\left(G_{K_i}-\dfrac{1}{n}\sum\limits_{n}G_{K_i}\right)^2}{n-1}}}{\dfrac{1}{n}\sum\limits_{n}G_{K_i}} \tag{9.15}$$

式中：G_{K_rept} 为标度因数重复性（$\times10^{-6}$）；G_{K_i} 为第 i 个测试的标度因数；n 为重复测量次数。

9.3 试验设备

光学陀螺惯性导航系统及惯性元件从研制到使用前的各个阶段都要进行相应的功能和性能测试，根据不同的测试目的、内容、方法等需要使用不同的测

试设备，本节介绍常用的测试设备及其对应的特性描述、主要功能和典型性能参数。

9.3.1　精度测试设备

光学陀螺惯性导航系统及惯性元件的精度测试设备根据测试对象的静态、动态特性及测试基准的差异，通常分为重力场测试设备、角速率测试设备、大加速度测试设备和动态测试设备。

重力场测试设备包括具有位置、速率、伺服功能的各类装置和转台。它们将重力场作为标准激励，主要对惯性导航系统及惯性元件进行静态特性测试。

角速率测试设备为速率转台，用于产生不同的精确角速度，对惯性导航系统及惯性元件的速率特性进行测试。

大加速度测试设备包括离心机和低频线振动台。离心机利用向心加速度、低频线振动台利用振动加速度对惯性导航系统及惯性元件进行激励，主要测试与加速度二次方及高次方有关的误差特性。

动态测试设备包括线振动台和角振动台。它们对惯性导航系统及惯性元件进行线、角振动，主要测试其各项动态误差。

1. 角定位装置

角定位装置是在地球重力场条件下提供精密空间定向，以重力矢量的投影产生标准激励，对惯性导航系统及惯性元件进行静态特性测试的装置，该类角定位装置一般包括多面体、端齿盘。

多面体是构造最简单、使用最方便的一类提供精密空间角位置的测试装置，经常使用的是四面体、六面体、八面体及更多面的多面体等结构形式，用于对惯性导航系统及惯性元件进行确定角度的多位置测试。

端齿盘是利用齿数、齿形、直径均相同的一对端面齿盘，在不同位置啮合而进行圆周分度的器具。常用的端齿盘有360齿盘、391齿盘。360齿盘能给出360°范围内整角度值，用于正角度标准值给定。391齿盘主要用于在360°范围内提供K倍于360/391的标准角度值，其中K是齿数。端齿盘作为角度计量标准器具，用于角度精密测量，也可作为惯性导航系统及惯性元件多位置测试的角度定位装置，其分度精度可到0.2″。

2. 转台

转台是惯性导航系统及惯性元件应用最广泛的精度测试设备。按主要功能,转台可分为位置转台、速率转台和伺服转台三类,应用较多的是位置速率综合转台。

位置转台是将被测对象精确固定在所需的角位置,用于测试惯性导航系统及惯性元件的静态特性,单位置转台包括光学精密分度转台,也称分度头或手动调节的倾斜台等,单位置转台如图 9.1 所示。

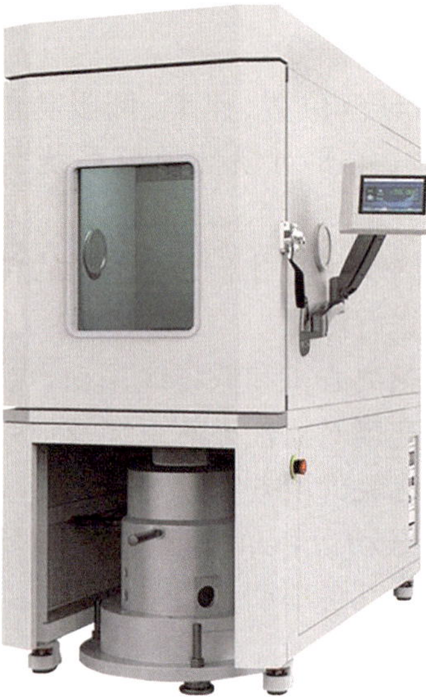

图 9.1　单位置转台

速率转台可以控制被测对象以不同的精确转速运动,用于测试惯性导航系统及陀螺仪的速率特性。速率转台同时具有位置转台的功能和特性。双轴速率转台如图 9.2 所示。

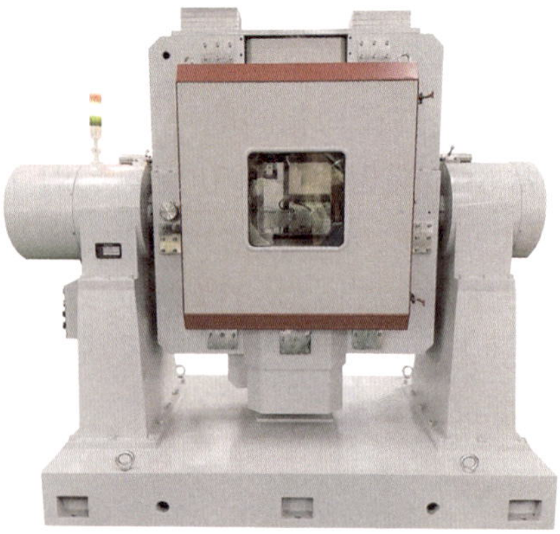

图 9.2　双轴速率转台

伺服转台各框架设有角度伺服回路,可以控制转台各框架跟踪台体上被测惯性导航系统及陀螺仪的空间角位置,利用转台的精密角度传感器测试惯性导航系统或陀螺仪的长期漂移特性。伺服转台除了具有伺服功能,一般还具有精密位置和精密速率功能。

另外,根据转动轴数目,转台又分为单轴、双轴、三轴或更多轴等类型;根据框架形式,转台又可分为U形、O形和T形等基本形。转台控制系统主要由测角系统、控制器、电机驱动器、电机、导电滑环和计算机等组成。

3. 角振动台

角振动台用于测试惯性导航系统及惯性元件的角振动误差,一般低速率角振动台又称为摇摆台,高速率角振动台主要用于陀螺仪信号跟踪带宽的能力测试。根据转动轴个数,角振动台分为单轴、双轴和三轴角振动台,用以模拟一维、二维及三维角运动状态。双轴、三轴角振动台根据需要可绕一个或多个正交轴按设定的幅值、频率进行正弦角运动。除了正弦角运动方式,角振动台一般还具有定位和速率工作模式,从而能够实现在一次安装、一次通电的条件下完成静态、动态试验及其结果比较。

4. 线振动台

线振动台用于测试惯性导航系统及惯性元件的线振动误差,它可以产生精确的正弦波形线运动。精密线振动台一般为电动式,由激振器和滑台组成,在进行水平振动试验时,被测对象安装在滑台上,滑台支撑在两根水平导轨上,通过与振动台相连的轴驱动滑台在水平面内沿导轨方向做简谐振动;在进行垂向振动试验时,振动台与滑台脱离,将振动台的台面转到水平,被测对象可以直接安装在振动台的台面上。线振动台如图9.3所示。

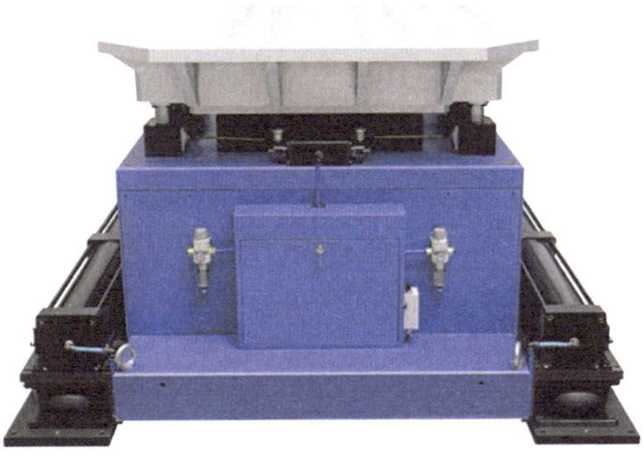

图9.3 线振动台

5. 精密离心机

离心机是利用物体在转动中所承受的向心加速度来建立高过载条件件测试设备。精密离心机是进行惯性导航系统及惯性元件与加速度有关误差测试的设备,其精度要远高于一般环境试验的普通离心机。由于离心机有角运动,会对某些惯性导航系统及惯性元件的工作产生影响,为此有的离心机带有同步反转平台,用于抵消这一有害角运动。但被测对象在反转平台上所感受到的加速度已经不是持续量,而是与旋转轴正交的两个轴上的正弦、余弦交变量。带反转平台的离心机类似于具有常值振幅和正交相位特性的双轴线振动台。

离心机结构上分为臂式和圆盘式两类。圆盘式离心机利用圆盘结构优良的力学对称特性和气动特性,可实现高速的精确平稳运行,而且在圆盘的边缘可以布置多个测试工位,同时测试多个惯性导航系统或惯性元件。但其结构难以做得太大,因此主要使用于仪表级的测试。臂式离心机可以做到较长的臂长和较大的负重,适用于系统级的测试。臂式离心机如图 9.4 所示。

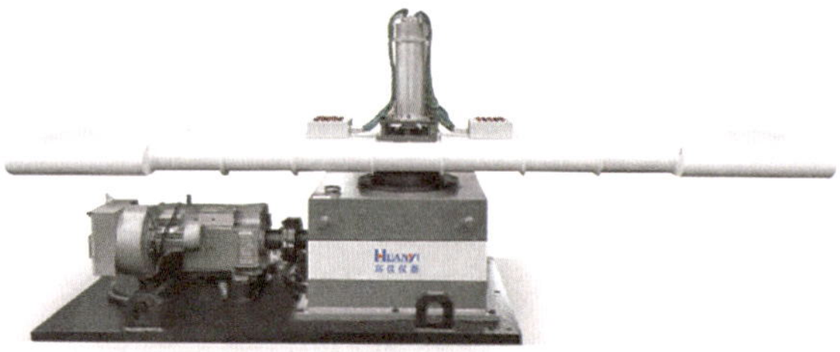

图 9.4　臂式离心机

6. 运动模拟设备

运动模拟设备包括飞行仿真转台、各种各样的多自由度运动模拟器以及试验车、试验船、试验飞行器等,主要用于对惯性导航系统及惯性元件进行载体运动状态下的功能测试和性能测试。运动状态下的精度测试主要包括动基座初始对准精度测试、动基座误差标定精度测试、动基座导航精度测试。

飞行仿真转台用于检测和评价惯性导航系统及惯性元件的运动特性,它产生姿态角、角速度和角加速度等角运动参量,模拟飞行器的运动。按照自由度,飞行仿真转台可分为单轴、双轴、三轴、五轴等类型;按照驱动方式,飞行仿真转台又可分为电动转台、液压转台及混合式转台。

六自由度运动模拟器一般采用 Stewart 结构形式,能提供空间 6 个自由度的运动,能够对正弦波、三角波、矩形波等规则波形实现复现,能完成运动谱的复演。六自由度运动模拟器可以进行惯性导航系统动基座六自由度运动状态下的初始对准、误差标定及导航等精度测试，六自由度运动模拟器如图 9.5 所示。

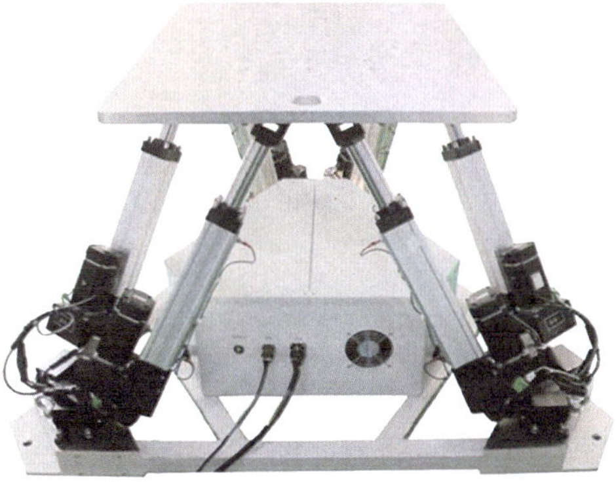

图 9.5　六自由度运动模拟器

试验车如图 9.6 所示。

图 9.6　试验车

9.3.2　可靠性试验设备

惯性导航系统及惯性元件是其所服务载体中最为敏感的设备，同时也是最为脆弱的一部分，载体的可靠性在很大程度上取决于其惯性导航系统及惯性元件的可靠性。可靠性试验是检验和提高惯性导航系统及惯性元件可靠性的主要手段，与精度试验具有相同的重要性。实验室内的可靠性试验主要由温湿度试验箱、电振动台和三综合试验箱等可靠性试验设备组成[4-7]。

温湿度试验箱有恒定温湿度试验箱和交变温湿度试验箱两种，提供温度和湿度单独的或综合的应力条件。温湿度试验箱如图 9.7 所示。

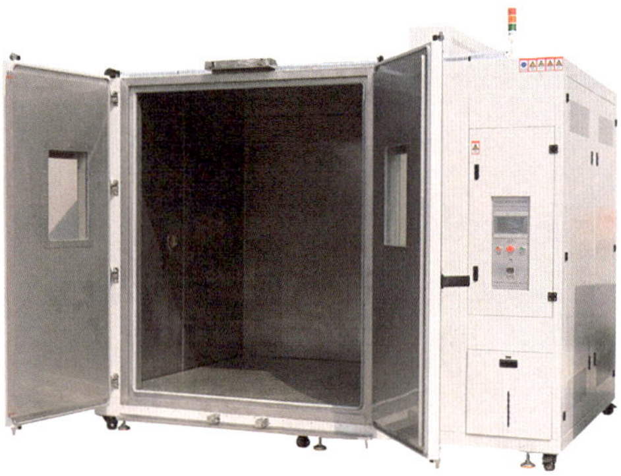

图 9.7　温湿度试验箱

电动振动台提供一般精度的正弦、随机振动及冲击应力，其结构形式和驱动方式与线振动台相同。电动振动台如图 9.8 所示。

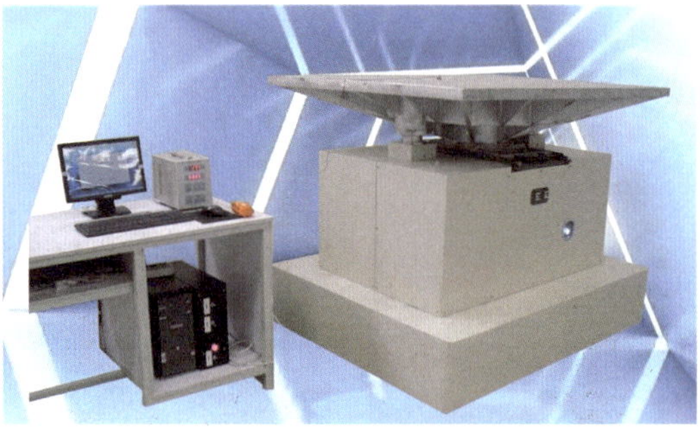

图 9.8　电动振动台

三综合试验箱同时提供温度、湿度及振动的综合应力，一般为大型温湿度试验箱内安装电动振动台。三综合试验箱如图 9.9 所示。

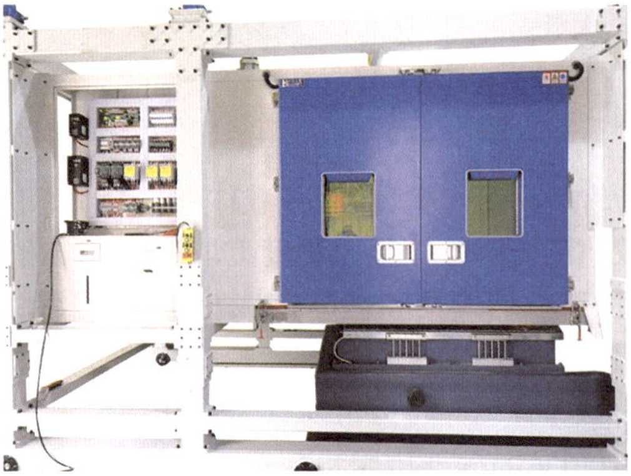

图 9.9　三综合试验箱

9.4 陀螺仪试验

9.4.1 仪器仪表

按 GJB 150.1A—2009《军用装备实验室环境试验方法》第 3.4 条规定，检验用仪器仪表应检定合格（校准），并在有效期内，其最大误差不应超过测量值允许公差的 1/3，主要检验用测试设备、仪器和仪表清单如表 9.1 所示。

表 9.1 检验用测试设备、仪器和仪表清单

序号	设备名称	单位	数量	备注
1	单轴速率转台	台	1	
2	光纤陀螺自动测试系统	套	1	
3	游标卡尺	套	1	
4	电子秤	台	1	精度 5g
5	测试计算机	台	1	

9.4.2 测试项目及方法

1. 陀螺零偏重复性

将光纤陀螺正放于温箱内水平隔振地基上，陀螺零偏重复性测试步骤如下[8]：

（1）接通光纤陀螺电源。

（2）设定采样间隔为 1s，测试时间 2h，对光纤陀螺输出量进行采样测试。

（3）陀螺断电，并按照图 9.10 所示的温度激励进行高低温循环。

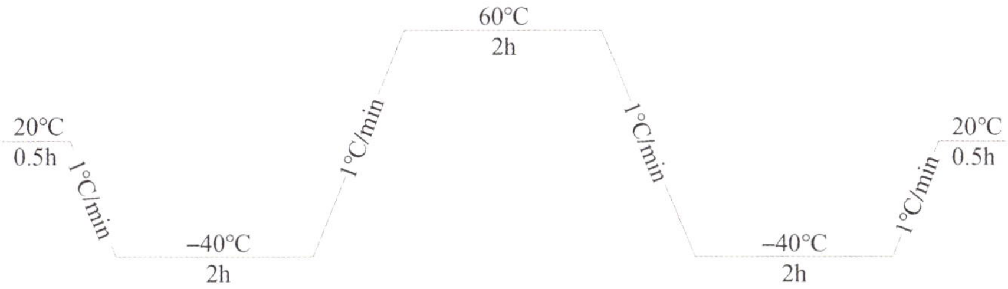

图 9.10 天向陀螺零偏重复性检验温度激励曲线

(4)结束高低温循环后接通光纤陀螺电源。

(5)设定采样间隔为1s,测试时间2h,对光纤陀螺输出量进行采样测试。

(6)步骤(2)和步骤(5)中的零偏值相差的绝对值即为陀螺零偏重复性。

2.100s平滑后零偏稳定性

将光纤陀螺放置在水平隔振地基上,测试步骤如下:

(1)接通光纤陀螺电源。

(2)设定采样间隔为1s,测试时间4h,对光纤陀螺输出量进行采样测试。

(3)断电静置1h。

(4)重复步骤(1)~(3),共测试3次。

对测试数据进行100s平均后,计算其零偏稳定性公式为

$$B_{s\_100} = \frac{1}{\bar{K}}\left[\frac{1}{n-1}\sum_{i=1}^{n}(F_i - \bar{F})^2\right]^{\frac{1}{2}} \tag{9.16}$$

式中:B_{s_100}为100s平滑后零偏稳定性(°/h);$\bar{K}$为标度因数;F_i为光纤陀螺在对应100s内输出的平均值;$\bar{F}$为光纤陀螺输出量的平均值;n为光纤陀螺输出值100s平均后的样本点数。

计算3次零偏稳定性测试结果,求取平均值。

3.1000s平滑后零偏稳定性

取100s平滑后零偏稳定性测得3组光纤陀螺测试数据,对测试数据进行1000s平均后,计算其零偏稳定性公式为

$$B_{s\_1000} = \frac{1}{\bar{K}}\left[\frac{1}{n-1}\sum_{i=1}^{n}(F_i - \bar{F})^2\right]^{\frac{1}{2}} \tag{9.17}$$

式中:B_{s_1000}为1000s平滑后零偏稳定性(°/h);$\bar{K}$为标度因数;F_i为光纤陀螺在对应1000s内输出的平均值;$\bar{F}$为光纤陀螺输出量的平均值;n为光纤陀螺输出值1000s平均后的样本点数。

计算3次零偏稳定性测试结果,求取平均值。

4.标度因数重复性

将光纤陀螺通过安装夹具固定于速率转台上。转台轴平行于地垂线,对准精度要求在10′之内,敏感轴平行于转台轴[9-10]。选定角速率样本为0°/s、±0.1°/s、±1°/s、±5°/s、±10°/s、±50°/s、±100°/s、±150°/s、±200°/s、±250°/s、±300°/s。

测试步骤如下：

(1)通电预热，预热时间至光纤陀螺输出稳定后结束。

(2)转台正转，测试光纤陀螺输出，停转；转台反转，测试光纤陀螺输出，停转。转台输入角速率按从小到大的顺序改变，共采集22组数据。

(3)对转速序列和相对应的光纤陀螺输出值进行最小二乘法拟和，得到标度因数。

(4)完成6组标度因数测试，计算得到标度因数重复性。

相关数据处理如式(9.18)～式(9.23)所示。

$$\overline{F_r} = \frac{1}{2}(\overline{F_s} + \overline{F_e}) \tag{9.18}$$

式中：$\overline{F_r}$为转台静止时，光纤陀螺输出的平均值(bit)；$\overline{F_s}$为测试开始时，光纤陀螺输出的平均值(bit)；$\overline{F_e}$为测试结束时，光纤陀螺输出的平均值(bit)。

$$F_j = \overline{F_j} - \overline{F_r} \tag{9.19}$$

式中：F_j为第j个输入角速率时的光纤陀螺输出值(bit)；$\overline{F_j}$为第j个输入角速率时的光纤陀螺输出平均值(bit)。

$$a_j = \frac{\hat{F}_j - F_j}{|F_m|} \tag{9.20}$$

式中：$\hat{F}_j$为第j个输入角速率所对应拟和直线上计算的光纤陀螺输出值(bit)；F_m为最大输入角速率，即光纤陀螺输出的最大绝对值(bit)；a_j为第j个输入角速率时光纤陀螺输出值的非线性偏差。

$$K_n = \max|a_j| \tag{9.21}$$

式中：K_n为标度因数非线性度。

$$K_a = \frac{|K_{(+)} - K_{(-)}|}{\bar{K}} \tag{9.22}$$

式中：$\bar{K}$为正转和反转标度因数平均值(bit/°/s)；K_a为标度因数不对称度。

$$K_r = \frac{1}{K}\left[\frac{1}{(Q-1)}\sum_{i=1}^{Q}(K_i - \bar{K})^2\right]^{\frac{1}{2}} \tag{9.23}$$

式中：K_i为第i组标度因数值(bit/°/s)；Q为所测标度因数组数；K_r为标度因数重复性。

5. 标度因数不对称度

标度因数的不对称度测试步骤如下，这里给出了±6°/s转速下的测试方法，其他速率下的步骤相同。

(1)将光纤陀螺安装于速率转台上，光纤陀螺敏感轴垂直于转台面。

(2)开启供电电源,直至光纤陀螺输出正常。

(3)分别在转台0°、90°、180°、270°四个位置测试陀螺零偏均值。

(4)测试4个位置均值后转台回到0°,重新采集陀螺数据,并按照转速为6°/s的速率正向旋转10圈后回到转台0°,之后按照转速为-6°/s的速率负向旋转10圈后回到转台0°,使用积分标度测试方法测试正负标度,并计算标度因数不对称度。

(5)完成±6°/s转速下标度因数不对称度测试。

相关处理如式(9.24)~式(9.27)所示。

$$\overline{F_{kr}} = \frac{1}{4}(\overline{F_{k0}} + \overline{F_{k90}} + \overline{F_{k180}} + \overline{F_{k270}}) \tag{9.24}$$

式中:$\overline{F_{kr}}$为光纤陀螺等效地球转速下的输出平均值(bit);$\overline{F_{k0}}$、$\overline{F_{k90}}$、$\overline{F_{k180}}$、$\overline{F_{k270}}$为转台0°、90°、180°、270°四个位置光纤陀螺输出的平均值(bit)。

$$K_{+6} = \frac{\int_{0^\circ}^{3600^\circ} (F_{FOG+} - \overline{F_{kr}})}{3600} \tag{9.25}$$

式中:F_{FOG+}为转台回到0°后重新采集陀螺数据直到按照+6°/s的速率正向旋转10圈后回到转台0°过程中的陀螺输出数据(bit);K_{+6}为+6°/s转速下通过积分标度法测得的陀螺标度因数。

$$K_{-6} = \frac{\int_{0^\circ}^{3600^\circ} (F_{FOG-} - \overline{F_{kr}})}{3600} \tag{9.26}$$

式中:F_{FOG-}为转台回到0°后重新采集陀螺数据直到按照-6°/s的速率反向旋转10圈后回到转台0°过程中的陀螺输出数据(bit);K_{-6}为-6°/s转速下通过积分标度法测得的陀螺标度因数。

$$K_{error\_6} = 1000000 \times \left| \left(\frac{K_{+6} - K_{-6}}{K_{+6} + \frac{K_{-6}}{2}} \right) \right| \tag{9.27}$$

式中:K_{error_6}为±6°/s转速下标度因数不对称度($\times 10^{-6}$)。

9.5 加速度计试验

9.5.1 仪器仪表

检验用仪器仪表如表9.2所示[11-12]。

表9.2 检验用仪器、仪表及工具

序号	设备名称	单位	数量	备注
1	精密离心机	套	1	70～2000m/s^2
2	安装夹具	台	1	—
3	直流稳压电源	台	1	—
4	数据采集单元+开关模块	套	1	6位半
5	平板	台	1	0极
6	多齿分度头	台	1	重复精度小于或等于±0.04″
7	高低温试验箱	套	1	-70～+150℃
8	六面体测试夹具	套	1	10″
9	真空泵	套	1	10Pa
10	数字万用表	只	1	6位半
11	数字万用表	只	1	8位半
12	信号发生器	台	1	—
13	示波器	台	1	—
14	精密翻滚试验台	台	1	定位精度小于或等于0.4″ 重复精度小于或等于0.2″
15	电子水平仪	台	1	1″

9.5.2 测试项目及方法

1. 量程

测试设备：精密离心机、专用工装、直流稳压电源、数字万用表、计算机。

测试步骤如下：

(1) 加速度计通过专用工装安装在离心机上，使加速度计输入轴方向指向离心机旋转轴，连接伺服电路使得加速度计闭路。

(2) 根据 $a = R\omega^2$ 计算离心加速度，其中，R 为加速度计检测质量质心到离心机回转轴中心间的转动半径，ω 为离心机转动角速度。

(3) 启动离心机，使加速度计的输入加速度为 $5g$、$10g$、$20g$、$30g$，记录加速度计输出。

(4)改变加速度计的安装姿态,使加速度计的输入加速度为 $-5g$、$-10g$、$-20g$、$-30g$,记录加速度计输出。

(5)根据加速度计输出判定其量程,输出 = 标度 × 输入加速度,允许误差 5%。

2. 系数标定 K_0、K_1、K_2、K_3、K_{ip}

测试设备:基座、平板、多齿分度头、测试用过渡板、测试工装、直流稳压电源、数据采集单元 + 开关模块、计算机。

系数标定方法如下:

(1)将加速度计安装在测试过渡板上,再将过渡板安装在测试工装(固定于分度头上)上。

(2)连接好测试系统,伺服电路上电,5min 后开始测试。

(3)对加速度计进行 12 点翻滚:先顺时针转动分度头,依次在 0°、30°、60°、90°、120°、150°、180°、210°、240°、270°、300°、330°位置取数,每个位置采样两次,采样时间 2s,取其平均值作为该位置的输出;然后逆时针转动分度头,在 330°、300°、270°、240°、210°、180°、150°、120°、90°、60°、30°、0°位置测试采数。

(4)按照式(9.28)~式(9.38)计算加速度计的系数 K_0、K_1、K_2、K_3、K_{ip}。

$$A_0 = \frac{1}{12}\sum_{i=1}^{12} E_i \tag{9.28}$$

$$A_1 = \frac{1}{6}\sum_{i=1}^{12} E_i \cdot \sin(k\theta_n) \tag{9.29}$$

$$A_2 = \frac{1}{6}\sum_{i=1}^{m} E_i \cdot \sin(2k\theta_n) \tag{9.30}$$

$$A_3 = \frac{1}{6}\sum_{i=1}^{12} E_i \cdot \sin(3k\theta_n) \tag{9.31}$$

$$B_1 = \frac{1}{6}\sum_{i=1}^{12} E_i \cdot \cos(k\theta_n) \tag{9.32}$$

$$B_2 = \frac{1}{6}\sum_{i=1}^{12} E_i \cdot \cos(2k\theta_n) \tag{9.33}$$

$$K_1 = A_1 + 3A_3 \tag{9.34}$$

$$K_0 = (A_0 + B_2)/K_1 \tag{9.35}$$

$$K_2 = -2B_2/K_1 \tag{9.36}$$

$$K_3 = -4A_3/K_1 \tag{9.37}$$

$$K_{ip} = -2A_2/K_1 \tag{9.38}$$

式中：E_i为第 i 个位置的输出平均值（单位为 g）；K_3为三阶非线性系数（单位为 g/g^3）；K_{ip}为交叉耦合系数（单位为 g/g^2）；A_i、B_i为傅氏系数，$i=1$、2、3；k 为翻滚的次数；θ_n 为翻滚的角度间隔值，$\theta_n = \dfrac{360°}{k}$。

3. 分辨率

测试设备：基座、平板、精密分度头、合像水平仪、伺服电路、直流稳压电源、数字万用表、数据采集单元＋开关模块、计算机。

测试方法如下：

（1）将加速度计以摆状态安装在精密分度头的测试工装上，分度头转至30°，闭路20min后开始测试，采样时间5s，采样5次，得到30°姿态下的输出值。

（2）顺时针转动分度头，增量为0.4″（其对应输入加速度计增量为1.92μg），按步骤（1）中方法测量加速度计输出。

（3）按步骤（2）递增测试3次以上，测量各次的输出值。

（4）将分度头转回至30°，测量加速度计输出。

（5）逆时针转动分度头，减量为0.4″，测量加速度计输出。

（6）按步骤（5）递减测试3次以上，测量各次的输出值。

（7）计算递增和递减测试时加速度计测得的加速度改变量，当其达到输入改变量的50%以上，对应的输入变化为分辨率。

4. 短期稳定性（3h）

测试设备：基座、平板、多齿分度头、测试用过渡板、测试工装、直流稳压电源、数据采集单元＋开关模块、计算机。

测试方法如下：

（1）将加速度计安装在测试过渡板上，再将过渡板安装在测试工装（固定于分度头上）上。

（2）连接好测试系统，温控系统及伺服电路上电，待温度稳定后开始测试，从上电至开始测试的总计稳定时间为90min。

（3）对加速度计进行四点翻滚测试：先顺时针转动分度头，依次在0°、90°、180°、270°位置取数，采样时间2s，每个位置采样两次，取其平均值作为该位置的输出；然后逆时针转动分度头，在270°、180°、90°、0°位置取数。

（4）按照式（9.39）～式（9.41）算出加速度计的系数 K_0、K_1、K_2。

（5）不断电，以基本相等的时间间隔完成7次四点翻滚测试，总测试时间不少于3h。

(6)按照式(9.42)~式(9.44)计算 σ_{K0}、$\frac{\sigma_{K1}}{K_1}$、σ_{K2},作为3h稳定性精度。

$$K_0 = \frac{E_0 + E_{180}}{2K_1} \tag{9.39}$$

$$K_1 = \frac{E_{90} - E_{270}}{2g} \tag{9.40}$$

$$K_2 = \frac{E_{90} + E_{270} - E_0 - E_{180}}{2K_1 g^2} \tag{9.41}$$

$$\overline{K_x} = \frac{1}{n}\sum_{i=1}^{n} K_{xi} \tag{9.42}$$

$$\sigma_{Kx} = \sqrt{\frac{1}{n-1}\sum_{i=1}^{n}(K_{xi} - \overline{K_x})^2} \tag{9.43}$$

$$\frac{\sigma_{K_1}}{\overline{K}_1} = \frac{\sqrt{\frac{1}{n-1}\sum_{i=1}^{n}(K_{1i} - \overline{K}_1)^2}}{\overline{K}_1} \tag{9.44}$$

式中:E_0、E_{90}、E_{180}、E_{270}为0°、90°、180°、270°位置时的输出平均值(单位为V);n为测试次数;K_0为偏值(单位为g);K_1为标度因数(单位为V/g);K_2为二阶非线性系数(单位为g/g^2);$\overline{K_x}$为偏值、标度、二阶非线性系数的平均值(单位为g、V/g、g/g^2);σ_{Kx}为偏值、二阶非线性系数的标准偏差(单位为g、V/g、g/g^2);$\sigma_{K_1}/\overline{K}_1$为标度因数的标准偏差。

5. 月重复性

测试设备:基座、平板、多齿分度头、测试用过渡板、测试工装、直流稳压电源、数据采集单元+开关模块、计算机。

测试方法如下。

(1)安装方法同短期稳定性安装方法。

(2)连接好测试系统,温控系统及伺服电路上电,待温度稳定后开始测试,从上电至开始测试的总计稳定时间为90min。

(3)对加速度计进行四点翻滚测试:先顺时针转动分度头,依次在0°、90°、180°、270°位置取数,采样时间5s,每个位置采样两次,取其平均值作为该位置的输出;然后逆时针转动分度头,在270°、180°、90°、0°位置取数。

(4)按照式(9.39)~式(9.41)算出加速度计的系数K_0、K_1、K_2。

(5)加速度计断电,温控系统断电,完成一次测试。

(6)在一个月周期内以接近等时间间隔重复步骤(1)~(4),得到7组K_0、K_1、K_2。

(7)按式(9.42)~式(9.44)计算7组K_0、K_1、K_2的月重复性精度。

6. 温度系数

测试设备:高低温试验箱、基座、多齿分度头、测试用过渡板、专用工装、直流稳压电源、数据采集单元+开关模块、计算机等。

测试方法如下:

(1)将加速度计通过测试过渡板安装在专用工装上(固定于多齿分度头上且深入高低温试验箱中)。

(2)将高低温试验箱调至+50℃,保温1h后加速度计闭路稳定30min。

(3)对加速度计进行四点翻滚:顺时针依次在0°、90°、180°、270°位置取数,每个位置采样两次,采样时间2s,然后逆时针依次在270°、180°、90°、0°位置取数,取其平均值作为该位置的输出。

(4)按照式(9.39)~式(9.40)计算加速度计的系数K_0、K_1。

(5)将高低温试验箱以小于或等于5℃/min的速率分别升到55℃、60℃、65℃,在每个温度点均保温30min之后,按步骤(3)测得相应温度点的加速度计系数K_0、K_1。

(6)将得到的不同温度点下的K_0、K_1用最小二乘法进行线性拟合,计算得出K_0、K_1的温度系数。

7. 安装误差角(门态、摆态)

测试设备:基座、平板、多齿分度头、测试用过渡板、测试工装、直流稳压电源、数据采集单元+开关模块、计算机。

测试方法如下:

(1)按照摆态安装加速度计,常温下上电,5min后开始测试。

(2)参照短期稳定性测试步骤(3)进行四点翻滚测试,按式(9.45)计算摆态失准角δ_o。

(3)按照门态重新安装加速度计,常温下上电,5min后开始测试。

(4)重复进行四点翻滚测试,按式(9.46)计算门态失准角δ_p。

$$\delta_o = \frac{E_{180} - E_0}{2K_1} \times 2.06 \times 10^5 \tag{9.45}$$

$$\delta_p = \frac{E_0 - E_{180}}{2K_1} \times 2.06 \times 10^5 \tag{9.46}$$

式中:δ_o为摆态失准角(″);δ_p为门态失准角(″)。

8. 气密性

测试设备:真空罐、真空泵、气压计、信号发生器、示波器、测试用过渡板、直流稳压电源。

参考 GJB 1037—1990《单轴摆式伺服线加速度计试验方法》6.6.3 节内容,测试方法如下:

(1)将加速度计以 0g 安装在测试过渡板上,放于真空罐中,按图 9.11 进行电气连接,采样电阻和限流电阻值均为 1kΩ。

(2)接通伺服电路电源,加速度计上电工作。

(3)使信号发生器输出 50Hz、1.5V(峰峰值)的方波信号,通过示波器观察加速度计输出的超调量并记录下超调值。

(4)启动真空泵,使真空罐气压降至 1000Pa 以下并保持至少 5min。

(5)达到规定时间后,观察加速度计输出的超调量并记录,与抽真空前的超调量进行比较,如变化量小于 5% 则判定加速度计不漏气,如大于或等于 5% 则判定为漏气。

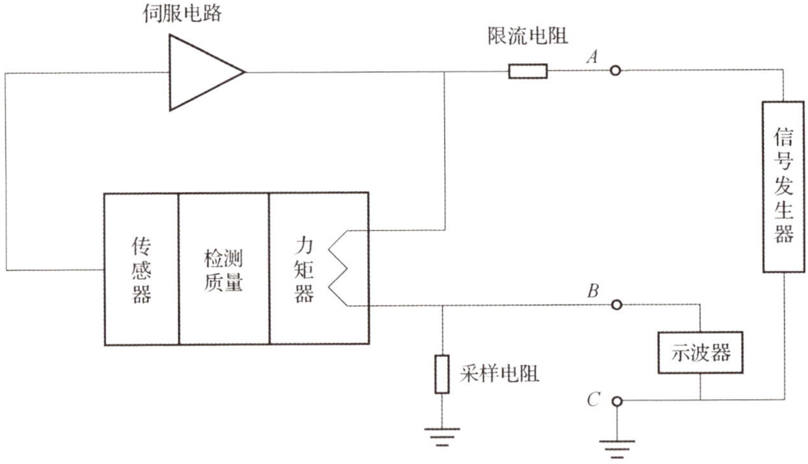

图 9.11　气密性测试电气连接示意图

9. 储存温度范围

测试设备:高低温试验箱、基座、平板、多齿分度头、安装夹具、直流稳压电源、数据采集/开关控制单元、计算机。

测试方法如下:

(1)将加速度计安装在工装夹具上,并放在高低温试验箱中,不通电,以不大于 5℃/min 的速率降到 −45℃,保温不少于 24h。

(2)升至室温后取出加速度计,进行短期稳定性(3h)测试,得到 K_0、K_1、K_2 的标准偏差。

(3)再次将加速度计安装在工装夹具上,并放在高低温试验箱中,不通电,以不大于5℃/min 的速率升到80℃,保温不少于24h。

(4)重复步骤(2)。

(5)测试数据应满足短期稳定性指标要求。

10. 工作温度范围

测试设备:高低温试验箱、基座、平板、多齿分度头、安装夹具、直流稳压电源、数据采集/开关控制单元、计算机。

测试方法如下:

(1)将加速度计安装在测试夹具上且位于高低温试验箱中。

(2)高低温试验箱以不大于5℃/min 的速率降到 -45℃。

(3)保温不少于2h,进行短期稳定性(3h)试验,得到 K_0、K_1、K_2的标准偏差。

(4)将高低温箱以不大于5℃/min 的速率升到80℃,重复步骤(3)。

(5)测试数据应满足短期稳定性指标要求。

11. 环境应力筛选

测试设备:振动台、高低温试验箱、基座、多齿分度头、测试用过渡板、测试工装、冲击振动工装、直流稳压电源、数据采集单元+开关模块、计算机等。

1)随机振动

按照 GJB 1032A—2020《电子产品环境应力筛选方法》中随机振动的要求进行。功率谱密度为 $0.04g^2$/Hz;频率范围为 20 ~ 2000Hz;振动方向沿加速度计 IA、PA、OA 相互正交的三个方向进行;振动时间每个方向振动10min,如图9.12所示。

随机振动应力筛选测试方法如下:

(1)按照短期稳定性测试步骤,完成一次四点翻滚测试,得出加速度计在随机振动前的系数 K_0、K_1、K_2。

(2)加速度计断电,整体拆下测试用过渡板(连同加速度计),用力矩螺丝刀安装到冲击振动工装上,最后把工装固定在振动台上。

(3)按照图9.12所示的随机振动功率谱,沿着加速度计输入轴、摆轴、输出轴三个方向进行振动,每个方向振动10min。

(4)重复步骤(1),测得振动后的系数值 K_0'、K_1'、K_2',根据式(9.47) ~ 式(9.49)计算振动前后各系数的变化量。

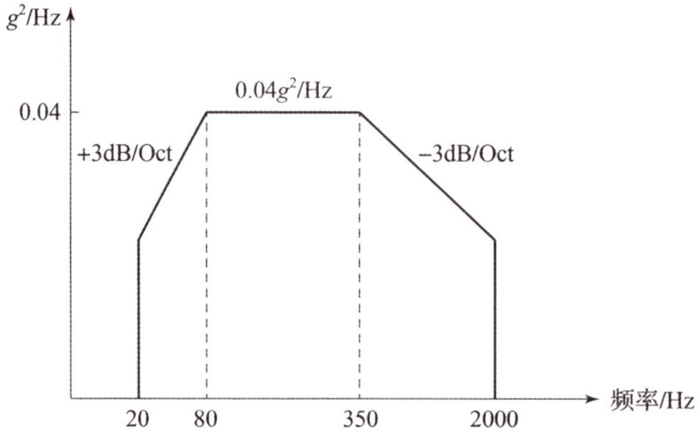

图 9.12　随机振动功率谱

$$\lambda_0 = K_0' - K_0 \tag{9.47}$$

$$\lambda_1 = \frac{K_1' - K_1}{K_1} \tag{9.48}$$

$$\lambda_2 = K_2' - K_2 \tag{9.49}$$

式中：λ_0、λ_1、λ_2为偏值、标度、二阶非线性系数试验前后的变化量（单位分别为g，1，g/g^2）。

2）温度循环

快速温度循环的条件为上、下限温度分别为 −45℃ 和 +80℃，温度变化速率 5℃/min，循环周期为 10 个周期，如图 9.13 所示。

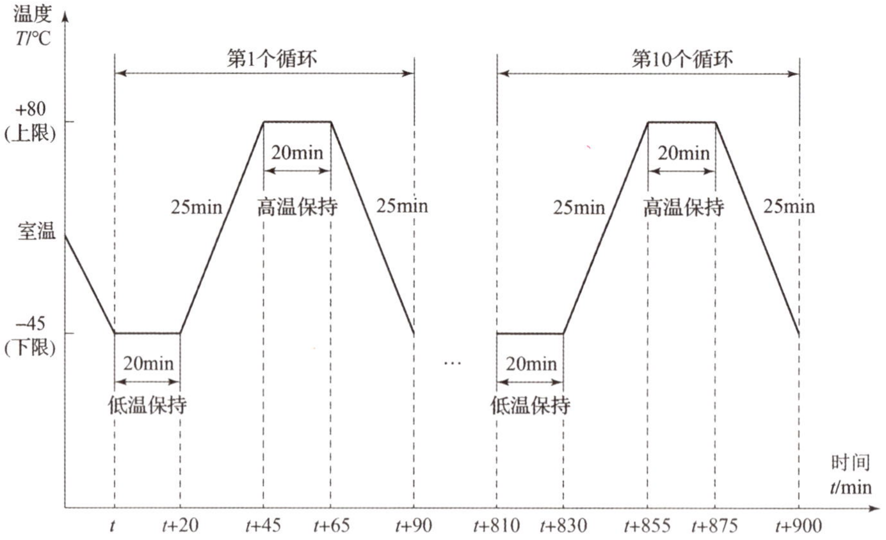

图 9.13　温度循环曲线

快速温度循环的测试方法如下。

(1)按照短期稳定性测试步骤,完成一次四点翻滚测试,得出加速度计在快速温度循环前的系数 K_0、K_1、K_2。

(2)加速度计断电,整体拆下测试用过渡板(连同加速度计),放入高低温箱中。

(3)按照图 9.13 所示的快速温度循环曲线进行高低温循环。

(4)完成温度循环后重复步骤(1),测得快速温度循环后的系数值 K_0'、K_1'、K_2',根据式(9.47)~式(9.49)计算高低温循环前后各系数的变化值。

3)功率老炼

功率老炼的条件为 -40℃,8h;55℃,8h;各三次,如图 9.14 所示。

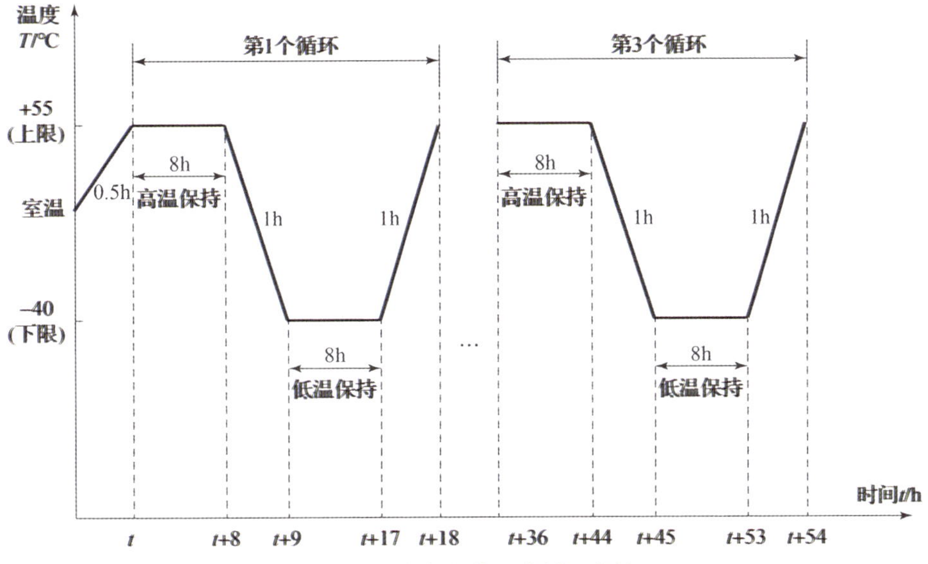

图 9.14　功率老炼温度循环曲线

功率老炼的测试方法如下:

(1)按照短期稳定性测试步骤,完成一次四点翻滚测试,得出加速度计在快速温度循环前的系数 K_0、K_1、K_2。

(2)加速度计断电,整体拆下测试用过渡板(连同加速度计),放入高低温箱中,连接好伺服电路。

(3)按照图 9.14 所示温度曲线进行高低温循环,试验过程中的保温阶段加速度计应保持通电,升降温阶段加速度计断电。

(4)完成循环后重复步骤(1),测得系数值 K_0'、K_1'、K_2',根据式(9.47)~式(9.49)计算功率老炼前后各系数的变化量。

12. 环境试验

1）冲击

冲击条件：40g，11ms，半正弦波，沿加速度计 IA、PA、OA 相互正交的三个方向各冲击 18 次。

冲击环境试验方法如下：

（1）按照短期稳定性测试步骤，完成一次四点翻滚测试，得出加速度计在随机振动前的系数 K_0、K_1、K_2。

（2）加速度计断电，整体拆下测试用过渡板（连同加速度计），用力矩螺丝刀安装到冲击振动工装上，最后把工装固定在冲击台上。

（3）按照冲击条件的规定，进行冲击试验。

（4）冲击试验后重复步骤（1），测得冲击试验后的系数值 K_0'、K_1'、K_2'，根据式（9.47）～式（9.49）计算冲击前后各系数的变化量。

2）振动

振动条件：按 GJB 150.16A—2009《军用装备实验室环境试验方法　第 16 部分：振动试验》中 A.1.4.1 的图 A.8 中 Y 曲线进行，沿加速度计 IA、PA、OA 相互正交的三个方向进行，每个方向持续 30min，即 5～200Hz 振动 15min、200～5Hz 振动 15min，总计 30min。

振动环境试验方法如下：

（1）按照短期稳定性测试步骤，完成一次四点翻滚测试，得出加速度计在随机振动前的系数 K_0、K_1、K_2。

（2）加速度计断电，整体拆下测试用过渡板（连同加速度计），用力矩螺丝刀安装到冲击振动工装上，最后把工装固定在振动台上。

（3）按照振动条件的规定，进行相应的振动试验。

（4）试验后重复步骤（1），测得试验后的系数值 K_0'、K_1'、K_2'，根据式（9.47）～式（9.49）计算振动前后各系数的变化量。

9.6 温度误差补偿

光学陀螺仪零偏和石英加速度计零位与温度相关，在光学陀螺惯性导航系统利用光学陀螺仪与石英加速度计之前需对陀螺零偏和加速度计零位进行温度补偿，在标度变换中扣除陀螺零偏和加速度计零位与温度相关项[13-15]。光学陀螺仪零偏和加速度计零位与温度关系式如下。

$$B_{gjT} = \sum_{i=0}^{p} \beta_{gji} x_i \tag{9.50}$$

$$N_{ajT} = \sum_{i=0}^{p} \beta_{aji} x_i \tag{9.51}$$

式中:j 为测量组件的三个轴 X、Y、Z;B_{gjT} 为陀螺测量组件三个轴上的光学陀螺 X、Y、Z 的温度补偿零偏误差(pulse/s);N_{ajT} 为加速度计测量组件三个轴上的加速度计 X、Y、Z 的温度补偿零位偏置(pulse/s);p 为温度项个数;x_i 为温度项;β_{gji} 为陀螺零偏温度补偿系数;β_{aji} 为加速度计零位温度补偿系数;温度补偿系数为事先经过温度补偿试验建模求解得出的常量。

对光学陀螺零偏,温度补偿模型取 $p=5$,$x_0=1$,$x_1=T$,$x_2=T^2$,$x_3=T^3$,$x_4=\mathrm{d}T/\mathrm{d}t$,$x_5=(\mathrm{d}T/\mathrm{d}t)^2$;对加速度计零偏,温度补偿模型取 $p=4$,$x_0=1$,$x_1=T$,$x_2=T^2$,$x_3=T^3$,$x_4=\mathrm{d}T/\mathrm{d}t$。其中:$T$ 为1Hz温度采样得的各个惯性元件温度(℃);$\mathrm{d}T/\mathrm{d}t$ 为温变速率(℃/s);$(\mathrm{d}T/\mathrm{d}t)^2$ 为温变速率二次方((℃/s)^2)。

9.7 系统测试

9.7.1 静态测试

静态测试主要是测试惯性导航系统在重力场和地球转速条件下的静态性能,测试惯性导航系统在该状态下的自主导航、卫导组合、多普勒计程仪(Doppler Velocity Log,DVL)组合等导航模式下的姿态、位置精度,每种导航模式至少进行三次有效试验。姿态精度考核一般以高精度大理石平台作为初始姿态基准,位置精度考核一般以当地位置信息作为基准。

将惯性导航系统放置在水平平台或安装在固定基座上,按初始对准时间要求启动惯性导航系统,按照自主导航、卫导组合、DVL组合等导航模式,分别转入相应导航工作方式,实时录取惯性导航系统输出的姿态、位置、速度等惯性测量信息。

每个静态测试至少考核三个航次。在考核时段内,每隔1s分别记录一组惯性导航系统的经度、纬度、航向角、纵摇角和横摇角等信息。以当地位置信息、大理石平台的初始姿态信息为参考数据,要求参考数据精度比测量数据精度高,测试结果按GJB 729—1989《惯性导航系统精度评定方法》中规定的方法进行精度评定[16-17]。

9.7.2 摇摆测试

摇摆测试主要是测试惯性导航系统在角运动状态下的自主导航、卫导组合、DVL组合等导航模式下的姿态、位置精度,每种导航模式至少进行三次有效试验。姿态精度考核一般配备更好精度的姿态基准系统或采用坐标取齐后的摇摆台角度输出，位置精度考核一般以当地位置信息作为基准。

将惯性导航系统安装在三轴摇摆台上，三轴摇摆台按照设定的摇摆幅值和频率模拟舰船摇摆运动，每种摇摆条件摇摆时间不少于2h。对准时间根据应用场景和惯性导航系统自身特性设定，对准完成后进行摇摆试验，每隔1s分别记录一组惯性导航系统的位置和姿态数据（经度、纬度，航向角、横摇角及纵摇角），将高精度姿态基准系统或摇摆台角度和当地位置信息作为真值进行比对，测试结果按GJB 729—1989《惯性导航系统精度评定方法》中规定的方法进行精度评定。

9.7.3 车载测试

车载测试主要是基于陆上模拟惯性导航系统在湖上或海上航行状态下的自主导航、卫导组合、DVL组合等导航模式下的姿态、位置精度，每种导航模式至少进行三次有效试验。姿态精度考核一般配备更高精度的姿态基准系统，位置精度考核一般以卫星导航设备的位置信息作为基准。

测试惯性导航系统在线运动条件下的性能，在陆上一般采用车载方式进行测试。将惯性导航系统安装在试验车上，每种导航模式下至少进行三次试验，每次试验时间不少于2h，对准时间根据应用场景和惯性导航系统自身特性设定，对准完成后进行跑车试验，每隔1s分别记录一组惯性导航系统的位置和姿态数据（经度、纬度，航向角、横摇角及纵摇角），将高精度姿态基准系统和卫星导航设备的信息作为真值进行比对，测试结果按GJB 729—1989《惯性导航系统精度评定方法》中规定的方法进行精度评定。

9.7.4 高低温测试

高低温测试主要是测试惯性导航系统在变温条件下的自主导航、卫导组合、DVL组合等导航模式下的姿态、位置精度，每种导航模式至少进行三次有效试验。姿态精度考核一般以初始对准姿态结果作为姿态基准，位置精度考核一般以当地位置信息作为基准。

将惯性导航系统安装在隔振温箱内，隔振温箱按照设定的温度值和变温速率模拟真实环境下的变温条件，温度循环要求和对准时间根据应用场景和惯性导航系统自身特性设定，对准完成后进行高低温试验，每隔1s分别记录一组惯性导航系统的位置和姿态数据（经度、纬度，航向角、横摇角及纵摇角），将初始对准姿态结果和当地位置信息作为真值进行比对，测试结果按GJB 729—1989《惯性导航系统精度评定方法》中规定的方法进行精度评定。

9.7.5　湖海测试

湖海测试主要是测试惯性导航系统在湖上或海上航行状态下的自主导航、卫导组合、DVL 组合等导航模式下的姿态、位置精度，每种导航模式至少进行三次有效试验。姿态精度考核一般配备更好精度的姿态基准系统，位置精度考核一般以卫星导航设备的位置信息作为基准。

将惯性导航系统安装在船舶内，根据初始对准要求选择船舶处于码头系泊状态或航行状态下启动惯性导航设备，完成初始对准后根据自主导航、卫导组合、DVL 组合等导航模式要求，分别转入相应导航工作方式，实时录取惯性导航系统与姿态基准系统、卫星导航设备等输出的姿态、位置、速度等信息。

每隔 1s 分别记录一组惯性导航系统的位置和姿态数据（经度、纬度，航向角、横摇角及纵摇角），将高精度姿态基准系统和卫星导航设备的信息作为真值进行比对，测试结果按 GJB 729—1989《惯性导航系统精度评定方法》中规定的方法进行精度评定。

参考文献

[1] 中国惯性技术协会，中国航天电子技术研究院. 惯性技术词典[M]. 北京：中国宇航出版社，2009.
[2] 杨立溪. 惯性技术手册[M]. 北京：中国宇航出版社，2013.
[3] 军用装备实验室环境试验方法　第 15 部分：加速度试验：GJB 150. 15A—2009[S]. 总装备部军标出版发行部，2009.
[4] 军用装备实验室环境试验方法　第 3 部分：高温试验：GJB 150. 3A—2009[S]. 总装备部军标出版发行部，2009.
[5] 军用装备实验室环境试验方法　第 4 部分：低温试验：GJB 150. 4A—2009[S]. 总装备部军标出版发行部，2009.
[6] 军用装备实验室环境试验方法　第 9 部分：湿热试验：GJB 150. 9A—2009[S]. 总装备部军标出版发行部，2009.
[7] 军用装备实验室环境试验方法　第 16 部分：振动试验：GJB 150. 16A—2009[S]. 总装备部军标出版发行部，2009.
[8] 张桂才，杨晔. 光纤陀螺工程与技术[M]. 北京：国防工业出版社，2023.
[9] 激光陀螺仪器测试方法：GJB 2427A—2020[S]. 国家军用标准出版发行部，2020.

[10]光纤陀螺仪测试方法:GJB 2426A—2015[S].总装备部军标出版发行部,2015.
[11]石英挠性加速度计通用规范:GJB 2504A—2021[S].国家军用标准出版发行部,2021.
[12]单轴摆式伺服线加速度计实验方法:GJB 1037—1990[S].国防科学技术工业委员会,1990.
[13]张鹏飞.二频机抖激光陀螺捷联惯导系统及其实时温度补偿方法的研究[D].长沙:国防科技大学,2006.
[14]韩冰,林玉荣,邓正隆.光纤陀螺温度漂移误差的建模与补偿综述[J].中国惯性技术学报,2009,17(2):218-224.
[15]张宇飞,屈建龙,宋超,等.石英挠性加速度计温度建模和补偿[J].中国惯性技术学报,2009,17(3):356-359.
[16]水面舰船系泊和航行试验规程　第132部分:惯性导航系统试验:GJB 6850.132—2009[S].总装备部军标出版发行部,2011.
[17]惯性导航系统精度评定方法:GJB 729—1989[S].总装备部军标出版发行部,1989.

第 10 章　光学陀螺惯性导航系统的应用

10.1　概　　述

光学惯性导航技术的相关研究起步较早，在 20 世纪 70 年代后期就进入了实用领域，目前市面上已经存在许多成熟光学陀螺惯性导航产品，是惯性导航应用领域的首选，预计未来 10 年内，中高端惯性技术市场仍将以光学惯性导航技术为主导。目前，光学惯性导航技术可依据使用陀螺类型分为激光和光纤两大类。以光学陀螺为核心的惯性测量产品已广泛应用于航海、航空、航天、兵器、能源等各个领域。本章主要对光学惯性导航领域的成熟产品进行介绍，虽然按照应用领域进行了区分，但由于惯性导航系统全天候、全地域工作的特点，同一系列的不同型号的衍生产品完全可以跨领域应用。

10.2　舰船用光学惯性导航产品

10.2.1　Marins 系列产品

法国 iXblue 公司多年来依次推出覆盖海洋资源勘探、船舶导航控制等任务需求的惯性导航、姿态基准与罗经全系列产品。近年来开发的 Marins 光纤惯性导航产品，覆盖了全球主要船舶应用领域，装备全球超 30 个国家的海军，充分满足高低端领域不同需求。其 Marins 系列惯性导航系统采用纯捷联技术方案，通过增加光纤环圈直径途径提高系统精度性能，且具备低功耗、高可靠性的优势。2014 年，欧洲海军防务展(Euronaval 2014)上，iXblue 公司推出了 Marins M7 光纤陀螺捷联惯性导航系统，用于海军水面舰艇和潜艇，位置精度达到 1n mile/72h，对应光纤陀螺实际精度约 10^{-4}°/h。2019 年推出的 Marins M11 性能达到了 1n mile/15d，其系列产品如表 10.1 和图 10.1 所示[1-4]。

表 10.1 法国 iXblue 公司 Marins M 系列惯性导航系统性能指标

型号	Marins M3	Marins M5	Marins M7	Marins M9	Marins M11
光纤陀螺精度	5×10^{-4}°/h	3×10^{-4}°/h	1×10^{-4}°/h	5×10^{-5}°/h	2×10^{-5}°/h
位置精度(纯惯性)	1n mile/12h	1n mile/24h	1n mile/72h	1n mile/120h	1n mile/360h
航向(RMS)	0.01°secLat				
横/纵摇(RMS)	0.01°				
准备时间	数据可用 5min/全姿态 15min				
重量	28kg		40kg		
体积(长×宽×高)	433mm×324mm×329mm		500mm×400mm×344mm		
功耗	<25W				
工作温度	0～55℃				
MTBF	15 万小时				

图 10.1 Marins 系列产品

10.2.2 Octans 与 Phins

法国的 iXblue 公司研制的 Phins 采用了全温零偏稳定性 0.01°/h 的三轴光纤陀螺,在与全球定位系统(Global Positioning System,GPS)组合下航向精度优于 0.01°secLat,在与测速设备组合下航向精度优于 0.02°secLat,它的水下系列 U-Phins 已被很多军用和非军用无人潜水器(Unmanned Underwater Vehicle,UUV)厂商选定。2015 年,iXblue 公司推出了第 5 代 Octans 产品,航向精度可达 0.05°。同年,挪威极地研究所利用 iXblue 公司的 Phins 出色地完成了在北极地区的任务,其纯惯性定位精度为 1111m/h,航向可达到 0.01°secLat。Phins 产品如图 10.2 所示。

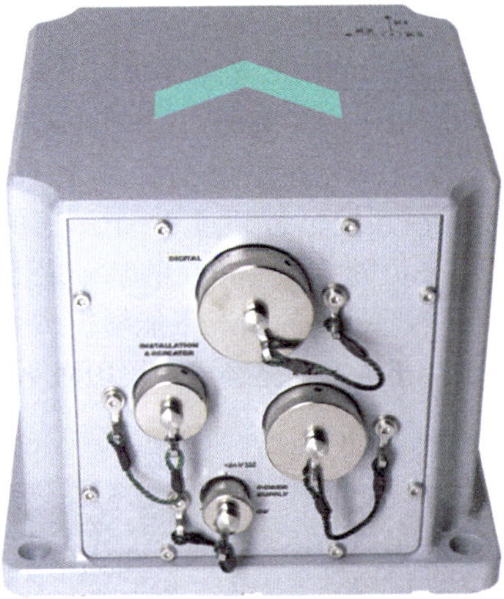

图 10.2 Phins 产品

10.2.3 SIGMA-40XP

SIGMA-40XP 是法国 Sefran 旗下的一款惯性导航产品,作为水面舰艇的惯性导航设备,既作为一套姿态/航向基准系统,也可作为惯性导航系统使用。其可提供载体所有的运动信息,包括航向、水平姿态、姿态角速度、位置、升沉、水平/垂向速度及加速度。其定位精度为 1n mile/h,1.5n mile/h,航向和水平姿态精度分别为 3′secLat(RMS)和 1′(RMS)。SIGMA-40XP 为潜艇惯性导航系统,其外形重量以及精度指标与 SIGMA-40 相同(图 10.3),不同的是SIGMA-40XP 可靠性更高,并且码头启动时间更短,3min 即可输出数据,15min 对准即可满足精度指标。

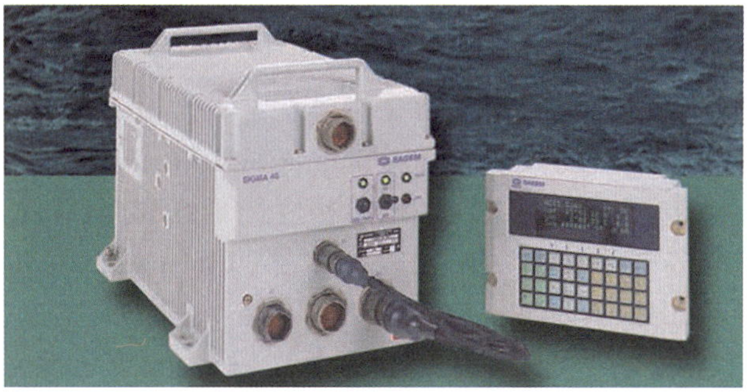

图 10.3 SIGMA－40

10.2.4 MK 系列产品

美国诺斯罗普·格鲁曼公司利用激光陀螺研制了 MK39 的 Mod3A 和 Mod3B 系列惯性导航系统并成功应用于海军舰艇[5]，并在 MK39 Mod3C（图 10.4）的基础上发展了 AN/WSN－7B 系统，其定位精度优于 1n mile/24h。目前，AN/WSN－7B 激光陀螺惯性导航系统已被超过 24 个国家的海军选用于各种舰船平台。诺斯罗普·格鲁曼公司随后在 MK49 的基础之上发展了 AN/WSN－7A 系统。该系统在没有 GPS 辅助信息的情况下能够提供 14 天的导航能力。AN/WSN－7 系列激光陀螺惯性导航系统已经成为美国海军水面舰船和潜艇的标准设备。

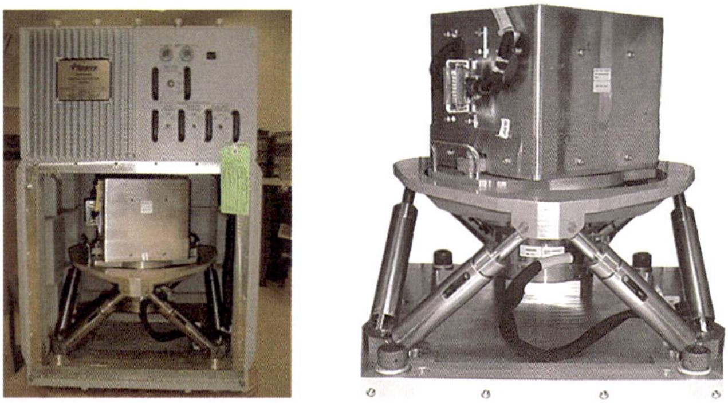

(a) MK39 Mod3C 结构　　(b) MK39 Mod3C 核心惯性组件

图 10.4 MK39 Mod3C 单轴激光惯性导航系统

10.2.5 SeaFIND

2019 年，美国诺斯罗普·格鲁曼公司推出新一代紧凑型舰艇惯性导航系统——海上光纤惯性导航及数据分发系统（SeaFIND）采用改进型光纤陀螺技术,使其性能与公司 MK39 系列环形激光陀螺惯性导航系统达到同一水平,并且体积更小。SeaFIND 是为中、小型作战舰艇和辅助舰艇研发的一款舰艇光纤惯性导航系统,其尺寸大小仅为 250mm × 250mm × 127mm、质量为 4.9kg,产品形态如图 10.5 所示,性能指标优于 1n mile/24h,已通过美国海岸警卫队型式认可。

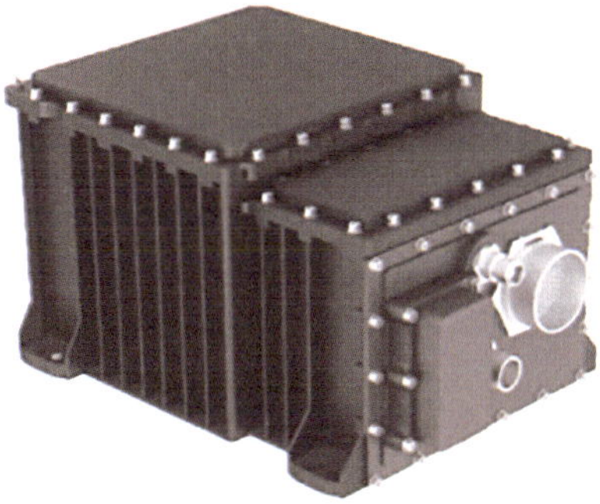

图 10.5　SeaFIND 光纤惯性导航系统

10.2.6　SURF – 200

意大利 GEM Elettronica 公司的产品主要应用于海洋、海岸、舰艇和潜艇,包括光纤陀螺惯性导航系统、光电监控设备、操控台、激光雷达等[6]。该公司在 2017 年发布了与法国 Marins M7 水平相当的 SURF – 200 高精度惯性导航系统,采用了战略级的光纤传感器(光纤陀螺),产品服役周期内免校准。另外,法国 Marins M 系列惯性导航系统被禁止对中国出售,而 SURF – 200 不受国际武器贸易条例(International Traffic in Arms Regulations, ITAR)限制,SURF – 200 高精度惯性导航系统如图 10.6 所示。

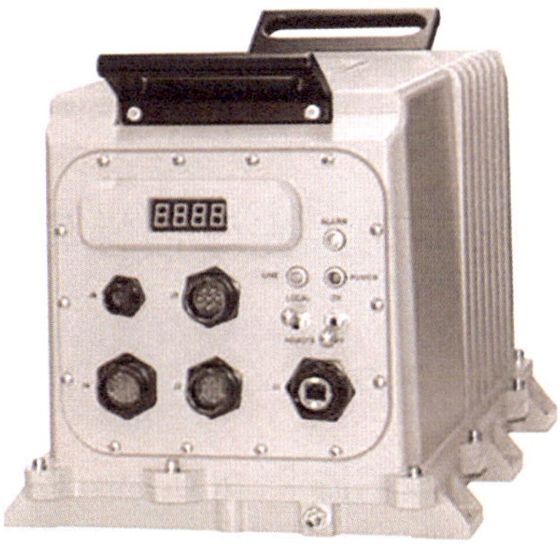

图 10.6　SURF – 200 高精度惯性导航系统

10.2.7 GEO·FOG 3D INS

美国 KVH 公司已经生产销售光纤陀螺和捷联惯性导航系统超过数十年,由该公司研发的 GEO·FOG 3D INS 集成了三个 KVH DSP-1750 陀螺仪,是世界上最小的高性能光纤陀螺。此外,内部还集成了三个低噪声 MEMS 加速度计和三轴磁力计、压力传感器以及单天线/双天线全球导航卫星系统(Global Navigation Satellite System,GNSS)接收机。纯惯性导航下,GEO·FOG 3D INS 的航向精度为 0.25°secLat,姿态精度为 0.05°;在 GNSS 辅助下,航向精度可达 0.05°;双天线 GNSS 辅助下,航向精度为 0.01°。GEO·FOG 3D INS 采用先进的传感器融合技术,为各种无人驾驶、自动驾驶和载人航空、地面、海洋和地下应用与平台提供可靠、高度精确的导航和控制。GEO·FOG 3D INS 捷联惯性导航如图 10.7 所示。

图 10.7 GEO·FOG 3D INS 捷联惯性导航

10.3 水下无人光学惯性导航产品

10.3.1 iXblue 水下系列产品

法国 iXblue 公司针对深海应用需求,在 Octans、Phins 惯性导航产品基础上专门开发了 Subsea 系列光纤惯性导航、罗经产品,具有耐不同水深压力、高可靠、免维护特性,在水下航行平台得到广泛应用,如表 10.2 所示。

表 10.2　法国 iXblue 公司水下产品系列

产品型号	Octans Nano/OEM	Octans Subsea	Rovins Nano/Phins Compact C3	Rovins/Phins Compact C5	Phins Subsea/Phins Compact C7
产品类型	姿态参考（导航）	姿态参考（勘测）	惯性导航系统（紧凑导航）	惯性导航系统（勘测）	高性能惯性导航系统（深水勘测）
水平精度(RMS)/(°)	0.10	0.01	0.01	0.01	0.01
航向精度(RMS)/(°)	0.50	0.10	0.10	0.04	0.01
定位精度/m	—	—	0.2% *D*	0.1% *D*	0.05% *D*
耐压深度/m	6000	3000	6000	3000	6000

iXblue 公司研发生产的 Phins 6000 水下光纤罗经导航系统，工作深度可达 6000m。在 DVL 的辅助下，其航向精度为 0.02°secLat，位置精度为 0.1% 行程（*D*）；纯惯性导航的情况下，其姿态精度为 0.01°，升沉精度为 5cm。此外，iXblue公司提供 Phins 6000 与 DVL 的集成化解决方案 Phins DVL Ready：在 Phins 设备交付给用户之前，将 DVL 安装在 Phins 6000 的正下方，同时对二者之间的安装误差角进行标定。Phins DVL Ready 更加便于安装，并可用于更加精确的导航。图 10.8 所示为 Phins Subsea 和 Phins DVL Ready。

图 10.8　Phins Subsea 和 Phins DVL Ready

iXblue 公司生产 Octans 系列和 Rovins 系列水下光纤罗经导航系统，如图 10.9 所示，其中 Octans 3000 水下光纤罗经系统的耐压值可达 3000m，采用铝合金壳体，小巧便捷，其航向精度为 0.1°secLat，姿态精度为 0.01°，稳定时间小于 5min，主要应用领域为水下机器人（Remote Operated Vehicle，ROV）及近海调查、海洋建设等。Rovins 是一款测量级全功能惯性导航系统，其工作深度可达 3000m，与 DVL 组合时定位精度为 0.2% 航程，航向精度为 0.05°secLat，姿态精度为 0.01°，升沉精度为 2.5cm，主要应用领域为海上勘测以及海上建筑工程。

图 10.9　Octans 3000 和 Rovins 系列光纤罗经

10.3.2　Nautilus 4000

Nautilus 4000 是意大利 Civitanavi 公司专门为高定位精度、长航时、恶劣环境下的海洋应用领域推出的一款可拓展的捷联光纤高精度惯性导航系统，基于专有的 ITAR－free 三轴 FOG 陀螺仪和加速度计技术与先进的卡尔曼滤波算法相耦合，可实时输出载体的真航向、姿态、速度、升沉、惯性器件原始数据和位置等信息，其中纯惯位置精度可达 1n mile/8h，如图 10.10 所示。该惯性导航系统还可支持拓展 GPS、DVL、水下声学定位系统等传感器的接口输入。该惯性导航系统设计紧凑、体积小巧轻便、性能可靠，其广泛应用于船舶导航、无缆水下机器人（Autonomous Underwater Vehicle，AUV）、多波束测量、超短基线（Ultra－Short Base Line，USBL）定位系统、DVL 导航、动力定位等领域。

10.3.3　SeaNav 系列

美国 Kearfott 公司的 SeaNav 系列海用惯性导航产品，可以提供精确的导航、定位和平台稳定功能。该系列产品提供带机箱封装配置的型号以及可开发 OEM 套件多种选择，可确保产品既可以易于集成到自主水下机器人、水下遥控

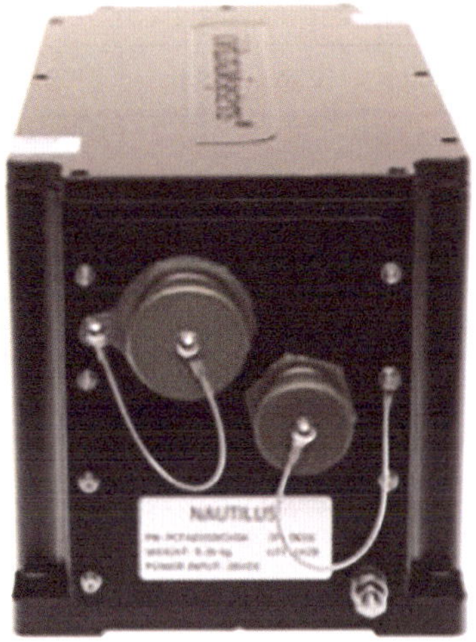

图 10.10　Nautilus 4000 惯性导航

机器人,又可以直接集成到水面舰船和平台上使用。SeaNav 系列产品提供两种精度等级,分别满足高端战术级应用以及导航级应用需求。SeaNav 系列产品内置 Kearfott 公司的单片环形激光陀螺仪,可提供无与伦比的性能和体积比,结合其几十年成熟的海上专业导航软件和算法,是海上应用的可靠选择。该系统可以与标准的海洋平台导航辅助传感器连接,如多普勒速度计、GNSS 接收机以及水压传感器等。SeaNav 系列惯性导航系统性能指标如表 10.3 所示。

表 10.3　SeaNav 系列惯性导航系统性能指标

产品型号	SeaNav－16	SeaNav－24	SeaKit－16	SeaKit－24
质量	<7.26kg	<9.07kg	<1.36kg	<3.86kg
尺寸	178mm×178mm×280mm	178mm×178mm×280mm	ISA:直径 84mm×132mm CCAS:136mm×108mm×28mm HVPS:91.7mm×28mm×23.1mm	ISA:直径 114mm×160mm CCAS:136mm×108mm×28mm HVPS:91.7mm×28mm×23.1mm
功耗	<30W	<30W	<30W	<30W
对准时间	15min	15min	15min	15min
横纵摇精度(RMS)	0.03°	0.03°	0.03°	0.03°

续表

产品型号	SeaNav－16	SeaNav－24	SeaKit－16	SeaKit－24
航向精度（RMS）	0.3°secLat	0.03°secLat	0.3°secLat	0.03°secLat
位置精度： GPS 辅助； 速度计辅助； 纯惯性	10m，CEP； 0.5% DT，CEP； 6n mile/h，CEP	10m，CEP； 0.1% DT，CEP； 0.8n mile/h，CEP	10m，CEP； 0.5% DT，CEP； 6n mile/h，CEP	10m，CEP； 0.1% DT，CEP； 0.8n mile/h，CEP

10.4 车载光学惯性导航产品

10.4.1 SIGMA30 定位定向系统

法国 Safran 公司研制的 SIGMA30 系统，是各类火炮的通用惯性导航设备，累计销量超过 1000 套，遍布世界各地，是一款经典产品。该型激光捷联惯性导航设备，其定向精度为 0.6mil（1mil＝0.0254mm），里程计组合定位精度为 0.05% DT，对准时间小于 5min。SIGMA30－700 及其应用如图 10.11 和图 10.12 所示。

图 10.11　SIGMA30－700

图 10.12 SIGMA30 - 700 应用于火炮系统

10.4.2 TopAxyz 惯性陆地系统

法国 Thales 集团的 TopAxyz 在设计基于 RLG(环形激光陀螺)技术的高端惯性导航系统(Inertial Navigation System, INS)方面拥有公认的经验。TopAxyz 惯性陆地系统是一种高端加固惯性导航系统,旨在提供高精度指向、定位和导航功能。TopAxyz 陆用惯性系统及其应用如图 10.13 和图 10.14 所示。

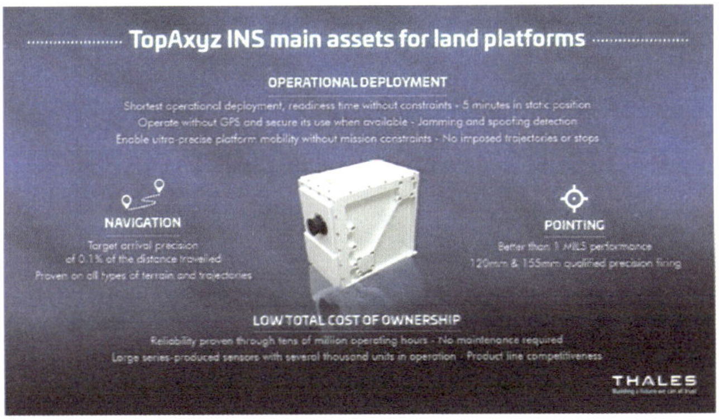

图 10.13 TopAxyz 陆用惯性系统

在 GPS 被拒止的密集战区,伴随而来的破坏、任务准备就绪和效率是每种陆地行动的关键驱动因素。在尽可能短的时间内瞄准和瞄准精度是实现这些作战需求的主要因素。为了实现这一点,TopAxyz 提供了一流的性能,姿态精度优于 1mil。在不到 5min 内即可启动全部性能,无任何任务限制(静态模式)。

图 10.14　TopAxyz 应用于火炮系统

在可以轻松部署低成本干扰机和假脱机设备的现代战场上，无法保证 GNSS 信号可用性，也无法完全盲目信任位置、导航和定时（Location Navigation Timing，PNT）信息。为了最大限度地提高任务的连续性和效率，TopAxyz 在可用的情况下使用 GPS 信息数据，并部署尖端的新 GPS 欺骗检测算法，能够可靠和准确地导航。当检测到 GPS 欺骗时，它提供安全恢复弹性导航功能，以安全地执行任务。

在全球导航卫星系统被拒绝的完整电子战（Electronic Warfare，EW）环境条件下，TopAxyz 提供了无与伦比的弹性导航精度，最高可达 0.1% 的移动距离（Distance，DT），在任务中不受任何限制，按需实现零速更新（Zero Velocity Update，ZUPT）、手动位置更新（Position Update，PUPT）、轨迹约束等。

10.4.3　LN－270 型定位定向系统

美国诺斯罗普·格鲁曼公司研制的 LN－270 嵌入式 GPS/INS（EGI）光纤惯性组合导航系统是一款小型化、轻量化、低功耗和高可靠的光纤陀螺定位定向和导航系统，主要用于各型火炮、侦察车和雷达车等[7]。

LN－270 采用惯性/GNSS 紧组合导航方案，相比其他的 EGI 单元，可提供更加优异的导航定向性能。LN－270 的定向精度为 1～5mil，水平姿态精度为 0.3～1mil，0.25%～1% DT（>4km）（水平），0.067%～1% DT（>10km）（垂向），陀螺罗经对准时间为 15min，存储航向对准时间为 30s，冷启动首次对准时间 10min，设备具行进间对准功能。LN－270 光纤惯性导航系统及其应用如图 10.15～图 10.18 所示。

图 10.15　LN－270 光纤惯性导航系统

图 10.16　LN－270 应用于火炮系统

图 10.17　LN－270 应用于侦察车

图 10.18 LN－270 应用于雷达车

10.4.4 RLG－2HX90 双轴旋转定位定向系统

RLG－2HX90 惯性导航系统是一种基于 90 环形激光陀螺仪和石英挠性加速度计的惯性导航系统，如图 10.19 所示。它可以和 GNSS、高度计、测速仪等辅助设备组合导航，提供空中载体、地面载体等的速度、位置和姿态信息，能够应用于坦克、地面装甲车辆、自行火炮、火箭炮，各型飞行器，无人机，舰船，高速列车、无人车，钻井平台等，以及飞行控制姿态稳定系统、武器稳定系统、定位定向系统等。

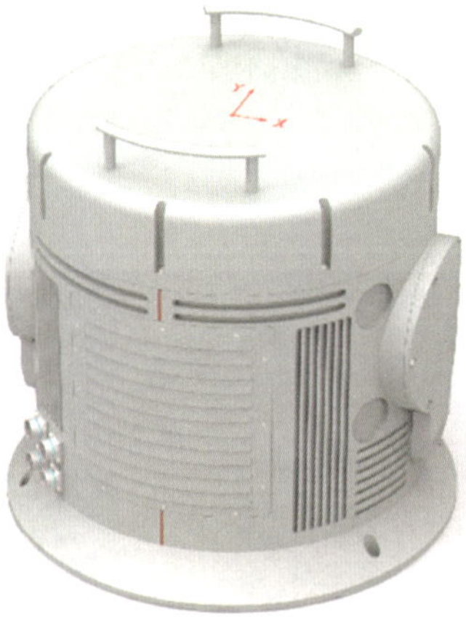

图 10.19 RLG－2HX90 双轴旋转定位定向系统

该型惯性导航系统的技术特点如下：

(1) 双轴旋转误差调制机构。

(2) 高精度环形激光陀螺仪和石英加速度计。

(3)可选的静态或行进间对准。
(4)全温参数校正和补偿技术。
(5)多种可选可供 GNSS/里程计/DVL 输入界面。
(6)可设置的导航模式。
(7)优异的环境适应性。
该型惯性导航系统的主要技术指标如下:
(1)纯惯性定位误差:2.0n mile/5d(MAX)。
(2)航向误差:0.01°(RMS)。
(3)水平姿态误差:0005°(RMS)。
(4)纯惯性速度误差:1.0m/s(RMS)。
(5)冷态对准时间:15min。
(6)质量:55kg。

10.5 机载光学惯性导航产品

从应用角度和精度级别划分,机载捷联惯性导航系统可以分为战术级、导航级和战略级三个等级,如表10.4所示[8]。

表10.4 机载捷联惯性导航系统等级划分

级别	战术级	导航级	战略级
定位误差	10~20n mile/h	0.5~1n mile/h	<30m/h
陀螺零偏	0.1~10°/h	0.001~0.05°/h	0.0001°/h
加速度计零偏	$10^{-4}\sim10^{-3}g$	$5\times10^{-5}\sim10^{-4}g$	$10^{-6}g$
应用领域	战术导弹、无人飞行器	通用航空飞行器	洲际弹道导弹

20世纪80年代之后,西方发达国家在考虑军用飞机惯性导航设备的改装和更换时,将捷联惯性导航系统作为首选。随后,美国主战飞机大多都更换为激光陀螺捷联惯性导航系统[9]。作为现代高性能军用飞机的典型代表,F-22“猛禽”战斗机采用了LN-100G双套激光陀螺捷联惯性导航系统配置方案,并结合最新的GNSS接收机构成的紧组合导航系统,提供了更高性能的导航输出信息,GNSS断开后能达到120m/20min的导航精度[10],如图10.20所示。洛克希德·马丁公司设计和生产的F-35“闪电”联合攻击战斗机装备了霍尼韦尔公司研制的H-764G激光陀螺捷联惯性导航系统,导航定位精度可以达到0.8n mile/h。法国SEX-TANT公司研制的QUASAR捷联惯性导航系统由三个

单轴激光陀螺和小型加速度计构成，现已装备于欧洲的 ARIANE－4 型和 ARIANE－5 型运载火箭，其可靠性高，能够经受住恶劣环境的考验。

图 10.20　F－22“猛禽”战斗机及其装备的 LN－100G 激光陀螺捷联惯性导航系统

与激光捷联惯性导航系统相比，光纤捷联惯性导航系统具有质量小、成本低和寿命长等多方面优势。诺斯罗普·格鲁曼公司研制的“蓝盾”先进导航/瞄准吊舱就采用了 Litton 公司生产的 LN－200 光纤陀螺捷联惯性导航系统，并成功装备在 F/A－18D 和 F－16 战机上，如图 10.21 所示。LN－200 光纤陀螺捷联惯性导航系统其陀螺零偏为 1°/h，加速度计零偏为 300μg，广泛应用于弹道导弹、机载吊舱以及火星探测器等应用，如图 10.21 所示。LN－251 嵌入式 GNSS/光纤捷联惯性导航系统已经装备于美国军方的 CH－53K“超级种马”直升机，其导航精度可以达到 0.8n mile/h。雷声公司研制的 Atflir 目标跟踪吊舱配备了 U600 光纤陀螺捷联惯性导航系统，其陀螺零偏可以达到 0.1°/h。德国 SFIM 公司生产的 FOG－p1－A/A1 型低精度光纤陀螺用于直升机等平台；德国 Litef 公司研制的机载光纤陀螺惯性导航系统用于战斗机电子战。

图 10.21　“蓝盾”吊舱及其装备的 LN－200 光纤陀螺捷联惯性导航系统

参考文献

[1] CARR K, GREER R, MAY M B, et al. Navy testing of the iXblue MARINS Fiber Optic Gyroscope (FOG) Inertial Navigation System (INS) [C]//Record 2014 IEEE/ION Position, Location and Navigation Symposium – PLANS 2014. New York: IEEE, 2014: 1392 – 1408.

[2] LEVINSON E, SANGIOVANNI C J. Laser Gyro Potential for Long Endurance Marine Navigation [C]//Record IEEE PLANS 80 Position Location and Navigation Symposium Record. New York: IEEE, 1980: 115 – 129.

[3] TUCKER T, LEVINSON E. The AN/WSN – 7B Marine Gyrocompass/Navigator [C]//Proceedings of the 2000 National Technical Meeting of The Institute of Navigation. Anaheim: The Institute of Navigation, 2000: 348 – 357.

[4] IXBLUE. Marines series [EB/OL]. https:// www. iXblue. com /defense / naval – navigation.

[5] NORTHROP GRUMMAN. Navigating the Future on the Seas [EB/OL]. https:// news. northropgrumman. com / news /features.

[6] Inovative Fiber Optic Gyroscopes Technology [EB/OL]. [2024 – 03 – 25]. https://www. gemrad. com/guidance – navigation – positioning/.

[7] NORTHROP GRUMMAN. LN – 270 Family INS/GPS Navigation and Pointing/Stabilization System [EB/OL]. http://www. northropgrumman. com.

[8] 宋海凌, 马溢清. 惯性技术发展及应用需求分析[J]. 现代防御技术, 2012, 40(2): 55 – 59, 76.

[9] 刘凯, 刘慧. GPS/INS 组合制导技术在现代战争中的应用及趋势研究 [J]. 中国航天, 2005(9): 35 – 37.

[10] NORTHROP GRUMMAN. LN – 100G Inertial Navigation System with Embedded GPS [EB/OL]. (2012 – 08 – 06). http://www. es. northropgrumman. com/solutions/ln100g – navigation – system/index. html.